ROTEIRO DE CARTOGRAFIA

Paulo Márcio Leal de Menezes
Manoel do Couto Fernandes

Copyright © 2013 Oficina de Textos
1ª reimpressão revisada 2018 | 2ª reimpressão 2023

Grafia atualizada conforme o Acordo Ortográfico da Língua
Portuguesa de 1990, em vigor no Brasil desde 2009.

Conselho editorial Cylon Gonçalves da Silva; Doris C. C. K. Kowaltowski; José Galizia Tundisi; Luis Enrique Sánchez; Paulo Helene; Rozely Ferreira dos Santos; Teresa Gallotti Florenzano.

Capa e projeto gráfico Malu Vallim
Diagramação Casa Editorial Maluhy Co.
Preparação de textos Cássio Pelin
Revisão de textos Elisa Andrade Buzzo
Impressão e acabamento Meta Brasil

Dados Internacionais de Catalogação na Publicação (CIP)
(Câmara Brasileira do Livro, SP, Brasil)

Menezes, Paulo Márcio Leal de
Roteiro de cartografia / Paulo Márcio Leal de
Menezes, Manoel do Couto Fernandes. -- São Paulo : Oficina de Textos, 2013.

Bibliografia.
ISBN 978-85-7975-084-7

1. Cartografia I. Fernandes, Manoel do Couto.
II. Título.

13-09568   CDD-526

Índices para catálogo sistemático:
1. Cartografia geográfica 526

Todos os direitos reservados à Editora **Oficina de Textos**
Rua Cubatão, 798
CEP 04013-003 São Paulo SP
tel. (11) 3085 7933
www.ofitexto.com.br   atendimento@ofitexto.com.br

Agradecimentos

Este material começou a ser elaborado em 1994, quando o professor Paulo Menezes, saindo do Instituto Militar de Engenharia, onde era professor comissionado e oficial do Exército Brasileiro, assumiu o cargo de Professor Assistente no Departamento de Geografia da UFRJ, tornando-se responsável pela disciplina de Cartografia. Nessa época, ainda não havia material didático para o ensino de Cartografia em português. E assim, durante a preparação das aulas, empregando ainda retroprojetor, com transparências escritas a mão, surgiu a ideia de escrever um material de aula relativo a cada unidade, com a compilação do material de referência de que o professor dispunha.

Esse material ficou pronto ainda em 1994, e as primeiras turmas recebiam essas notas de aula manuscritas, para que os alunos as copiassem e tivessem uma fonte de referência diretamente vinculada ao material de aula. Diga-se de passagem, era uma grande dificuldade para os alunos ler e principalmente entender a letra do professor Paulo Menezes, que nunca foi grande coisa!

Em 1997, alguns estagiários que vieram para o Laboratório de Cartografia (GeoCart) se propuseram a digitar essas notas, transformando-as em um material de consulta e estudo, que ficou pronto entre 1998 e 1999. Em 2003, foi efetuada uma revisão nas notas de aula, sendo acrescidas as notas de Cartografia Temática e Fotointerpretação. Desde então, apenas algumas atualizações e correções foram efetuadas.

No ano de 2011, foi assinado com a Petrobras um projeto para o desenvolvimento de um roteiro de Cartografia, a fim de que fosse adotado como referência para a Diretoria de Óleo e Gás. Esse trabalho foi desenvolvido em parceria com o professor Manoel do Couto Fernandes, que revitalizou o antigo desejo de transformar esse material em um livro, tendo sido solicitada à Petrobras a autorização para tal.

Assim, este livro deve ser encarado como uma obra construída ao longo de anos, por meio do acúmulo de conhecimentos que geraram este arcabouço. Na trajetória desse percurso, uma série de alunos de graduação, pós-graduação e professores contribuíram de alguma maneira direta ou indireta para que este trabalho atingisse a forma atual. Nesse sentido, é importante render nossos agradecimentos a essas pessoas que ajudaram a transformar esse desejo em uma realidade.

Além desse grande grupo de colaboradores, a conclusão do livro contou com o apoio, na revisão de texto e elaboração das figuras, de pessoas fundamentais. Eles foram os geógrafos

Alan José Salomão Graça e Fábio Ventura dos Santos e a licenciada em Geografia Anniele Sarah Ferreira de Freitas. Por fim, é importante lembrar também o apoio incondicional dado por nossas famílias, em especial as nossas esposas Claudia Regina Menezes e Mariana Bello, além de Anabela e Manoela, filhas do professor Manoel, que sempre se mostraram compreensíveis nos momentos de viradas e falta de tempo no convívio com elas. Além de todos que de alguma maneira não foram alcançados neste reconhecimento, também temos de agradecer, principalmente, a Deus, na forma que cada um O concebe.

A todos, muito obrigado!

Apresentação

A Ciência Cartográfica, nos últimos anos, evolui com o desenvolvimento da tecnologia. Os mapas, antes construídos em papel, hoje são produzidos em computadores e armazenados em mídia magnética. Os conceitos básicos da Cartografia vêm sendo adaptados à nova realidade. Os usuários dos mapas, com frequência, não têm noção de como se dá a construção dos documentos cartográficos nem das ciências envolvidas que estabelecem padrões de mensuração e leitura para eles.

O livro *Roteiro de cartografia* traz conceitos atualizados da Ciência Cartográfica e vem suprir uma grande lacuna existente na área, principalmente no idioma português. Os documentos cartográficos são a base para o planejamento das intervenções no espaço físico-territorial, sendo a Ciência Cartográfica o primeiro ramo da Engenharia a ser posto em serviço antes que alguma mudança seja executada.

Roteiro de cartografia é um livro didático, que aborda de forma simples e prática o conhecimento da Ciência Cartográfica. Logo de início, no Cap. 1, além de se contextualizar e definir Cartografia, é abordada sua história. O texto é breve, mas interessante, e deixa o leitor curioso para saber mais sobre o tema. Afinal, há de se pensar como e quais foram os instrumentos empregados por Eratóstenes para medir a circunferência da Terra em 200 a.C. A história da Cartografia revela e pode representar a trajetória do ser humano na Terra, desde a Idade da Pedra até os dias atuais.

No Cap. 2 são abordadas aplicações da Cartografia Temática e seus conceitos. Na Cartografia Temática, tem-se a oportunidade de interagir com vários ramos do conhecimento. Para que um mapa atenda ao seu usuário, o engenheiro cartógrafo que o construir tem de conhecer o tema e, por outro lado, o usuário tem de aprender sobre os conceitos básicos da Cartografia. Em minha opinião, um momento rico em que há troca de informações e evolução científica e cultural dos profissionais envolvidos no trabalho.

Escala é a questão exposta no terceiro capítulo. Os conceitos são antigos, mas os problemas de trabalhar a relação de uma grandeza medida no terreno e representada em um documento cartográfico permanecem atormentando os incautos que militam na área de medições. *Roteiro de cartografia* traz uma explicação detalhada do tema, inclusive abordando área e volume.

O Cap. 4 trata dos sistemas geodésicos de referência. Quem passou pelo sistema Córrego Alegre e chegou ao Sirgas2000 sabe que não é um passeio. O conhecimento envolvido nessa evolução passa das medições com T2 à geodésia por satélite. A Terra tem diferentes formas de ser representada, mas é o geoide sua forma. Qual é a forma do geoide, perguntariam os novatos? Eu diria um maracujá de gaveta. Difícil de determinar e de calcular, então a Cartografia trabalha a Terra como uma esfera, um elipsoide e um plano.

A posição é determinada por um sistema de coordenadas, assunto abordado no Cap. 5. A transformação de coordenadas é executada por meio de cálculo matricial, os conceitos definidos nesse capítulo. A origem da longitude tem relação com Greenwich, observatório astronômico inglês localizado na cidade de mesmo nome. Existem várias formas de medir o tempo, o texto explica quais são e disserta sobre os fusos horários.

No Cap. 6 chega-se aos sistemas de projeção cartográfica – como representar uma superfície curva em um plano? Esse sempre foi e continua sendo o problema da Cartografia. O texto expõe conceitos de distorção e propriedades das projeções, inclusive indicando como podem ser calculadas e representadas as áreas de acordo com a projeção. O objetivo é minimizar as distorções. O sistema UTM merece destaque, pois é o mais empregado no Brasil.

Se há carência de livros na área de Cartografia no Brasil, maior ainda é com relação ao tema abordado no Cap. 7, generalização cartográfica. Com os mapas nos computadores, pode-se, por exemplo, ampliar, reduzir e omitir planos de informação e gerar documentos cartográficos. Com isso, adormeceram a generalização cartográfica. O texto resgata os conceitos de generalização gráfica, geométrica e semântica. Apresenta operadores e discorre sobre seus processos. Já não era sem tempo.

A simbolização cartográfica é o tema discutido no Cap. 8. A linguagem gráfica é usada em documento cartográfico para comunicação com seu usuário. O capítulo aborda as formas de comunicação qualitativa e quantitativa e trata sobre o emprego das cores e das formas, que permitem a percepção, a diferenciação e a separação de limites. A toponímia é outro ponto discutido no capítulo.

No Cap. 9 chega-se à cartografia digital. O termo geoprocessamento é definido e são introduzidos conceitos de sistemas de informação geográfica (SIG). Discutem-se as estruturas e os componentes do SIG. Destacam-se os modelos que representam a realidade. Trata-se de qualidade de dados e dos desafios para a construção da base de dados espaciais que permitam executar análises espaciais. A análise espacial é a principal função do SIG, e sua execução depende da qualidade da base de dados espaciais, desde a seleção dos dados até a produção de mapas, relatórios e estatísticas, entre outros.

Os temas abordados nos Caps. 10 e 11 não são fáceis de achar, mesmo na bibliografia internacional. É mais comum serem encontrados em artigos científicos, resultados de pesquisa ou relatórios técnicos formulados por profissionais. O planejamento é o alicerce para que os documentos cartográficos possam se comunicar com seus usuários. O Cap. 10 aborda projeto e apresentação gráfica. Nesse capítulo encontra-se o passo a passo de um projeto cartográfico, inclusive com a definição dos elementos de controle. O projeto gráfico do mapeamento é apresentado com riqueza de detalhes. São expostos erros comuns em leiautes de mapas e explicações sobre a disposição da toponímia. O Cap. 11 apresenta o mapeamento qualitativo e quantitativo. Traz informações importantes sobre a utilização de símbolos pictóricos, muitas vezes usados erroneamente pelos menos avisados. Discute a representação qualitativa linear e de área em diferentes formatos e complexidades. O mapa de pontos, representação quantitativa, é apresentado, inclusive com um gráfico que define o melhor ajuste de pontos. O emprego de formas em mapas quantitativos é alvo de discussão, com gabaritos e exemplos. modelos numéricos de terreno (MNT) são apresentados, além de conceitos de isolinhas e suas representações. Por fim, o capítulo trata da representação intervalar, fornecendo equações que permitem calcular as classes.

Menezes é uma referência na Cartografia nacional, não só pela sua capacidade profissional, mas pelo ser humano que é. Admiro sua luta em prol de nossa área, sendo hoje o representante brasileiro na Associação Internacional de Cartografia (ICA). Com seu carisma e incansável trabalho, faz dos seus orientandos mais que pesquisadores, faz amigos. Tive a oportunidade de tê-lo em bancas de meus orientandos: ao avaliar uma pesquisa, o faz com critério minucioso, que vai desde a forma até o conteúdo científico, tornando sempre o trabalho melhor. Conheci Manoel por meio de Menezes. Manoel é determinado e destemido, e em seu trajeto está a Cartografia e o Geoprocessamento. Os dois juntos, Menezes e Manoel, formam uma boa dupla, o que ficou comprovado pela competência e qualidade do livro *Roteiro de cartografia*. Parabéns!

PROFA. DRA. LUCILENE ANTUNES C. M. DE SÁ
Universidade Federal de Pernambuco (UFPE)
Centro de Tecnologia e Geociências (CTG)
Departamento de Engenharia Cartográfica (DECart)

Prefácio

Cada vez mais o uso de computadores na construção de mapas se torna comum. Assim, qualquer pessoa que possua um *hardware* com alguma capacidade de processamento gráfico e um *software* que trabalhe com dados cartográficos pode construir mapas.

A disseminação das tecnologias de geoprocessamento e a possibilidade de consulta e visualização de informações espaciais por meio da web também atuam como propulsores para a aproximação de um público cada vez menos restrito à Ciência Cartográfica em seus diferentes aspectos.

Com base nesse contexto, configura-se, de maneira crescente, a popularização da Cartografia, enquanto instrumento de construção de representações espaciais, em que mais pessoas passam a trabalhar com Cartografia mesmo sem ter ciência disso.

O processo de popularização é muito importante para a Cartografia, principalmente por sua desmitificação e pela dimensão que ela toma dentro da sociedade, em que os mapas se encontram presentes no cotidiano das pessoas. Além disso, esse processo permitiu o aparecimento de uma grande quantidade de mapas e outros documentos cartográficos, divulgando e disseminando a informação geográfica.

A falta de conhecimento dos conceitos básicos de Cartografia, entretanto, pode gerar uma documentação de qualidade inferior. O que pode ser relacionado ao fato de *softwares* dedicados à construção de representações espaciais darem uma falsa impressão de qualidade de informação, mas que, com a utilização errada de conceitos ou até a falta deles, irão forçosamente surgir erros que certamente comprometerão todo um projeto que seja apoiado cartograficamente.

Preocupado com esse quadro que se estabelece, *Roteiro de cartografia* busca apresentar os principais conceitos clássicos e modernos da Cartografia, sua interligação e integração com o geoprocessamento, e os problemas e impactos causados com a integração de diferentes documentos cartográficos de uma forma que seja de fácil compreensão para diversos públicos.

Com esse objetivo, foi elaborado um documento que abrange um espectro amplo da Cartografia, para dar suporte ao desenvolvimento de projetos e pesquisas de diferentes ramos da ciência e da sociedade como um todo. Foi utilizado como documento-base a obra desenvolvida pelo professor Paulo Márcio Leal de Menezes ao longo de sua jornada como professor e pesquisador da área cartográfica, de sua atuação como professor no Instituto Militar de Engenharia (IME) à sua entrada como professor de Cartografia do Departamento de Geografia da Universidade Federal do Rio de Janeiro (UFRJ), quando sua carreira ganhou maior corpo.

Como professor, Paulo Márcio Leal de Menezes se deparou com alunos que não tinham a Cartografia como fim direto – mas sim como uma importante ferramenta de trabalho e produto de espacialização de fenômenos – e com a falta de uma bibliografia específica para esse público, o que o fez começar a construir notas para as aulas de cartografia, cartografia temática, fotointerpretação e outras disciplinas que ministrava na UFRJ.

Essas notas, com o passar do tempo, foram sendo ampliadas e revisadas, caracterizando um *roteiro* de construção, que teve a contribuição de uma série de alunos e colegas, e começou a se tornar referência para uma série de ex-alunos e profissionais que começaram a ministrar aulas de Cartografia nos cursos de Geografia, Geologia e Turismo, dentre outros que surgiram com mais regularidade no Estado do Rio de Janeiro, a partir do fim da década de 1990.

A mais recente grande revisão desse trabalho foi realizada em 2011, para dar subsídio a funcionários da Petrobrás no desenvolvimento de análises e representações de dados espaciais de interesse da empresa. Com a permissão dessa empresa, a presente obra foi estruturada, um roteiro de cartografia que considera, além dos conceitos básicos, a apresentação das principais transformações cartográficas às quais os dados e informações geográficas são submetidos e, por fim, como elas podem ser representadas em um documento cartográfico. Desse modo, *Roteiro de cartografia* discute a Cartografia enquanto ciência e as fases de elaboração de um mapa, desde a aquisição da informação, passando pelo tratamento, até a sua representação.

Dividido em 11 capítulos, *Roteiro de cartografia* apresenta variados temas e abordagens: o primeiro capítulo retrata a Cartografia enquanto ciência, apresentando sua evolução ao longo do tempo. O segundo apresenta os diferentes campos da Cartografia e como ela funciona como um meio de comunicação. O terceiro capítulo aborda a primeira transformação cartográfica, a transformação geométrica, no que diz respeito à escala. O quarto capítulo dá ênfase à discussão sobre os sistemas geodésicos de referência e sua importância no posicionamento das informações espaciais. Esse capítulo é essencial para a discussão sobre sistemas de coordenadas, que é outra transformação geométrica, apresentada no quinto capítulo. Na sequência, no sexto capítulo, é trabalhada a transformação projetiva, que é a segunda transformação cartográfica abordada, e que tem grande importância na característica de representação da informação geográfica. Os sétimo e oitavo capítulos destinam-se à discussão da última transformação cartográfica a que as informações geográficas são submetidas: as transformações cognitivas. No sétimo capítulo aborda-se a generalização cartográfica e, no oitavo, avalia-se o processo de simbolização. Após toda apresentação dos processos de transformação cartográfica é exposto, no nono capítulo, conceitos de cartografia digital e seus inter-relacionamentos com o geoprocessamento. Além disso, alguns conceitos de estruturas de dados espaciais e geoprocessamento são introduzidos, dando um destaque aos sistemas de informações geográficas. Ainda é feito uma análise da importância desses conceitos e técnicas associadas para a construção de modelos de representação e análise espacial. Finalmente, o décimo e o décimo primeiro capítulos abordam temas relacionados à exibição de mapas, mostrando, respectivamente, os elementos para a elaboração de um projeto e apresentação gráfica e exemplos de técnicas associadas a construção de mapeamento qualitativos e quantitativos.

Sumário

1 **Ciência Cartográfica e a história da Cartografia** 13
   1.1   A Ciência Cartográfica e seu campo de atuação 13
   1.2   O mapa como estrutura de dados e de armazenamento de informações 20
   1.3   Breve história da Cartografia 26

2 **Campos de atuação da Cartografia e comunicação cartográfica** 33
   2.1   Divisão da Cartografia 33
   2.2   Cartografia Especial e Temática 35
   2.3   Comunicação cartográfica 43
   2.4   Informação geográfica e informação cartográfica 47

3 **Escala, escalas e séries cartográficas** 49
   3.1   Conceito de escala 49
   3.2   Formas de expressão de escalas cartográficas 52
   3.3   Erro e precisão gráfica 57
   3.4   Escolha da escala 58
   3.5   Determinação da escala de um mapa 59
   3.6   Transformação de escala de mapa 60
   3.7   Séries cartográficas 60

4 **Sistemas geodésicos de referência** 69
   4.1   A forma da Terra 69
   4.2   O geoide 70
   4.3   O elipsoide ou esferoide 71
   4.4   Sistemas de referência 74
   4.5   Sistemas de referência clássicos 75
   4.6   Sistemas de referência modernos 77
   4.7   Sistemas de referência geodésicos adotados no Brasil 77
   4.8   Transformação de coordenadas em diferentes sistemas geodésicos de referência 81
   4.9   A escolha de uma superfície adequada de referência para o mapeamento 82

5 **Sistemas de coordenadas** 87
   5.1   Sistema de coordenadas planas 89
   5.2   Sistemas de coordenadas tridimensionais ou espaciais 94
   5.3   Sistema de coordenadas locais 102
   5.4   Tempo e fusos horários 106

6	Sistemas de projeção cartográfica	119
6.1	Escala principal e fator de escala	121
6.2	O conceito de distorção	122
6.3	Distorção linear	124
6.4	Propriedades especiais das projeções	128
6.5	Classificação das projeções	130
6.6	Aparência e reconhecimento de uma projeção	133
6.7	Projeções planas ou azimutais	134
6.8	Projeções cilíndricas	139
6.9	Projeções cônicas	145
6.10	Projeção UTM – O sistema UTM	149
6.11	Sistemas topográficos locais nas NB 14166/98 ABNT	156
6.12	Sistema de projeção RTM	160
6.13	Sistema de projeção LTM	160
6.14	Principais projeções cartográficas utilizadas no Brasil	162
7	Generalização cartográfica	163
7.1	Processos de generalização	166
7.2	Princípios de generalização	172
7.3	Simplificação e classificação	172
8	Simbolização cartográfica	179
8.1	Simbolização e informações qualitativas e quantitativas	180
8.2	Símbolos cartográficos	187
8.3	Toponímia	189
9	Cartografia digital, geoprocessamento e construção de modelos de representação e análise espacial	193
9.1	Cartografia digital	194
9.2	Geoprocessamento	202
9.3	Potencialidades e limitações do uso do geoprocessamento para a integração e espacialização de dados e informações	211
10	Projeto e apresentação gráfica	223
10.1	O processo do projeto	223
10.2	Mapas e apresentação gráfica	225
10.3	Elementos gráficos do projeto de mapeamento	228
10.4	Planejamento do projeto de mapeamento	233
10.5	Topônimos e sua disposição em documentos cartográficos	241
11	Mapeamento qualitativo e quantitativo	246
11.1	Mapeamento qualitativo	246
11.2	Mapeamento quantitativo	255
	Referências bibliográficas	280

capítulo 1
Ciência Cartográfica e a História da Cartografia

A noção de Cartografia enquanto um conjunto de técnicas utilizadas com finalidade de representar elementos e fenômenos evidenciados no espaço geográfico é tão antiga quanto a própria humanidade. À medida que os grupos humanos passaram a se organizar coletivamente, as representações espaciais foram criadas para demarcar os núcleos de povoamento e os próprios territórios de caça dessas sociedades mais antigas. Ao longo dos séculos, essas representações, os mapas, foram evoluindo, bem como seus fins foram se tornando mais complexos.

O mapa de Bedolina, por exemplo, traduz detalhadamente uma organização social campestre do período Neolítico (Oliveira, 1971) (Fig. 1.1). Representações como essa, não só traduzem os arranjos espaciais e as limitações técnicas de épocas pretéritas, mas demonstram como o conhecimento da produção de mapas está ligado intimamente com a história da própria humanidade.

Autores como Erwin Raisz (Raisz, 1969), indicam que a história dos mapas é mais antiga do que a própria História da humanidade, tendo em vista que a confecção dessas representações antecede a própria invenção da escrita. Antigos exploradores e estudiosos de povos primitivos evidenciaram que povos pré-históricos dominavam a habilidade do traçado de mapas muito antes de tomarem conhecimento da escrita textual.

É perceptível que, ao longo dos séculos, as técnicas de produção dos documentos cartográficos foram se aprimorando, passando de representações entalhadas em pedras até mapas tridimensionais gerados e visualizados em ambientes computacionais. A preocupação com o detalhamento e aperfeiçoamento das feições representadas sempre esteve presente nas pesquisas cartográficas, mas, no entanto, a pesquisa científica e a preocupação epistemológica foram postergadas.

Fig. 1.1 Mapa de Bedolina, Capo di Ponte, Itália, 3000 a.C.-1000 a.C. (Idade do Bronze)
Fonte: disponível em <http://commons.wikimedia.org>.

1.1 A Ciência Cartográfica e seu campo de atuação

Como qualificar a Cartografia? Uma declaração interessante redigida pelo cartógrafo Cêurio de Oliveira, oferece uma possibilidade de trabalho significativa. Para o autor, a

> [...] Cartografia – com a sua feição e técnica, próprias, inconfundíveis – não pode constituir uma ciência, como é, por exemplo, a Geografia, a Geodésia, a Geologia etc. Tampouco representa uma arte, de elaboração criativa, individual, capaz de produzir diferentes emoções, conforme a sensibilidade de cada um [...], mas é, sem dúvida alguma, um método científico que se destina a expressar fatos e fenômenos observados na superfície da Terra, e, por extensão, na de outros astros, [...] através de simbologia própria (Oliveira, 1988).

Um método científico a serviço de outras ciências: seria esse o papel da Cartografia no plano acadêmico?

Essa visão, que aponta a Cartografia como um método, também é compartilhada por Lacoste, quando o autor faz a seguinte proposição:

> o método que permite pensar eficazmente, estrategicamente, a complexidade do espaço terrestre é fundamentado, em grande parte sobre a observação das intersecções dos múltiplos conjuntos espaciais que se podem formar e isolar pelo raciocínio e pela observação precisa de suas configurações cartográficas (Lacoste, 1988).

De fato, a Cartografia possui uma dimensão técnica comprometida com a precisão e a acurácia das representações. Nessa visão, ela é considerada uma tecnologia voltada para a produção de mapas, responsável pela aquisição de dados, *design* de mapas, sua produção e reprodução. Novas mídias e métodos eletrônicos e computacionais revolucionaram a produção e a apresentação das informações mapeadas. Nesse aspecto tecnológico, cabe, ainda, à Cartografia o planejamento e a execução do mapeamento sistemático (Robinson et al., 1995).

Segundo Kanakubo (1995), até o início da segunda metade do século XIX, a pesquisa cartográfica fazia-se com a milícia em mente, focando na tecnologia empregada nos levantamentos e na topografia militar. A ênfase estava na técnica, e a prática se sobrepunha à teoria. As pesquisas sobre formas de representação do relevo, sistemas de projeções, cores de mapas, bem como a elaboração de diversos tipos de atlas eram vastas. No entanto, esse período foi marcado por tentativas iniciais de instituir a Cartografia como uma ciência.

Sua forte ligação com a Geografia permite que tanto os fenômenos de ordem física quanto os de ordem social sejam generalizados e apresentados em representações planas ou tridimensionais, impressas ou virtuais. O grande ganho proporcionado é que todas essas representações são compactas e fáceis de serem assimiladas, permitindo uma visão prática de um dado recorte espacial, podendo orientar estudos pré-campo ou até dispensar alguns deles, se as informações oferecidas forem satisfatórias ao pesquisador. Além disso, as representações cartográficas podem orientar educadores no processo de ensino e aprendizado da Geografia no âmbito escolar.

Do ponto de vista administrativo, os mapas temáticos e as cartas de base são referenciais para obras públicas – e outros projetos de intervenção –, para o controle dos recursos naturais e para a logística das atividades econômicas. Em termos práticos, pode-se constatar que a Cartografia oferece importantes condições de trabalho para projetos nas áreas de análise ambiental e gestão territorial, tanto no plano acadêmico quanto no plano da administração pública. Essa vem a ser a dimensão aplicada da Cartografia, mas isso não significa que ela é um método ou uma mera ferramenta analítica (Fig. 1.2).

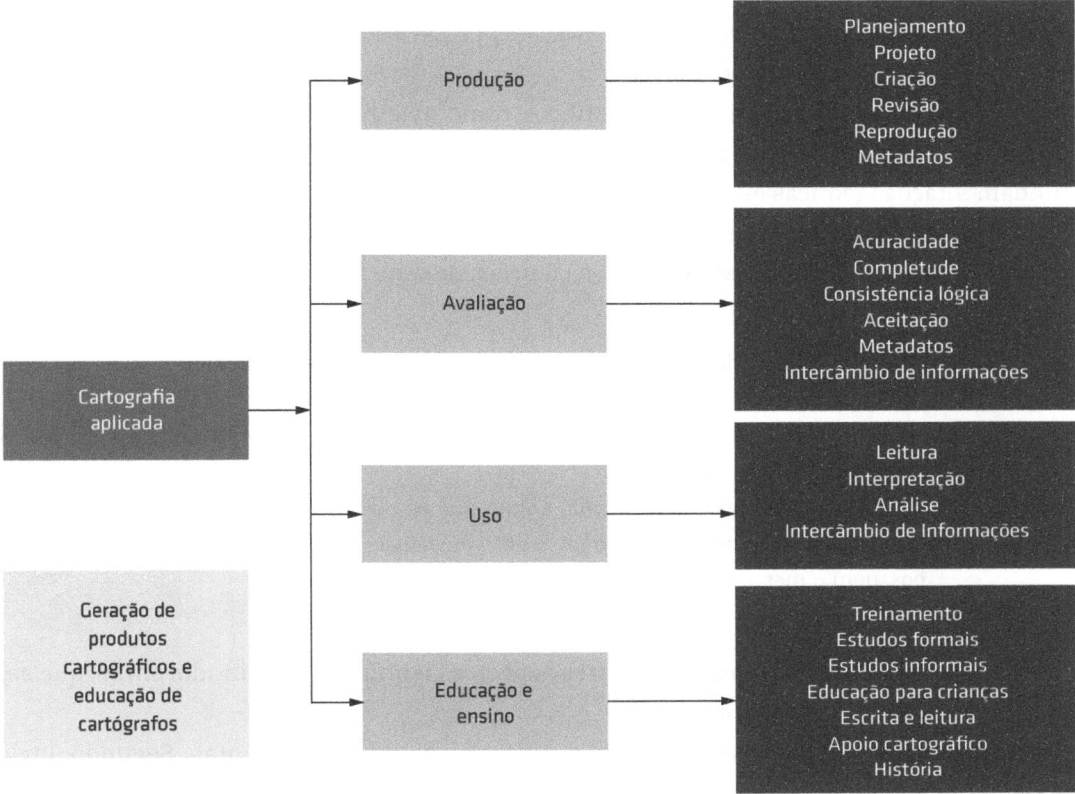

Fig. 1.2 Propósitos da Cartografia Aplicada

Na verdade a Cartografia se apresenta como uma ciência aplicada, comprometida diretamente com a formulação de teorias estabelecidas para solucionar problemas práticos. Assim, ela possui uma teoria própria, um método de investigação: observa, questiona, acumula conhecimentos e atua em áreas do conhecimento como uma ciência aplicada, portanto, seria ela uma ciência?

A teoria cartográfica está estruturada em elementos como a linguagem cartográfica, modelagem cartográfica, comunicação cartográfica, gerenciamento de dados geoespaciais, processamento e visualização de dados espaciais. Com essas fundamentações pode-se estabelecer aproximações entre a produção científica e a produção cartográfica. Assim, pode-se alimentar o seguinte questionamento: *o que faz uma ciência?*

Respondendo a essa pergunta, a ciência seria entendida como um sistema de aquisição do conhecimento, ou seja, a acumulação de conhecimentos sistemáticos, ou até uma estrutura organizada do conhecimento. Por sua vez, uma ciência é suportada pela investigação dos fenômenos e aquisição de novos conhecimentos, baseada na observação e no questionamento. De forma mais analítica, o conhecimento científico é um conhecimento sistemático, que se propõe a analisar, explicar, induzir e predizer questionamentos pertinentes a fenômenos reais.

A ciência busca demonstrar uma verdade dos fatos pela experimentação, empregando um método e uma forma de pensar organizada e processual, com o intuito de compreender a natureza de um determinado problema e apresentar soluções para ele. Por essa razão, a ciência constitui um conhecimento verificável, que tende a ser exato, e, por conseguinte, trata-se de um conhecimento falível.

A verdade científica permite a contestação, porque isso configura um dos caminhos da evolução desse conhecimento. Considerando-se que a Cartografia configura um sistema que produz e acumula conhecimentos científicos como objetivos, baseia-se na elaboração de questionamentos próprios – referentes a como representar –, possui métodos de trabalho e fundamentações teóricas específicas, portanto, ela pode ser considerada uma ciência.

Outra aproximação pode ser estabelecida, tomando por base as proposições de Marina Marconi e Eva Lakatos. Para as autoras, as ciências, de uma forma geral possuem:

a) Objeto ou finalidade – preocupação em distinguir a característica comum ou as leis gerais que regem determinados eventos;
b) Função – aperfeiçoamento, por meio do crescente acervo de conhecimentos, da relação do homem com seu mundo;
c) Objeto – subdividido em: *material*, aquilo que se pretende estudar, analisar, interpretar ou verificar, de modo geral; *formal*, o enfoque espacial, diante das diversas ciências que possuem o mesmo objeto material (Marconi; Lakatos, 1985).

A Cartografia, de fato, possui esses três aspectos científicos, permitindo, então, que seja posicionada no campo das ciências.

Outro aspecto importante que define uma ciência são as perguntas. Segundo Taylor (1991), com seus mapas, a Cartografia tem se encarregado de responder a uma pergunta: *onde?* Na era da informação, com novos conceitos e técnicas, ela também deve responder outras questões – *por quê?*, *quando?*, *por quem?* e *para que finalidade?* –, visando transmitir ao usuário uma compreensão sobre uma variedade mais ampla de temas do que era necessário anteriormente.

Outra pergunta incumbida à Cartografia, e não ressaltada por Taylor, é *como representar?* Tendo em vista que novas perspectivas de análise podem ser atribuídas aos dados espaciais, cabe aos responsáveis pela elaboração dos mapas buscarem na Cartografia possíveis respostas para essa pergunta. Além da necessidade de serem lidos, os dados mapeados poderão ser visualizados, manipulados e atualizados pelos usuários.

A fim de investigar as temporalidades das representações cartográficas, Bruno Rossato (Rossato, 2006) dedica uma parte de sua obra para discutir o papel da Cartografia enquanto ciência. De acordo com esse autor, a Cartografia é estabelecida como ciência, pois especifica seu campo de atuação – caberia a ela o estudo teórico das leis e princípios que regem a linguagem gráfica. Entende-se por linguagem, ou representação gráfica, um sistema de sinais percebido e concebido pela mente humana, atendendo a propósitos de armazenar, compreender e comunicar. Baseada na percepção visual, a Cartografia se apresenta como um sistema monossêmico (Bertin, 1983).

Definida a Cartografia enquanto ciência, podem ser relacionados componentes da teoria cartográfica e seus respectivos campos de ação (Fig. 1.3).

Ratificando um dos desfechos da discussão estabelecida por Rossato (2006), a Cartografia precisa participar intensamente da luta por seu aprimoramento epistemológico. A teorização cartográfica aponta para diversas possibilidades de investigação sobre as representações, uma vez que elas almejam acompanhar o mesmo grau de complexidade presente na realidade.

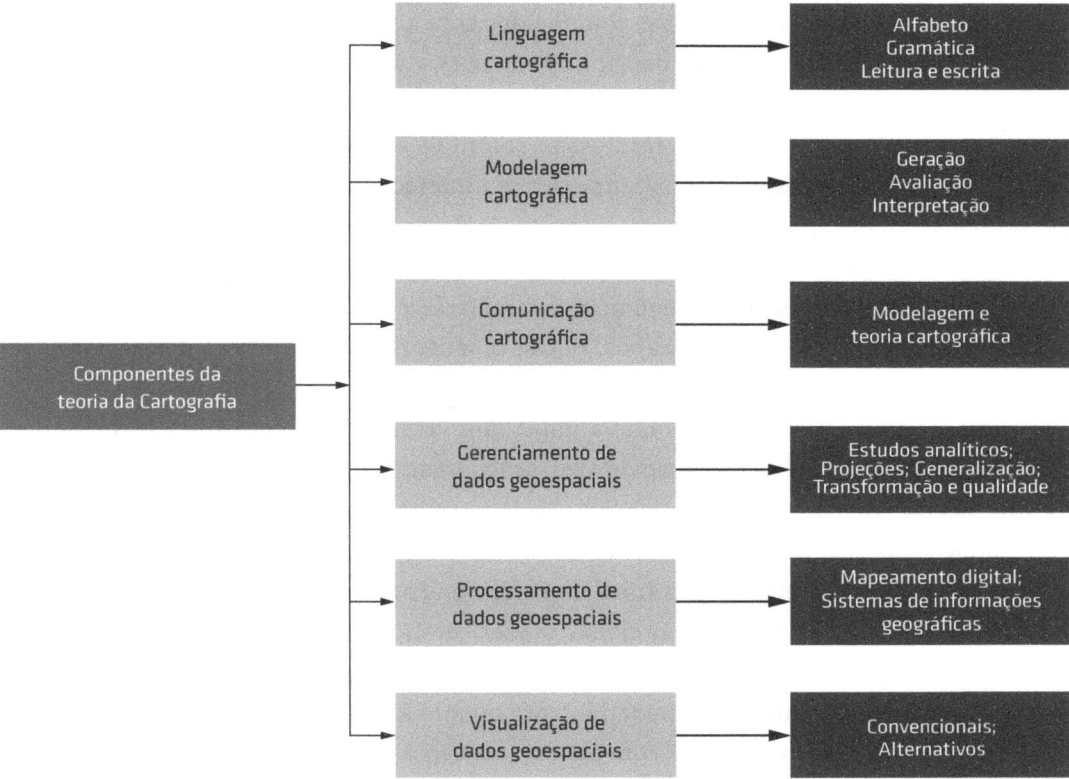

Fig. 1.3 Cartografia Científica: componentes da teoria cartográfica e seus respectivos campos de ação

Nutrindo-se de procedimentos analíticos, a Cartografia também objetiva compreender a diversidade de fatores que compõem a dimensão real, buscando traduzi-los de uma forma inteligível. Portanto, ela não se preocupa apenas com os fins, nem tão pouco se apresenta apenas como uma ferramenta de processamento para ilustrar dados geográficos que possuem uma componente espacial.

A Ciência Cartográfica deve buscar uma colocação efetiva ao lado das demais geociências, tendo em vista seu vasto campo epistemológico e metodológico. Assim, a Cartografia não pode ser vista unicamente como uma engenharia ou mera aplicação de conhecimentos técnicos, pois, assim como outras ciências, ela possui uma engenharia, voltada para aplicar os conhecimentos produzidos em situações utilitaristas, estruturadas na lógica de projeto e produto.

Em essência, a cartografia coexiste contida na interseção de três esferas: a ciência, a técnica e a arte (Fig. 1.4). Discorrendo sobre o processo de assimilação das informações cartográficas pela mente humana, Tyner (1992) ratifica que a natureza cartográfica torna-se evidente para seus praticantes, pois eles percebem a interação dos elementos artísticos, criativos e analíticos aos elementos

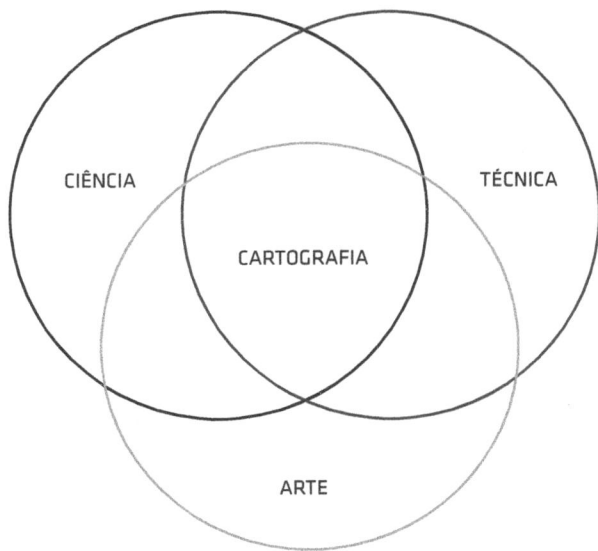

Fig. 1.4 A cartografia como interseção entre arte, ciência e técnica

científicos do processo cartográfico e, combinados com a natureza espacial de mapas, apela para os dois hemisférios cerebrais na abordagem da criação.

A Cartografia engloba, portanto, todas as atividades que vão do levantamento de campo ou da pesquisa bibliográfica até a impressão definitiva e à publicação do mapa elaborado. Ela é ao mesmo tempo uma ciência, uma arte e uma técnica. Com efeito, ela implica, por parte do cartógrafo, um conhecimento aprofundado do assunto a ser cartografado e dos métodos de estudo que lhe concernem, uma prática comprovada da expressão gráfica com suas possibilidades e seus limites, enfim, uma familiaridade com os modernos procedimentos de criação e de divulgação dos mapas, desde o sensoriamento remoto até a cartografia computadorizada, passando pelo desenho manual e pela impressão (Joly, 1990).

A arte na Cartografia corresponde à habilidade do cartógrafo em sintetizar os vários ingredientes envolvidos no processo de abstração, organizando-os em um todo que facilite a comunicação de ideias (Dent, 1999). A Cartografia mais científica preocupa-se com a disseminação do conhecimento espacial.

O objetivo da arte visual é mais difícil de expressar. Pode-se dizer que ela possui objetivos básicos, como, por exemplo, proporcionar prazer estético pelos estímulos de visuais. Em muitos casos, especialmente na Cartografia, ela tomou a forma relativamente rudimentar de *ornamentação*. Essa ornamentação poderia, tanto quanto a cartográfica em causa, muito bem ser considerada uma forma de arte, com base na concepção acrítica e popular de que gráficos, e qualquer coisa mais complexa, sejam, por assim dizer, artísticos.

Mesmo assumindo que as fronteiras de fantasia, cartelas ornamentais, letras curvilíneas e outros elementos decorativos – tão comuns em mapas mais antigos, e ainda assim não incomuns – são uma fonte de prazer para o leitor, não parece ilógico sugerir que a arte não aumenta a qualidade funcional do mapa. Pelo contrário, pode realmente diminuí-la, porque a atenção pode ser atraída para essas exposições de destreza manual, quando deveria estar preocupada com os dados apresentados para o consumo. Tal como acontece com a ornamentação, o uso da cor em mapas também foi realizado como prova irrefutável de que existe arte estética na Cartografia. De vez em quando, um cartógrafo vai incluir algo para fins estéticos ou se, por alguma técnica ou outra, introduzir um pouco de leveza ao mapa, não altera a premissa básica exposta no início do parágrafo (Robinson, 1952).

1.1.1 Definições e conceito de Cartografia

Etimologicamente, cartografia é uma palavra derivada do grego *graphein*, significando escrita ou descrita, e do latim *charta*, com o significado de papel, mostra, portanto uma estreita ligação com a apresentação gráfica da informação, com sua descrição em papel. Foi criada em 1839 pelo historiador português Visconde de Santarém, em carta escrita em Paris e dirigida ao historiador brasileiro Adolfo Varnhagen. Antes de o termo ser divulgado e, consequentemente, consagrado na literatura mundial, usava-se tradicionalmente como referência, o vocábulo *Cosmografia*, que significa astronomia descritiva (Oliveira, 1988).

Uma definição simplista pode ser estabelecida, apresentando-a como a "ciência que trata da concepção, estudo, produção e utilização de mapas" (Oliveira, 1988). Outras definições, mais complexas e mais atualizadas fornecem uma visão mais profunda dos elementos, funções e processos que a compõem, tais como a estabelecida pela Associação Cartográfica Internacional (ICA, 1992), em 1973, que a apresenta como:

> A arte, ciência e tecnologia de construção de mapas, juntamente com seus estudos como documentação científica e trabalhos de arte. Nesse contexto, mapa deve ser considerado como incluindo todos os tipos de mapas, plantas, cartas, seções, modelos tridimensionais e globos, representando a Terra ou qualquer outro corpo celeste.

No entanto, a definição de Fraser Taylor, apresentada em 1991 (Taylor, 1991), mostra uma nova visão, nos seguintes termos:

> [...] ciência que trata da organização, apresentação, comunicação e utilização da geoinformação, sob uma forma que pode ser visual, numérica ou tátil, incluindo todos os processos de elaboração, após a preparação dos dados, bem como o estudo e utilização dos mapas ou meios de representação, em todas as suas formas.

Essa é uma das definições mais atualizadas incorporando conceitos que não eram citados antes, mas, nos dias atuais, praticamente já estão diretamente associados à Cartografia. Ela extrapola o conceito da apresentação cartográfica – em decorrência da evolução dos meios de apresentação – para todos os demais meios compatíveis com as modernas estruturas de representação da informação. Apresenta o termo geoinformação – caracterizando um aspecto relativamente novo para a Cartografia em concepção, mas não em utilização, pois é uma abordagem diretamente associada à representação e armazenamento de informações. Trata-se, porém, de associar a Cartografia como uma ciência de tratamento da informação – mais especificamente de informações gráficas – que esteja vinculada à superfície terrestre, seja ela de natureza física, biológica ou humana. Dessa forma, a informação geográfica sempre será a principal informação contida nos documentos cartográficos.

Fica evidenciado, de maneira geral, que a Cartografia tem por objetivo o estudo de todas as formas de elaboração, produção e utilização da representação da informação geográfica. Continua a caracterizar a importância do mapa – uma das principais formas de representação da informação geográfica –, incluindo, porém, outras formas de representação e aspectos de armazenamento da informação cartográfica, principalmente os definidos por meios computacionais.

A utilização de mapas e cartas é um aspecto bastante desconsiderado pelos usuários da cartografia. A grande maioria dos usuários utiliza mapas e cartas sem conhecimentos cartográficos suficientes para a obtenção de um rendimento aceitável, que o documento poderia oferecer. Geralmente, um guia de utilização é desenvolvido – por meio de manuais distintos ou legendas específicas e detalhadas –, destinado a usuários que possuem uma formação cartográfica limitada. Cabe ao usuário, no entanto, uma boa parcela do sucesso de um documento cartográfico, podendo a sua divulgação e utilização ser equiparada à de um livro. Um documento escrito sem leitores pode perder inteiramente a finalidade de sua existência e, da mesma forma, isso pode ser estendido para um mapa, ou seja, um mapa mal lido ou mal-interpretado pode induzir a informações erradas sobre os temas apresentados.

1.1.2 A Cartografia atuando em concurso com outras ciências

Atreladas à Cartografia estão outras ciências e técnicas afins, que auxiliam no processo de aquisição de informações, na elaboração dos temas a serem mapeados, na construção das bases cartográficas, no gerenciamento de dados espaciais, na extração de múltiplas análises com as informações mapeadas, na investigação de registros cartográficos de épocas pretéritas, no fornecimento de subsídios para a administração pública, na construção de processos educativos por meio dos mapas, na produção de registros cartográficos relativos a parcelas imobiliárias, na geração de representações tridimensionais e na atualização de documentos cartográficos relativamente defasados.

Os profissionais envolvidos com Cartografia encontram sustentação às suas necessidades em ramificações dela mesma, como a História da Cartografia, a Cartografia Histórica, a Cartografia Escolar, a Cartografia Temática, a Cartografia Digital e a Cartografia Multimídia. Em outros casos, esses profissionais irão buscar auxílio em campos como a Geodésia, a Fotogrametria, o Sensoriamento Remoto, o Geoprocessamento, o Cadastro Técnico Multifinalitário e a Topografia.

1.2 O mapa como estrutura de dados e de armazenamento de informações

O termo mapa é utilizado em diversas áreas do conhecimento humano como sinônimo de um modelo do que ele representa. Na realidade, deve ser um modelo que permita conhecer a estrutura do fenômeno que se está representando. Mapear, então, pode ser considerado mais do que simplesmente interpretar apenas o fenômeno, mas, sim, ter-se o próprio conhecimento do fenômeno que se está representando. A Cartografia vai fornecer um método ou processo que permitirá a representação de um fenômeno, ou de um espaço geográfico, de tal forma que a sua estrutura espacial será visualizada, permitindo que se infiram conclusões ou experimentos sobre a representação (Kraak; Ormeling, 1996).

Os mapas podem ser considerados para a sociedade tão importantes quanto a linguagem escrita. Caracterizam uma forma eficaz de armazenamento e comunicação de informações que possui características espaciais, abordando tanto aspectos naturais (físicos e biológicos) como sociais, culturais e políticos (Fig. 1.5 e Fig. 1.6).

1.2.1 Conceito de mapa

A apresentação visual de um mapa pode variar de uma forma altamente precisa e estruturada, até algo genérico e impressionista, como um esboço ou croqui. Em razão da variedade de representações, não é fácil definir o termo mapa, muito embora o seu significado seja claro em todos os contextos. Por outro lado, a palavra mapa possui algumas características significativamente restritivas, de acordo com a forma que for apresentada:

- A representação é dimensionalmente sistemática, uma vez que existe um relacionamento matemático entre os objetos representados. Esse relacionamento, estabelecido entre a realidade e a representação é denominado escala.
- Um mapa é uma representação plana, ou seja, está sobre uma superfície plana. Uma exceção é a representação em um globo.

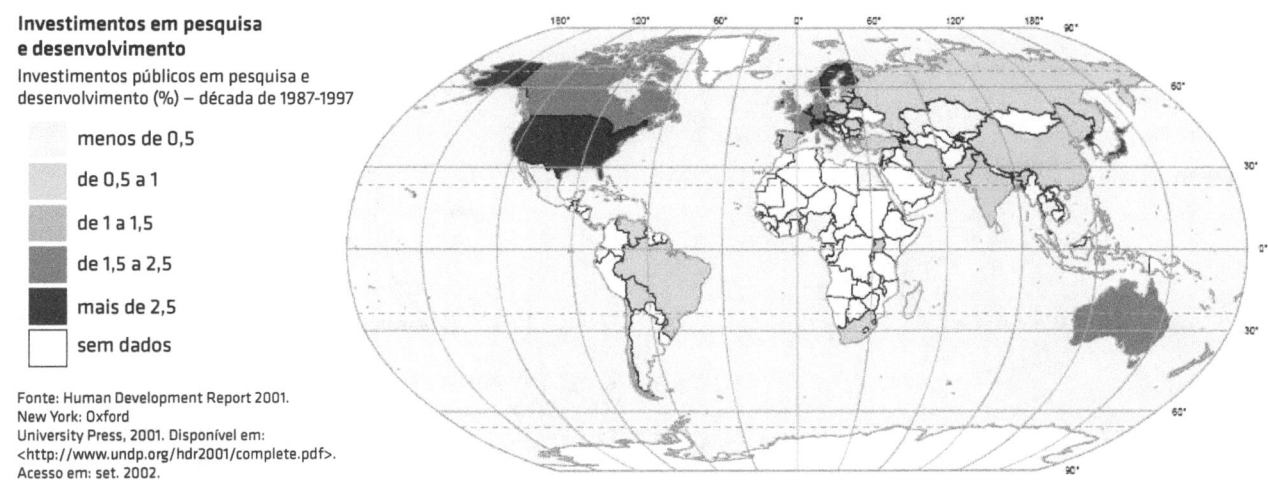

Fig. 1.5 Mapa de investimento em pesquisa e desenvolvimento
Fonte: IBGE (2004).

- Um mapa pode mostrar apenas uma seleção de fenômenos geográficos, que de alguma forma foram generalizados, simplificados ou classificados. É diferente de uma fotografia ou imagem, que exibe tudo que afetou a emulsão do filme ou foi captado pelo sensor.

O conceito de mapa é caracterizado como uma representação plana, dos fenômenos sociobiofísicos, sobre a superfície terrestre, após a aplicação de transformações, a que são submetidas as informações geográficas (Menezes, 2000). Por outro lado, um mapa pode ser definido como uma abstração da realidade geográfica e considerado como uma ferramenta poderosa para a representação da informação geográfica de forma visual, digital ou tátil (Board, 1975).

Segundo Deetz (1943), o propósito dos mapas é ajudar o homem a conhecer o que o rodeia, sendo um meio útil para poder dispor os produtos geográficos e estimular os horizontes de pesquisa. No processo de compilação de um mapa, a principal finalidade deve ser a de se apresentar uma maneira de lê-lo mediante um método sintético, de acordo como a fisionomia atual da superfície terrestre é representada. O mapa "deve apresentar, da maneira mais compreensível, certos grupos de fatos e relações das quais, quem o tenha de usar, possa deduzir conclusões adequadas ao objeto do seu estudo" (Deetz, 1943).

Para um elevado número de aplicações, é indiscutível a importância da estrutura de representação da informação geográfica, em essência dos mapas e da Cartografia. Com eles se pode representar todos os tipos de informações geográficas, bem como a estrutura, função e relações que ocorram entre eles. Pela caracterização de suas aplicações, pode-se utilizá-los em quaisquer campos do conhecimento que permitam vincular a informação à superfície terrestre.

1.2.2 Definição de mapa

As definições de mapas, com ligeiras diferenças englobam um núcleo comum, que, uma vez caracterizado, não deixa nenhuma margem a dúvidas sobre seus objetivos e abrangência. Esse núcleo envolve as informações que serão representadas e as transformações à

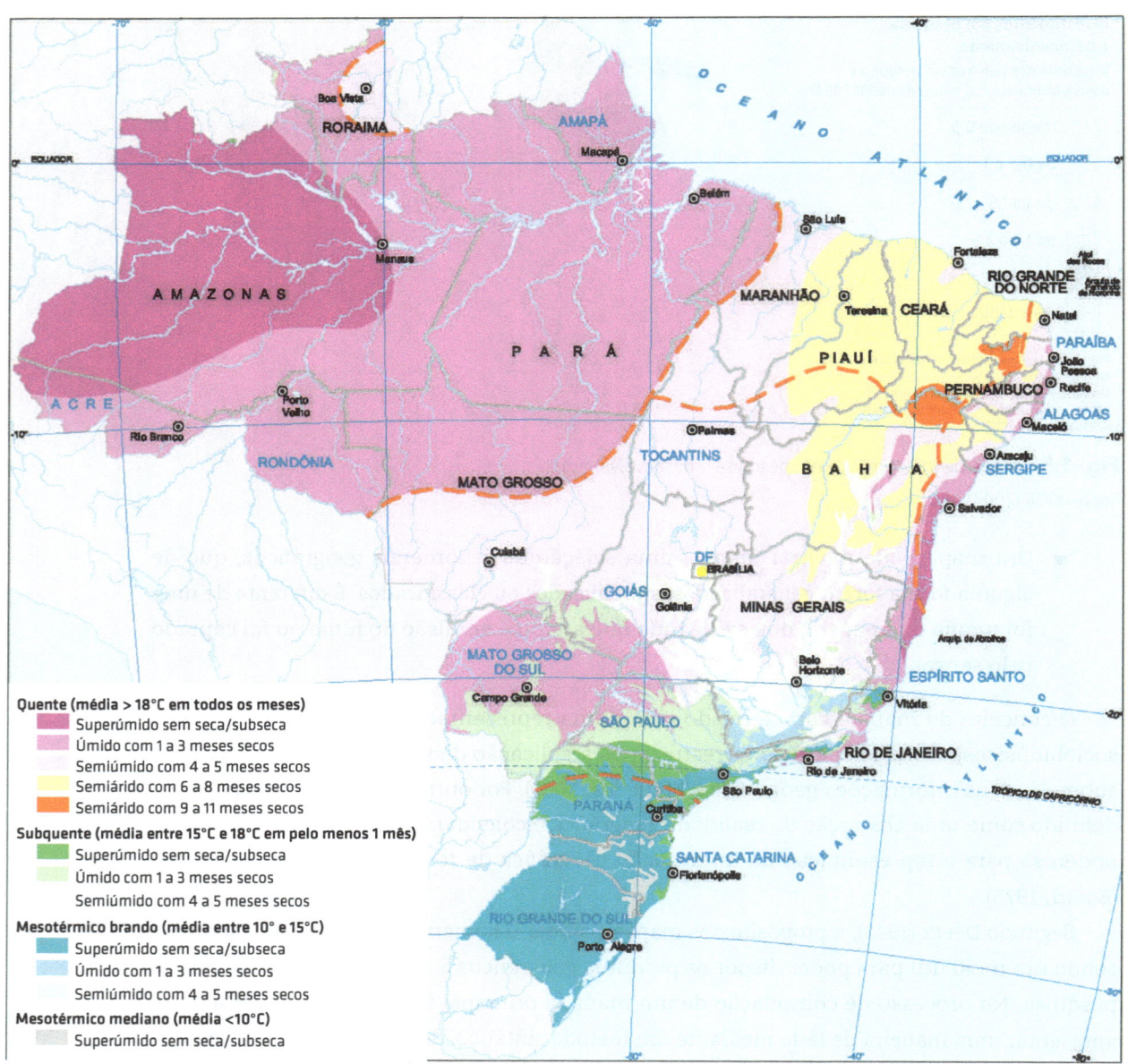

Fig. 1.6 Mapa da distribuição climática no Brasil
Fonte: Nimer (1979) e IBGE (2004).

que estarão sujeitas, para que possam ser representadas por alguns dos possíveis meios gráficos de visualização.

Existe uma grande gama de definições de mapas, entretanto, algumas devem ser destacadas, como a estabelecida por Robinson et al. (1995), em que "mapa é a representação gráfica de conjuntos geográficos", e uma das mais modernas definições, referente a Thrower (1996), que estabelece o mapa como "uma representação, usualmente sobre uma superfície plana, de toda ou de uma parte da superfície terrestre, mostrando um grupo de feições, em termos de suas posições e tamanhos relativos". A definição formal de mapa aceita e difundida pela Sociedade Brasileira de Cartografia estabelece como a representação cartográfica plana dos fenômenos da sociedade e da natureza, observados em uma área suficientemente extensa para que a curvatura terrestre não seja desprezada e algum sistema de projeção tenha de ser adotado, para traduzir com fidelidade a forma e dimensões da área levantada (SBC, 1977).

1.2.3 Classificação dos mapas

Classificar mapas em categorias distintas é uma tarefa quase impossível por causa do número ilimitado de combinações de escalas, assuntos e objetivos. Existem tentativas de classificações que permitem agrupar mapas segundo algumas de suas características básicas, não existindo, porém, um consenso sobre essas classificações.

Nesse contexto, são apresentadas as classificações que melhor estão adaptadas e aceitas pela comunidade cartográfica. Algumas são conclusões oriundas de aglutinações e combinações de diversos autores.

Inicialmente, a própria divisão da Cartografia já fornece uma divisão formal, pela função exercida pelos mapas. Encontram-se assim mapas de referência ou de base e mapas temáticos, possuindo características e funções já descritas na divisão da Cartografia. Essa divisão é apresentada com mais propriedade no próximo capítulo.

Quanto à escala de representação, mapas podem ser classificados em, muito pequena, pequena, média, grande e muito grande. Alguns autores, como Robinson et al. (1995) e Bakker (1965), dividem apenas em três grandes grupos: pequena, média e grande. É difícil, porém, determinar o limiar de cada escala, pois o conceito de grande, médio e pequeno é bastante subjetivo e está associado a um valor numérico de escala, que é definida para estabelecer uma referência ao tamanho relativo dos objetos representados. Também é possível classificar os mapas segundo características globais, regionais e locais (Robinson et al., 1995; Bakker, 1965).

Definem-se ainda como plantas, os mapas caracterizados por escalas grandes e muito grandes. São mapas locais e normalmente não exigem métodos geodésicos para sua elaboração, utilizando a topografia para a sua elaboração, envolvendo apenas transformações de escala. Podem ser definidas como "a representação cartográfica plana dos fenômenos da natureza e da sociedade, observados em uma área tão pequena que os erros cometidos nessa representação, desprezada a curvatura da Terra, são negligenciáveis" (SBC, 1977).

É comum a referência ao termo carta para referenciar um mapa. Procurando fornecer um conceito e não uma definição formal, os mapas são caracterizados por representar um todo geográfico, podendo estar em qualquer escala, seja ela grande, média ou pequena. Por exemplo: mapa do Brasil, na escala 1:5.000.000; mapa do Estado de Minas Gerais, na escala 1:2.500.000; mapa de uma ilha, na escala 1:10.000; mapa de uma feição geomorfológica, na escala 1:5.000.

A carta, por sua vez, é caracterizada por representar um todo geográfico em diversas folhas, pois a escala de representação não permite a sua representação em uma única folha. Como exemplos, podem ser citados as escalas de mapeamento sistemático do Brasil, caracterizando diversas cartas de representação: carta do Brasil, na escala 1:1.000.000 (Fig. 1.7), e cartas do município do Rio de Janeiro, na escala 1:10.000 (Fig. 1.8). O conjunto de todas as folhas caracteriza uma carta, ou seja, a representação do todo geográfico que se deseja mapear.

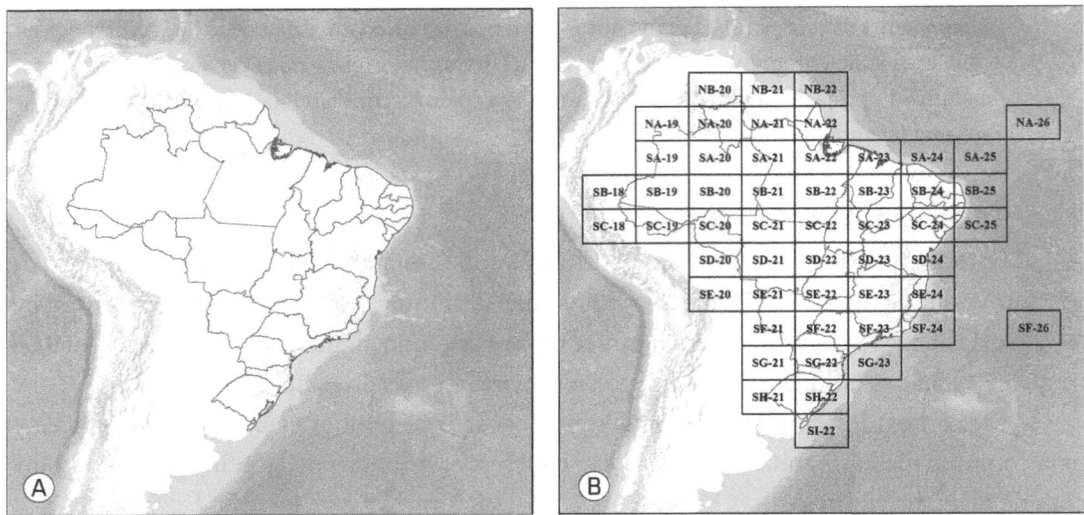

Fig. 1.7 A) Caracterização de mapa do Brasil; e B) divisão das cartas ao milionésimo

Fig. 1.8 Estrutura das folhas da carta do município do Rio de Janeiro na escala 1:10.000

1.2.4 Meios e mídias de apresentação de mapas

Até o início da década de 1980, os mapas em papel eram considerados um dos poucos meios cartográficos de representação e armazenamento, além de ser o produto final de apresentação, da informação geográfica. O desenvolvimento tecnológico ampliou a capacidade de representação e armazenamento da informação, incorporando conceitos de exibição de mapas em telas gráficas de monitores de vídeo, mapas voláteis, bem como caracterizando meios magnéticos de armazenamento de informação, tais como: CD-ROM, discos rígidos, fitas magnéticas, disquetes etc., como forma numérica de representação.

Os mapas em papel possuem uma característica analógica – uma forma de representação permanente da informação – definindo um modelo de dados e armazenamento, como também um modelo de transferência da informação para os usuários (Clarke, 1995).

Os mapas apresentados em telas gráficas correspondem àqueles que possuem uma capacidade de visualização temporária da informação, e a transferência é estabelecida segundo a vontade ou a necessidade de ser visualizada. Essa visualização pode ocorrer por meio de cópias em papel.

Sob esse enfoque, os mapas podem ser classificados de acordo com seus atributos de visibilidade e tangibilidade (Moellering, 1980; Cromley, 1992; Kraak; Ormeling, 1996):

- **Mapas analógicos ou reais:** têm características permanentes, diretamente visíveis e tangíveis, tais como mapas convencionais em papel, cartas topográficas, atlas, ortofotomapas, mapas tridimensionais, blocos-diagramas. Existe, porém, uma característica da informação: ser permanente, isto é, não pode ser atualizada, a não ser por processos de construção de novo mapa.
- **Mapas virtuais do tipo I:** diretamente visíveis, porém, não tangíveis e voláteis, ou seja, não permanentes, como a representação em um monitor de vídeo e mapas cognitivos. Nesse caso, apenas a visualização não é permanente. A informação, entretanto, possui os mesmos problemas de atualização.
- **Mapas virtuais do tipo II:** são aqueles que não são diretamente visíveis, porém, possuem características analógicas e permanentes como meio de armazenamento da informação. Os modelos anáglifos de qualquer espécie, dados de campo, hologramas armazenados, CD-ROM, *laserdisc* etc. A informação contida só poderá ser modificada por processos completos de atualização.
- **Mapas virtuais do tipo III:** têm características não visíveis e não permanentes, podendo-se incluir nessa classe a memória, discos e fitas magnéticas, animação em vídeo, modelos digitais de elevação (inclusos aqui os modelos digitais de terreno) e mapas cognitivos de dados relacionais geográficos.

Pode-se incluir, ainda, uma quinta categoria, a dos mapas que podem ser considerados dinâmicos. Nessa categoria algumas distinções poderão ser tratadas (Peterson, 1995):

- **Mapas que apresentam dinamismo das informações:** mais precisamente, os que representam fluxos, movimentos ou desenvolvimentos temporais de um dado tipo de informação;
- **Mapas animados:** apresentam as mesmas características dos mapas anteriores, porém mostrando dinamismo em sequências animadas. São de características tipicamente computacionais.
- **Mapas dinâmicos em tempo real:** por serem associados a sensores que fornecem informação em tempo real, têm capacidade de associá-la e representá-la praticamente ao mesmo tempo da recepção.

Segundo essa abordagem, os mapas podem ser vistos como um modelo dinâmico de apresentação gráfica da realidade geográfica.

1.3 Breve história da Cartografia

Como já mencionado, o histórico da Cartografia é tão extenso como a própria história da Humanidade. As primeiras representações espaciais deixadas por povos da pré-história eram gravadas em pedra e traduziam um pouco das práticas culturais e da organização desses povos. As pinturas rupestres exibidas na Fig. 1.9 trazem um exemplo disso.

Fig. 1.9 Pinturas rupestres encontradas na serra da Capivara/PI

A história da Cartografia mostra o conhecimento crescente do ser humano em relação ao espaço terrestre. Com a formação das primeiras civilizações, esses conhecimentos adquirem importância, deixando de desempenhar apenas uma função prática – de apresentar conhecimentos sobre uma determinada área geográfica –, passa a embutir um valor simbólico, que representa o poder e o domínio de alguns grupos. Não se sabe quando o primeiro "cartógrafo" elaborou o primeiro mapa. Não há dúvidas, porém, que esse mapa seria uma representação bastante bruta riscada em argila, areia ou desenhada em uma rocha.

Na Antiguidade, um dos mapas conhecidos data de aproximadamente 2500 a.C. (Nuzi-Kirkuk, dinastia de Sargon de Akkad, 2400 a.C. a 2200 a.C.), mostrando montanhas, corpos d'água e outras feições geográficas da Mesopotâmia, gravadas em tábuas de argila, como os mapas de Ga-Sur, mostrados na Fig. 1.10.

Pode-se facilmente mostrar a evolução do mundo conhecido pela apresentação do espaço conhecido pela Cartografia. Do conhecimento das partes, gradativamente, amplia-se o conhecimento do mundo, até se alcançar o todo geográfico global. Hoje, a ampliação do conhecimento do espaço já extrapola o planeta Terra, e já são publicados mapas da Lua, Marte e de outros planetas.

A história da Cartografia e o estudo dos mapas históricos permitem definir o conhecimento do espaço geográfico dos povos antigos, a sua ampliação, muitas vezes motivada pela evolução das técnicas de locomoção e dos transportes, bem como a ampliação dos domínios do conhecimento do espaço geográfico. Dessa forma, o estudo de mapas históricos permite estabelecer o conhecimento do espaço geográfico, bem como a sua posição sobre a Terra. Além disso, é possível estabelecer-se parâmetros sobre a instalação e ocupação de terras, a rede hidrográfica – primeiras vias de penetração em terras desconhecidas –, riquezas e outras informações sobre cultura e costumes.

Na Idade Antiga, os gregos deram grande impulso à Cartografia. A Cartografia do período greco-romano influenciou a elaboração de mapas tal como os conhecemos nos dias de hoje,

 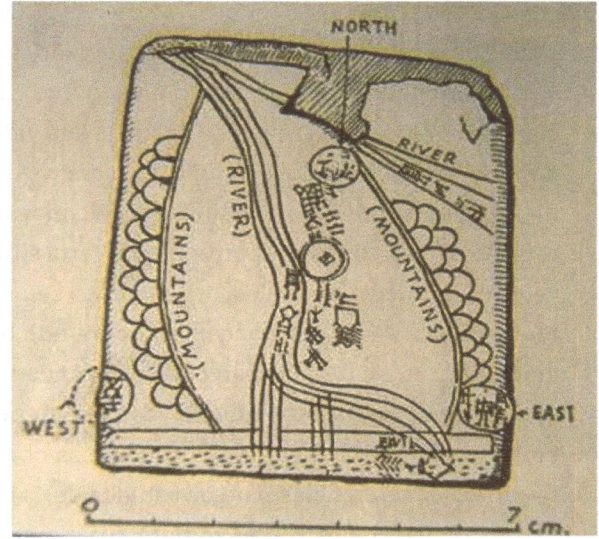

Fig. 1.10 A) Mapa de Ga-Sur; e B) interpretação do mapa de Ga-Sur

livre de preceitos religiosos. Os gregos apresentaram os primeiros elementos básicos – como a linha do equador, trópicos, círculos polares, meridianos e paralelos.

Na Grécia, à época de Aristóteles (384 a.C.-322 a.C.), a Terra já era reconhecida como esférica pelas evidências da diferença da altura de estrelas em diferentes lugares, do fato de as embarcações aparecerem, subindo o horizonte, e até mesmo pela hipótese de ser a esfera a forma geométrica mais perfeita.

Por volta de 200 a.C., o sistema de latitude e longitude e a divisão do círculo em 360° já eram bem conhecidos e utilizados na representação terrestre. Estimativas do tamanho da Terra foram realizadas por Eratóstenes (276 a.C.-195 a.C.), e repetidas por Posidonius (130 a.C.-50 a.C.), com a observação angular do Sol e das estrelas.

O processo de Eratóstenes consistiu em medir a diferença da vertical do Sol ao longo do meridiano que unia Alexandria a Syene, atual Assuã (Egito). Sabendo-se que a distância entre as duas cidades, aproximadamente 5.000 estádias, em que 1 (uma) estádia (st) = 185 m, e que a diferença angular entre a posição do Sol nas duas cidades, no mesmo horário, equivalia a 7° 12', aproximadamente 1/50 do círculo completo, foi possível estimar o valor da circunferência terrestre em 46.250 km, um valor apenas 15% maior do que realmente é, o que, para os métodos da época, é bastante razoável.

Eratóstenes, no entanto, errou por duas razões: a distância entre as duas cidades não era exatamente de 5.000 st, nem as duas cidades estavam situadas no mesmo meridiano. Caso isso fosse correto, o seu erro estaria apenas em torno de 2% da medida real (Fig. 1.11).

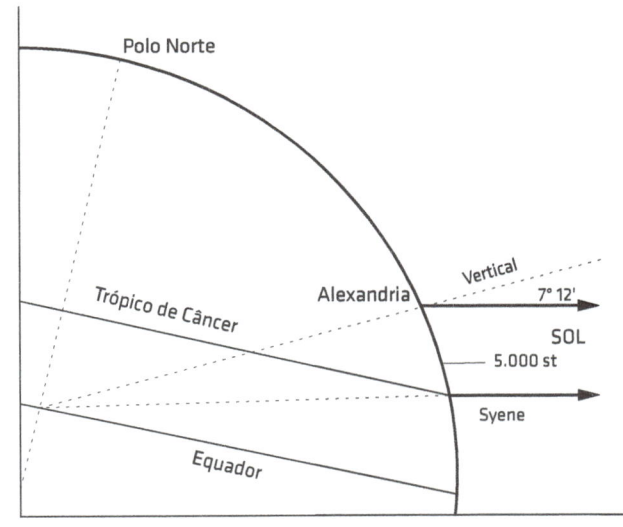

Fig. 1.11 O processo de Eratóstenes

Com base nesses estudos, Eratóstenes gerou um mapa contendo a primeira definição do tamanho da Terra, como pode ser observado na Fig. 1.12.

Claudius Ptolomeu, nascido após o ano 85 d.C., na província romana do Egito, foi um cientista que dedicou uma boa parte de sua vida à Astronomia, Geografia e Cartografia. Uma de suas grandes produções foi o *Almagesto* (*Almagest* – *O grande tratado*), grande tratado de Astronomia, sobre a teoria matemática do movimento dos corpos celestes, Sol, Lua, planetas e estrelas. Em seu trabalho, apresentou a Terra situada no centro do Universo e os demais corpos celestes, planetas e estrelas, orbitando ao seu redor, caracterizando um sistema geocêntrico. Ptolomeu aceitava uma concepção do mundo habitado – denominada *oikumene* (ecúmeno) –, vinda de Eratóstenes e Hipárco. Outro grande tratado de Ptolomeu foi o *Geographia* – no qual apresenta uma discussão sobre o conhecimento geográfico do mundo greco-romano –, tido como a base da Cartografia científica. Essa obra, dividida em oito livros, é considerada uma das maiores referências para os estudos de Cartografia antiga (Fig. 1.13).

Com relação aos mapas romanos, o maior objetivo deles era o de expressar e permitir a visão do espaço conquistado, como as Tábuas de Peutinger, compostas por 11 mapas (Fig. 1.14). Os romanos estavam focados em uma Cartografia apenas com fins práticos – *vide* as cartas administrativas de regiões ocupadas e representações de vias de comunicação.

Na Idade Média, há um retrocesso no desenvolvimento da Cartografia. Há poucas referências, e as que existem carecem de qualquer base científica, e são caracterizadas apenas por esboços e croquis desprovidos de beleza e funcionalidade. Os mapas de melhor representação são os relacionados à Cartografia desenvolvida pelos árabes; por outro lado, os europeus são pobres e sem nenhuma base científica.

Durante a Alta Idade Média, o conhecimento dos gregos ficou guardado pelos árabes e bizantinos, que eram bilíngues – falavam, além do árabe, o grego, sendo o árabe a primeira

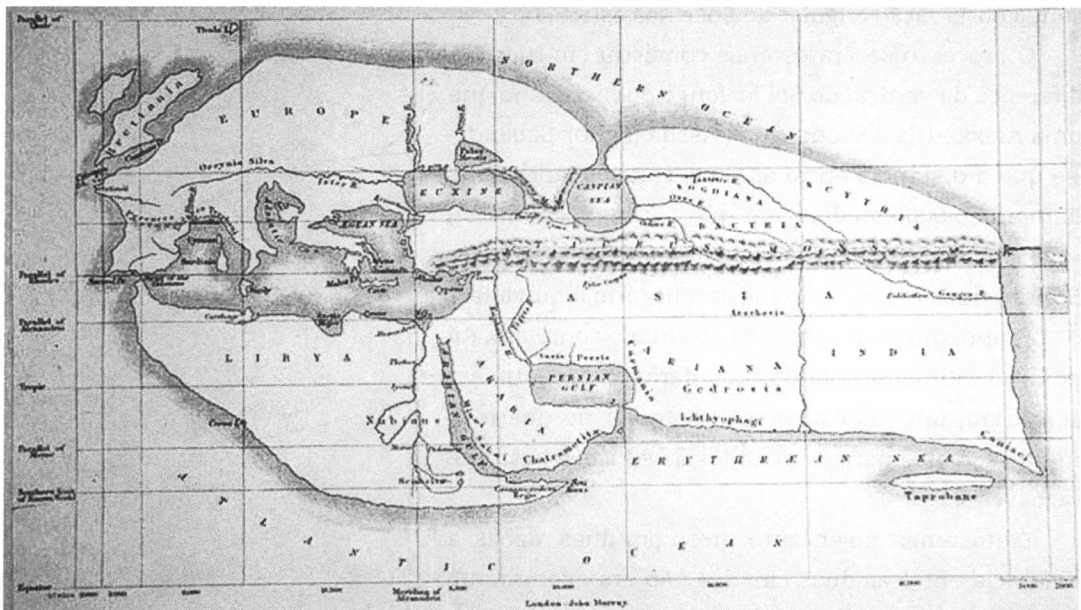

Fig. 1.12 Mapa de Eratóstenes
Fonte: disponível em <http://www.experimentum.org>.

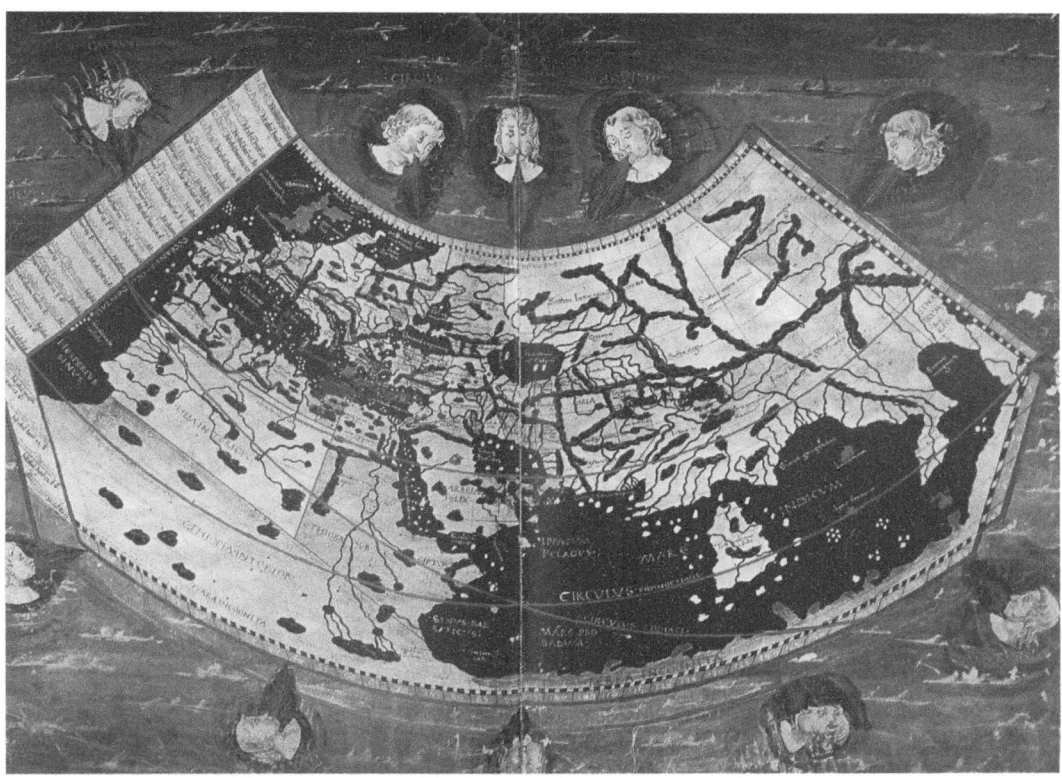

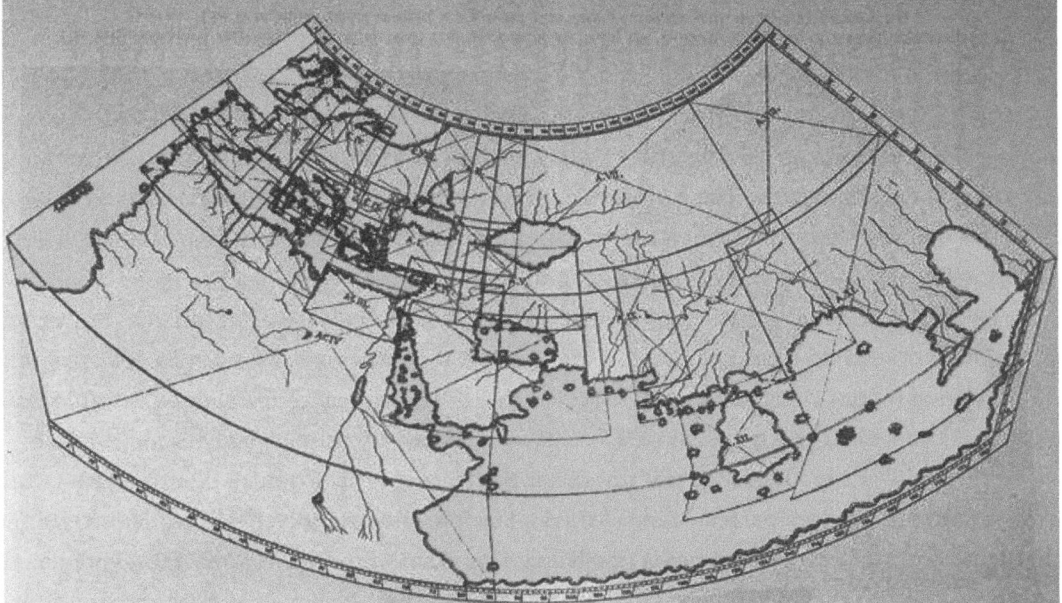

Fig. 1.13 Algumas das representações de Ptolomeu

língua para a qual a *Geographia,* de Ptolomeu, foi traduzida, no século IX. Alguns fatos históricos foram relevantes, não só para os rumos da Cartografia como para o conhecimento de forma geral, como a queda de Constantinopla, capital do Império Romano do Oriente, em 1453. Esse acontecimento impulsionou a migração de sábios para a Europa. Jacopo Angelo, em 1409, traduziu a *Geographia,* de Ptolomeu, para o latim, para o Papa Alexandre V, com o título de *Cosmographia.*

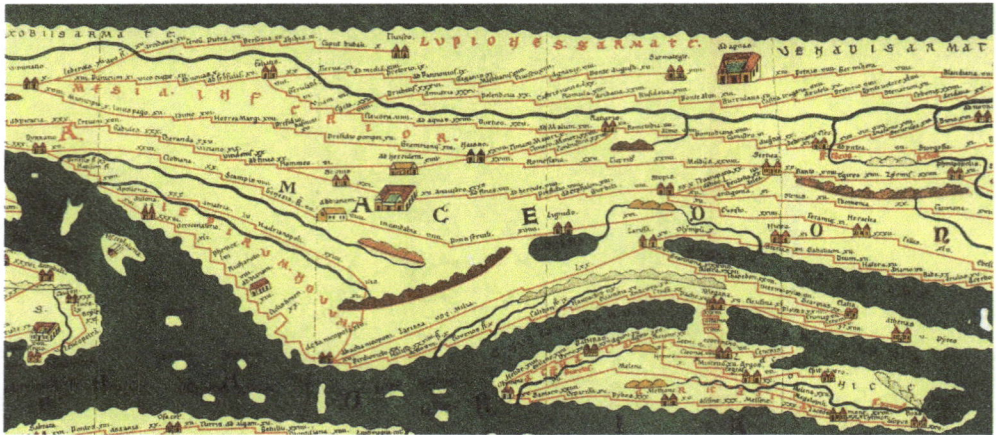

Fig. 1.14 Tábuas de Peutinger
Fonte: disponível em <http://jonatasneto.files.wordpress.com/2012/02/tabula-peutingeriana.png>.

A invenção da imprensa, por Johannes Gutemberg (1400-1463), em 1450, multiplicou as edições, e, dentre elas, estão a de Vicenza, em 1475 (sem os mapas); a de Bolonha, de 1477; as de Roma, de 1478 e 1490; a de Florença, em 1482; e as de Ulm, na Alemanha, de 1482 e 1486. A edição italiana de 1507 foi acrescida de nove mapas, as *tabulae novae*.

Segundo Cosmas Indicopleustes, os quatro cantos do mundo eram habitados pelas quatro raças humanas existentes: os indianos, à leste, os etíopes, ao sul, os celtas, à oeste, e os scythians – citados na Epístola de São Paulo aos Coríntios – da Scythia, região da Eurásia, na costa norte do Mar Negro.

Na Alta Idade Média, a curiosidade geográfica torna-se perigosa, tendo em vista que não se reconheciam mais as antigas fronteiras que demarcavam o Império Romano, invadido por povos bárbaros germânicos e árabes, e quais as fronteiras que delimitariam os Estados nacionais que formariam a Europa propriamente dita. Nos mapas-múndi medievais, a Terra não tinha uma forma geográfica, mas ageográfica ou antigeográfica.

A Geografia medieval é menos terrestre, física, e mais celeste e metafísica. Em vez de uma representação do mundo, a Cartografia medieval é uma visão de mundo. A Cartografia definida pelos mapas *Orbis Terrarum* (T/O) foi batizada pelo historiador italiano Leonardo Datti (1365-1424) que, em 1420, no século XV, escreveu o *Tratado de Astronomia La Sfera* (A Esfera).

Os mapas T/O são ilustrados por um desenho de uma letra T dentro de uma letra O, que dividia o mundo em três partes – Ásia, África e Europa – delimitadas pelo mar Mediterrâneo, que divide o mundo ao meio, e pelos rios Nilo e Don. Esses mapas são uma sobrevivência da concepção tripartite do mundo em Ásia, África e Europa, cercadas pelo Mar Oceano, da Grécia Antiga (Fig. 1.15).

Com o Renascimento inicia-se também o ciclo das grandes navegações. As descobertas marítimas dos escandinavos não acrescentam nenhum material novo ao conhecimento do mundo, exceto o incremento do uso da bússola, no século XIII.

No fim da Idade Média e início da Moderna, surgem os portulanos – cartas com a posição dos portos de diferentes países, bem como indicação de norte e sul, ilustrada pela rosa dos ventos, e voltadas para a navegação e comércio (Fig. 1.16). As cartas passam a ser artisticamente desenhadas, e são impressas, em 1472, por Gutemberg (*Etimologia*, de Isidoro

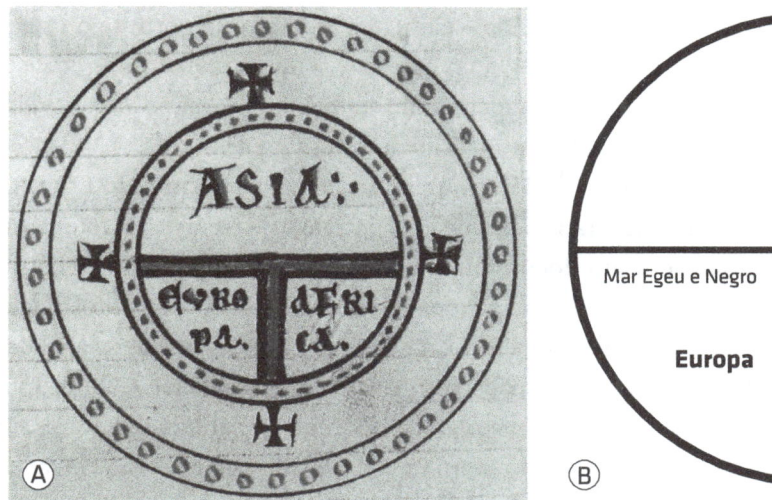 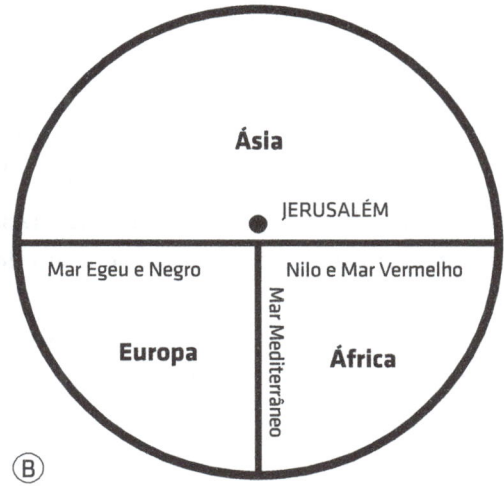

Fig. 1.15 A) Mapa T/O; e B) sua interpretação

de Sevilha/560-632). Desenvolveu-se, nesse período, um sistema de projeção cartográfica, para aplicações náuticas que continua sendo usado, atribuído a Gerhardt Kremer, conhecido como Mercator. Deve-se a Abraham Oertel, conhecido como Ortelius (1527-1598), a edição do primeiro atlas, em 1570, sob o nome de *Theatrum Orbis Terrarum*, em que foram compilados mapas antigos.

A Idade Moderna trouxe, junto com a política de expansão territorial e colonial, a necessidade de conhecimentos mais precisos das regiões. As primeiras triangulações surgem no século XVIII, pelos franceses e italianos, estabelecendo-se um modelo matemático geométrico perfeito de representação terrestre. Cassini desenvolve o primeiro mapa da França, com auxílio da astronomia de posição (escala de 1:86.400), em 1670.

Os processos de cálculo, desenho e reprodução são aprimorados. Nomes como Clairout, Gauss, Halley, Euler desenvolvem a base matemática e científica da representação terrestre. Nessa época começa-se a utilizar-se

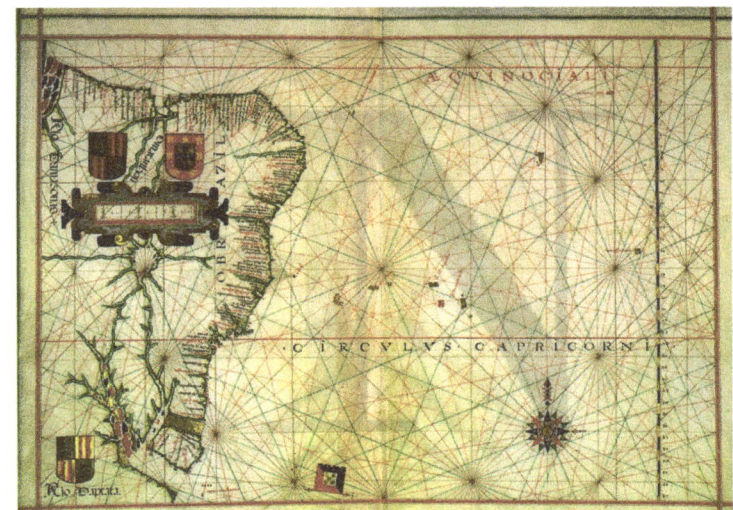

Fig. 1.16 Portulano, de Fernão Vaz de Teixeira, 1576

corretamente a topografia, a geodésia e a astronomia de precisão no desenvolvimento de mapas. Os sistemas transversos de Mercator são aperfeiçoados por Gauss e Krüger e aplicados no mapeamento da Alemanha, e os mapas militares passam a ter uma necessidade de precisão crescente, em função dos avanços da artilharia.

No século XX, muitos fatores ajudam a promover uma aceleração acentuada no desenvolvimento da Cartografia. Pode-se incluir o aperfeiçoamento da litografia, da fotografia, da impressão em cores, o incremento das técnicas estatísticas, o aumento do transporte de massas. A invenção do avião foi significativa para a Cartografia, pois tornou possível, aliado à fotografia, o desenvolvimento da Fotogrametria – ciência e técnica que permite o rápido mapeamento de grandes áreas, por meio de fotografias aéreas –, gerando mapas mais precisos de grandes áreas, com custos menores que o mapeamento tradicional. Foram desenvolvidas várias técnicas de apoio que incrementaram a utilização da Fotogrametria.

Surgem equipamentos eletrônicos para determinar distâncias, aumentando não só a precisão das observações como a rapidez na sua execução. O emprego de técnicas de fotocartas, ortofotocartas e ortofotomapas geraram documentos confiáveis e de rápida confecção. A utilização de outros tipos de plataformas imageadoras para a obtenção da informação cartográfica, tais como radares (Side-Looking Airborne Radar, SLAR – Radar imageador, aerotransportado, de visada lateral), satélites passivos imageadores (Landsat, CBERS, Spot, Ikonos, Geoeye, entre outros), satélites ativos como o Radarsat e o utilizado na missão Shuttle Radar Topography Mission (SRTM) vêm modernamente revolucionando as técnicas de informação cartográfica para o mapeamento, abrindo novos e promissores horizontes, com documentos não só confiáveis como de rápida execução.

capítulo 2
Campos de atuação da Cartografia e comunicação cartográfica

No decorrer do século XIX e início do século XX – conforme o aumento da demanda de mapas para fins mais específicos – criaram-se instituições que se dedicavam exclusivamente à elaboração de documentos cartográficos, tanto com propósitos gerais como com propósitos definidos.

A maior parte dos países, atualmente, possui organizações governamentais dedicadas à elaboração de cartas com as mais diversas finalidades. Há também organizações públicas e privadas com finalidade semelhante, mas para atuação cartográfica apenas em áreas específicas.

Os avanços técnicos nos processos de construção de cartas, a necessidade crescente de informação georreferenciada, tanto para a educação e pesquisa como para apoio nas tomadas de decisões – governamentais ou não – caracteriza o mapa como uma importante ferramenta, tanto para análise de informações como para a sua divulgação, em quaisquer áreas que trabalhem com a informação distribuída sobre a superfície terrestre.

Com as diferentes finalidades dos documentos cartográficos surge a necessidade de se dividir a Cartografia em áreas de aplicação.

2.1 Divisão da Cartografia

Dividir a Cartografia é tarefa tão difícil quanto classificar tipos de cartas e mapas. Normalmente é usual caracterizar duas classes de operações para a Cartografia, uma para a preparação de mapas gerais – utilizados para referência básica e uso operacional, em que se destaca os mapas topográficos em grande escala, as cartas aeronáuticas e hidrográficas – e outra para referência geral, propósitos educacionais e pesquisa. Esta última classe inclui os mapas temáticos de pequena escala, atlas, mapas rodoviários, mapas para uso em livros, jornais e revistas e mapas de planejamento.

Dentro de cada classe de operação existe uma considerável especialização, que pode ocorrer nas fases de levantamento, projeto, desenho e reprodução de um documento cartográfico.

É importante salientar que essa especialização pode ocorrer isoladamente em cada fase, em todas as fases ou em grupos.

A primeira classe trabalha com base em dados obtidos por levantamentos de campo ou hidrográficos, por métodos fotogramétricos ou de sensores remotos. São fundamentais as considerações sobre a forma da Terra, o nível do mar, as cotas de elevações, distâncias precisas e informações locais detalhadas. Outro aspecto relevante é a utilização de instrumentos eletrônicos e fotogramétricos complexos que buscam garantir a precisão do mapeamento elaborado. Essa classe inclui as organizações governamentais de levantamento. No Brasil, são as seguintes:

- Instituto Brasileiro de Geografia e Estatística (IBGE);
- Diretoria de Serviço Geográfico (DSG), órgão do Exército Brasileiro;
- Diretoria de Hidrografia e Navegação (DHN), órgão da Marinha do Brasil;
- Instituto de Cartografia Aeronáutica (ICA), órgão do Departamento de Controle do Espaço Aéreo (Decea) da Força Aérea Brasileira (FAB).

A outra classe – voltada para a confecção de mapas usados para referência geral, propósitos educacionais e pesquisa – trabalha basicamente com os mapas elaborados pelo primeiro grupo, porém está mais interessada com os aspectos de comunicação da informação geral e a delineação gráfica efetiva dos relacionamentos, generalizações e conceitos geográficos.

O domínio específico do assunto pode ser extraído da História, Economia, Planejamento Urbano e Rural, Sociologia, Engenharias e outras tantas áreas das ciências físicas e sociais, bastando que exista um georreferenciamento, ou seja, uma referência espacial para a representação do fenômeno.

No Brasil existem diversos órgãos que se dedicam à elaboração de mapas temáticos, dentre eles podem ser citados:

- Instituto Brasileiro de Geografia e Estatística (IBGE): Mapas de clima, geomorfologia, demográficos, entre outros;
- Departamento Nacional de Produção Mineral (DNPM)/Companhia de Pesquisa de Recursos Minerais (CPRM): Mapas geológicos, entre outros;
- Empresa Brasileira de Pesquisa Agropecuária (Embrapa): Mapas de solos, aptidão agrícola, entre outros;
- Departamento Nacional de Infraestrutura de Transporte (DNIT): Mapas rodoviários, entre outros.

Modernamente, segundo Tyner (1992) e Dent (1999), a Cartografia pode ser dividida em dois grandes grupos de atividades:

- propósito geral ou de referência;
- propósito especial ou temático.

O primeiro grupo trata da Cartografia definida pela precisão das medições para confecção dos mapas. Esse grupo se preocupa com a chamada Cartografia de Base, e procura representar com perfeição todas as feições de interesse sobre a superfície terrestre, ressalvando apenas a escala de representação. Tem por base um levantamento preciso e, normalmente, utiliza como apoio a fotogrametria, a geodésia e topografia. Seus produtos são denominados mapas gerais, de base ou de referência. Um tipo de documento cartográfico gerado por esse grupo de atividades são as cartas topográficas (Fig. 2.1 - p. 36).

O segundo grupo de atividades de mapeamento é dependente do grupo de propósito geral ou de referência. Enquadram-se nessa categoria mapas de ensino, pesquisa, atlas e mapas temáticos, de emprego especial.

Os mapas temáticos podem representar feições terrestres e lugares, mas não são derivados diretamente dos trabalhos de levantamentos básicos. Para esse tipo de mapeamento são compiladas informações já existentes de mapas do grupo de propósito geral (bases cartográficas), que servirão de apoio a todas as representações. Os mapas desse grupo se distinguem essencialmente dos mapas de base, por representarem quaisquer fenômenos que sejam geograficamente distribuídos – discreta ou continuamente – sobre a superfície terrestre.

Esses fenômenos podem ser tanto de natureza física – como a média anual de temperatura ou a precipitação sobre uma área – como de natureza abstrata, humana ou outra característica qualquer –como a taxa de natalidade de um país, a condição social, a distribuição de doenças, entre outros.

Esses mapas dependem de dados reunidos de diversas fontes – como informações censitárias, publicações industriais, dados governamentais, pesquisa local, e outras – para a representação do fenômeno de interesse. A exigência principal para a confecção de um mapa dessa natureza é que o fenômeno possa ser associado a uma distribuição espacial ou geográfica. Em outras palavras, deve ser conhecida e perfeitamente definida a sua ocorrência sobre a superfície terrestre, estabelecendo o elo entre o fenômeno e o mapa.

Qualquer fenômeno que seja espacialmente distribuído é passível de ter representada a sua ocorrência sobre a superfície terrestre por meio de um mapa. Um fenômeno, quando assim caracterizado, é dito como georreferenciado.

Esse grupo de atividades possui uma série de possibilidades para a construção de documentos cartográficos que deve ser vista com mais detalhes para explorar os diferentes tipos de cartas e mapas que podem ser elaborados.

2.2 Cartografia Especial e Temática

Essas duas áreas da Cartografia podem ser estudadas em conjunto, pois traduzem a representação de fenômenos específicos. Elas têm a Cartografia de Base como suporte para as suas representações, porém com o objetivo não apenas de representação do espaço físico, mas sim de um espaço físico delimitado – com tema específico e determinado – que terá, então, prioridade dentro da imagem do mapa.

Quaisquer fenômenos – físicos, sociais, biológicos, políticos, entre outros – que tenham uma vinculação com o espaço terrestre, sendo georreferenciados, serão passíveis de serem representados. Dessa forma, fica caracterizada a diversificação de temas que poderão ser envolvidos.

2.2.1 Cartografia Especial

As cartas especiais são cartas técnicas, servindo a um único fim ou usuário, entretanto, podem eventualmente ser empregadas para outros fins. As principais cartas especiais encontradas são:

- cartas meteorológicas;
- cartas náuticas;
- cartas aeronáuticas.

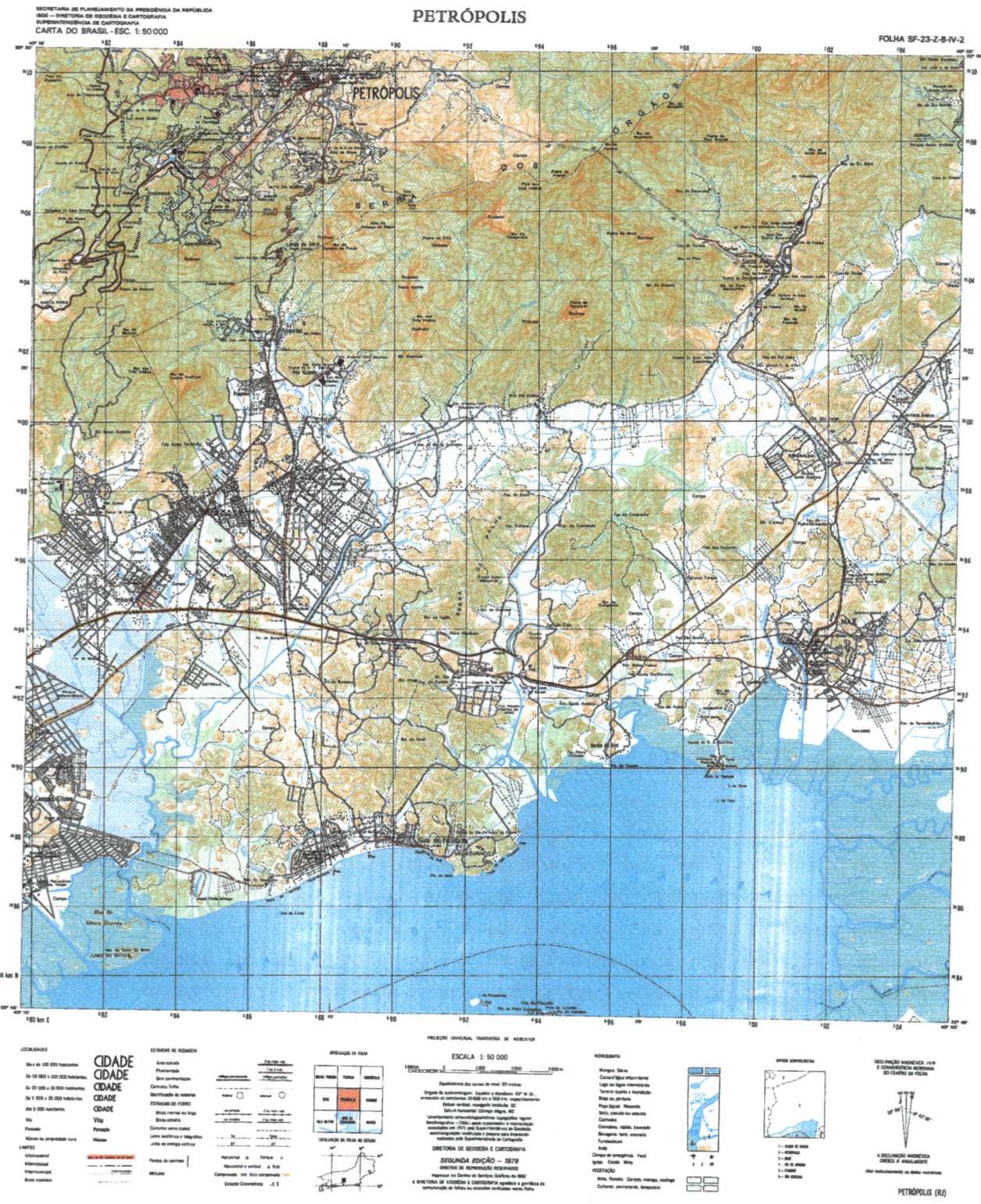

Fig. 2.1 Carta topográfica – folha Petrópolis
Fonte: IBGE.

As cartas meteorológicas são cartas com uso bastante direcionado. Um exemplo são as cartas sinóticas, que apresentam um aspecto resumido da dinâmica do tempo. Em geral, as cartas meteorológicas são elaboradas em projeções conformes, por terem necessidade de conservação das direções. Visualizam a direção dos ventos, movimentos de frentes frias, áreas de alta e baixa pressão, com o objetivo de facilitar a previsão do tempo de uma área geográfica.

Tradicionalmente, essas cartas são confeccionadas com dados baseados em observações meteorológicas realizadas simultaneamente por várias estações contidas na área a ser mapeada (Oliveira, 1983). Essas cartas são compostas por uma base cartográfica estática da área a ser visualizada e sobre ela são atualizadas as informações meteorológicas de tempos em tempos (Fig. 2.2).

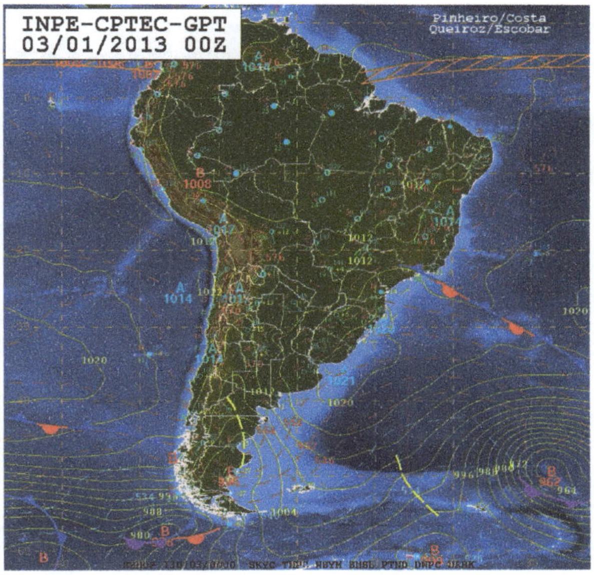

Atualmente, satélites meteorológicos atualizam as informações constantemente com os movimentos das nuvens, em tempo real, gerando mapas eletrônicos que são enviados diretamente para sites especializados na internet. Os dados dos satélites são complementados pelos dados das estações meteorológicas terrestres, que geram mapas com informações sobre pressão e temperatura, entre outras.

Vale lembrar que cartas sinóticas não devem ser confundidas com cartas climatológicas, pois estas últimas são apenas cartas temáticas de informação climatológica, não possuindo informações sobre o tempo.

Cartas náuticas ou cartas hidrográficas são elaboradas em projeções conforme (Mercator) ou gnomônica. Todo o projeto gráfico desse tipo de documento cartográfico é focado no detalhamento exclusivamente desenvolvido para a parte de batimetria e dos acidentes da hidrografia. Por isso, o litoral é estabelecido com a maior precisão possível, assim como a linha de costa e acidentes como, rochedos, baixos canais de navegação, sondagens da área marítima, lacustre e fluvial, caracterizando o principal interesse da carta náutica (Fig. 2.3).

Fig. 2.2 Carta sinótica de 3/1/2013
Fonte: CPTEC/Inpe. Disponível em <http://www.cptec.inpe.br>

As informações de batimetria são obtidas por meio de sondagens, nas quais a posição em que é realizada é definida pelo centro de mensuração, apesar de não ser mostrada. Entre os pontos de sondagem são traçadas linhas de igual profundidade ou isóbatas. Tais linhas não possuem equidistância entre elas, como as curvas de nível de uma carta topográfica, e são traçadas apenas as que realmente interessam – próximas a portos, a canais, do litoral – isto é, em áreas em que são úteis para a orientação da navegação em função do calado das embarcações.

Esses documentos cartográficos necessitam de constante atualização, em função do grande dinamismo da área de interesse. Neste sentido, as cartas náuticas de rios necessitam de atualizações mais frequentes ainda, pois os rios são ambientes de dinâmica mais intensa que a área marítima.

O desenvolvimento dessa cartografia é orientado e gerenciado por convênios internacionais, e o Brasil é responsável pela cartografia náutica de sua costa e de todo o Atlântico Sul.

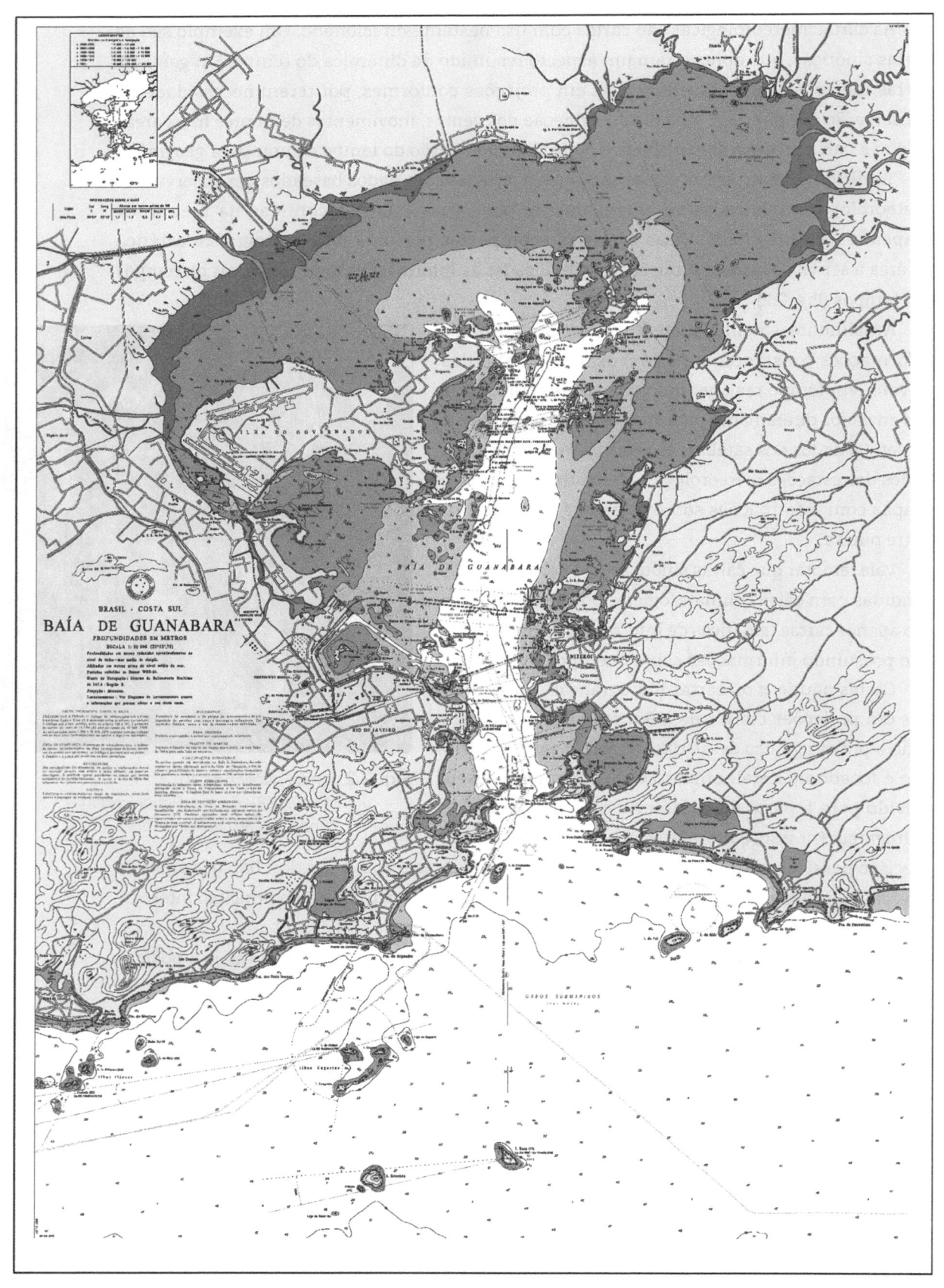

Fig. 2.3 Carta náutica da costa brasileira
Fonte: DHN.

Outros tipos de cartas especiais existentes são as cartas aeronáuticas (Fig. 2.4) – nas suas diversas aplicações: na pilotagem, em aeroportos, obstáculos, aproximações, aerovias – e cartas de pesca. De maneira semelhante à navegação marítima, usuários de cartas aeronáuticas demandam por informações específicas para viabilizar desde seu deslocamento no ar até o momento da aproximação e aterrissagem da aeronave.

As cartas de navegação aérea são confeccionadas em pequenas escalas, preferencialmente de 1:500.000 e 1:1.000.000. Elas são elaboradas com base na Projeção Cônica Conforme de Lambert. Escalas intermediárias, como 1:250.000, são adequadas para voos locais, em que aeronaves de pequeno porte sobrevoam em altitudes mais baixas (Loxton, 1980). As cartas de aproximação, utilizadas, segundo Oliveira (1983), para a obtenção de informações essenciais à operação de aproximação de um aeroporto – em condições visuais normais ou com a aeronave guiada por instrumentos – são produzidas em escalas maiores, por exigirem mais detalhes referentes à superfície mapeada. Para cartas aeronáuticas de escalas maiores e intermediárias são adotadas, preferencialmente, as projeções Universal Transversa de Mercator ou Local Transversa de Mercator (Loxton, 1980).

2.2.2 Cartografia Temática

A Cartografia Temática é uma cartografia que realiza o inventário, análise ou síntese dos fenômenos físicos ou humanos. Não tem limitação, pois pode representar qualquer fenômeno que tenha uma distribuição espacial. Assim, tanto fenômenos físicos como humanos, que sejam distribuídos sobre a superfície terrestre, são passíveis de ser visualizados.

Os documentos cartográficos produzidos pela cartografia temática tratam, muitas vezes, de fenômenos que não necessitam de um posicionamento preciso, como, por exemplo, um mapa de tipos de solos. Entretanto, não se pode negligenciar a preocupação com uma correta apresentação da ocorrência da sua distribuição, necessitando para isso de uma base cartográfica com precisão compatível às suas necessidades. Assim, não se pode confundir precisão da base cartográfica com a precisão do fenômeno a representar.

A preparação de um mapa temático com apresentação eficaz requer, além de uma visão crítica, uma simbologia ou convenção adequada dos dados a serem mapeados. Isso não significa que é necessário ser um artista para se elaborar um mapa temático, porque, o desenho em si pode ser executado por um desenhista ou até por um computador, entretanto, devem ser considerados, para o projetista do mapeamento temático, os seguintes aspectos:

- conhecimento profundo dos princípios que fundamentam a apresentação da informação e o projeto da composição gráfica efetiva;
- ter um forte sentido de lógica visual e uma habilidade especial para escolher as palavras corretas que descreverão o gráfico, mapa ou cartograma;
- conhecimento do assunto a ser mapeado ou contar com uma equipe multidisciplinar.

É importante ressaltar que um mapa temático é um produto da combinação de uma base cartográfica existente com o tema que se queira mapear, auxiliado por símbolos qualitativos e/ou qualitativos (Joly, 1990). Não é preciso possuir um conhecimento profundo de técnicas de elaboração de bases cartográficas, só o necessário para obter sucesso nessa comunicação.

Fig. 2.4 Carta aeronáutica de pilotagem (CAP) da baía de Guanabara

Fonte: ICA.

CAPÍTULO 2 | Campos de atuação da Cartografia e comunicação cartográfica

A Cartografia Temática é uma subdivisão da Cartografia, que, por sua vez, pode ser subdividida conforme a abordagem e a finalidade do mapeamento temático, apresentando-se como Cartografia de Inventário, Cartografia Analítica e Cartografia de Síntese.

Cartografia Temática de Inventário

A Cartografia de Inventário é definida por um mapeamento qualitativo, ou seja, estabelece um levantamento qualitativo dos elementos representados no mapa. Discreta, serve apenas para representar um tema no mapa, no qual não há respostas possíveis a serem relacionadas com uma visão geral dos dados.

Outra característica peculiar à cartografia de inventário é o fato de ser eminentemente posicional, ou seja, nominal. Assim, pode ser considerada a parte temática mais simples, normalmente estabelecida pela superposição ou justaposição, exaustiva ou não, de temas, permitindo ao usuário saber apenas o que existe em um determinado local.

Os mapas temáticos de inventário buscam responder apenas a certos tipos de consultas: como a localização de uma determinada região; como se chega a determinado lugar; qual o tipo de solo existente em uma bacia hidrográfica, entre outras questões de cunho nominativo. E, dentre os tipos mais comuns, encontram-se os mapas geológicos, os mapas de distribuição de vegetação, os mapas de localização de estradas, os mapas pedológicos, os mapas rodoviários, os mapas de cobertura e uso da terra (Fig. 2.5).

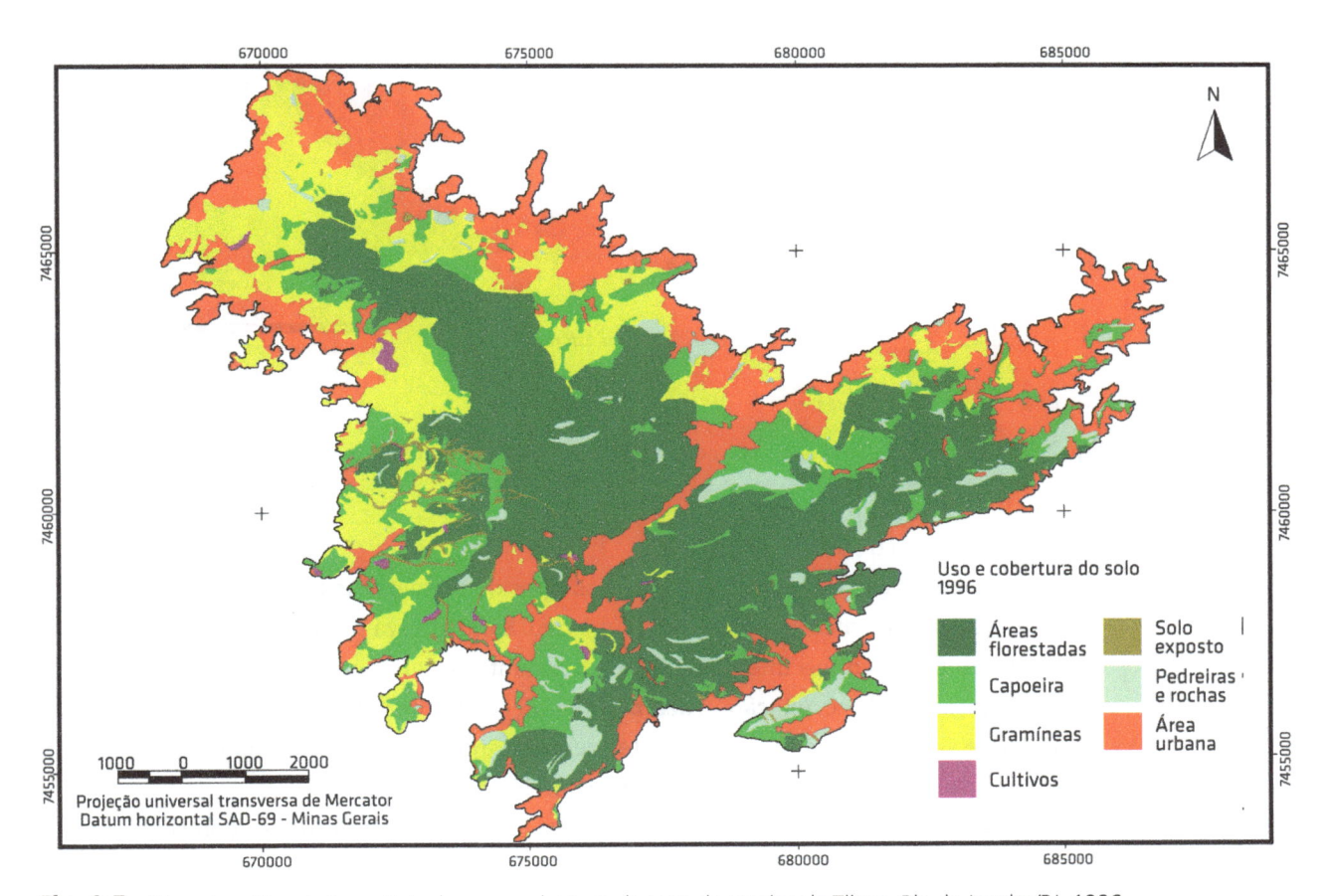

Fig. 2.5 Mapa temático de inventário de uso e cobertura da terra do maciço da Tijuca, Rio de Janeiro/RJ, 1996

Cartografia Temática Analítica

Também é conhecida como Cartografia Temática Estatística. É uma cartografia quantitativa, isto é, busca a classificação, ordenação e hierarquização dos fenômenos a serem representados. Permite a análise de um fenômeno – por exemplo, a produção agrícola de trigo no Brasil – ou de vários fenômenos em conjunto, bem como estabelece a análise de fenômenos compostos – a balança comercial (importação e exportação) do país – ou interligados – a produção agrícola e extrativismo mineral do Estado do Rio de Janeiro.

Permite, também, trabalhar com mapeamentos de fenômenos contínuos – como precipitação e temperatura – produzidos pela interpolação de fenômenos discretos. Outros mapas ligados a essa cartografia são frutos de tratamentos estatísticos simples e mais elaborados, como mapas de densidades, razões, médias, percentuais (Fig. 2.6), derivados de uma análise de regressão.

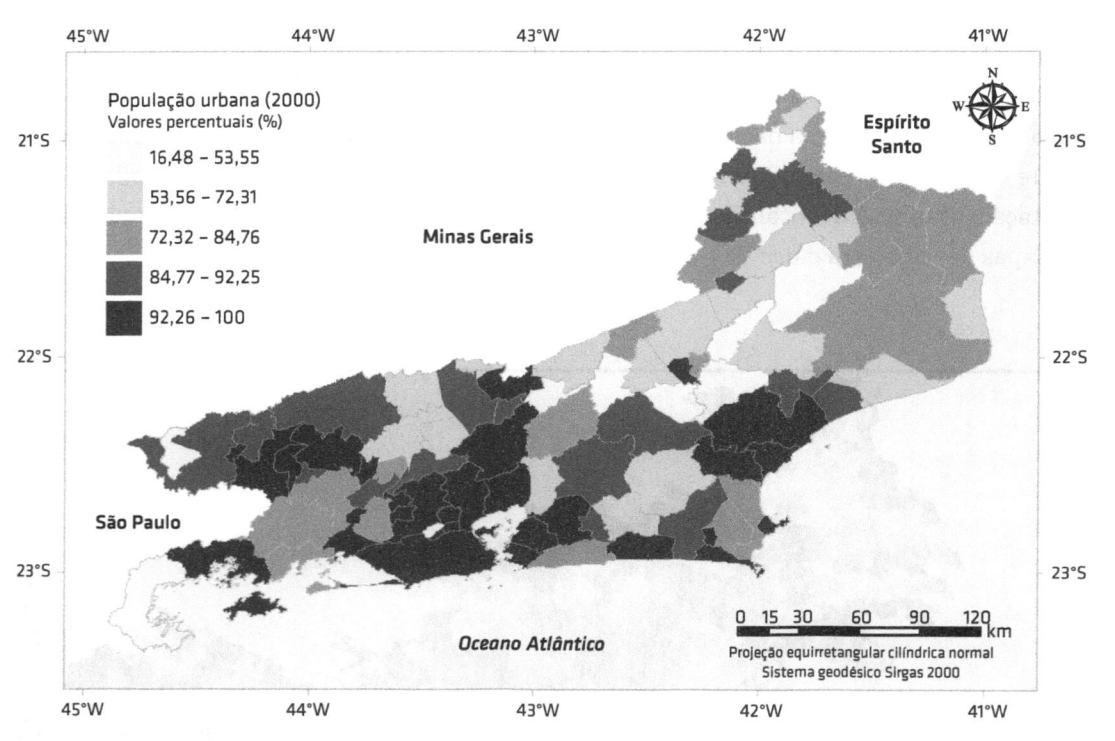

Fig. 2.6 Mapa temático estatístico de percentual de população urbana nos municípios do Estado do Rio de Janeiro, em 2000

Cartografia Temática de Síntese

É a mais complexa e elaborada de todos os tipos de cartografias temáticas, pois exige alto conhecimento técnico e pensamento subjetivo. É integrativa por excelência, necessitando de um profundo conhecimento técnico dos assuntos a serem mapeados. Característica de representações de correlação, cruzamento, função ou interligação de fenômenos, a cartografia de síntese permite analisar inter-relacionamentos, tirar conclusões e estabelecer novas informações sobre as dinâmicas envolvidas.

Ela reúne informações de vários documentos, fundindo-os em uma só representação. Por meio de operações como união, cruzamentos, diferença e outras, que, de forma genérica, a cartografia de síntese pode ser expressa por dupla contabilidade reduzida a uma diferença –

como por um mapeamento de movimento de entrada e saída de um porto –; por simbologia própria estabelecida; por construção matricial, interligando todas as possibilidades – como a correspondência de elementos de uma série temporal com os elementos de outra série temporal –; por agrupamento e cruzamento de fatores em um quadro lógico – como o mapeamento de suscetibilidade à ocorrência de incêndios – desenvolvido por Silva (2006), que é produto de uma combinação booleana de três variáveis afins a essa temática (Fig. 2.7).

Deve ser observado que, nesse tipo de análise, o que importa é o inter-relacionamento dos fatores, visando gerar uma informação predeterminada, que só é possível obter-se com um estudo integrado de todos os fatores – ou seja, os objetivos têm de ser definidos antes para, depois de relacionados, atingir-se os objetivos propostos.

2.3 Comunicação cartográfica

Mapas são abstrações e simplificações do mundo real. Fenômenos do mundo real são selecionados pelo cartógrafo, transformados em convenções por uma simbologia associada e levados ao mapa, que, então, será interpretado pelo usuário – que deverá depreender aquilo que o cartógrafo pretende representar. Por outro lado, o mapa é um meio de comunicação gráfica ou visual e deve ser tratado como tal. Por isso o processo de transformação do fenômeno do mundo real até a sua representação em um mapa deve ser considerado.

Nesse sentido, a Cartografia é um meio de comunicação gráfica, exigindo um mínimo de conhecimentos por parte daqueles que a utilizam. Partindo-se do princípio de que a linguagem cartográfica é praticamente universal, um usuário com uma boa base de conhecimentos será capaz de traduzir satisfatoriamente um documento cartográfico sob qualquer forma que ele seja apresentado (Fig. 2.8).

Ao se considerar a Cartografia como um sistema de comunicação, pode-se verificar que a fonte de informações é o mundo real, codificado pela simbologia do mapa, e o vetor entre a fonte e o mapa é caracterizado pelo padrão gráfico bidimensional estabelecido pelos símbolos (Fig. 2.9).

Esse sistema de comunicação assume uma característica monossêmica, que exige uma facilitação na comunicação de ideias de acordo com a capacidade cognitiva do usuário. Na realidade, de uma forma simplificada, o sistema de informação está restrito ao mundo real, ao cartógrafo e ao usuário, gerando três realidades distintas, como se fossem conjuntos separados. Quanto maior a interseção dessas três realidades, mais próximo se chega ao mapa ideal para a representação de um espaço geográfico em qualquer dos seus aspectos (Fig. 2.10).

É importante ressaltar que nesse sistema aparece a figura do cartógrafo, que deve ser entendido como um profissional habilitado a construir diferentes tipos de representações da superfície terrestre, como mapas, atlas, globos, entre outras.

O modelo de comunicação cartográfica envolve, então, quatro elementos distintos: o cartógrafo ou elemento de concepção, o mapa, o tema e o usuário. Uma pergunta pode descrever esse modelo como um todo: *Como eu posso descrever o que para quem?* (Tyner, 1992). O *eu* se refere ao cartógrafo (elaborador); o *o,* ao mapa; o *que,* ao tema; e o *para quem,* ao usuário (Fig. 2.11).

Nesse modelo, o cartógrafo faz a leitura e interpretação do mundo real e codifica as informações para o documento de comunicação, o mapa. O usuário, por sua vez, sem contato com o mundo real – apenas com o documento – vai fazer a leitura e interpretação das informações nele contidas, para que, ao decodificá-las, possa reconstituir o mundo real (Fig. 2.12) idealizado pelo cartógrafo. Esse ciclo não é alcançado na maioria das vezes; o que se pode conseguir é uma aproximação por meio de ortofotocartas, dependendo do tipo de informação que se vai veicular.

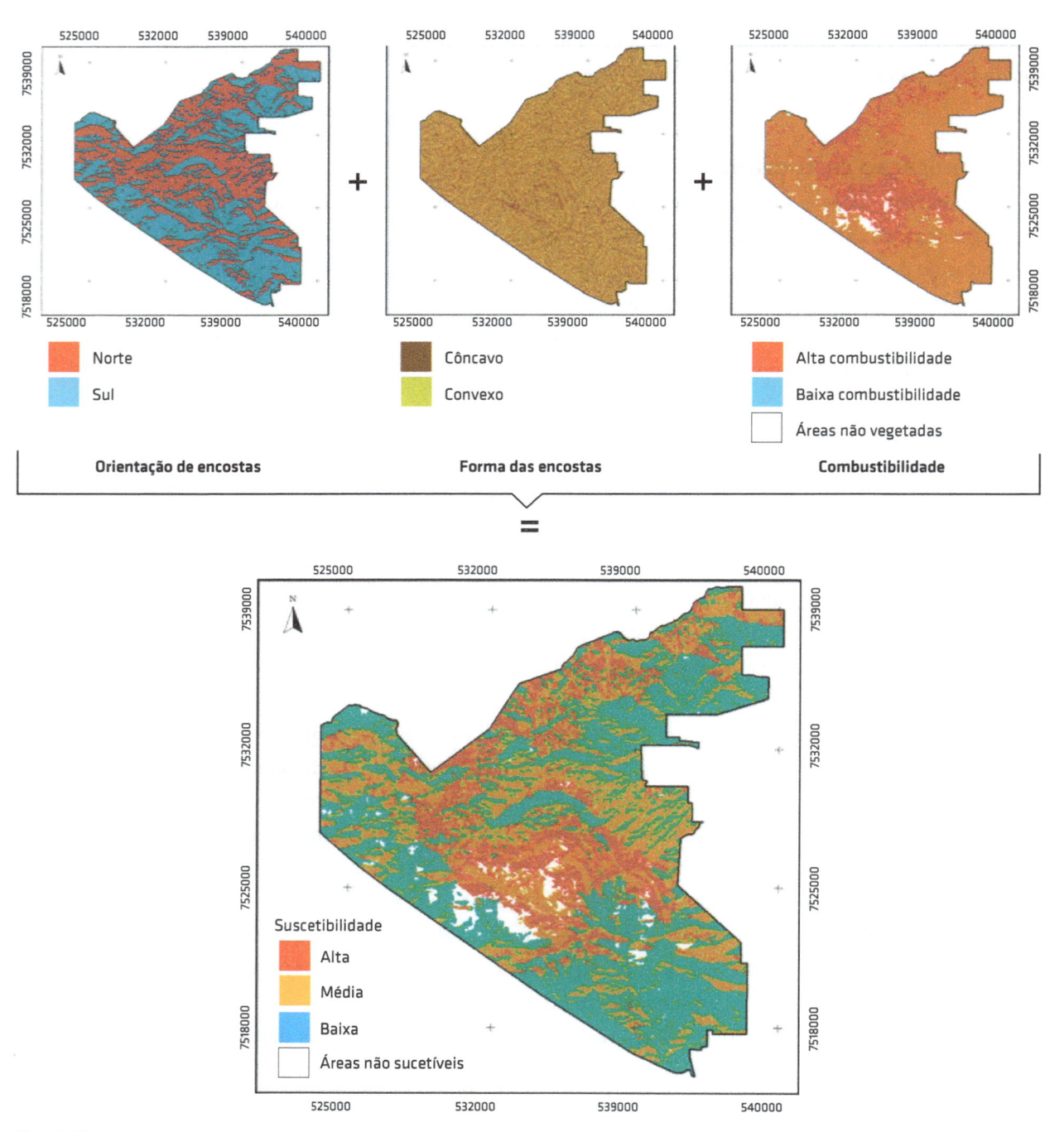

Fig. 2.7 Esquema de elaboração de mapa temático de síntese de suscetibilidade à ocorrência de incêndios no Parque Nacional de Itatiaia/RJ/MG

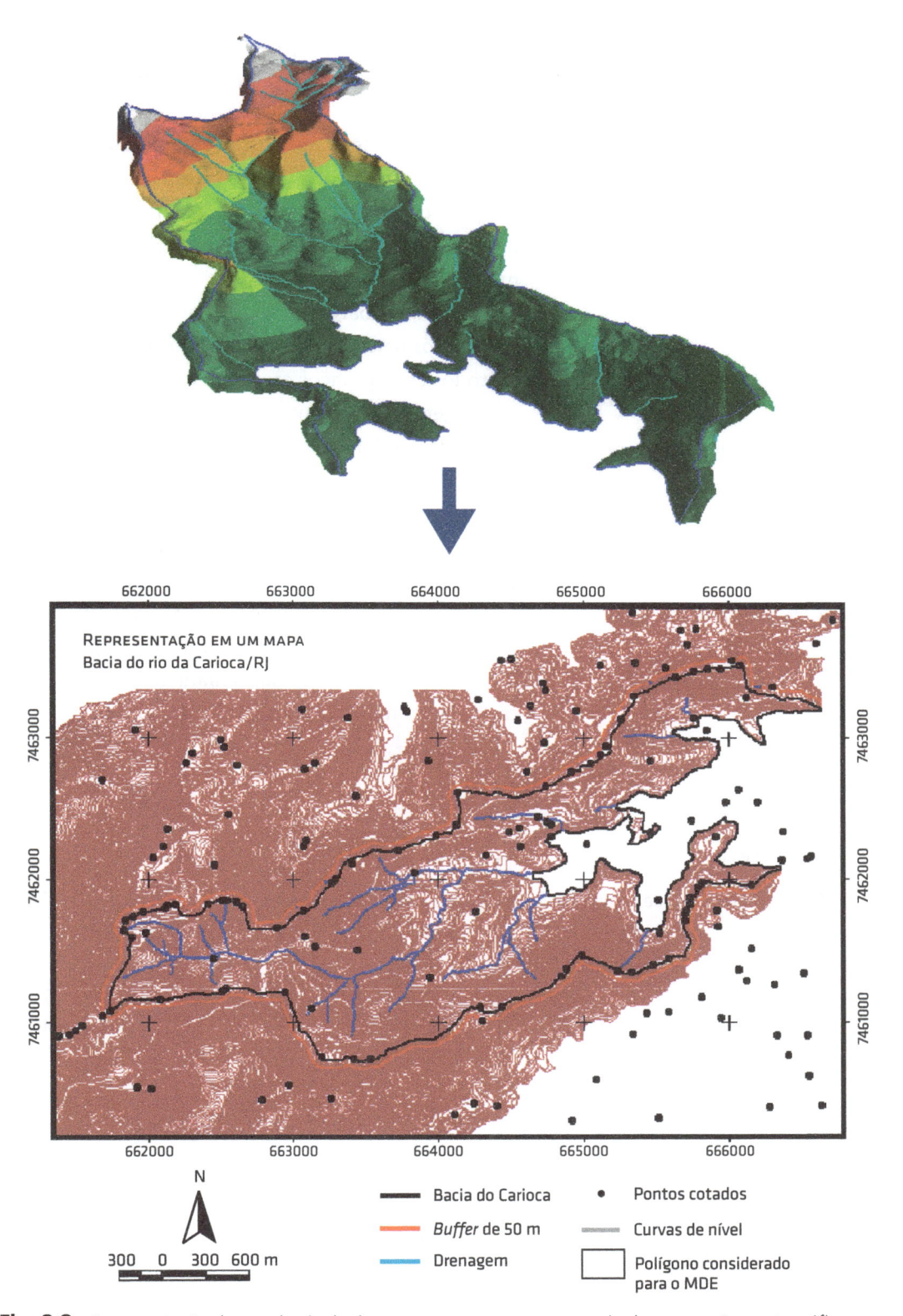

CAPÍTULO 2 | CAMPOS DE ATUAÇÃO DA CARTOGRAFIA E COMUNICAÇÃO CARTOGRÁFICA

Fig. 2.8 Representação de uma bacia de drenagem em um mapa por meio de convenções cartográficas

O que se denota disso é: o cartógrafo, em sua interpretação do mundo real, criará um modelo que será codificado para o mapa; por sua vez, o usuário, com base na interpretação do cartógrafo, vai poder chegar à visão dele desse mundo. Em suma, o usuário não chegará ao

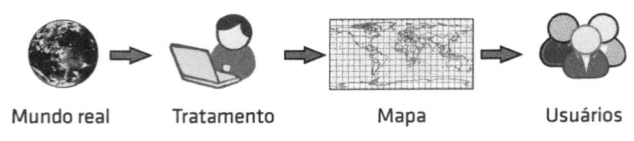

Fig. 2.9 Sistema de comunicação cartográfica

Fig. 2.10 Forma simplificada de sistema de comunicação cartográfica restrito a três realidades

mundo real, mas a comunicação será bem-sucedida por ele decodificar a visão do cartógrafo desse mundo (Fig. 2.13).

É importante ressaltar que em qualquer uma dessas etapas pode ocorrer ruídos, desde a leitura e codificação do mundo real pelo cartógrafo até o processo de leitura, interpretação e posterior decodificação da informação pelo usuário.

Segundo Board (1975), tais ruídos artificiais são produzidos pelo cartógrafo – em função da escolha dos métodos cartográficos empregados para transmitir a mensagem – e pelo usuário – quando lê as informações mapeadas de forma distinta daquela pretendida pelo cartógrafo.

Assim, é criada outra visão do mundo real, agora, definida pelo usuário. Nesse processo, as distorções de visão tanto podem ser do cartógrafo – que não soube codificar a sua visão do mundo real no mapa – como do usuário – por não saber como decodificar essas informações. De uma ou outra maneira, a comunicação cartográfica não é alcançada (Fig. 2.14).

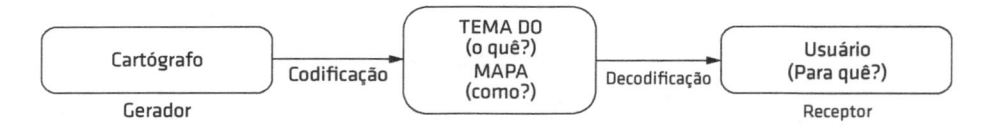

Fig. 2.11 Modelo simples de comunicação cartográfica composta por quatro elementos
Fonte: adaptado de Tyner (1992).

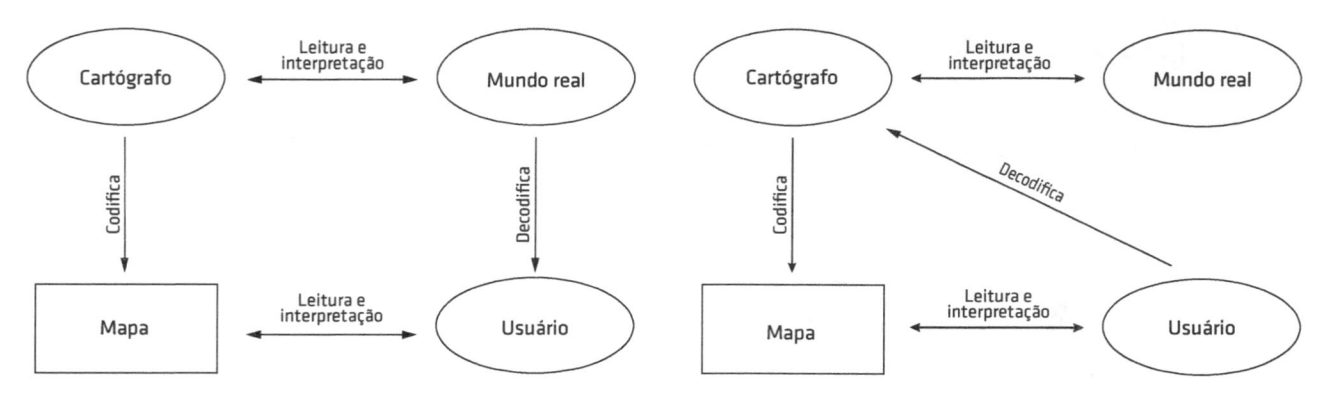

Fig. 2.12 Ciclo ideal da comunicação cartográfica

Fig. 2.13 Esquema do ciclo real entre cartógrafo e usuário

Os modelos de comunicação apresentados compõem um conjunto denominado de estático, comum à chamada Cartografia Analógica. Entretanto, esse conjunto não é único, pois, associado ao desenvolvimento de tecnologias computacionais e às novas cartografias –

como a Cartografia Web e Multimídia – surgiu o modelo dinâmico ou interativo definido por Peterson (1995). Nesse tipo de modelo, o cartógrafo disponibiliza uma série de informações para o usuário consultar e, em alguns casos, permite que ele crie os próprios mapas com base nessas informações.

2.4 Informação geográfica e informação cartográfica

A informação geográfica com propósito cartográfico pode ser definida como toda aquela – seja de natureza física, biológica ou social – que possua relacionamento com um sistema de referência sobre a superfície terrestre cujo uso e representação influenciem a quase todos os aspectos culturais, sociais, pessoais e econômicos das atividades humanas.

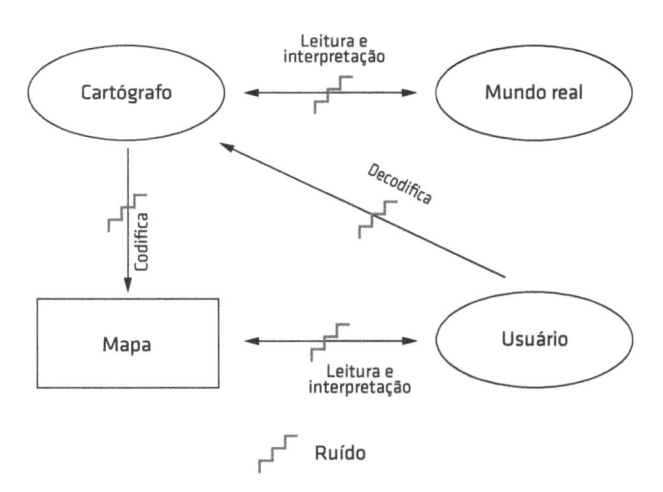

Fig. 2.14 Esquema do ciclo falho de comunicação

A informação cartográfica deve ser entendida como a informação contida em um mapa. Ela pode ser de natureza estritamente cartográfica – como uma rede de paralelos e meridianos; canevá geográfico; pontos cotados – como, principalmente, de representação de informações geográficas. Em outras palavras, a informação cartográfica representa a informação geográfica, após ter sido submetida a um processo de transformação, o que permitirá que venha a ser representada em um mapa.

A ciência geográfica trabalha com informações geográficas de diferentes naturezas, e que nem toda informação geográfica possui uma identidade espacial, ou seja, um posicionamento que lhe garanta um georreferenciamento e a possibilidade de ser plotada em um mapa.

Assim, a informação geográfica capaz de ser transformada em informação cartográfica é apenas aquela que possua um posicionamento espacial. A construção de um mapa e o sucesso de uma comunicação cartográfica passa, necessariamente, por um conjunto de processos que transforma a informação geográfica em uma informação cartográfica, ou seja, capaz de ser representada em um documento cartográfico.

Esses processos são denominados transformações cartográficas e envolvem basicamente três transformações: geométricas, projetivas e cognitivas.

As transformações geométricas correspondem àquelas que posicionarão os sistemas de coordenadas terrestres e do mapa e relacionarão o tamanho do mapa com a superfície terrestre. Assim, segundo Kraak e Ormeling (1996) podem ser caracterizadas as transformações de rotação, translação e escala (Fig. 2.15).

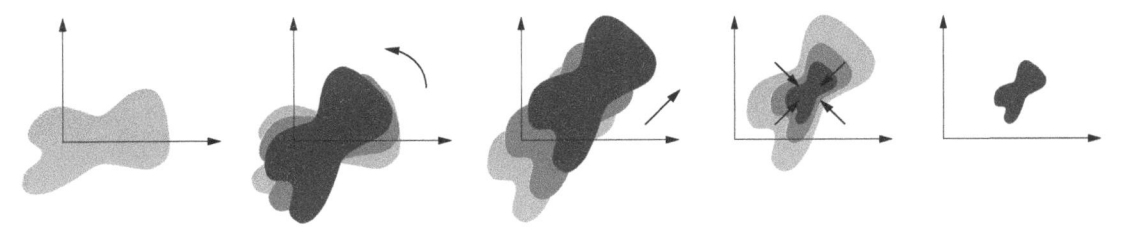

Fig. 2.15 Transformações geométricas
Fonte: adaptado de Kraak e Ormeling (1996)

As transformações projetivas caracterizam o processo de transformação do mundo real, tridimensional, sobre uma superfície curva – a superfície terrestre –, para uma representação bidimensional plana. São definidas pelas projeções cartográficas, cada uma com as suas características e propriedades, que as levam aos objetivos específicos da representação (Fig. 2.16).

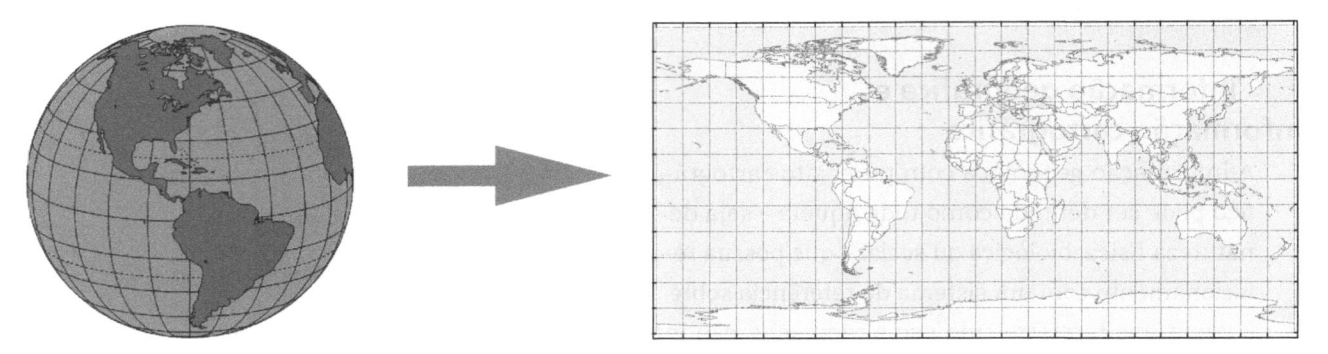

Fig. 2.16 Transformações projetivas

As transformações cognitivas envolvem a modelagem gráfica do mundo real pelo cartógrafo. São caracterizadas graficamente pela generalização e simbolização, isto é, pelo aspecto da representação da informação cartográfica (Fig. 2.17).

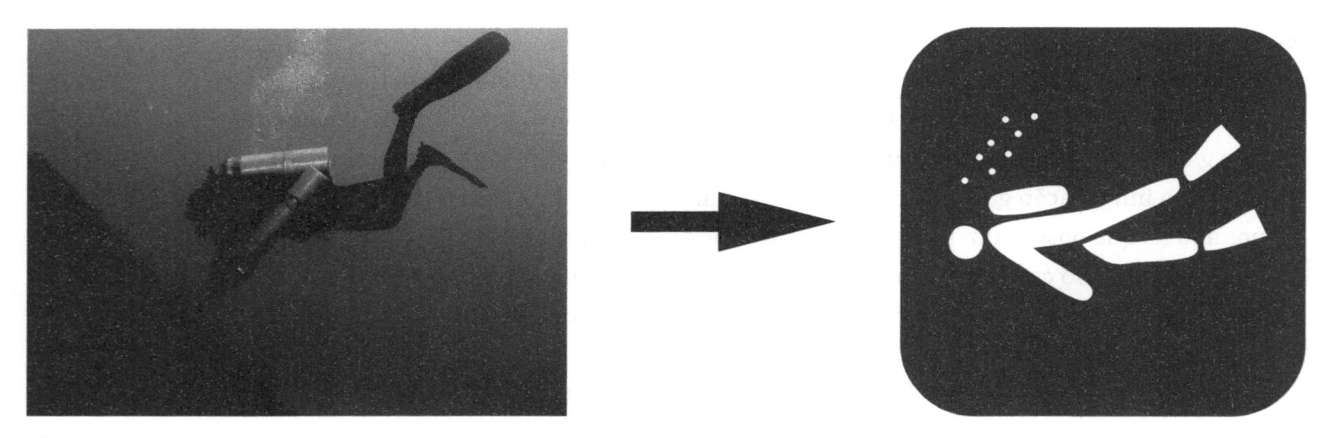

Fig. 2.17 Transformação cognitiva caracterizada pelo processo de simbolização

Esses processos de transformação cartográfica serão mais bem discutidos adiante, em capítulos específicos.

capítulo 3
Escala, escalas e séries cartográficas

Os processos de transformação cartográfica são de grande importância no sucesso da construção de mapas, pois atuam decisivamente no processo de comunicação cartográfica. Na abstração e simplificação do mundo real em modelos de representação, as transformações têm de ser bem-avaliadas, pois podem gerar interpretações equivocadas de uma realidade e, consequentemente, interferirem de maneira direta no planejamento e tomada de decisão.

Será abordado um processo dentro das transformações geométricas, a escala. Esse processo assume tamanha importância na elaboração de um documento cartográfico que influencia diretamente outras transformações, como é o caso da transformação cognitiva.

Dependendo da escala do mapa, podem ocorrer diferentes generalizações de informações e simbologias aplicadas, como se pode ver na Fig. 3.1, na qual o município mapeado possui diferentes níveis de generalização, detalhes de informações e simbologias.

Outra característica que amplia a importância da escala dentro da Cartografia é o seu papel decisivo na definição das séries cartográficas, como será abordado mais à frente.

3.1 Conceito de escala

O conceito de escala em termos cartográficos é essencial para qualquer tipo de representação espacial, uma vez que qualquer visualização gráfica é elaborada segundo uma redução do mundo real. Apesar de óbvio, é importante lembrar que todo mapa apresenta, em tamanho menor, a área das terras que representa.

Cartograficamente, a escala de um mapa é a razão entre uma medida efetuada sobre este e sua medida real na superfície terrestre. Isso quer dizer que as medidas de comprimento e área efetuadas no mapa terão representatividade direta sobre seus valores reais no terreno. Genericamente, a escala cartográfica pode ser definida como a relação entre a dimensão representada do objeto e sua dimensão real. É, portanto, uma razão entre as unidades da representação e seu tamanho real (Robinson et al., 1995; Maling, 1993; Kraak; Ormeling, 1996). Essa razão é adimensional, por relacionar quantidades físicas idênticas, acarretando a ausência de dimensão (Menezes, 2000).

Em uma conceituação mais ampla, a escala cartográfica vem a ser um fator determinante para a delimitação do espaço físico, grau de detalhamento de uma representação ou identificação de feições geográficas, uma vez que a própria percepção espacial depende da amplitude da área em estudo. Essa amplitude é definida pelas dimensões lineares da área no terreno e

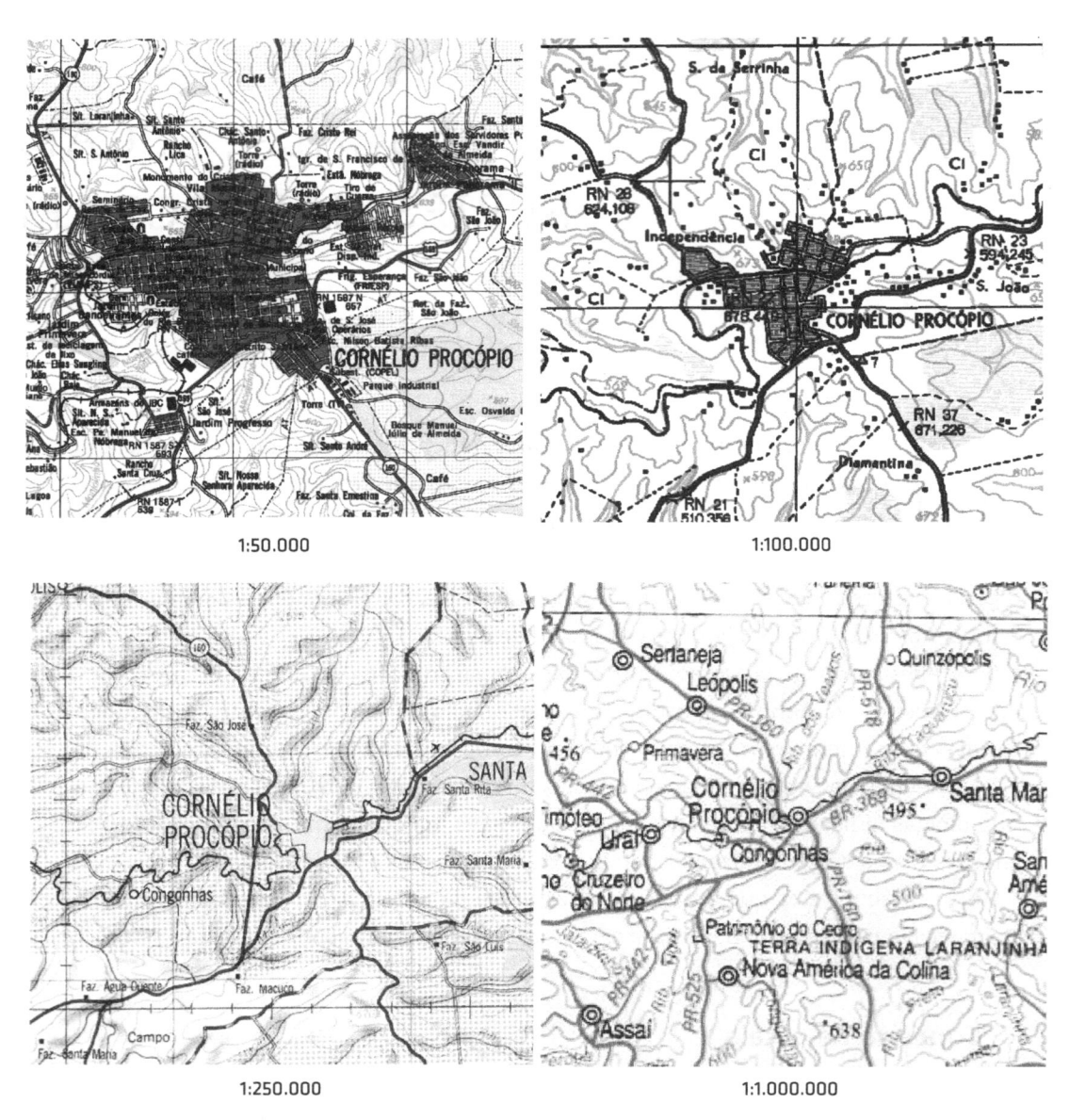

Fig. 3.1 Representação do município de Cornélio Procópio/PR em diferentes escalas cartográficas
Fonte: IBGE (1998).

na representação. Dessa forma existe uma razão matemática, topográfica e métrica associada à escala cartográfica, o que não significa que ela responde unicamente por suas propriedades matemáticas. Com a escala cartográfica, a informação geográfica poderá ser visualizada segundo diferentes níveis de detalhamento, proporcionando diferentes possibilidades de interpretação.

Em termos lineares, planares ou volumétricos, dispõe-se então das relações adimensionais de escala linear, área e volume:

$$E_L = d/D \qquad E_p = a/A \qquad E_v = v/V$$

Em que:
d = medida linear da representação e D = medida linear real;

a = medida de área (planar) da representação e A = medida planar real;
v = medida de volume da representação e V = medida de volume real.

O inverso da relação de escala D/d, A/a e V/v denomina-se número da escala (N), podendo, a representação numérica da escala, ser estabelecida pela relação:

$$E = 1/N \quad \text{ou} \quad 1:N \quad \text{ou} \quad 1/N(N_L, N_a, N_v)$$

Uma relação importante referente a representação e dimensão real de um objeto é a definição da escala de redução e ampliação. Quando o objeto representado é menor que o objeto real ocorre uma escala de redução; o comportamento inverso estabelece uma escala de ampliação, como pode ser visto na Tab. 3.1.

Tab. 3.1 Exemplos de ampliação e redução de escala

Escala	Redução/Ampliação
$E = 1:20.000$	Redução (uma unidade linear equivale a 20.000 unidades lineares no terreno)
$E = 20:1$	Ampliação (vinte unidades lineares na carta equivalem a 1 (uma) unidade linear no terreno)

Nos projetos cartográficos emprega-se a escala de redução, tendo em vista que a ampliação de um documento cartográfico implicará, necessariamente, em novo levantamento para aquisição de informações espaciais, pois o mapa a ser ampliado já é produto de uma generalização para atender às necessidades da escala em que originalmente foi produzido.

É importante ressaltar outro conceito atrelado à escala: a escala geográfica. Enquanto a escala cartográfica está relacionada à representação de um fenômeno, ou seja, às propriedades da informação e suas características geométricas, a escala geográfica está relacionada à abrangência do fenômeno estudado. Ou seja, uma grande escala cartográfica é relacionada a uma escala geográfica pequena, pois o tamanho da área mapeada é pequeno, assim como o fenômeno geográfico analisado.

Um exemplo mais prático é um mapeamento de um fenômeno global, que geograficamente tem uma grande escala, mas para ser representado em um mapa-múndi é mapeado em escala pequena. Apesar de muito dispendioso e fora de propósito, isso não é impeditivo para que se utilize uma escala grande para mapear o mesmo fenômeno, pois a representação de qualquer fenômeno não é atrelada diretamente à sua área de abrangência.

Para os estudos geográficos a escala pode ser conceituada como a medida que traz visibilidade ao fenômeno, tornando-se uma projeção do real. Ela não define níveis de análise e também não corresponde a eles. A escala não fragmenta o real, ao contrário, ela apenas permite sua apreensão. Ela trabalha com a possibilidade de percepção do real, e essa escala da percepção existe sempre no mesmo nível do fenômeno percebido e concebido.

Em uma visão objetiva a respeito desse conceito geográfico, a escala pode ser concebida, segundo Terron (2009), como a escolha de recortes espaciais que permitem observar os fenômenos que lhes dão sentido ou, ainda, a definição de quantas e quais escalas são necessárias para revelar ou explicar o fenômeno a que se pesquisa.

Diante do exposto, é importante ressaltar que a área do fenômeno analisado não está diretamente relacionada à possibilidade de sua representação cartográfica: ou seja, um fenômeno de escala geográfica grande não será, necessariamente, representado por uma escala cartográfica pequena. Assim, a afirmativa de que escalas geográficas e cartográficas são inversamente proporcionais não faz nenhum sentido. Tanto para a Geografia quanto para a Cartografia, a escala possui um papel fundamental na observação de um fenômeno.

3.2 Formas de expressão de escalas cartográficas

Uma escala pode ser expressa por uma fração representativa ou numérica, por palavras ou escrita e por meio de uma escala de barras conhecida como escala gráfica (Menezes, 2000).

3.2.1 Escala numérica e em palavras

A expressão numérica de escala é dada pelo relacionamento direto entre medidas lineares ($E_d = d/D$), planares ($E_a = a/A$) ou volumétricos ($E_v = v/V$) na representação (mapa) e na superfície terrestre (da definição de escala).

A apresentação da razão, no entanto, é feita normalmente, mostrando o numerador unitário e o denominador expressando um valor:

$$E = 1/N = \frac{d/d}{D/d}$$

O valor N é denominado número da escala, e E é o nome da fração representativa ou fator de escala, que tanto pode ser dada pela fração como pela razão representativa: 1/100.000 ou 1:100.000, dizendo-se por exemplo, "um para cem mil", nesse caso.

Formalmente, essa razão expressa que uma unidade no mapa equivale ao número de escala de unidades no terreno, como pode ser visto na Tab. 3.2.

Essa forma de expressar uma escala representa a forma escrita. Normalmente, a expressão é dada em termos de uma unidade coerente para as observações no mapa (mm, cm, cm^2, cm^3), para unidades também coerentes em termos de terreno (km, km^2, km^3) (Tab. 3.3).

Tab. 3.2
Expressões de representatividade de escala 1:100.000 no mapa e no terreno

Mapa	Terreno
1 mm	100.000 mm
1 cm	100.000 cm
1 cm^2	1.000.000 m^2
1 mm^3	1.000.000 m^3

Tab. 3.3 Dimensionalidade, escalas e representatividade

Dimensionalidade	Escala	Representatividade
Linear	1:100.000	1 cm = 1 km = 1.000 m
		1 mm = 0.1 km = 100 m
Linear	1:25.000	1 cm = 0,25 km
		4 cm = 1 km
Área	1:250.000	1 cm^2 = 25 m^2
Volume	1:1.000.000.000	1 cm^3 = 1.000 m^3

A conversão de uma forma é simples, bastando efetuar uma transformação de unidades. Entretanto, é importante estar atento para mapas ou cartas antigas, principalmente quando oriundos de países que adotavam o sistema inglês (milha, pés, jardas). Por exemplo, a expressão 1 m = 1 milha fornece um fator de 1:63.360; 1/2 = 1 milha = 1/253440; 4// = 1 milha = 1/15840. Vale relembrar que, 1// = 2,54 cm; 1 mi n (milha náutica) = 1852 m; 1 ft = 30, 48 cm; 1 yd = 1, 093613 m. A Tab. 3.4 mostra as escalas mais comuns e equivalências.

Agora que se tem a definição do que seja escala, é possível verificar que, quanto maior o número da escala, menor ela será. O comportamento inverso também é verdadeiro, ou seja, quanto menor o número da escala, maior ela será. Uma escala maior implica, portanto, uma maior exigência de detalhamento dos objetos cartografados aplicados em áreas menores ou vice-versa (Fig. 3.2).

Isso nos leva a crer que o nível de detalhamento da informação, a área mapeada e a generalização de um mapa estão relacionados intimamente à escala. Quanto maior a escala de um mapa, maior o nível de detalhamento e quantidade de informações representada, e menor a generalização imposta aos elementos mapeados e a área de abrangência levantada (Dent, 1985). Essa relação é esquematizada na Fig. 3.3.

Uma exemplificação dessa discussão é apresentada na Fig. 3.4, na qual uma mesma área, mancha urbana da cidade de Londrina, é representada em duas escalas diferentes. Fica clara a não ocorrência de uma simples ampliação dos elementos representados, mas sim um maior detalhamento da área, com uma definição melhor de alguns elementos e a inclusão de outros.

Essa relação é de significativa importância, pois o uso de informações de diferentes escalas pode gerar interpretações errôneas na interpretação de uma determinada temática. Ou seja, apesar de sistemas computacionais – como os sistemas de informações geográficas (SIG) – possibilitarem a visualização de diferentes informações gráficas em uma mesma escala, isso não significa que elas têm a mesma escala de origem, ou seja, de produção. Assim, o uso de informações provenientes de diferentes escalas pode ser prejudicial na montagem de um mapa ou na análise de um fenômeno, diante dos diferentes graus de generalização a que essas informações são submetidas.

Isso quer dizer que a cartografia de uma mesma região produzida em diferentes escalas vai exibir várias concepções de uma mesma realidade – será examinada com mais detalhes em alguns casos e com menos em outros. Nem sempre os mesmos elementos da paisagem ou os mesmos problemas serão percebidos em escalas diferentes, muito menos os métodos empregados para investigá-los e cartografá-los serão iguais (Joly, 1990).

Um exemplo dessa situação pode ser o uso de informações levantadas na escala de 1:2.000 combinadas com outras na escala de 1:2.500.000, como no caso da Fig. 3.5. Nessa figura são expostas informações compiladas da base cartográfica da prefeitura do Rio de Janeiro (IPP,

Tab. 3.4 Escalas mais comuns e equivalências

Escala	1 cm	1 km	1 in	1 mi
1:2.000	20 m	50 cm		
1:5.000	50 m	20 cm		
1:10.000	0,1 km (100 m)	10 cm		
1:20.000	0,2 km	5 cm		
1:25.000	0,25 km	4 cm		
1:31.680	0,317 km	3,16 cm	0,5 m	2
1:50.000	0,5 km	2,0 cm		
1:63.360	0,634 km	1,58 cm	1,0	1
1:100.000	1.0 km	1 cm		
1:250.000	2,5 km	4 mm		
1:500.000	5,0 km	2 mm		
1:1.000.000	10 km	1 mm		

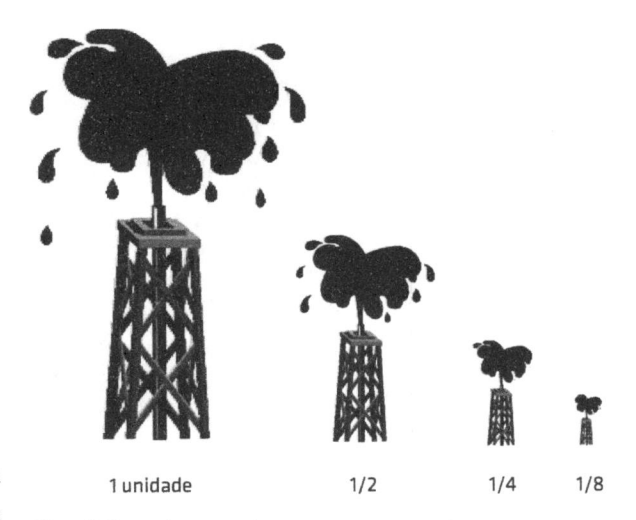

Fig. 3.2 Relação maior e menor em escala

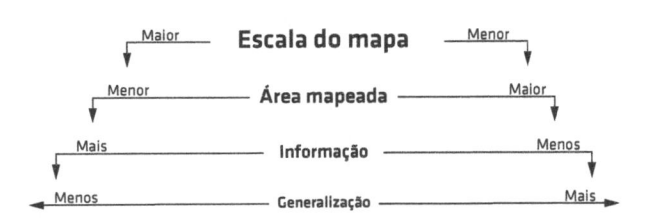

Fig. 3.3 Relação entre escala, área do mapeamento, detalhamento da informação e generalização
Fonte: adaptado de Dent (1985).

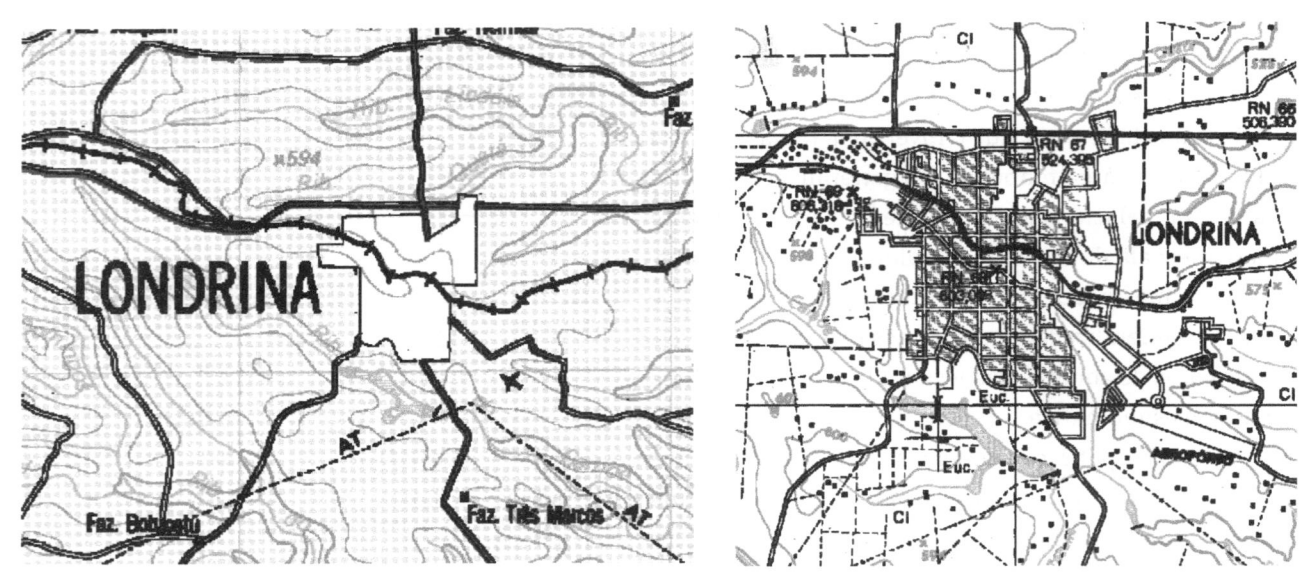

Fig. 3.4 Nível de detalhamento em mapas de diferentes escalas

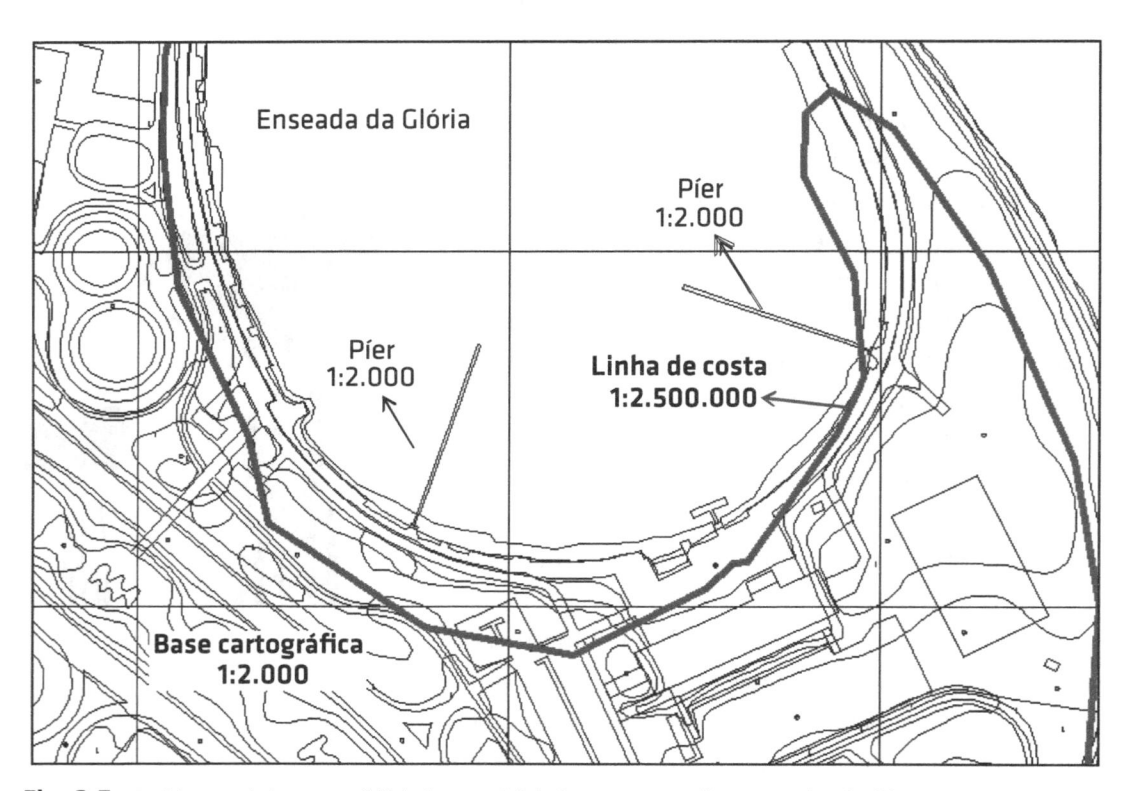

Fig. 3.5 Problemas de incompatibilidade espacial de bases cartográficas oriundas de diferentes escalas com diferentes graus de generalização

1999) (preto) na escala de 1:2.000, e informações de limites municipais do IBGE (cinza) na escala 1:2.500.000.

As duas informações contêm níveis de generalização referentes às escalas de origem, mas estão apresentadas na mesma escala de visualização e, se combinadas para uma análise espacial, acarretarão problemas diante das características de cada uma. Nesse exemplo os píeres da escala 1:2.000 não aparecem na escala 1:2.500.000 e se fossem simplesmente compilados da sua base original para compor a base de 1:2.500.000 cairiam na enseada da Glória, na parte de massa d'água.

3.2.2 Escala gráfica

A escala gráfica ou de barra é a forma de apresentação da escala linear – representada por uma linha que, geralmente, faz parte da legenda da carta, dividida em partes que mostram os comprimentos na carta diretamente em termos de unidades do terreno.

Assim, esse tipo de escala tem como principal característica a facilidade de entendimento das proporções de representação dos elementos, pois permite que medidas lineares obtidas na carta sejam comparadas diretamente na escala, já se estabelecendo o valor no terreno (Fig. 3.6).

Esse tipo de escala é muito comum nas representações cartográficas encontradas em atlas e livros, porque ela acompanha facilmente as reduções sofridas pelo mapa para se ajustar nas dimensões do papel. Além disso, em estudos histórico-cartográficos, essa linha graduada tem um peso muito grande nas análises de cartas e mapas produzidos décadas atrás, pois, assim como as demais feições mapeadas, a escala gráfica acompanhará as deformidades sofridas pelo papel.

Na Fig. 3.6 podem ser observados três tipos de apresentação de escalas gráficas: a simples (A e B) e a dupla (C). Esta última pode ser calibrada em mais de um sistema de medida linear.

Normalmente, a escala gráfica apresenta-se dividida em duas partes a partir da origem: uma parte – à direita da origem – é chamada de escala; outra, o talão – a parte menor da escala –, fica à esquerda da origem. O talão é subdividido em intervalos menores de uma unidade da escala, permitindo uma mensuração mais precisa.

A escala gráfica, por razões de espaço e funcionalidade, deve ter entre 6 (no mínimo) e 12 (no máximo) divisões, incluindo o talão, dependendo da escala que estiver representando.

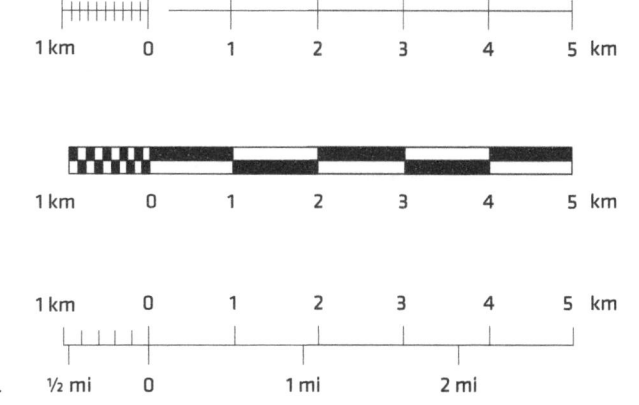

Fig. 3.6 Exemplos de algumas formas de apresentação de escalas gráficas

A divisão do talão deve seguir o sistema de unidades. Assim, no sistema métrico ele normalmente divide-se em 10 partes; em uma escala de milhas são utilizadas 8 divisões; e, numa escala horária, 6 divisões de 10 minutos (10').

Além desse tipo mais comum de escala gráfica, existem outros tipos que merecem destaque, como a escala gráfica decimal. Trata-se de uma escala mais precisa que a escala gráfica comum, pois permite que as medidas sejam efetuadas com uma precisão maior que a determinada pela escala gráfica comum. Essa precisão é alcançada por um processo gráfico que permite subdividir as divisões do talão em quantas partes sejam possíveis. No caso da escala gráfica decimal divide-se em 10 partes (Fig. 3.7). Logo, se a precisão da escala gráfica

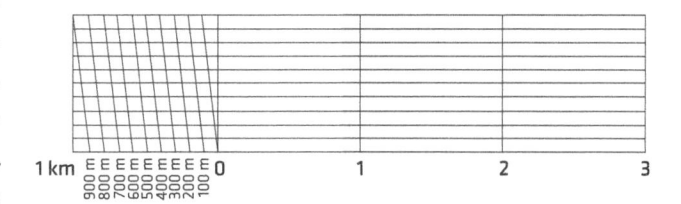

Fig. 3.7 Exemplo de escala gráfica decimal

for 100 m, com estimativa de 10 m, a precisão da escala gráfica decimal será de 10 m de leitura direta e estimativa de 1 m.

As fotografias aéreas e alguns documentos cartográficos não possuem escalas constantes, necessitando de escalas gráficas especiais. Essa inconstância escalar é fruto de uma série de fatores inerentes ao processo de elaboração da projeção assumida pelo documento cartográfico ou pela fotografia aérea.

As fotografias aéreas possuem uma projeção central, na qual a escala é variável do centro da foto para a periferia, sendo tanto menor quanto mais próximo das bordas. Em algumas projeções, a escala pode ser constante apenas nas condições que são ditadas pela própria projeção; assim, a escala nominal ou principal (Ep) é válida apenas para uma área do mapa, também ditada pela projeção.

Quando a escala for grande, não ocorrerão muitos problemas, pois os erros serão desprezíveis. Isso já não ocorre em escalas pequenas, onde as escalas podem ser constantes ao longo dos paralelos e variáveis ao longo dos meridianos, ou vice-versa, dependendo do tipo de projeção e da sua estrutura projetiva.

Em pequenas escalas é obrigatória a citação da área de validade da escala principal (Ep) e, complementarmente, o uso de gráficos variáveis ou ábacos de variação de escala. Na projeção de Mercator, por exemplo, a escala é constante ao longo dos paralelos, e variável ao longo dos meridianos, variando tanto com a latitude: quanto maior a latitude, maior a escala.

No equador ocorre a escala nominal, aumentando a medida no sentido dos polos, onde a escala é infinita (Fig. 3.8).

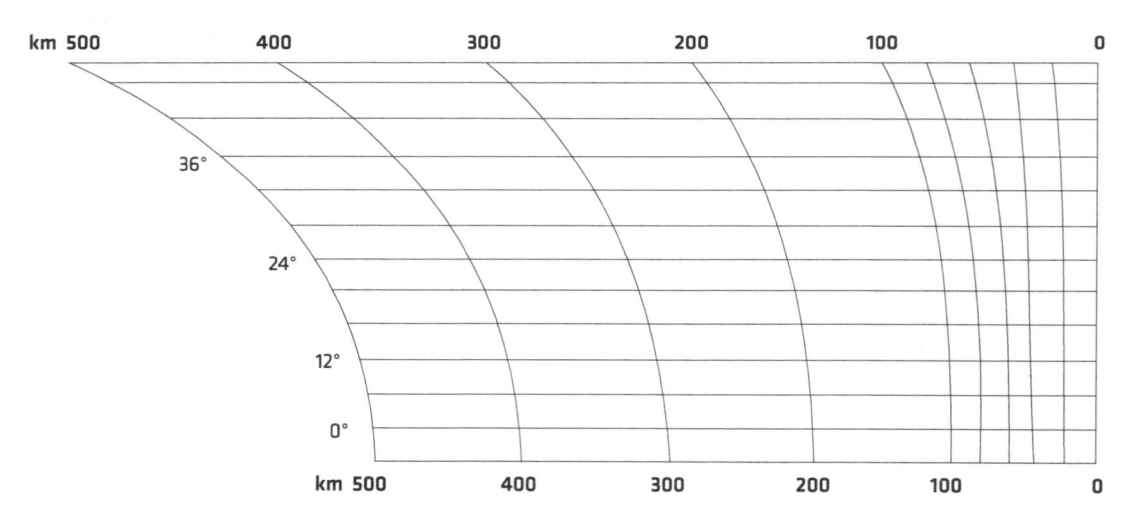

Fig. 3.8 Escalas em diferentes latitudes na projeção de Mercator

Para a construção de escalas gráficas de maneira manual, existe uma série de técnicas de desenho geométrico, como foi apresentado por Argento e Cruz (1996). Atualmente com o uso de *softwares* de apoio a elaboração de documentos cartográficos a construção de escalas gráficas tem sido muito facilitada, pelo fato de não se ter mais a necessidade de desenhá-las manualmente. Entretanto, é importante lembrar que, para que o *software* execute perfeitamente a confecção de uma escala gráfica, as unidades de medida e projeção devem ser informadas corretamente, evitando problemas em sua confecção.

3.3 Erro e precisão gráfica

A escala de representação está ligada a um conceito de evolução espacial e de precisão de observação. O olho humano permite distinguir uma medida linear de aproximadamente 0,1 mm. Um ponto, porém, só será perceptível com valores em torno de 0,2 mm de diâmetro, em termos médios. Esse valor, de 0,2 mm, é adotado como a precisão gráfica percebida pela maioria dos usuários e caracteriza o erro gráfico vinculado à escala de representação.

Dessa forma, a precisão gráfica de um mapa está diretamente ligada a esse valor fixo (0,2 mm), estabelecendo-se, em função direta da escala, a precisão das medidas da carta, por exemplo:

E = 1:20.000 —— 0,2 mm = 4.000 mm = 4 m
E = 1:10.000 —— 0,2 mm = 2.000 mm = 2 m
E = 1:40.000 —— 0,2 mm = 8.000 mm = 8 m
E = 1:100.000 —— 0,2 mm = 20000 mm = 20 m

Em observações lineares, as precisões alcançadas pelas escalas são essas. Quanto menor for a escala de observação, maior será o erro relativo associado. Em geral, quando se parte para a representação de uma parte da superfície terrestre, entende-se que a escala a ser aplicada à área será uma escala de redução, ou seja, a superfície a ser representada será reduzida de forma a estar contida na área do mapa. Essa redução traz o erro gráfico aplicado à escala de representação. Nesse sentido, o erro gráfico já é o componente final de todos os erros inerentes ao processo de construção do mapa.

Dessa forma, todas as medições e observações estarão com uma precisão inerente à propagação de erros de todas as fases da construção de uma carta, como as atividades de campo, aerotriangulação, restituição, gravação e impressão.

O processo automatizado de construção de cartas tem algumas dessas fases embutidas, também com prescrições de precisão bem-definidas. A aquisição de dados para um projeto de geoprocessamento, e até trabalhos de cartografia temática de síntese, pode ser realizada com os documentos cartográficos já existentes.

No momento que se adquire dados derivados de um documento já existente, é importante avaliar se esse documento já não possui erro gráfico inerente à sua escala de representação – porque nada vai fazer com que esse erro diminua – e se ele está em uma escala predefinida.

Surge, então, a questão de que esses dados só poderão servir a essa escala de aquisição, não podendo ser trabalhados em outras representações, em outras escalas, o que, evidentemente, é um desperdício em um sistema de armazenamento de dados.

Em termos de utilização desses dados para uma redução, não existe nenhuma restrição de utilização. Supondo uma aquisição de dados para uma região por meio de folhas de cartas na escala de 1:250.000, com o intuito de se fazer a redução de representação para a escala de 1:1.000.000. O erro gráfico da primeira escala corresponde a 50 m e, na segunda escala, de 200 m, ou seja, quatro vezes menor.

Em termos de uma ampliação, ocorrerá o problema inverso. Supondo uma aquisição na escala de 1:1.000.000 e uma ampliação para a escala de 1:250.000, o erro de 200 m terá uma ampliação de quatro vezes, passando para 800 m, o que, na realidade, corresponde não a quatro vezes, mas a 16 vezes o erro gráfico permitido para aquela escala, que é 50 m.

Para uma ampliação de um mapa da escala de 1:100.000 para 1:20.000, o erro gráfico inerente à primeira escala é igual a 20 m e, na segunda, igual a 4 m. Ao se ampliar a informação gráfica, o erro será também ampliado, passando para 100 m, uma vez que a ampliação submetida foi de cinco vezes. Comparando esse valor com o erro gráfico da escala final, verifica-se que é 25 vezes maior que o erro permitido para a escala de 1:20.000.

Podem ocorrer casos que os erros oriundos de uma ampliação não sejam relevantes para uma determinada representação. Com todas as restrições, é possível até se aceitar, mas, em princípio, as ampliações não são consideradas em termos cartográficos.

Existe uma legislação brasileira (Brasil, 1984), relacionada a erro e precisão, que aponta parâmetros para a definição de padrões de exatidão cartográfica (PEC), tanto em nível planimétrico quanto altimétrico (Tab. 3.5). Apesar de antiga – e ter sido definida para documentos analógicos, com base na precisão das tecnologias disponíveis na época – ela ainda é aceita como parâmetro de definição da exatidão cartográfica de um documento.

Essa legislação, entretanto, não define parâmetros específicos para distinguir bases cartográficas e mapas temáticos, os quais têm padrões de precisão diferenciados. Atualmente, está sendo feito um esforço para que essa legislação vigente seja revista, buscando atender às novas tecnologias que são empregadas na construção de documentos cartográficos.

Tab. 3.5 Padrões de exatidão cartográfica estabelecidos

	Origem do dado			
	Planimétrico		Altimétrico	
Classe	Tolerância	Erro padrão	Tolerância	Erro padrão
A	0,5 mm	0,3 mm	1/2 equidistância das curvas de nível	1/3 equidistância das curvas de nível
B	0,8 mm	0,5 mm	3/5 equidistância das curvas de nível	2/5 equidistância das curvas de nível
C	1 mm	0,6 mm	3/4 equidistância das curvas de nível	1/2 equidistância das curvas de nível

Fonte: Brasil (1984).

3.4 Escolha da escala

No planejamento de um documento cartográfico, um dos primeiros itens a se discutir é a escala de representação. A escala varia em função da finalidade da carta e da conveniência da escala.

As condicionantes básicas para a escolha de uma escala de representação são:
- dimensões da área do terreno que será mapeado;
- tamanho do papel em que será traçado o mapa;
- a orientação da área;
- erro gráfico;
- precisão do levantamento e/ou das informações a serem plotadas no mapa.

Pelas dimensões do terreno e do tamanho do papel, pode-se fazer uma primeira aproximação para a escolha da escala ideal de representação. Desta primeira aproximação deve-se então arredondar a escala para que fique a mais inteira possível. Para tanto, é importante considerar em relação ao papel, locais para a colocação de margem e legendas para o mapa. Isto fará com que a área do papel seja menor que as dimensões iniciais.

Buscando a apresentação de exemplo prático vamos definir uma escala de representação de um mapa do Estado do Rio de Janeiro em tamanho A4. Para se determinar a escala ideal de representação, devem ser observados os seguintes passos:

a] Definição do tamanho do papel.
   A4: 21,03 cm × 29,71 cm

b] Mensuração das dimensões do Estado (Fig. 3.9).
   ±450 km na linha de maior comprimento

c] Delimitação de uma área útil (Fig. 3.10). Nesse caso será adotada uma margem de 1 cm por borda; a área útil será diminuída para 19,03 cm × 27,71 cm ≈ 18 cm × 26 cm (margem de segurança).

d] Determinação da orientação de forma que a área fique com a base voltada para a margem inferior. Para tanto são desenvolvidos os seguintes cálculos de determinação das escalas.

$$\frac{26\,cm}{45.000.000\,cm} \sim \frac{1}{1730769}$$

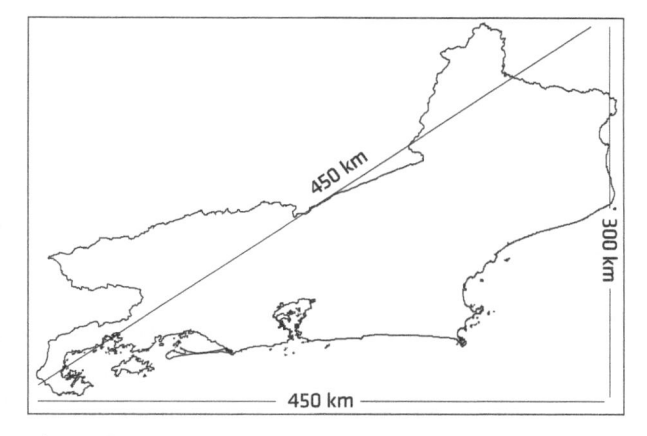

Fig. 3.9 Dimensões assumidas para Estado do Rio de Janeiro

Fig. 3.10 Exemplo de área útil de um mapa na folha de impressão

Em que:

26 cm – maior lado da área útil estabelecida;

45.000.000 cm – maior extensão da área do Estado do Rio de Janeiro.

Chegando ao resultado de 1:1.730.769, a escala deve ser arredondada e testada para as dimensões do papel e da área do Estado. Assim:

450 km na escala 1:1.700.000 = 26,47 cm → OK

300 km na escala 1:1.700.000 = 17,64 cm → OK

Escala determinada = 1:1.700.000

3.5 Determinação da escala de um mapa

Quando, por algum motivo, não é fornecida a escala de um mapa, é possível obter uma escala aproximada por meio da medição do comprimento de um arco de meridiano entre dois paralelos.

O comprimento médio de um arco de meridiano é de 111,111 km, bastando então dividir a distância encontrada no mapa por esse valor.

$$E = \frac{\text{dist. mapa}}{111,111} = \frac{mm}{111.111.000}$$

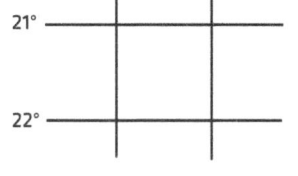

No entanto, caso haja a necessidade de valores mais precisos, é possível consultar uma tabela de valores de arco meridiano para as diversas latitudes (Tab. 3.6).

Em documentos cartográficos com escalas grandes, em um sistema de coordenadas plano-retangular, como o sistema de coordenadas da projeção universal transversa de Mercator (UTM), é possível aplicar a mesma técnica. Entretanto, utiliza-se como medida de mensuração a diferença de duas coordenadas do mesmo eixo e a distância no documento.

Tab. 3.6
Valores de arco meridiano para as diversas latitudes

Latitude	Comprimento
0-1	110.567,3 km
10-11	110.604,5 km
20-21	110.705,1 km
30-31	110.857,0 km
40-41	111.042,4 km
50-51	111.239,0 km
60-61	111.423,1 km
70-71	111.572,2 km
80-81	111.668,2 km
89-90	111.699,3 km

3.6 Transformação de escala de mapa

Às vezes, é necessário alterar o tamanho de um mapa, isto é, reduzi-lo ou ampliá-lo. Uma ampliação acarretará também uma ampliação dos erros existentes. O problema é, então, passar de um fator de escala para outro. Uma vez determinado o novo fator, basta efetuar a transformação de todas as medidas para a nova unidade. O método para se descobrir o fator de redução e ampliação é:

$$E_i = 1 : 25.000$$
$$E_f = 1 : 125.000$$
$$FE = \frac{E_f}{E_i} = \frac{1/125.000}{1/25.000} = \frac{25.000}{125.000} = 1/5$$

Em que:

FE = Fator de escala

As transformações podem ser efetuadas também por processos mecânicos ou opticomecânicos, como, por exemplo, utilizando pantógrafos ou aerosketchmaster.

Um processo gráfico de uso bastante comum é o gradeamento do desenho original e o desenho de uma grade com o fator de escala definido, passando o desenho de um para outro (Fig. 3.11).

3.7 Séries cartográficas

Os mapeamentos sistemáticos são um conjunto de cartas obtidas de levantamentos originais, destinadas à cobertura sistemática de um país, ou área, dos quais outras cartas ou mapas podem ser derivados. Desse conjunto resultam as séries cartográficas, cuja característica é a delimitação de documentos cartográficos que têm a escala como um elemento de grande importância em sua constituição.

Para se mapear sistematicamente um determinado espaço geográfico, como é o caso de um estado ou país, geralmente é necessário dividir a área em folhas de formato uniforme numa mesma escala. Um exemplo desse tipo de mapeamento é a série cartográfica Carta do Brasil, na escala 1:1.000.000 em 46 folhas de formato 4° × 6°, que integra a coletânea de cartas internacionais do mundo ao milionésimo (CIM).

Com esse mapeamento foi definido o sistema cartográfico brasileiro. Entretanto, o sistema não abrange apenas a questão do mapeamento do território nacional, mas diversos outros fatores são considerados, definindo entidades responsáveis, áreas de atuação, levantamentos específicos, normas e especificações técnicas para cada tipo de trabalho a ser desenvolvido.

O sistema brasileiro deve ser seguido procurando-se atingir metas estabelecidas quinquenalmente, divididas por ano de trabalho. A responsabilidade por isso cabe aos seguintes órgãos de base:

- Instituto Brasileiro de Geografia e Estatística (IBGE);
- Diretoria de Serviço Geográfico (DSG), órgão do Exército Brasileiro;
- Diretoria de Hidrografia e Navegação (DHN), órgão da Marinha do Brasil;
- Instituto de Cartografia Aeronáutica (ICA), órgão do Departamento de Controle do Espaço Aéreo (Decea) da Força Aérea Brasileira (FAB).

Ao IBGE compete o mapeamento do território nacional, confecção de mapas gerais, atlas e a elaboração do apoio básico fundamental (planimétrico e altimétrico). Esse órgão trabalha também com cartografia temática e apoia a cartografia sistemática do país.

A DSG, além de atender às necessidades específicas do Exército, apoia a cartografia sistemática do país com a confecção de cartas topográficas.

À DHN compete o mapeamento náutico ou hidrográfico, inclusive para o apoio à navegação internacional.

Ao ICA compete o mapeamento aeronáutico específico do país.

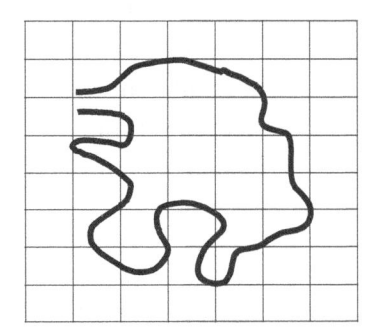

Fig. 3.11 Processo de gradeamento para redução de escala

Diversos outros órgãos governamentais possuem núcleos mais ou menos desenvolvidos para seus trabalhos temáticos, como a CPRM, DNPM, Embrapa. Soma-se a esses, órgãos estaduais e municipais, que atuam em suas unidades de governo.

3.7.1 Mapeamento sistemático

O mapeamento sistemático topográfico do Brasil compreende as escalas de 1:1.000.000, 1:500.000 (interrompida), 1:250.000, 1:100.000, 1:50.000 e 1:25.000. Mapeamentos em escala maior são considerados cadastrais e as suas escalas normais variam de 1:10.000 até 1:2.000, e, geralmente, são desenvolvidos apenas em nível municipal, por conta de demandas específicas.

O Brasil é, portanto, mapeado nas escalas das cartas do mapeamento sistemático, em que cada carta também pode ser chamada de folha. Um quadro geral do mapeamento sistemático é apresentado na Tab. 3.7.

3.7.2 Índices de nomenclatura

O índice de nomenclatura auxilia a localizar uma folha de carta no conjunto do território mapeado. Além disso, a identificação das cartas de uma série cartográfica é definida com base nesse índice.

Tab. 3.7 Quadro geral das características do mapeamento sistemático brasileiro

Escala	Nº Total de Folhas	Nº de Folhas Executadas	% Mapeada	Projeção
1:1.000.000	46	46	100,00	**Cônica conforme de Lambert**
1:500.000	154	68	44,00	**Cônica conforme de Lambert**
1:250.000	556	529	95,1	**UTM**
1:100.000	3049	2087	68,4	**UTM**
1:50.000	11928	1641	13,7	**UTM**
1:25.000	47712	548	1,2	**UTM**

Existem diversas formas de localização, tal como o Georef, criado para ser um índice de padronização para o mundo todo. Ele possui a vantagem de ser aplicado a qualquer tipo de projeção adotada, além de ser de fácil manuseio.

No Brasil, a identificação de uma carta de mapeamento sistemático nacional pode ser feita de diferentes maneiras, ou seja, pelo nome, pelo número do mapa índice ou pelo índice de nomenclatura.

Esses diferentes índices e formas de identificação de cartas serão apresentados com mais detalhes a seguir:

Sistema geográfico de referência internacional (Georef)

O Georef consiste na divisão inicial do globo terrestre em quadrantes de 15° de latitude por 15° de longitude. Essa divisão não é relacionada com nenhuma projeção específica. Os quadrantes são nomeados no sentido longitudinal, de A a Z – excluindo-se as letras I e O –, do antimeridiano de Greenwich para leste; e no sentido latitudinal, do sul, de A a M – excluindo-se o I.

A referência sempre será o canto inferior esquerdo da folha, e a primeira letra corresponde à longitude. Dessa forma, são dadas as duas primeiras letras do índice, como por exemplo, KE (Fig. 3.12). Cada quadrícula de 15° é agora enquadrada em uma projeção qualquer, que melhor caracterize o objetivo do mapeamento.

Novamente o quadrante é dividido em quadrantes menores, agora de 1° de latitude por 1° de longitude. Cada quadrante é notado da mesma maneira que a divisão anterior, Sul-Norte e Leste-Oeste, de A a Q, excluindo-se o I e O.

Ao índice inicial de duas letras são somadas agora mais duas letras que identificam o canto inferior esquerdo de cada novo quadrante, como é apresentado no exemplo da Fig. 3.13, na qual, com base no quadrante da figura anterior foi definido mais um de 1° de latitude por 1° de longitude (KEEJ).

Dessa quadrícula de 1 × 1 ocorre outra divisão. Ela é feita em minutos, ou seja, a quadrícula de 1 × 1 ou 60' × 60', é dividida em 3.600 quadrículas de 1' × 1'. A contagem é realizada pelo número de minutos do limite esquerdo e do limite inferior, em qualquer hemisfério e em qualquer posição em relação a Greenwich. Assim, como pode ser visto na continuidade dos exemplos anteriores com a definição do quadrante KEEJ4351 (Fig. 3.14).

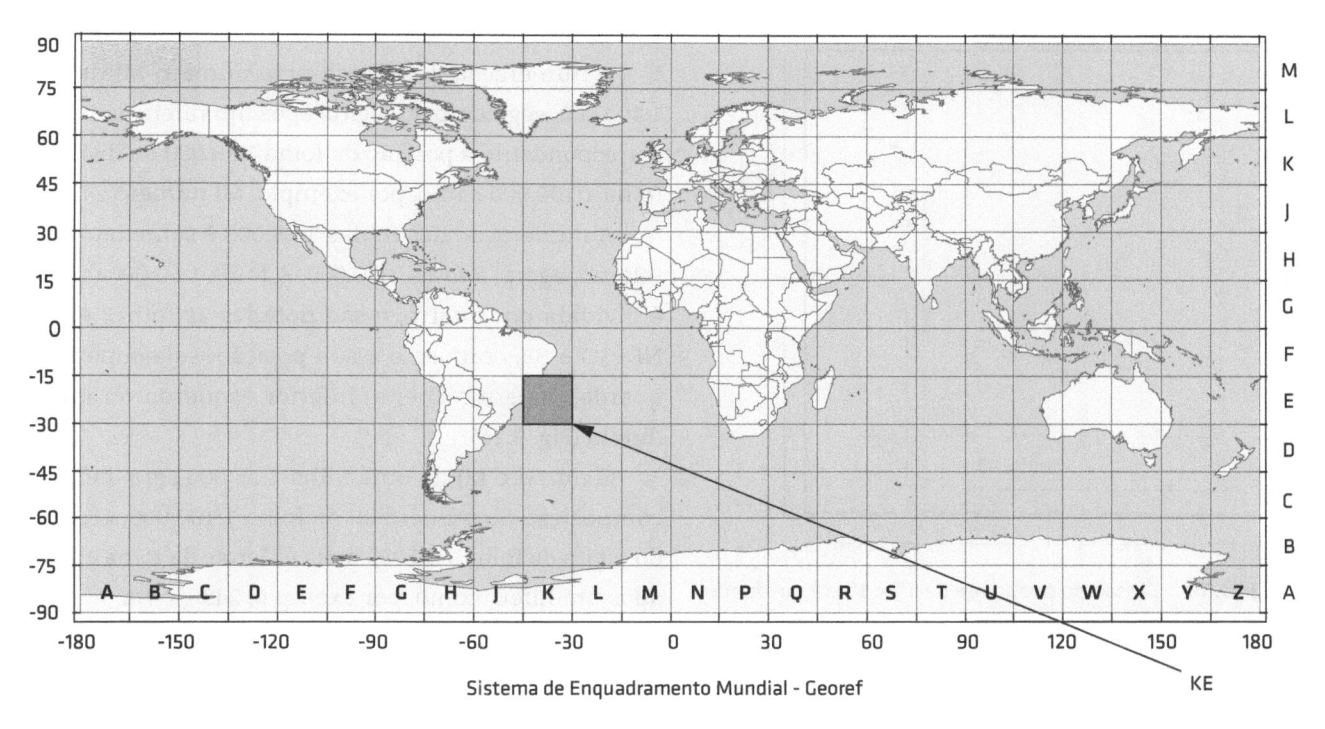

Fig. 3.12 Enquadramento mundial do Georef

Identificação das cartas brasileiras

As cartas brasileiras pertencentes ao mapeamento sistemático nacional podem ser identificadas pelo nome, número do mapa índice ou pelo índice de nomenclatura:

- **Nome:** o nome da folha é uma designação com um indicativo claro, geográfico, de algum aspecto físico ou humano que se desenvolva na região cartografada. Não é a melhor forma de identificar uma folha, pois não fornece nenhum indicativo posicional ou de escala, podendo até existir duplicação de nomes em folhas de diferentes ou mesma escala.

- **Número do mapa índice (MI):** o número do mapa índice se refere ao número indicativo da folha, correspondente à divisão do Brasil em folhas da carta 1:100.000. Para tanto, as cartas são numeradas de oeste para leste e de norte para sul, de 1 até 3.036, inclusive.

Fig. 3.13 Enquadramento de um quadrante de 15°

A numeração das cartas 1:100.000 é pura, isto é, a folha MI número 2.436 equivale a uma folha da carta 1:100.000. Essa numeração MI é estendida para as folhas 1:50.000 e 1:25.000.

A numeração das folhas 1:50.000 é dada pela divisão da carta 1:100.000 por quatro, e são numeradas da esquerda para a direita, de cima para baixo, com os dígitos 1, 2, 3 e 4 (Fig. 3.15).

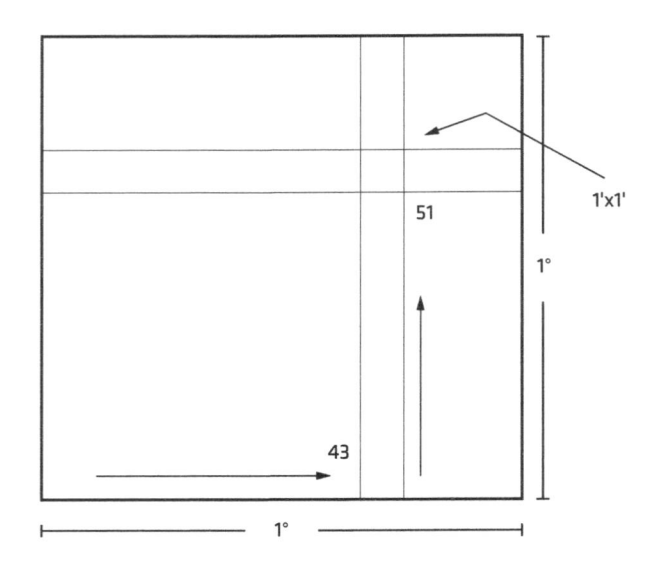

Fig. 3.14 Divisão do quadrante de 1° × 1° em quadrante de 1'× 1'

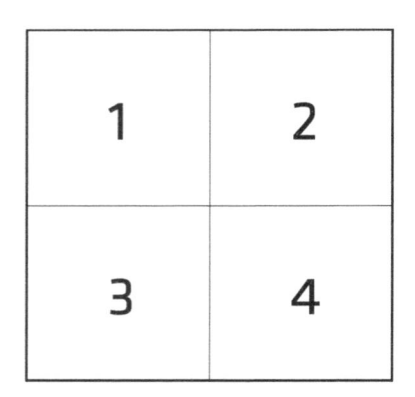

Fig. 3.15 Divisão da folha 1:100.000

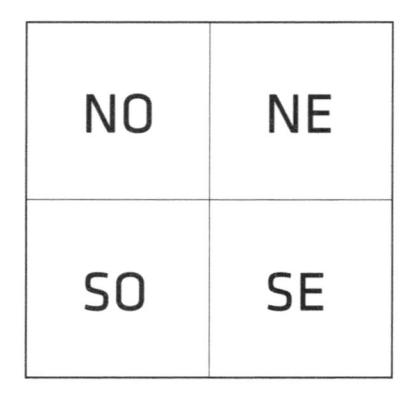

Fig. 3.16 Divisão da folha 1:50.000

A numeração é definida pelo número MI da folha 1:100.000, seguido pelo dígito, após um hífen, do número correspondente à posição da folha 1:50.000 na divisão da folha 1:100.000 como, por exemplo, MI número 2436-2.

A numeração das folhas 1:25.000 é semelhante, em relação, agora, à folha 1:50.000. A folha 1:50.000 também é dividida por quatro, e são notadas as folhas em NO, NE, SO e SE, conforme a sua posição, seja superior esquerda, superior direita, inferior esquerda ou inferior direita (Fig. 3.16).

O número MI de uma folha 1:25.000 será dado pela composição do número MI da folha 1:100.000, acrescido do dígito da folha 1:50.000 mais as letras da folha 1:25.000, após um hífen, como, por exemplo, 2436-2-NE.

Apesar de ser uma notação unívoca, o número de mapa índice não possui indicativo posicional, uma vez que é necessária consultar um mapa índice para se localizar a folha. Por outro lado, as folhas acima da escala 1:100.000 não dispõem de uma numeração que permita estabelecer uma relação.

- **Índice de nomenclatura:** o índice de nomenclatura supre todas as deficiências apresentadas anteriormente, pois goza de unicidade, atende todas as escalas do mapeamento sistemático, pode ser estendido ao mapeamento cadastral e possui características posicionais, ou seja, pelo próprio índice já se pode localizar a folha dentro do território brasileiro.

Todo enquadramento de folhas de carta é desenvolvido pela definição dos seus quatro cantos, que são apresentados em coordenadas geodésicas, latitude (φ) e longitude (λ).

O canto 1 corresponde ao canto inferior esquerdo da folha (CIE); o canto 2 ao canto superior esquerdo (CSE); o canto 3 ao canto superior direito (CSD) e o canto 4 ao canto inferior direito (CID). A Fig. 3.17 apresenta o esquema que sempre aplicado a qualquer folha do mapeamento sistemático, da menor à maior escala.

A base do índice de nomenclatura é a divisão da carta internacional do mundo ao milionésimo (CIM). A carta ao milionésimo define, portanto, a uniformização dos formatos das demais séries.

A configuração dos índices para cada escala será apresentado a seguir.

- **Escala 1:1.000.000**

As cartas CIM são definidas para todo o mundo em folhas de 6° de longitude por 4° de latitude. A divisão longitudinal acompanha a divisão em fusos do globo terrestre para a projeção universal transversa de Mercator (UTM), em que a Terra é dividida em 60 fusos de 6 graus. A numeração dos fusos de 6° é determinada do antimeridiano de Greenwich para leste, de 1 até 60.

A contagem desses fusos inicia-se no antimeridiano de Greenwich, no sentido W-E (oeste-leste), que são devidamente designados por números. No Brasil, a numeração dos fusos cresce enquanto a longitude decresce. Os fusos que abrangem o território nacional são apresentados na Tab. 3.8.

Em relação aos paralelos, cada faixa de 4° é notada acima e abaixo do equador pelas letras do alfabeto de A a U. Para a formação do índice, o hemisfério norte é notado pela letra N e o hemisfério sul pela letra S.

O índice é formado pela união da letra que caracteriza o hemisfério, com a letra que corresponde ao limite inferior da faixa e o número do fuso correspondente ao limite esquerdo do fuso considerado, por exemplo, SB.23 (Fig. 3.18).

A definição padrão da longitude dos limites da folha 1:1.000.000 é obtida pelas formulações:

$$\lambda_{le} = (6.f - 186) \quad e \quad \lambda_{ld} = (6.f - 180)$$

Em que:

f é o fuso da folha,

λ_{le} é a longitude do meridiano limite esquerdo e

λ_{ld} é a longitude do meridiano limite direito da folha.

As formulações que permitem definir os paralelos limite inferiores e superiores são:

φ_{inf} = (Numeral da letra) × 4 e

φ_{sup} = (Numeral da letra − 1) × 4

Em que:

φ_{inf} é a latitude inferior e

φ_{sup} é a latitude superior.

O numeral da letra é uma correspondência das letras das faixas de latitude, de A a U, com o número correspondente, iniciando de 1 na sequência em ordem crescente das letras de

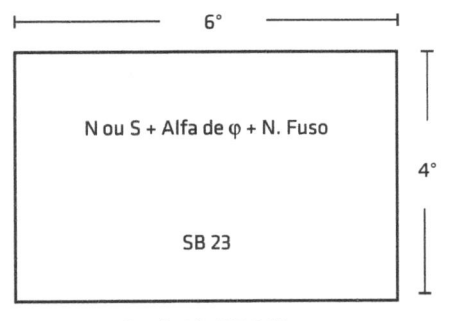

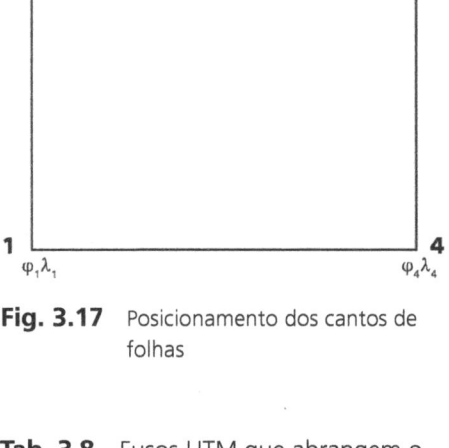

Fig. 3.17 Posicionamento dos cantos de folhas

Tab. 3.8 Fusos UTM que abrangem o território brasileiro

Fusos	MC	Meridianos Extremos
18	75° W	78° W – 72° W
19	69° W	72° W – 66° W
20	63° W	66° W – 60° W
21	57° W	60° W – 54° W
22	51° W	54° W – 48° W
23	45° W	48° W – 42° W
24	39° W	42° W – 36° W
25	33° W	36° W – 30° W

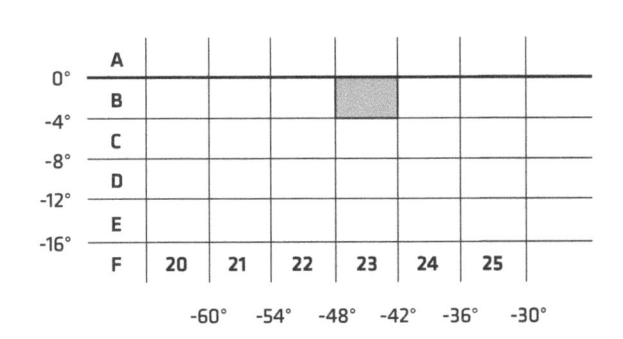

Fig. 3.18 Estrutura das folhas 1:1.000.000

faixas, por exemplo: A = 1, B = 2, C = 3, D = 4, ... É importante ressaltar que essa formulação é invertida para o hemisfério norte.

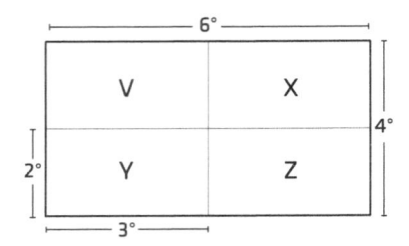

Fig. 3.19 Enquadramento das folhas 1:500.000

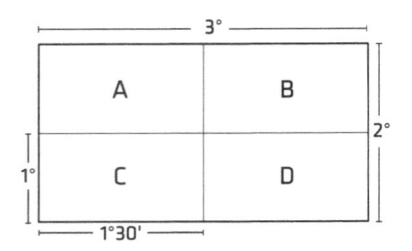

Fig. 3.20 Enquadramento das folhas 1:250.000

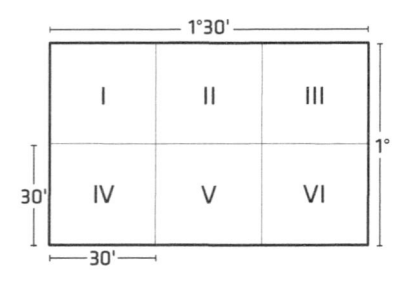

Fig. 3.21 Enquadramento das folhas 1:100.000

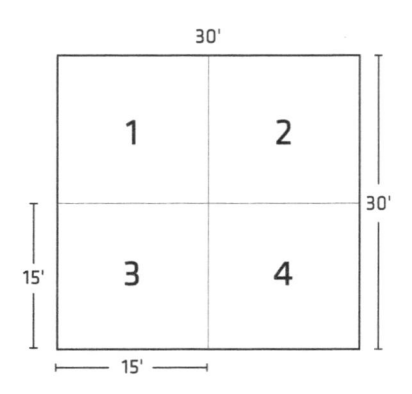

Fig. 3.22 Enquadramento das folhas 1:50.000

- **Escala 1:500.000**

  Seguindo a sequência do mapeamento sistemático, a carta de 1:1.000.000 é dividida por quatro folhas da escala 1:500.000, ou seja, cada folha agora terá 2° de latitude e 3° de longitude. Cada folha é notada pelas letras V, X, Y e Z, da esquerda para a direita e de cima para baixo. Assim, o índice para a folha de 1:500.000 é formado pelo índice da folha de 1:1.000.000 a que ela pertence, seguido da letra da folha de 1:500.000, por exemplo, SB.23-Y (Fig. 3.19).

- **Escala 1:250.000**

  O índice de nomenclatura das folhas 1:250.000 é obtido com a divisão das folhas de 1:500.000 por quatro, cada uma com 1° de latitude por 1° 30' de longitude. As quatro folhas advindas da divisão são notadas pelas letras A, B, C e D, da esquerda para a direita e de cima para baixo. O índice da folha 1:250.000 é definido pelo índice da folha 1:500.000 a que pertence, adicionando-se a letra da folha 1:250.000 correspondente, por exemplo, SB.23-Y-D (Fig. 3.20).

- **Escala 1:100.000**

  Na sequência do mapeamento sistemático, cada folha de 1:250.000 é dividida por seis folhas de 1:100.000, cada uma de 30' de latitude por 30' de longitude. A notação para essas folhas de 1:100.000 é dada pelos algarismos romanos I, II, III, IV, V e VI, da esquerda para a direita e de cima para baixo. O índice de nomenclatura de uma folha 1:100.000 é definido pelo índice da folha 1:250.000 a que pertence, seguido do algarismo romano da folha correspondente, por exemplo, SB.23-X-D-II (Fig. 3.21).

- **Escala 1:50.000**

  As folhas de 1:50.000 são oriundas de folhas de 1:100.000, as quais são divididas por quatro folhas de 1:50.000, cada uma de 15' de latitude por 15' de longitude. As quatro folhas são numeradas pelos números 1, 2, 3 e 4, da esquerda para a direita e de cima para baixo. O índice de nomenclatura de uma folha 1:50.000 é dado pelo índice da folha de 1:100.000 a que pertence, acrescido do número da folha 1:50.000 em pauta, por exemplo, SB.23-X-D-III-3 (Fig. 3.22).

- **Escala 1:25.000**

  Essa escala é a última do mapeamento sistemático brasileiro. Cada folha de 1:50.000 é dividida em quatro folhas de 7'30" de latitude por 7'30" de longitude. As folhas são notadas pelas siglas NO, NE, SO e SE, em função de sua posição relativa na divisão. O índice de nomenclatura das folhas 1:25.000 é dado pelo índice de nomenclatura da folha 1:50.000 a que pertence, acrescida pela sigla da folha correspondente, por exemplo, SB.23-X-D-II-3-SE (Fig. 3.23).

Com essa escala se completa o mapeamento sistemático e seu respectivo índice de nomenclatura, que tem como base as cartas internacionais do mundo ao milionésimo (CIM) (Fig. 3.24). Portanto, as folhas de diferentes escalas e seus índices de nomenclaturas são desdobramentos das folhas CIM.

Com essa configuração, é possível descobrir a escala e o posicionamento de uma folha, tendo como informação básica o índice de nomenclatura, e descobrir a folha a qual pertence um ponto de coordenada conhecida. Existem diversos sistemas informatizados disponibilizados em sites especializados, como o do IBGE, que facilitam essa procura.

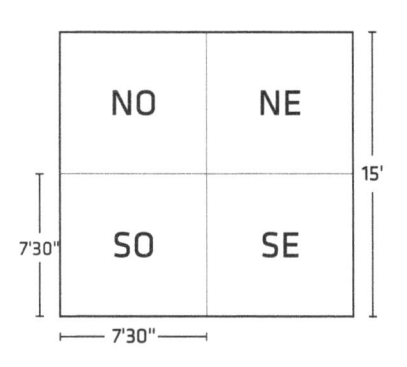

Fig. 3.23 Enquadramento das folhas 1:25.000

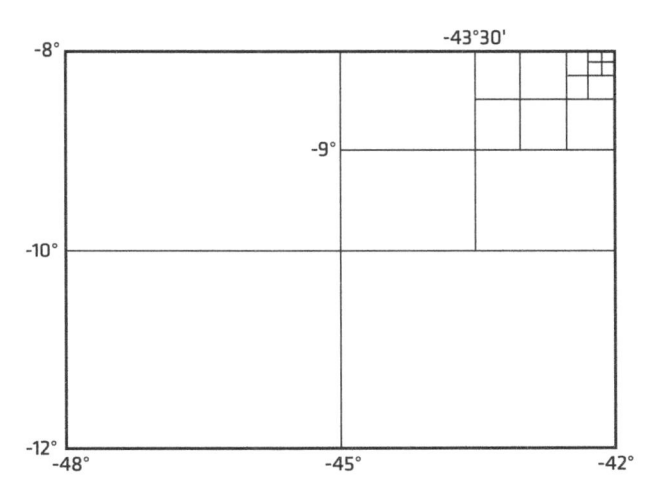

Fig. 3.24 Desdobramento da folha 1:1.000.000 (SB.23) até 1:25.000

capítulo 4
Sistemas geodésicos de referência

Entender a forma da Terra é essencial para sua efetiva representação em qualquer documento cartográfico, pois só é possível representar com determinado nível de precisão espacial algo que é efetivamente conhecido.

Para a maioria das pessoas é suficiente assumir que a forma da Terra é esférica. Em muitos estudos, porém, em que se exige precisão de posicionamento – é o caso das representações da superfície terrestre em mapas e cartas – deve-se considerar mais cuidadosamente pequenas diferenciações da sua forma.

A forma e dimensão da Terra devem ser bem-definidas, pois irão influenciar todas as operações que envolvam posicionamento sobre a superfície terrestre – como é o caso dos cálculos de distância e orientações – e transformações de escala. Maling (1993) ressalta que, quanto mais necessária for a acuracidade dessas operações, mais importante se faz a consideração precisa da forma e dimensões terrestres.

Buscando atender a essas necessidades dentro das Ciências Cartográficas, a Geodésia se apresenta como uma ciência que estuda a forma e as dimensões da Terra, a determinação de pontos sobre a sua superfície ou próximos a ela, bem como seu campo gravitacional e gravífico. Essa ciência é relacionada estreitamente com a Topografia, Geofísica e Cartografia, no intuito de encontrar explicações sobre as irregularidades menos aparentes da própria forma da Terra.

Procurando debater a forma da Terra e suas possibilidades de representação por meio de sistemas geodésicos de referência será abordada uma série de conceitos e inter-relacionamentos fundamentais que respaldam essa temática, como a definição de geoide, datum, elipsoide, sistemas geodésicos clássicos e modernos de referência.

4.1 A forma da Terra

É definida pela superfície topográfica e superfície dos mares. É totalmente irregular e única, não existindo uma figura ou definição matemática capaz de representá-la sem uma deformação.

Todos sabem que a Terra é um planeta de forma aproximadamente esférica e sobre o qual existem irregularidades da superfície definida por terras, mares, montanhas, depressões, dentre outras características morfológicas. Tais irregularidades topográficas nada mais são do que pequenas asperezas da superfície, comparadas ao tamanho da Terra. Considerando o raio da Terra – aproximadamente 6.371 km –, a maior cota – em torno de 9 km (Monte Everest) – e a maior depressão – por volta dos 11 km (Fossas Marianas) –, a representação da Terra como um globo de 6 cm de raio mostra que a variação entre as duas cotas representará apenas 0,2 mm, ou seja, o limite de percepção do olho humano.

A ideia da Terra esférica data da época dos geômetras gregos, em torno de 600 a.C. A experiência clássica de Eratóstenes, definindo as primeiras dimensões conhecidas para a Terra, foi o primeiro trabalho com embasamento científico. E Aristóteles, com seus estudos sobre os movimentos da Terra, concluiu que deveria haver um achatamento nos polos.

Isaac Newton, quase ao fim do século XVII, demonstrou que a forma esférica da Terra era realmente inadequada para explicar o equilíbrio da superfície dos oceanos. Com a argumentação de Newton de que, sendo a Terra um planeta dotado de movimento de rotação, as forças criadas pelo próprio movimento tenderiam a forçar quaisquer líquidos na superfície para o equador. Newton demonstrou, com um modelo teórico simples, que o equilíbrio hidrostático seria atingido se o eixo equatorial da Terra fosse maior que o seu eixo polar, isto é, equivalente a um corpo que seja achatado nos polos.

Adotando o princípio definido por Newton – corroborado por hipóteses e levantamentos feitos desde então – é possível concluir que a superfície da Terra é muito complexa para permitir sua representação por um modelo perfeito, seja geométrico ou físico. Nesse sentido, para a representação da superfície terrestre são utilizadas aproximações adequadas e simplificadas, em função das necessidades de precisão e deformações.

4.2 O geoide

A forma da Terra, na realidade, é única. Ela é definida como um geoide, que significa a forma própria da Terra. Em uma visão simplista, essa definição pode ser apresentada como a superfície do nível médio dos mares supostamente prolongada sob os continentes. Assim, ora ele está acima, ora abaixo da superfície definida como a superfície topográfica da Terra, ou seja, a superfície definida pela massa terrestre (Robinson, 1995). Em uma visão mais completa, o geoide é definido pela superfície física ao longo da qual o potencial gravitacional é constante e a direção da gravidade é perpendicular (superfície equipotencial). Assim, o geoide (modelo geoidal) é o mais aproximado da forma real (superfície física), podendo ser determinado com medidas gravimétricas, ou seja, medidas da força de atração da gravidade (Fig. 4.1).

Como já visto, a superfície do geoide, nível médio dos mares, é propriamente definida como sendo uma superfície de igual potencial gravitacional, em que a direção da gravidade é perpendicular a ela em todos os lugares. Assim, pelas variações na densidade dos elementos constituintes da Terra e por serem estes irregularmente distribuídos, o geoide normalmente se eleva sobre os continentes e afunda nas áreas oceânicas. Isso mostra outras perturbações e depressões com uma variação de aproximadamente 60 m (Dana, 1994). Um esquema com a configuração da distribuição da superfície topográfica, geoidal e elipsoidal é apresentado na Fig. 4.1.

Fig. 4.1 Representação do geoide, determinada pela superfície das forças de atração da gravidade ao nível médio dos mares.
Fonte: IBGE (2004).

A caracterização do geoide não é matemática, porém física, em cada ponto da superfície terrestre. Sua definição é afetada pela variação das estruturas das massas terrestres, ou seja, pelas anomalias geofísicas. Como o geoide é irregular, a direção da gravidade não é, em todos os lugares, direcionada para o centro da Terra e, por outro lado, a sua forma não permite uma redução precisa das observações, por não ser matematicamente definida. Além disso, contribui para sua superfície não ser inteiramente conhecida, a existência esparsa de observações da gravidade sobre grandes áreas da superfície terrestre, como áreas de oceanos, desertos e florestas.

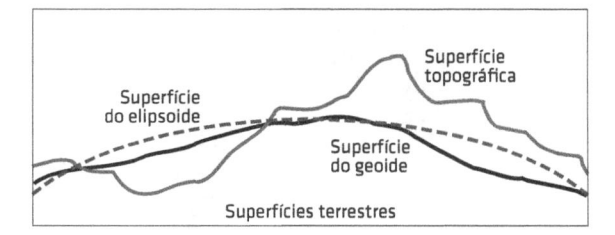

Fig. 4.2 Esquema de representação das superfícies terrestres

Todo ponto do geoide é perpendicular à linha de prumo, ou à vertical do lugar, tornando-se, assim, o ponto de partida natural para a determinação de altitudes medidas ao longo dessa vertical. Por isso, o geoide serve como referência de medição de altitudes, definindo a origem das altitudes de uma grande massa terrestre, chamada *datum* vertical.

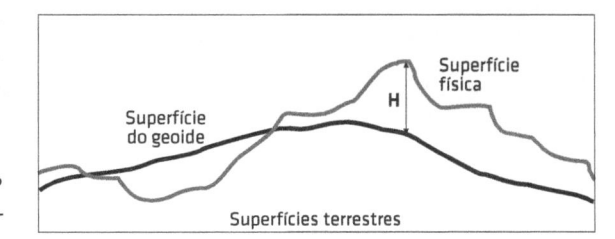

Fig. 4.3 Altitude ortométrica

Nos levantamentos geodésicos ou topográficos, os equipamentos de medição, quando bem-estacionados (eixo vertical a prumo ou coincidente com a direção da gravidade), encontram-se perpendiculares à superfície equipotencial naquele ponto, ou seja, todas as observações realizadas na Terra, são feitas sobre o geoide.

A altitude determinada, com origem na superfície do geoide, é denominada de altitude ortométrica ou geoidal (Fig. 4.3), caracterizada como a altitude tomada em relação ao fio de prumo, que, por sua vez, define a direção zenital do sentido zênite-nadir (Fig. 4.4).

O *datum* vertical oficial do Brasil é definido pelo marégrafo de Imbituba, em Santa Catarina (Fig. 4.5). É importante

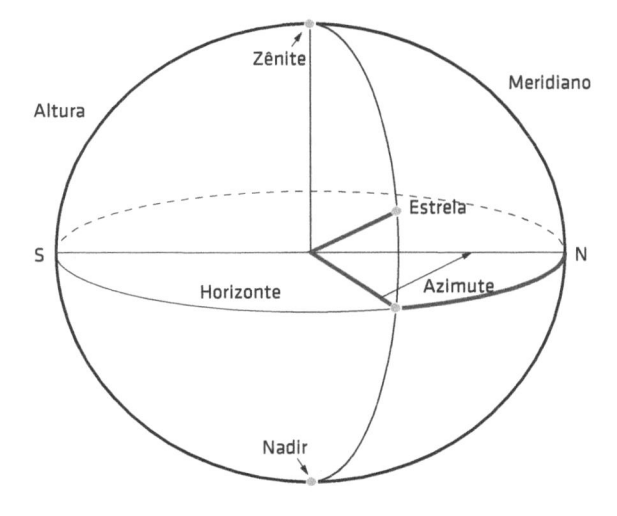

Fig. 4.4 Vertical do lugar (direção zênite-nadir)

verificar nas notas marginais da carta que se estiver utilizando a referência a esse *datum*, porque, em documentos antigos, outros *data* foram adotados.

Buscando densificar informações altimétricas foi estabelecida uma rede com esse tipo de informação, que, por sua vez, as distribui pelo território nacional. Ela é conhecida como rede altimétrica brasileira (Fig. 4.6) e desenvolvem-se em estradas, caminhos e trilhas. Modernamente essa rede tem sido densificada baseada em levantamentos feitos pela Global Network Satellite System (GNSS).

4.3 O elipsoide ou esferoide

Além das irregularidades causadas pelas variações da densidade terrestre dos elementos componentes da Terra, o geoide é ainda mais deformado da aproximação de uma esfera pela existência do movimento de rotação terrestre.

Fig. 4.5 A) Régua, B) marégrafo e C) referência de nível inicial em Imbituba/SC
Fonte: CHM (1985).

Por causa da rotação em torno do seu eixo a Terra é achatada nos polos e mais larga na área equatorial, efetuando o equilíbrio hidrostático da sua massa. A diferença real entre o raio equatorial e o polar é de aproximadamente 23 km, e o raio equatorial é maior que o polar.

Como o geoide é uma superfície indefinida matematicamente, as reduções a ele são inconsistentes, portanto, para um mapeamento preciso de grandes áreas – para o mapeamento geodésico, é necessária a consideração de uma figura regular geométrica, matematicamente definida.

Essa limitação pode ser contornada pela redução ou transferência dos dados para uma figura geométrica que mais se aproxime do geoide. Essa figura é um elipsoide de revolução, gerada por uma elipse rotacionada em torno do seu eixo menor. A elipse possui dois eixos $2a$ (eixo maior) e $2b$ (eixo menor); a e b representam os semieixos maior e menor, respectivamente (Fig. 4.7).

A razão que exprime o achatamento ou a elipticidade é dada pela expressão:

$$f = \frac{(a-b)}{a}$$

Para a Terra, esse valor é definido em torno da razão de 1/300.

Sabe-se que a diferença entre os dois semieixos terrestres é de 11,5 km, ou seja, o eixo polar é 23 km mais curto que o equatorial. Para uma redução de escala de 1:100.000.000, o que representa a Terra com um raio equatorial de 6 cm, a diferença para o raio polar será da ordem de 0,2 mm, valor mínimo perceptível para o olho humano. Assim, é possível chegar-se à conclusão que, sob o ponto de vista cartográfico, para determinados propósitos, a forma da Terra pode ser definida como esférica.

Qualquer tentativa de representar o elipsoide terrestre por meio de um elipsoide reconhecível deve envolver um considerável exagero, uma vez que é imperceptível a diferença entre os dois semieixos. Isso pode conduzir, por sua vez, a uma má interpretação de algumas ilustrações retratando a geometria do elipsoide.

Como o elipsoide de revolução se aproxima muito da esfera, é tratado na literatura como esferoide. Os dois termos, elipsoide e esferoide, têm o mesmo significado.

CAPÍTULO 4 | SISTEMAS GEODÉSICOS DE REFERÊNCIA

Fig. 4.6 A rede altimétrica brasileira
Fonte: IBGE (1998).

As medições da figura da Terra são desenvolvidas de cinco diferentes formas, determinando seu tamanho e sua forma:
- medição de arcos astrogeodésicos na superfície terrestre;
- medição da variação da gravidade na superfície;
- medição de pequenas perturbações na órbita lunar;

- medição do movimento do eixo de rotação da Terra em relação às estrelas;
- medição do campo gravitacional terrestre, originada de satélites artificiais.

Além de definirem o geoide pela determinação da sua superfície equipotencial, essas medições estabelecem qual é o elipsoide melhor adaptado à superfície terrestre, seja ele de âmbito global ou local.

A altitude em relação à superfície do elipsoide denomina-se altitude elipsóidica ou elipsoidal (h), e o desnível geoidal (N) é a diferença entre a altitude elipsóidica e a geoidal, definida pela expressão:

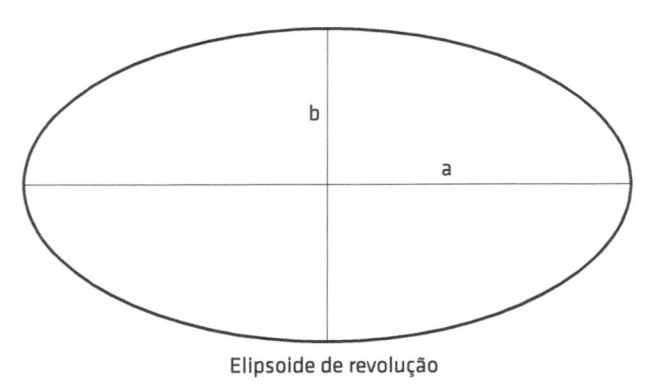

$$N = h - H \quad \text{ou} \quad H = h - N$$

Fig. 4.7 Elipsoide de revolução

O relacionamento entre o geoide e o elipsoide também apresenta o ângulo do desvio da vertical, diferença angular entre a normal ao elipsoide e a vertical do lugar em cada ponto (Fig. 4.8).

É importante ressaltar que mensurações de altimetria feitas com aparelhos que têm como suporte mensuração de superfícies elipsoidais, ou seja, superfícies matematicamente definidas, como os receptores GPS, são altitudes elipsoidais e não geoidais relacionadas a um *datum* vertical. Isso pode gerar uma série de confusões para usuários desses receptores ao verificar que uma altimetria obtida por um aparelho não confere com a extraída de uma carta topográfica.

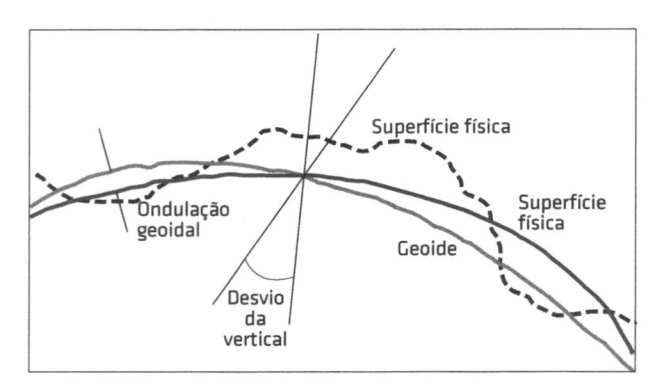

Fig. 4.8 Ondulação ou desnível geoidal e desvio da vertical

O conhecimento da ondulação ou desnível geoidal permite o desenvolvimento de cartas geodésicas, mapas que mostram o desnível geoidal, ou seja, a diferença de altitude entre o geoide e o elipsoide em uma dada região (Dana, 1994). Com base nesse conhecimento são produzidos os mapas geoidais, que mostram as variações dos desníveis (Fig. 4.9 e Fig. 4.10).

Um elipsoide pode ser determinado para se adaptar a uma região, país ou continente, evitando a ocorrência de desníveis geoidais muito exagerados. A Tab. 4.1 mostra alguns dos mais de 50 elipsoides existentes no mundo.

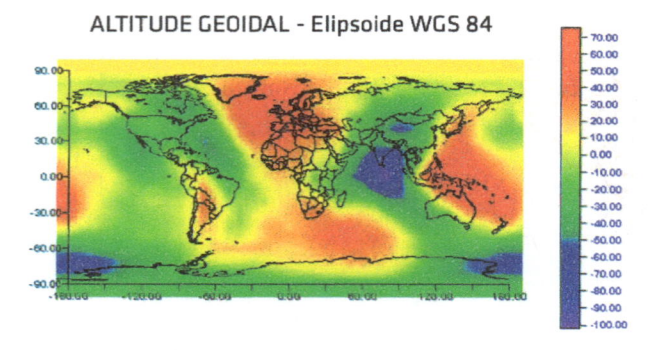

Fig. 4.9 Mapa geoidal entre o elipsoide WGS84 e o geoide EGM96.
Fonte: Dana (1995).

Cruz e Pina (2001), buscando fazer uma síntese das diferenças entre o geoide e o elipsoide de referência, elaboraram o Quadro 4.1.

4.4 Sistemas de referência

São utilizados para caracterizar a posição de objetos segundo suas coordenadas. Quando a posição que se deseja identificar é a de uma informação sobre a superfície terrestre, são

Tab. 4.1 Relação de alguns elipsoides terrestres e seus parâmetros

Nome	Data	A (m)	B (m)	F	Utilização
Delambre	1810	6376428	6355598	1/311.5	Bélgica
Everest	1830	6377276	6356075	1/300.80	Índia, Burma
Bessel	1841	6377997	6356079	1/299.15	Europa Central e Chile
Airy	1849	6377563	6356257	1/299.32	Inglaterra
Clarke	1866	6378208	6356584	1/294.98	USA
Hayford	1924	6378388	6356912	1/297.0	Mundial
Krasovsky	1940	6378245	6356863	1/298.30	Rússia
Ref. 67	1967	6378160	6356715	1/298.25	Brasil e América do Sul
WGS 84	1984	6378137	6356752.314 245	1/298.257223563	Mundial GPS/GNSS
SIRGAS2000	2005	6378137	6356752.31414	1/298.257222101	Américas

utilizados sistemas de referência terrestres ou geodésicos. Tais sistemas são associados a uma superfície geométrica que mais se aproxime da forma da Terra e sobre a qual serão desenvolvidos todos os cálculos das suas coordenadas.

As coordenadas obtidas pelos sistemas de referência terrestre podem ser apresentadas sob diversas formas. Uma forma é quando são apresentadas em uma superfície esférica ou elipsóidica, recebendo a denominação de coordenadas geodésicas. A outra forma é em uma superfície plana, recebendo a denominação das coordenadas de projeção cartográfica às quais estejam associadas, como por exemplo, as coordenadas do sistema de projeção UTM.

Existem diferentes sistemas geodésicos de referência que buscam atender necessidades específicas. No Brasil, o sistema geodésico de referência é conhecido como sistema geodésico brasileiro (SGB), e é definido por uma série de características que tem como respaldo levantamentos de um conjunto de pontos geodésicos implantados na superfície terrestre delimitada pelas fronteiras do país. É o sistema em que estão referidas todas as informações geográficas no Brasil.

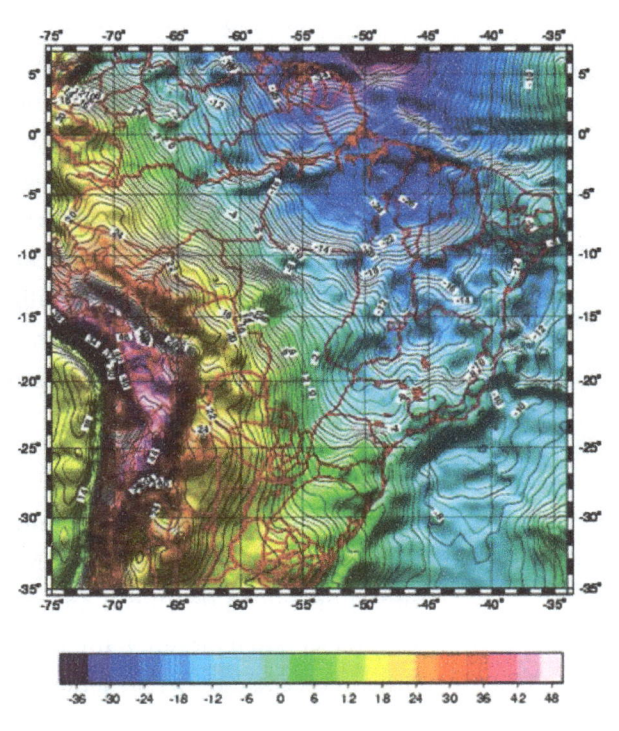

Fig. 4.10 Mapa geoidal brasileiro
Fonte: IBGE (2004).

4.5 Sistemas de referência clássicos

Antes das técnicas de posicionamento, utilizava-se como base a geodésia por satélite, na qual os referenciais geodésicos eram determinados por processos conhecidos como astrogeodésicos horizontais (DGH), que eram definidos pelas seguintes etapas:
- a escolha de um elipsoide de revolução, tendo como parâmetros definidores o achatamento (f) e o semieixo maior (a). O elipsoide representava, de forma muito

Quadro 4.1 Resumo das diferenças entre o geoide e o elipsoide

Geoide	Elipsoide
■ Superfície física, não possui definição geométrica; ■ Tecnicamente definido como uma superfície equipotencial; ■ Superfície irregular; ■ A diferença entre os raios equatorial e polar é de 23 km (numa circunferência com diâmetro igual a 1 m, equivale a 3,5 mm); ■ Referência altimétrica. *Superfície de Medição*	■ Superfície matemática mais próxima do geoide; ■ O achatamento, razão que exprime a elipticidade, é dado pela expressão: $f = \frac{(a-b)}{a}$ a = semieixo equatorial (maior) b = semieixo polar (menor) (Para a Terra, esse valor é de ~1/300). *Superfície de Representação*

Fonte: Cruz e Pina (2001).

próxima, as dimensões da Terra, sobre as quais seriam desenvolvidos todos os cálculos geodésicos;

- a definição do posicionamento e orientação do elipsoide, estabelecida por parâmetros topocêntricos, ou seja, situados sobre a superfície terrestre: coordenadas do ponto origem (latitude e longitude); orientação (azimute); desnível geoidal ou ondulação, definido pela diferença entre a altitude ortométrica, referida ao geoide, e a altitude elipsóidica, referida ao elipsoide, e as componentes do desvio da vertical, em relação à seção meridiana e ao plano do primeiro vertical (Vanicek; Krakiwsky, 1986). Essas informações têm por objetivo, assegurar uma boa adaptação entre a superfície do elipsoide ao geoide na região em que o referencial será desenvolvido. Assim, o centro do elipsoide não está localizado no centro de massa terrestre (centro da Terra) e sim na superfície terrestre, caracterizando o sistema de referência como topocêntrico;
- a realização (ou materialização) do referencial é feita com o cálculo de coordenadas dos pontos baseados em observações geodésicas de distâncias, ângulos e azimutes, ou seja, de origem terrestre.

Os dois primeiros itens abordam os aspectos definidores do sistema, enquanto o último aborda o aspecto prático na sua obtenção. Desse modo, as coordenadas geodésicas estão sempre associadas a um determinado referencial, mas não o definem.

Resumidamente pode se definir que esse tipo de sistema geodésico de referência define um elipsoide de revolução adequadamente adaptado à área e à sua orientação no espaço, estabelecendo a origem para as coordenadas geodésicas referenciadas a esse elipsoide. Essa origem recebe o nome de *datum* horizontal.

O conjunto de pontos ou estações terrestres forma a chamada rede geodésica, que representa a superfície física da Terra na forma pontual (Castañeda, 1986). O posicionamento tridimensional de um ponto estabelecido por métodos e procedimentos da geodésia clássica (triangulação, poligonação e trilateração) é incompleto, porque as redes verticais e horizontais caminham separadamente.

No caso de redes horizontais, algumas de suas estações não possuem altitudes, ou as altitudes são determinadas por procedimentos menos precisos. Um exemplo de DGH em uso no Brasil é o SAD69.

O procedimento clássico de definição da situação espacial de um elipsoide de referência corresponde à antiga técnica de posicionamento astronômico, na qual se arbitra que a normal ao elipsoide e a vertical no ponto origem são coincidentes, bem como as superfícies do geoide e elipsoide, induzindo, assim, a coincidência das coordenadas geodésicas e astronômicas. O mesmo pode ser dito para os azimutes geodésico e astronômico ($\propto 0$ e A0).

4.6 Sistemas de referência modernos

Os sistemas de referência terrestres modernos têm uma concepção diferente dos antigos sistemas topocêntricos, mas, em essência, são idênticos, possuindo uma estrutura definidora e a sua materialização.

Basicamente, para obtê-los é necessário a adoção de uma plataforma de referência que represente a forma e as dimensões da Terra. As plataformas são conhecidas como sistemas geodésicos de referência (SGR), fundamentados em um CTS (espaço abstrato), sendo, portanto, geocêntricos. Esses sistemas são definidos como extensivas observações do campo gravífico terrestre feitas por satélites, que fornecem os fundamentos para a organização de todas as informações pertinentes à Terra (Nima, 1997).

Eles são definidos por modelos, parâmetros e constantes, como, por exemplo, um sistema de coordenadas cartesianas geocêntrico. Diferentemente dos sistemas de referência clássicos, topocêntricos, os sistemas de referência modernos são geocêntricos, ou seja, adotam um referencial que é um ponto calculado computacionalmente no centro da Terra (geoide).

4.7 Sistemas de referência geodésicos adotados no Brasil

Alguns sistemas geodésicos de referência já foram adotados no Brasil. Dentre os mais conhecidos, destacam-se os que, inicialmente, usavam sistemas topocêntricos como o elipsóide Internacional de Hayford, de 1924, com a origem de coordenadas estabelecida no ponto *datum* de Córrego Alegre/MG. Posteriormente, em 1977, o sistema geodésico brasileiro foi modificado para o SAD-69 (South American Datum, de 1969), que também é topocêntrico e adota o elipsóide de referência de 67 e o ponto *Datum* Chuá/MG. Atualmente, o sistema adotado, o Sirgas2000, geocêntrico, serve de referencial para a América do Sul.

4.7.1 Córrego Alegre

Antes do desenvolvimento computacional, os ajustes do sistema geodésico brasileiro (SBG) eram feitos com calculadoras mecânicas ou até mesmo fazendo-se uso da tábua de logaritmos. Um dos ajustamentos de importância realizados nos meados do século passado foi o que definiu o sistema geodésico de referência Córrego Alegre.

Nesse ajuste foi adotado o método das equações de condições, métodos correlatos. A escolha do vértice Córrego Alegre para ponto *datum* horizontal, bem como do elipsoide internacional de Hayford para superfície matemática de referência, foi baseada em determinações astronômicas realizadas na implantação da cadeia de triangulação em Santa Catarina.

Foi verificado que os desvios da vertical na região tinham uma tendência para leste, ou seja, constatando uma maior concentração de massas a oeste e deficiência delas a leste, concluiu-se que o ponto *datum* a ser escolhido ficaria melhor situado na região do planalto.

O posicionamento e a orientação no ponto *datum*, vértice Córrego Alegre, foram efetuados astronomicamente.

Para a definição desse sistema foram adotados os seguintes parâmetros:

- **Superfície de referência:** elipsoide internacional de Hayford, 1924.
  Semieixo maior: $a = 6378388$ metros.
  Achatamento: $f = 1/297$
- **Ponto origem:** vértice Córrego Alegre,
  $\varphi = -19°50'14''.91$
  $\lambda = -48°57'41''.98$
  $h = 683.81$ metros
- **Orientação elipsoide-geoide no ponto *datum*:** $\xi = \eta = 0$ (componentes do desvio da vertical), $N = 0$ metros (ondulação geoidal).

Com a finalidade de conhecer melhor o geoide na região do ponto *datum*, foram determinadas 2.113 estações gravimétricas em uma área circular em torno do ponto origem. As observações tinham por objetivo, além de conhecer melhor o geoide na região, estudar a adoção de um novo ponto *datum*, pois a escolha anterior era considerada arbitrária. Como resultado dessas pesquisas, foi escolhido um novo ponto *datum*, o vértice Chuá, localizado na mesma cadeia do anterior e, com um novo ajustamento, foi definido o novo sistema de referência, denominado Astro *Datum* Chuá.

4.7.2 Astro *Datum* Chuá

O sistema Astro *Datum* Chuá, com ponto origem no vértice Chuá e elipsoide de referência Hayford, foi um sistema estabelecido segundo a técnica de posicionamento astronômico com o propósito de ser um ensaio ou referência para a definição do SAD69. Ele desenvolveria o papel de um sistema razoável a ser utilizado unicamente na uniformização dos dados disponíveis na época, os quais o IBGE tinha recém concluído um ajustamento da rede planimétrica referido a este sistema. Isso não representaria ainda o sistema de excelência para a América do Sul, faltando ainda à boa adaptação geoide-elipsoide para que as observações geodésicas terrestres pudessem ser reduzidas à superfície do elipsoide. Sendo assim, na condição de um sistema provisório, as componentes do desvio da vertical foram ignoradas, ou seja, foi assumida a coincidência entre geoide e elipsoide no ajustamento das coordenadas em Astro *Datum* Chuá.

4.7.3 SAD69

O South American Datum de 1969 (SAD69) (*datum* sul-americano) é um sistema geodésico regional de concepção clássica. A sua utilização pelos países sul-americanos foi recomendada em 1969 através da aprovação do relatório final do Grupo de Trabalho sobre o *datum* sul-americano, pelo Comitê de Geodésia reunido na XI Reunião Pan-Americana de Consulta sobre Cartografia. Essa recomendação não foi seguida pela totalidade dos países do continente.

Ele foi oficialmente adotado como sistema de referência para trabalhos geodésicos e cartográficos desenvolvidos em território brasileiro apenas em 1979.

O projeto do *datum* sul-americano foi dividido em duas partes:

- a primeira foi voltada ao estabelecimento de um sistema geodésico em que o respectivo elipsoide apresentasse boa adaptação regional ao geoide;
- a segunda foi para realizar o ajustamento de uma rede planimétrica de âmbito continental referenciada ao sistema definido.

A triangulação foi a metodologia observacional predominante no estabelecimento da nova rede, e uma rede de trilateração Hiran fez a ligação entre as redes geodésicas da Venezuela e do Brasil.

Esse sistema geodésico apresentou avanços em relação aos utilizados até então. Um deles diz respeito à forma do elipsoide de referência. Na época, a UGGI recomendou a utilização do GRS67, conduzindo, assim, à adoção dessa figura no projeto SAD69, em vez do Hayford.

Escolhido o elipsoide de referência, era necessário fixar os parâmetros para o seu posicionamento espacial. No caso do SAD69, esse posicionamento ocorreu em termos de parâmetros topocêntricos no ponto origem Chuá, com as componentes do desvio da vertical (ξ,η) e a ondulação geoidal (N), cujos valores foram determinados de forma a otimizar a adaptação elipsoide-geoide no continente.

A definição do sistema foi complementada pelo fornecimento das coordenadas geodésicas do ponto origem e do azimute geodésico da direção inicial Chuá-Uberaba. Em consequência das limitações impostas pelos meios computacionais da época, a rede brasileira foi dividida em dez áreas de ajuste, que foram processadas em blocos separados.

Os seguintes parâmetros foram adotados na definição desse sistema:
- **Superfície de referência:** elipsoide internacional de 1967 (UGGI67).
    Semieixo maior: a = 6378160 m
    Achatamento: f = 1/298.25
- **Ponto *datum*:** vértice Chuá
    $\varphi = -19°45'41''.6527$
    $\lambda = -48°06'04''.0639$
    Azimute (Chuá-Uberaba) 271°30'04''.05
    Altitude ortométrica: h = 763.28 m
- **Orientação elipsoide-geoide no ponto *datum*:** $\xi = 0.31 \eta = -3.52$ N = 0 m

4.7.4 SAD69 – realização 1996

O IBGE, por meio da Coordenação de Geodésia, possui a atribuição de estabelecer e manter as estruturas geodésicas no Brasil. Na realização de 1996 do SAD69 foram empregadas muitas mudanças que ocorreram na componente planimétrica na década anterior. A primeira foi o início da utilização da técnica de posicionamento com o sistema de satélites GPS, ampliando sua concepção planimétrica, pois são estabelecidas, simultaneamente, as três componentes definidoras de um ponto no espaço.

Essa alteração nos procedimentos de campo repercutiu no processamento das respectivas observações, acarretando a necessidade de conduzir ajustamentos de redes em três dimensões. Isso foi alcançado, no caso do reajustamento global da rede brasileira, com a utilização do sistema computacional Ghost, desenvolvido no Canadá para o Projeto North American Datum of 1983 (NAD83).

Além das observações GPS, as referentes à rede clássica também participaram do reajustamento, formando uma estrutura de 4.759 estações contra 1.285 ajustadas quando da definição do SAD69.

4.7.5 Sirgas2000

O projeto Sistema de Referência Geocêntrico para a América do Sul (Sirgas) foi iniciado na Conferência Internacional para Definição de um *Datum* Geocêntrico para a América do Sul, ocorrida de 4 a 7 de outubro de 1993, em Assunção, Paraguai, a convite da Associação Internacional de Geodésia (IAG), do Instituto Pan-americano de Geografia e História (IPGH) e da Agência Cartográfica do Departamento de Defesa dos EUA (DMA), atualmente, conhecida como Agência Nacional de Mapas e Imagens (Nima). Participaram dessa conferência, representantes de cada uma das entidades patrocinadoras e de quase todos os países sul-americanos.

Segundo o IBGE (2012), uma das principais motivações da implantação desse projeto é que referir novos levantamentos GPS a uma estrutura geodésica existente, implantada basicamente pela utilização dos métodos clássicos de triangulação, poligonação, trilateração, entre outros, cuja precisão é pelo menos dez vezes pior que a fornecida facilmente com o GPS, implica, no mínimo, em desperdício de recursos. Além disso, a multiplicidade de sistemas geodésicos clássicos, adotados pelos países sul-americanos, dificulta, em muito, a solução de problemas tecnicamente simples, tais como a definição de fronteiras internacionais.

Por outro lado, a adoção do International Terrestrial Reference System (ITRS) (Sistema de Referência Terrestre Internacional) como sistema de referência, além de garantir a homogeneização de resultados internamente ao continente, permitirá uma integração consistente com as redes dos demais continentes, contribuindo cada vez mais para o desenvolvimento de uma geodésia global.

Partindo dessa motivação, começou o processo de discussão e implantação do Sirgas, que teve duas realizações, uma em 1995 e outra no ano 2000.

As características da última realização do Sirgas (Sirgas2000) são (IBGE, 2005 – Resolução do presidente – 1/2005, de 25 de fevereiro de 2005):

- **Sistema geodésico de referência:** sistema de referência terrestre internacional (ITRS). **Figura geométrica para a Terra:** elipsoide, do sistema geodésico de referência de 1980 (Geodetic Reference System 1980 – GRS80).
- **Semieixo maior:** a = 6378137 m.
- **Achatamento:** f = 1/298.257222101.
- **Origem:** centro de massa da Terra.
- **Orientação:** geocêntrica.
- **Polos e meridiano de referência:** consistentes em ±0,005″, com as direções definidas pelo Bureau International de l'Heure (BIH), em 1984,0.
- **Estações de referência:** as 21 estações da rede continental Sirgas2000 estabelecidas no Brasil constituem a estrutura de referência com a qual esse sistema é materializado em território nacional. Está incluída a estação SMAR, pertencente à Rede Brasileira de Monitoramento Contínuo, do Sistema GPS (RBMC), cujas coordenadas foram determinadas pelo IBGE posteriormente à campanha GPS Sirgas2000.

- **Época de referência das coordenadas:** 2000/04.
- **Materialização:** estabelecida por intermédio de todas as estações que compõem a Rede Geodésica Brasileira, implantadas nas estações de referência.

4.7.6 WGS84

O WGS84, sistema geodésico mundial desenvolvido pelo Departamento da Defesa dos Estados Unidos da América, é o sistema de referência utilizado pelo GPS/GNSS, daí sua importância diante dos demais sistemas de referência.

Foram utilizados parâmetros do sistema geodésico de referência de 1980 – constituído por um elipsoide de referência global e um modelo de gravidade – como base para desenvolver o WGS84, além de dados doppler, laser satelitário e interferometria de base muito larga (VLBI). A origem das coordenadas desse sistema geodésico é geocêntrica, estimando-se um erro inferior a 2 cm.

Esse sistema é a quarta versão realizada desde 1960 do sistema de referência geodésico global introduzido pelo Departamento de Defesa Americano (DOD). Seu o objetivo principal é de fornecer posicionamento e navegação em qualquer parte do mundo.

No Brasil, os parâmetros de conversão entre SAD69 e WGS84 foram apresentados oficialmente pelo IBGE em 1989. A principal diferença entre esses dois sistemas é que o WGS84 é geocêntrico enquanto o SAD69 é topocêntrico.

As principais características desse sistema são:
- **Semieixo maior:** $a = 6378137$ m.
- **Achatamento:** $f = 1/298.257223563$.
- **Origem:** centro de massa da Terra.

4.8 Transformação de coordenadas em diferentes sistemas geodésicos de referência

O mapeamento sistemático nacional possui sérios problemas de atualização. Assim, é perfeitamente natural que, em um determinado projeto, necessite, para a construção de uma base cartográfica, de cartas que estejam associadas a diferentes sistemas geodésicos de referência. Nesse caso, é primordial a efetuação da transformação das coordenadas das cartas que comporão a base cartográfica visando à compatibilização dos sistemas geodésicos de referência.

A transformação de coordenadas que estão em um sistema geodésico para outro pode ser feito de duas maneiras: ou com as equações simplificadas de Molodensky – conforme formulação apresentada em IBGE (1983) (Resolução presidencial nº 22, de 21 de julho de 1983) – ou pela transformação de coordenadas geodésicas em coordenadas cartesianas tridimensionais (IBGE, 1989). Naturalmente, essas transformações serão afetadas pela precisão das realizações dos sistemas e distorções das redes.

A Tab. 4.2 (p. 84) apresenta os parâmetros de transformação entre os principais sistemas de referência em uso no Brasil, com a aplicação das equações simplificadas de Molodensky. A falta de conhecimento desses parâmetros de transformação pode gerar uma série de problemas – os quais são comuns na comunidade não cartográfica – principalmente com as facilidades proporcionadas pela utilização de sistemas digitais, que ampliaram, em muito, o número de usuários não esclarecidos quanto a esses aspectos.

Nesses sistemas, o usuário é solicitado apenas a informar o sistema de referência de entrada e saída das coordenadas. Os parâmetros de transformação utilizados não são informados e, assim, o usuário pode estar executando uma transformação errônea que implicará seriamente no projeto executado.

Outro problema grave que ocorre com esse processo de disseminação e desmistificação da Cartografia é que alguns usuários sem conhecimento cartográfico nem atentam para o fato de que um mesmo ponto referenciado a sistemas de coordenadas diferentes possuem coordenadas diferentes. Um exemplo é exposto na Fig. 4.11 (p. 85), nas qual as coordenadas de uma edificação (Assembleia Legislativa do Estado do Rio de Janeiro) são retratadas em três sistemas geodésicos de referência diferentes (WGS84/Sirgas2000, SAD69 e Córrego Alegre), mas a imagem a que estão plotados está referenciada em um desses sistemas, no caso, o WGS84.

Assim, somente o ponto com as coordenadas obtidas no mesmo sistema da imagem (WGS84/Sirgas2000) é que foi plotado corretamente, os outros pontos e seus vetores de deslocamentos também são apresentados na figura.

É importante ressaltar não existem parâmetros de transformação entre SIRGAS2000 e WGS84 porque eles são praticamente iguais, ou seja, DX = 0, DY = 0 e DZ = 0. Assim, as coordenadas de um mesmo ponto obtidas nesses dois sistemas são praticamente iguais e suas diferenças são tão pequenas que não consideradas em termos cartográficos.

4.9 A escolha de uma superfície adequada de referência para o mapeamento

O conhecimento da forma e do tamanho da Terra é necessário para descrevê-la momentaneamente, visando às necessidades de mapeamento. O aumento de complexidade do modelo matemático muitas vezes é desnecessário diante da magnitude dos valores expressos por um modelo mais simples. Assim, dependendo do objetivo e a significância dessas variações, deve-se considerar a possibilidade da utilização de diferentes superfícies de referência, que descrevam adequadamente a forma e o tamanho da Terra para o propósito a que se destina.

A superfície terrestre é geometricamente mais complicada que o elipsoide, porém, as variações do geoide não ultrapassam algumas centenas de metros e são praticamente negligenciáveis para a maior parte dos levantamentos e para a Cartografia.

É possível simplificar o problema apresentado e considerar três diferentes formas de representar a forma e o tamanho da Terra para diferentes propósitos:

- um plano tangente à superfície terrestre;
- uma esfera perfeita de raio apropriado;
- um elipsoide de revolução de dimensões e achatamento adequados.

Essas três hipóteses estão listadas em ordem ascendente de refinamento, assim um elipsoide adequado representa melhor a forma da Terra do que uma esfera de raio equivalente. Além disso, as hipóteses também estão dispostas em ordem crescente de dificuldade matemática, assim as formulações necessárias para definir posições, estabelecer relações entre ângulos e distâncias sobre um plano são muito mais simples do que as definições para uma superfície curva de uma esfera que, por sua vez, são mais simples do que as formulações estabelecidas para um elipsoide.

4.9.1 A superfície plana de representação

Pode parecer um retrocesso assumir a Terra com uma representação plana, mas, no entanto, muito útil, por assumir simplificações que facilitam o trabalho de mapeamento. Supor a Terra plana evita o problema da existência de um sistema de projeção e a elaboração de um mapa ou levantamento.

Um plano tangente à superfície curva, como o apresentando na Fig. 4.12 (p. 85), está próximo à superfície na vizinhança desse ponto de tangência:

Se a ideia é mapear ou levantar feições que estejam próximos ao ponto de tangência, é possível assumir que a Terra é um plano, desde que os erros cometidos por esta hipótese simplificadora, sejam suficientemente pequenos para que não possam influenciar no mapeamento executado. Se a hipótese for justificada, o levantamento pode ser calculado com a utilização da geometria plana. A plotagem na planta pode ser executada pela simples redução das dimensões na superfície pelo fator de escala considerado.

O problema central da argumentação é a definição da representação da vizinhança do ponto de tangência, ou seja, qual o limite de representação da Terra plana, de forma que os erros advindos dessa representação não tenham significância na área mapeada. Imediatamente, isso implica, até intuitivamente, que a hipótese plana deva ser confinada à elaboração de mapas de pequenas áreas.

De forma geral, utiliza-se a hipótese plana no desenvolvimento de cartografia cadastral, de áreas urbanas, plantas e outras formas de representação, em escalas variando de 1:500 até 1:10.000. O limite de representação plana, sem outras considerações, é definido por um círculo de 8 km de raio em torno do ponto de tangência do plano, e, apesar de não ser necessário o seu emprego, existem tipos de projeções com utilização específica na hipótese plana.

4.9.2 A hipótese esférica

O fato de que em uma escala superior a 1:100.000.000 não existe praticamente diferença entre o tamanho dos eixos do elipsoide, implica que o uso principal da hipótese esférica ocorrerá na preparação de mapas de formato muito pequeno, mostrando grandes partes da superfície terrestre, isto é, um hemisfério, continente ou país assim como aparecem nos atlas.

Partindo desse princípio, é possível questionar sobre qual é a escala máxima aproximada que justifica a utilização da hipótese esférica. Estudos realizados, principalmente por Willian Tobler, por meio da comparação de erros angulares e lineares, mostraram que a maior escala possível de representação para uma área de aproximadamente 8.000.000 km^2, estaria algo em torno de 1:500.000, porém os erros padrões indicavam que esse número era muito otimista. Genericamente, pela consideração do erro gráfico de 0,2 mm representando de 7 km a 8 km, poderia limitar a uma representação em torno de 1/15.000.000 ou menor.

Tab. 4.2 Parâmetros de transformação entre os sistemas de referência em uso no Brasil

DE ↓ \ PARA →	SIRGAS/xWGS84		WGS84 Doppler		SAD69		Córrego Alegre		PSAD56	
ARATU BS	DX	−157,84	DX	−157,36	DX	−90,49	DX	48,21	*	*
	DY	308,54	DY	309,03	DY	304,66	DY	140,26	*	*
	DZ	−146,60	DZ	−146,90	DZ	−108,38	DZ	−142,78	*	*
ARATU BC	DX	−160,31	DX	−159,83	DX	−92,96	DX	45,74	*	*
	DY	314,82	DY	315,31	DY	310,94	DY	146,54	*	*
	DZ	−142,25	DZ	−142,55	DZ	−104,03	DZ	−138,43	*	*
ARATU ES	DX	−161,11	DX	−160,63	DX	−93,76	DX	44,94	*	*
	DY	310,25	DY	310,74	DY	306,37	DY	141,97	*	*
	DZ	−144,64	DZ	−144,94	DZ	−106,42	DZ	−140,82	*	*
ARATU BASUL	DX	−160,40	DX	−159,92	DX	−93,05	DX	45,65	*	*
	DY	302,29	DY	302,78	DY	298,41	DY	134,01	*	*
	DZ	−144,19	DZ	−144,49	DZ	−105,97	DZ	−140,37	*	*
ARATU RECÔNCAVO	DX	−153,54	DX	−153,06	DX	−86,19	DX	52,51	*	*
	DY	302,33	DY	302,82	DY	298,45	DY	134,05	*	*
	DZ	−152,37	DZ	−152,67	DZ	−114,15	DZ	−148,55	*	*
ARATU TUCANO	DX	−151,50	DX	−151,02	DX	−84,15	DX	54,55	*	*
	DY	300,09	DY	300,58	DY	296,21	DY	131,81	*	*
	DZ	−151,15	DZ	−151,45	DZ	−112,93	DZ	−147,33	*	*
ARATU SEAL	DX	−156,80	DX	−156,32	DX	−89,45	DX	49,25	*	*
	DY	298,41	DY	298,90	DY	294,53	DY	130,13	*	*
	DZ	−147,41	DZ	−147,71	DZ	−109,19	DZ	−143,59	*	*
ARATU PEPB	DX	−157,40	DX	−156,92	DX	−90,05	DX	48,65	*	*
	DY	295,05	DY	295,54	DY	291,17	DY	126,77	*	*
	DZ	−150,19	DZ	−150,49	DZ	−111,97	DZ	−146,37	*	*
ARATU RNCE	DX	−151,99	DX	−151,51	DX	−84,64	DX	54,06	*	*
	DY	287,04	DY	287,53	DY	283,16	DY	118,76	*	*
	DZ	−147,45	DZ	−147,75	DZ	−109,23	DZ	−143,63	*	*
SIRGAS/WGS84	*	*	DX	0,48	DX	67,35	DX	206,05	DX	292,35
	*	*	DY	0,49	DY	−3,88	DY	−168,28	DY	−105,88
	*	*	DZ	−0,30	DZ	38,22	DZ	3,82	DZ	364,22
WGS84 DOPPLER	DX	−0,48	*	*	DX	66,87	DX	205,57	DX	291,87
	DY	−0,49	*	*	DY	−4,37	DY	−168,77	DY	−106,37
	DZ	0,30	*	*	DZ	38,52	DZ	4,12	DZ	364,52
SAD69	DX	−67,35	DX	−66,87	*	*	DX	138,70	DX	225,00
	DY	3,88	DY	4,37	*	*	DY	−164,40	DY	−102,00
	DZ	−38,22	DZ	−38,52	*	*	DZ	−34,40	DZ	326,00
CÓRREGO ALEGRE	DX	−206,05	DX	−205,57	DX	−138,70	*	*	DX	86,30
	DY	168,28	DY	168,77	DY	164,40	*	*	DY	62,40
	DZ	−3,82	DZ	−4,12	DZ	34,40	*	*	DZ	360,40
PSAD56	DX	−292,35	DX	−291,87	DX	−225,00	DX	−86,30	*	*
	DY	105,88	DY	106,37	DY	102,00	DY	−62,40	*	*
	DZ	−364,22	DZ	−364,52	DZ	−326,00	DZ	−360,40	*	*

Parâmetros Petrobras
Parâmetros IBGE
Parâmetros calculados

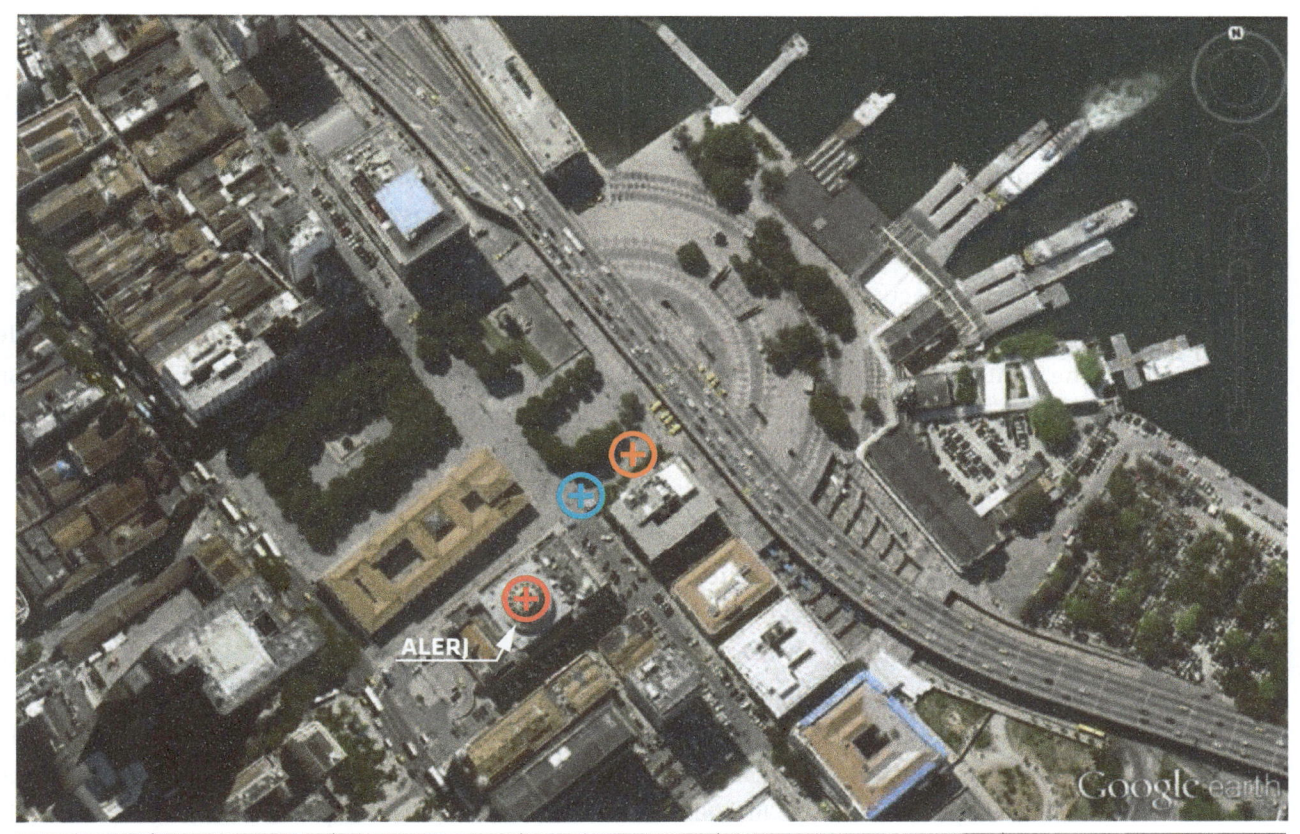

	WSG84/Sirgas	SAD69	Córrego Alegre	Diferença WGS84 - SAD69	Diferença WGS84 - Córrego Alegre
Latitude	-22°54'14",01	-22°54'12",21	-22°54'12",65	+1",8 59,4 m	-1",36 44,88 m
Longitude	-43°10'23",88	-43°10'25",38	-43°10'24",76	-1",5 49,5 m	+0",88 29,4 m

Fig. 4.11 Diferenças de coordenadas em diferentes sistemas de referência
Fonte dos mapas: Google e Maplink.

Em termos cartográficos práticos, assume-se a escala média de 1:5.000.000 como possível de representar a Terra como uma esfera. O raio de representação é normalmente definido pelo raio terrestre médio, estabelecido pela formulação:

$$R = \sqrt{M \cdot N}$$

Em que:
M = raio da seção meridiana;
N = raio da seção normal ao elipsoide para o centro da latitude da região a representar.

Em termos gerais, valores de 6.370 a 6.372 km são utilizados normalmente para definir o raio terrestre com uma razoável precisão, na hipótese da Terra como uma esfera.

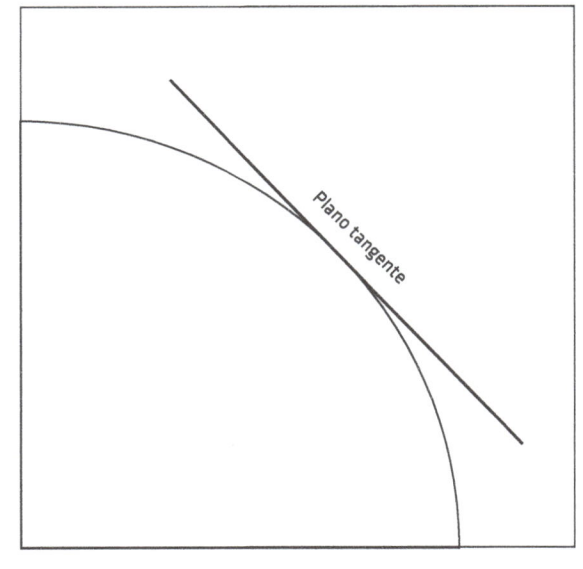

Fig. 4.12 Plano tangente

4.9.3 A hipótese elipsóidica

Obviamente, o elipsoide ou esferoide se adapta melhor ao geoide do que à esfera. Por isso, é a superfície de referência mais amplamente empregada em levantamentos e mapeamentos. Além disso, possui uma superfície matematicamente desenvolvida, que permite a execução de cálculos diversos com uma precisão necessária para a cartografia de grandes áreas.

Para a execução do levantamento de um país, inicialmente é determinada uma rede de pontos sobre a sua superfície, que servirão de apoio a determinações posteriores. Essa rede de pontos é determinada de 1ª ordem, ou de precisão, e estende-se por toda a região a se levantada, e possuem alta precisão, da ordem do milímetro, podendo ser desenvolvida pelos processos clássicos planimétricos (triangulações e trilateração) ou modernamente com o auxílio de satélites de posicionamento geodésicos (GNSS e GPS).

Para que os cálculos possam ser desenvolvidos, é definido o elipsoide que melhor se adapte à região, ou seja, que tenha maior tangência e menores desníveis geodésicos. Essa hipótese da figura elipsóidica gera menos erros na definição de uma superfície de referência para a Terra, sendo, portanto, a superfície ideal para o cálculo de precisão, ou seja, o cálculo geodésico.

Essa superfície é apropriada a todas as escalas de mapeamento topográfico e de navegação, assim como para todas as cartas temáticas e especiais que se apoiem nesses levantamentos. Pode ser apontado como o limite para a aplicação da hipótese elipsóidica a escala aproximada de 1:4.000.000 a 1:5.000.000. A seleção de um elipsoide, em particular para uma região, é pelo fato de os seus parâmetros de definição se adaptarem melhor aos dados observados.

capítulo 5
Sistemas de coordenadas

O posicionamento dos sistemas de coordenadas terrestres e do mapa caracteriza um processo dentro das transformações geométricas, e assume grande importância na construção de documentos cartográficos, à medida que esses sistemas de coordenadas são responsáveis por criar uma singularidade posicional da informação geográfica na superfície.

Essa singularidade posicional também é relativizada ao tipo de sistema de referência utilizado, porque um mesmo objeto pode ter diferentes coordenadas em função do sistema de referência adotado, como visto no capítulo anterior.

Para se determinar a localização de uma ocorrência qualquer sobre a superfície da Terra, é necessário sempre conhecer alguns elementos básicos, que podem ser definidos por duas perguntas simples: onde ocorre e como chegar a ele?

Um sistema de localização composto pelo nome do Estado, da cidade, do bairro, da rua, número do prédio e do apartamento é suficiente para localizar um morador em termos urbanos. Supondo-se, agora, que o morador em questão está localizado em um espaço plano sem referências, surgirão obstáculos que impedem a materialização matemática de um sistema assim descrito, ou seja, dificultando sua representação em forma matemática. Para que isso aconteça, é preciso definir um sistema de coordenadas conveniente para registrar uma posição no espaço, qualquer que seja a dimensão que se esteja referenciando.

Coordenada deve ser entendido como qualquer dos membros de um conjunto que determina univocamente a posição de um ponto no espaço (Maling, 1993). Esse conjunto é formado por tantos membros quantas as dimensões do espaço considerado, e o número de membros constituem características intrínsecas do espaço. A coordenada pode ser definida uma distância, ângulo, velocidade, momento, entre outros atributos que podem dar singularidade a um posicionamento.

Existem diferentes espaços de posicionamento de elementos, entretanto os mais comuns são os espaços 0-dimensional, bidimensional e tridimensional.

Um espaço 0-dimensional não possui dimensão mensurável e pode ser visualizado e materializado por meio de um ponto. Para se definir um espaço unidimensional, em que só se percebe uma dimensão – por exemplo, um comprimento ou uma distância entre dois pontos –, é necessário apenas um ponto de origem e uma escala de unidade que permita estabelecer o posicionamento de um ponto a outro. Nesse caso, a coordenada é definida pela distância da origem até o ponto, em unidades especificadas (Fig. 5.1).

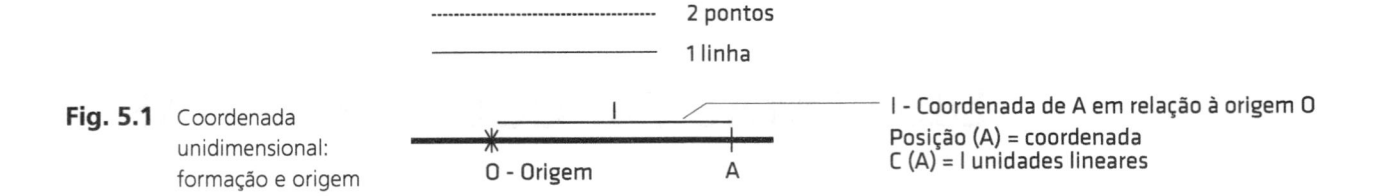

Fig. 5.1 Coordenada unidimensional: formação e origem

2 pontos
1 linha

I - Coordenada de A em relação à origem O
Posição (A) = coordenada
C (A) = I unidades lineares

O - Origem   A

É possível estabelecer um sistema bidimensional em que a sua definição seja dada por duas dimensões, estabelecendo uma origem única para cada dimensão, desde que exista um plano. Para tanto, é utilizado um sistema de coordenadas que permita a locação conjunta dessas duas dimensões. Em termos de um mapa, isso é possível pela definição de uma grade de referência em que duas coordenadas serão suficientes para posicionar um ponto no espaço. Duas retas que se interceptam definem um plano (também definido por uma reta e um ponto ou três pontos) (Fig. 5.2).

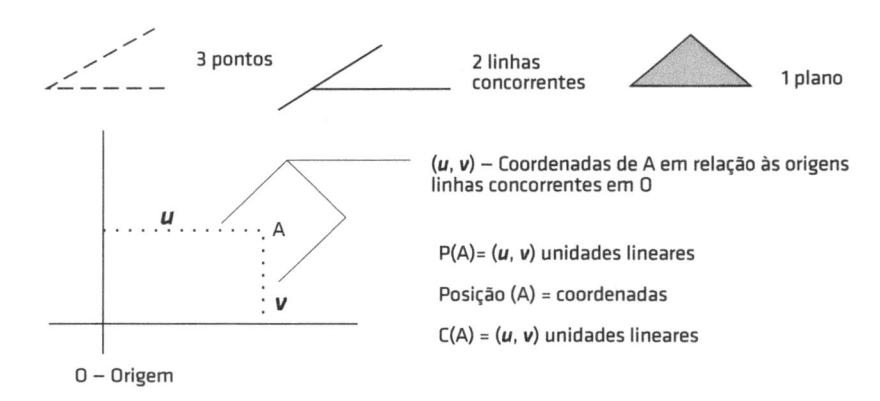

3 pontos   2 linhas concorrentes   1 plano

(u, v) – Coordenadas de A em relação às origens linhas concorrentes em O

P(A) = (u, v) unidades lineares
Posição (A) = coordenadas
C(A) = (u, v) unidades lineares

Fig. 5.2 Esquema de configuração de coordenadas bidimensionais

O – Origem

A definição da posição de um ponto em 3D ou tridimensional é um pouco mais complexa, principalmente se essa localização tiver de ser realizada sobre a superfície de uma esfera ou de um esferoide. Sistemas apropriados de representação são desenvolvidos para que se possa representar a localização exata de um ponto, porém é necessário, em qualquer dos sistemas, três coordenadas, as quais posicionarão o ponto no espaço. Para a definição de um espaço tridimensional é necessária a intercessão de três planos, ou seja, três retas não coplanares que se interceptam em um ponto (Fig. 5.3).

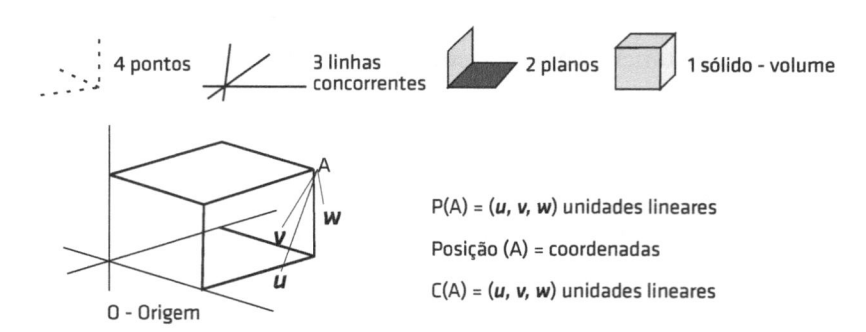

4 pontos   3 linhas concorrentes   2 planos   1 sólido - volume

P(A) = (u, v, w) unidades lineares
Posição (A) = coordenadas
C(A) = (u, v, w) unidades lineares

Fig. 5.3 Esquema de configuração de coordenadas tridimensionais

O - Origem

A utilização de geometria plana e no espaço é fundamental para o desenvolvimento e possibilidade de se estabelecer um sistema unívoco de posicionamento, no plano e no espaço. Qualquer posição, seja em qual dimensão for, terá apenas uma única representação no sistema, e vice-versa. Assim, cada representação de um ponto corresponderá a uma, e apenas a uma, posição no espaço, ou seja, dois pontos de coordenadas diferentes não podem ocupar o mesmo lugar no espaço.

Em termos cartográficos, três grupos de sistema de coordenadas ganham destaque: são os sistemas de coordenadas planas, tridimensionais e locais, os quais serão apresentados a seguir.

5.1 Sistema de coordenadas planas

Existe uma infinidade de maneiras de se referenciar pontos sobre um plano. Algumas são mais apropriadas ou mais simples, adaptando-se melhor aos propósitos de localização a que se prestam. A definição de um sistema de par fixo de eixos que permita a medição linear em duas direções é considerada como um sistema cartesiano (Fig. 5.4).

Um sistema de coordenadas genérico compreende conjuntos ou famílias de linhas que se interceptam umas às outras, formando uma rede ou malha quando desenhada (Fig. 5.5).

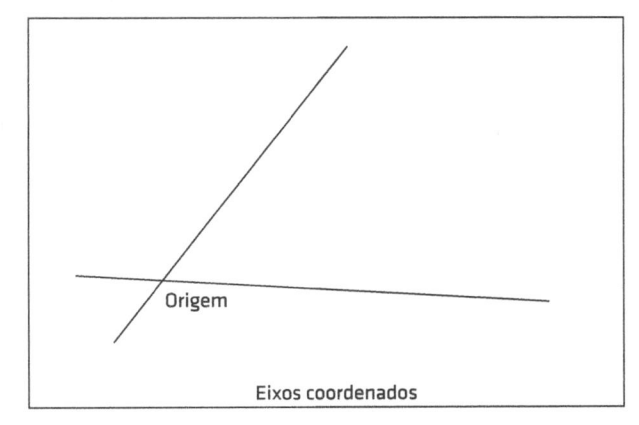

Fig. 5.4 Exemplo de um sistema cartesiano

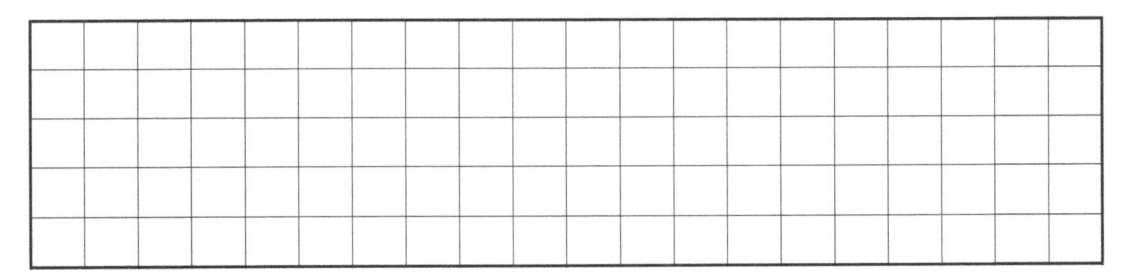

Fig. 5.5 Exemplo de malha ou grade

As condições necessárias que devem ser preenchidas pelo sistema de coordenadas planas são:
- as duas famílias de linhas têm de ser distintas entre si;
- qualquer linha de uma família tem de interceptar as linhas da outra família em apenas um ponto;
- duas linhas de uma mesma família não podem se interceptar.

Dessa forma, um sistema cartesiano pode abranger famílias de retas ou curvas que se interceptem sob quaisquer ângulos, conforme pode ser visualizado na Fig. 5.6.

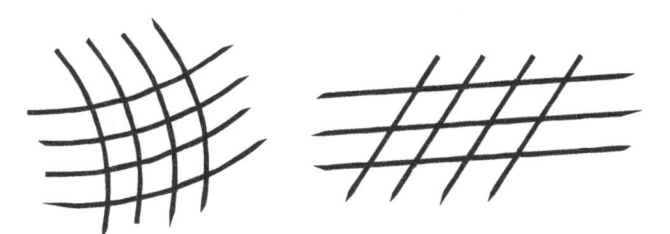

Famílias de curvas e retas
Sistema de eixos

Fig. 5.6 Famílias de um sistema cartesiano

5.1.1 Sistema de coordenadas retangulares

Há vantagens significativas no caso especial de tornar as duas famílias de linhas como retas, ou que se interceptem segundo direções ortogonais, perpendiculares entre si. A esse sistema é dado o nome de sistema de coordenadas plano retangular ou cartesiano.

Na Fig. 5.7, a origem do sistema retangular é o ponto O, pelo qual foram traçados os eixos OX e OY, definindo a direção das duas famílias de linhas. Sendo os eixos linhas retas e perpendiculares uma à outra, todas as linhas de uma mesma família serão paralelas entre si e todos os pontos de interseção dentro da rede serão obtidos por famílias de linhas retas perpendiculares.

A posição de um ponto P é definida pelas duas medidas lineares PN = x e PM = y, tomando-se como origem o ponto O nos dois eixos traçados de P como perpendiculares aos eixos X e Y. Assim, PM é paralelo a OY e PN é paralelo a OX.

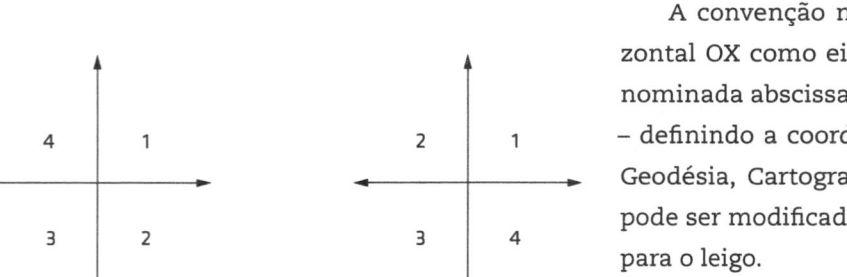

Fig. 5.7 Sistema plano cartesiano

A convenção matemática estabelece o eixo horizontal OX como eixo X – definindo a coordenada denominada abscissa –, e o eixo vertical OY como eixo Y – definindo a coordenada denominada ordenada. Em Geodésia, Cartografia ou Topografia, essa convenção pode ser modificada, podendo trazer alguma confusão para o leigo.

A notação para designação de um ponto P, pelas observações x = PN e y = PM, é dado pelo par de coordenadas P(x,y).

Fig. 5.8 Quadrantes no sistema cartesiano (topográfico) e trigonométrico

As unidades adotadas nos eixos para a finalidade de medições são bastante arbitrárias. Elas podem ser milímetros, centímetros, metros, quilômetros, polegadas, pés, ou seja, qualquer sistema de unidades métricas pode servir para medições, desde que seja coerente com o fim a que se destina.

A convenção de sinal adotada no uso da coordenadas retangulares é um pouco diferente da convenção trigonométrica. As quatro regiões resultantes da divisão do espaço pelos eixos X e Y são denominados quadrantes e numerados no sentido horário de 1 a 4, do quadrante superior direito, enquanto os quadrantes trigonométricos são numerados em sentido anti-horário (Fig. 5.8).

O sinais convencionais das coordenadas no sistema cartesiano são: no 1º quadrante, +x e +y; no 2º quadrante, +x e −y; no 3º quadrante, −x e −y; e, no 4º quadrante, −x e +y (Fig. 5.9).

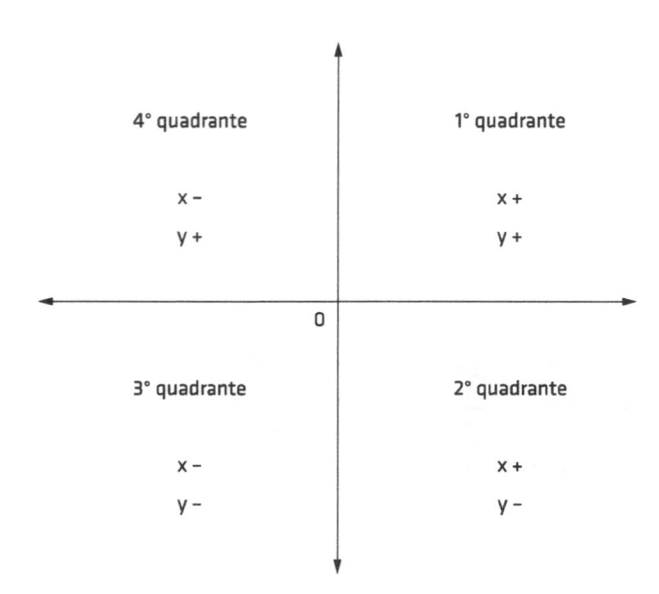

Fig. 5.9 Quadrantes e sinais das coordenadas no sistema cartesiano (topográfico)

CAPÍTULO 5 | SISTEMAS DE COORDENADAS

Com o sistema cartesiano de coordenadas podem ser definidas duas posições, conhecidas como absoluta – relacionada à origem – e relativa – estabelecida entre dois pontos. A posição absoluta de um ponto será sempre estabelecida pelas suas coordenadas em relação à origem do sistema de coordenadas (Fig. 5.10).

A diferença de coordenadas entre dois pontos estabelece uma quantidade linear equivalente à projeção da medida linear entre os dois pontos em cada eixo coordenado. Portanto, de dois pontos genéricos, 1 e 2, definidos por suas coordenadas (1: x_1, y_1 e 2: x_2, y_2), é possível determinar-se a diferença de coordenadas entre 1 e 2, genericamente, pelas grandezas:

$\Delta x_{12} = (x_2 - x_1)$ e $\Delta y_{12} = (y_2 - y_1)$
$\Delta x_{21} = (x_1 - x_2)$ e $\Delta y_{21} = (y_1 - y_2)$

É importante ressaltar que o valor de cada diferença é idêntico, porém, com o sinal contrário, ou seja, tem o mesmo valor absoluto e sinal contrário ($\Delta x_{12} = -\Delta x_{21}$).

Com essas igualdades, é verificado que as coordenadas de um ponto podem ser perfeitamente determinadas se forem conhecidas as coordenadas de um deles e a diferença de coordenadas entre eles. Então:

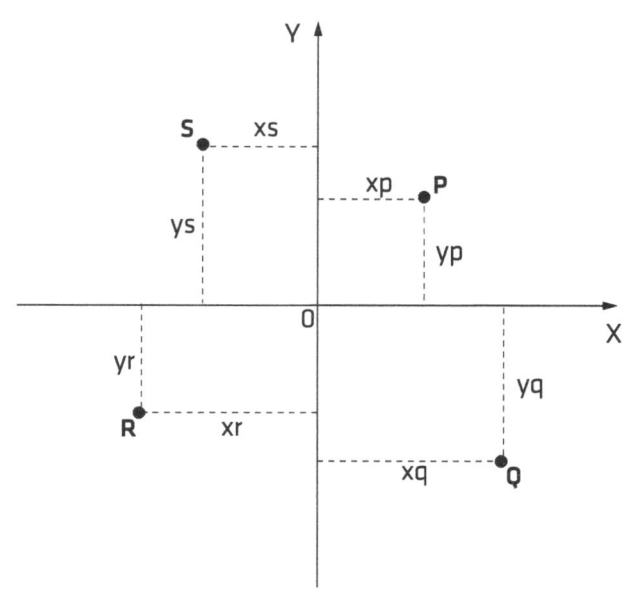

Fig. 5.10 Determinação de coordenadas

$$x_2 = x_1 + \Delta x_{12} \qquad y_2 = y_1 + \Delta y_{12}$$
$$x_1 = x_2 - \Delta x_{21} \qquad y_1 = y_2 - \Delta y_{21}$$

Os valores de coordenadas e diferenças entre elas em um sistema cartesiano podem ser obtidos por relações trigonométricas (Fig. 5.11).

O ângulo α, definido pelas diferenças de coordenadas, é calculado pelas funções trigonométricas:

$$\text{tg}\,\alpha = \frac{\Delta y}{\Delta x} \quad \text{ou} \quad \alpha = \text{arctg}\,\frac{\Delta y}{\Delta x}$$

E, ainda,

$$\alpha = \text{arctg}\,\frac{(y_2 - y_1)}{(x_2 - x_1)}$$

O ângulo β por sua vez é determinado pelas relações:

$$\beta = \text{arctg}\,\frac{\Delta x}{\Delta y} \quad \text{ou} \quad \beta = \text{arctg}\,\frac{(x_2 - x_1)}{(y_2 - y_1)}$$

E, ainda,

$$\text{tg}\,\beta = \frac{\Delta x}{\Delta y}$$

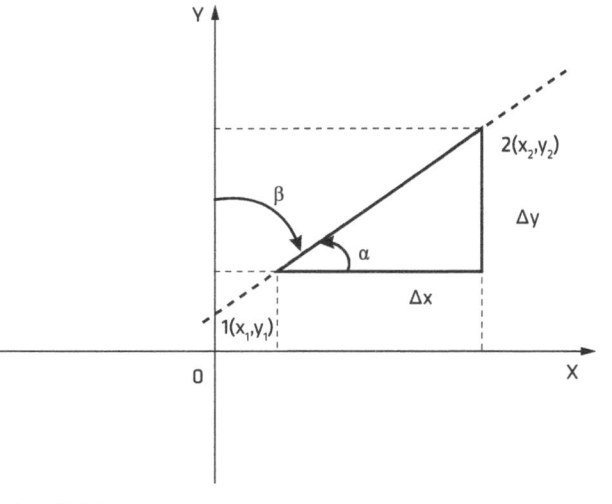

Fig. 5.11 Diferenças de coordenadas

A determinação do comprimento da linha entre 1 e 2, é desenvolvida com a formulação da distância entre dois pontos da geometria plana:

$$d_{12} = 12 = \left[(x_2 - x_1)^2 - (y_2 - y_1)^2\right]^{1/2} \quad \text{ou} \quad d_{12} = \sqrt{\Delta x^2 + \Delta y^2}$$

Por sua vez, em função do comprimento d, medido entre 1 e 2 e do ângulo formado por essa linha e o eixo X, que estabelece o ângulo α, é possível também determinar as diferenças de coordenadas:

$$\Delta x_{12} = (x_2 - x_1) = d \cos \alpha$$
$$\Delta y_{12} = (y_2 - y_1) = d \, \text{sen} \, \alpha$$

Estabelecendo o cálculo em função do ângulo β, definido pelo eixo Y e a direção da linha considerada, as relações são as seguintes:

$$\Delta x_{12} = (x_2 - x_1) = d_{12} \text{sen} \beta = d_{12} \text{sen}(90° - \alpha)$$
$$\Delta y_{12} = (y_2 - y_1) = d_{12} \cos \beta = d_{12} \cos(90° - \alpha)$$

A determinação de β é estabelecida por:

$$tg\beta = \frac{\Delta x}{\Delta y} = \frac{(x_2 - x_1)}{(y_2 - y_1)} \quad \text{e} \quad \beta = arctg \frac{(x_2 - x_1)}{(y_2 - y_1)}$$

A posição relativa é estabelecida sempre entre dois pontos, ou seja, considerando dois pontos quaisquer (1 e 2), é possível obter a posição relativa de 1 em relação a 2 e vice-versa. Esse posicionamento relativo é definido pelas diferentes coordenadas de um ponto em relação ao outro.

Para tanto um dos pontos é definido como uma suposta origem de um novo sistema de coordenadas, no qual, em lugar das coordenadas absolutas de cada ponto, são consideradas as diferenças de coordenadas entre esses pontos.

O cálculo das diferenças de coordenadas pelos ângulos α e β torna-se mais difícil com a adoção da posição relativa dos pontos em outra posição diferente de valores das diferenças de coordenadas exclusivamente positivas (1º quadrante) (Fig. 5.12). Assim, é necessária uma verificação contínua da posição dos pontos para se determinar qual o ângulo que está sendo computado para o cálculo, sinal da diferença de coordenadas, e sinal do seno, cosseno ou tangente, uma vez que os ângulos α e β são sempre menores que 90°, portanto, fornecendo valores referidos ao 1º quadrante.

Esse problema pode ter uma solução mais facilitada com a adoção de um ângulo que tenha como origem o ponto em que se deseja definir a diferença de coordenadas. Para tanto, é assumido como origem angular uma paralela ao eixo Y passando por esse ponto e o valor angular contado no sentido horário até a direção do segundo ponto, chamado de azimute plano (Fig. 5.13). Com essa figura, pode ser verificado que a diferença entre os dois ângulos θ_{12} e θ_{21} será sempre 180°, ou seja, $\theta_{12} = \theta_{21} + 180°$.

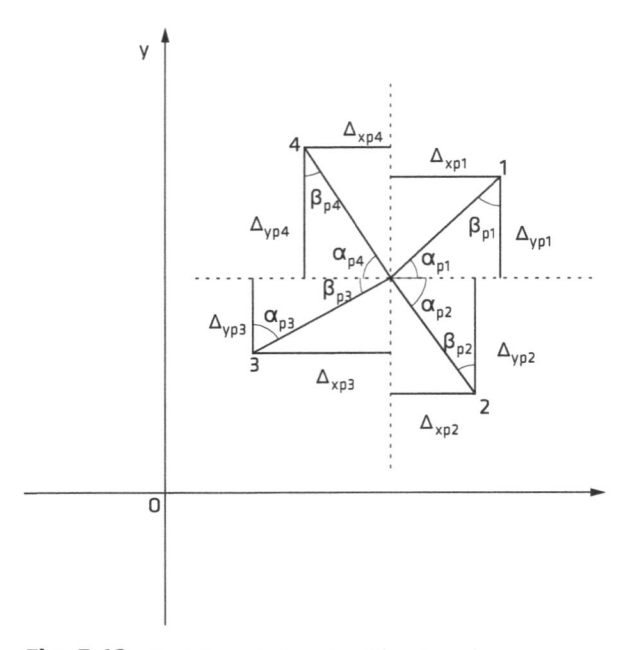

Fig. 5.12 Posições relativas das diferenças de coordenadas

Por outro lado, o cálculo das diferenças de coordenadas pode ser facilmente obtido com essa direção base, pela seguinte formulação:

$$\Delta x_{12} = d_{12} \cdot \text{sen}\,\theta_{12} \quad \text{e} \quad \Delta y_{12} = d_{12} \cdot \cos\theta_{12}$$

5.1.2 Sistema de Coordenadas Planas Polares

As coordenadas polares definem uma posição por meio de uma mensuração linear e uma angular (Fig. 5.14):

O par de eixos ortogonais, adotado no sistema cartesiano, é substituído por uma linha simples, OQ, que, passando pela origem O, agora é denominada de origem ou polo do sistema.

A posição de qualquer ponto P é definida por meio de uma medição linear da origem ou polo ao ponto considerado e o ângulo formado entre o eixo polar OQ e a direção OP, respectivamente. Portanto, por meio da distância OP = r e o ângulo QÔP = θ, é definindo um par de coordenadas característico de um sistema plano polar de posicionamento.

A linha OP é denominada raio vetor e o ângulo θ que o raio vetor faz com o eixo polar é conhecido por ângulo vetorial. Assim, a posição de P é definida pelo par de coordenadas P (r, θ).

O ângulo vetorial pode ser expresso em unidades sexagesimal (graus), centesimais (grados) ou ainda, em radianos ($360° = 400^g = 2\pi$ rd). A direção de medição do ângulo vetorial é convencionalmente tomada do eixo polar no sentido anti-horário pela Matemática, entretanto, é possível a sua adoção em sentido horário como convencional.

As coordenadas polares são relacionáveis com as coordenadas planas retangulares, pelas relações trigonométricas simples (Fig. 5.15).

Adotando um sistema polar em que a origem esteja em O, o eixo polar seja o eixo cartesiano OY, r = OP e θ = YOP, e assumindo o ponto P, de coordenadas planas retangulares (x, y), e as coordenadas x = PN e y = PM, pode-se obter as seguintes relações pelo triângulo PON:

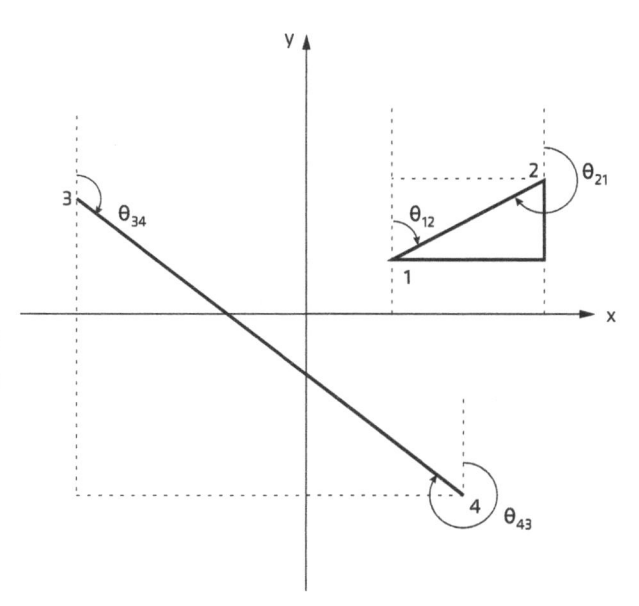

$$x = r\,\text{sen}\,\theta$$
$$y = r\cos\theta$$

Fig. 5.13 Representação de azimute plano

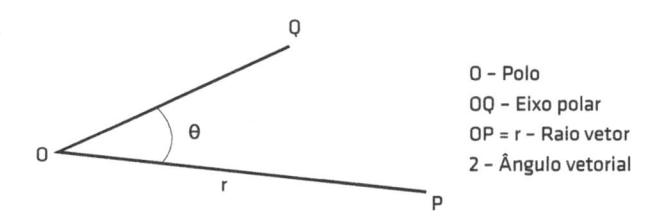

Fig. 5.14 Sistema de coordenadas polares

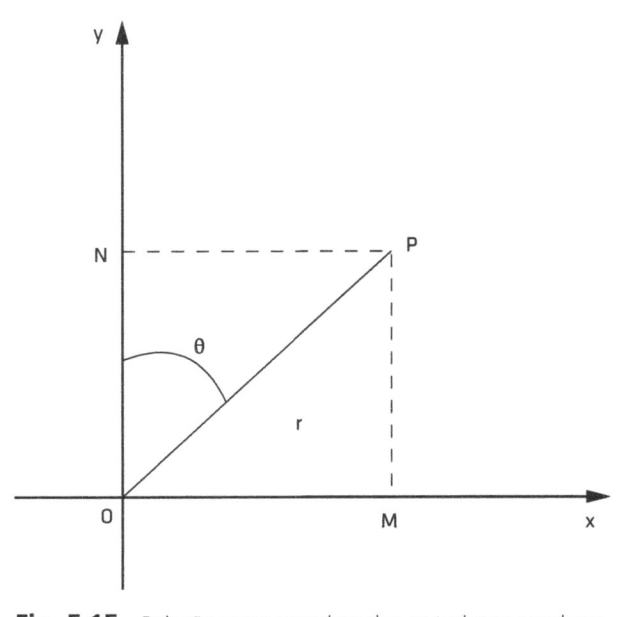

O - Polo
OQ - Eixo polar
OP = r - Raio vetor
2 - Ângulo vetorial

Fig. 5.15 Relação entre coordenadas cartesianas e polares

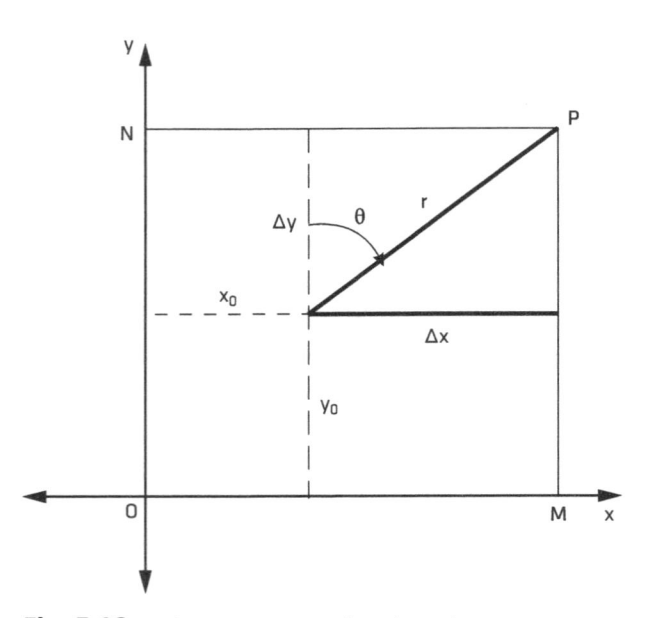

Fig. 5.16 Relações entre coordenadas polares e cartesianas com deslocamento entre origens

É estabelecido, assim, o relacionamento de transformação de coordenadas polares para planas. O relacionamento inverso pode ser obtido de diversas formas:

$$\operatorname{tg} \theta = x/y \qquad r^2 = x^2 + y^2$$
$$r = y \sec \theta \qquad \operatorname{sen} \theta = x/r$$
$$r = x \operatorname{cosec} \theta \qquad \cos \theta = y/r$$

Esse relacionamento é bastante simples, uma vez que as origens dos dois sistemas estão coincidentes. Havendo um deslocamento entre origens, deve ser considerada a diferença de coordenadas entre os dois sistemas (Fig. 5.16).

Nese caso, todos os relacionamentos anteriores são válidos, levando-se em consideração a diferença de coordenadas entre as duas origens O e O' (x_0, y_0). As coordenadas de P em relação à origem O serão: $x_p = \Delta x + x_0$ e $y_p = \Delta y + y_0$.

5.2 Sistemas de coordenadas tridimensionais ou espaciais

Os sistemas tridimensionais são sistemas espaciais, portanto necessitam de três coordenadas para o posicionamento de um ponto no espaço. Alguns sistemas são extensões dos sistemas planos e outros são trabalhados de forma a definirem um sistema de representação mais específico para determinada aplicação.

5.2.1 Sistema cartesiano e polar tridimensional

A extensão de um sistema cartesiano plano retangular para um espaço tridimensional é simples e de fácil compreensão. Um espaço tridimensional possui três dimensões físicas: x e y – caracterizando um plano – e a coordenada z – constituída por uma família de planos (Fig. 5.17).

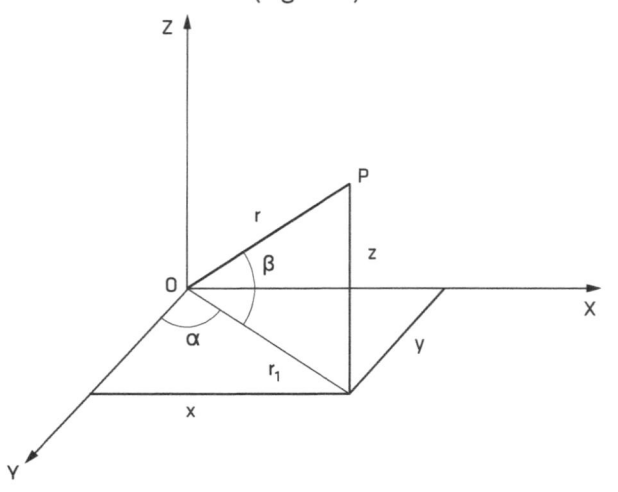

Fig. 5.17 Sistema de coordenadas cartesianas tridimensionais

A definição de uma coordenada não mais se refere à família de linhas ortogonais dois a dois, como no sistema cartesiano plano, mas a dois eixos coordenados caracterizados pela interseção dos planos OXZ, OYZ e OYX.

Qualquer ponto no espaço será definido pela interseção dos planos paralelos no plano origem considerado. Assim, um ponto será determinado por um termo coordenado P (x, y, z).

Considerações semelhantes podem ser deduzidas para um sistema polar no espaço, que, de uma distância ao ponto pela origem (r) e dois ângulos vetoriais, tem a sua posição determinada por um terno coordenado P (r, α, β).

5.2.2 Sistemas de coordenadas na esfera e no elipsoide

Esfera e elipsoide (esferoide) são corpos sólidos e, consequentemente, um sistema de posicionamento de pontos sobre ou sob a sua superfície é necessariamente tridimensional, sendo, portanto, exigidas três coordenadas para a sua materialização.

A ideia de latitude, longitude, paralelos ou meridianos, muitas vezes já é conhecida, porém, sem os fundamentos que levaram à sua caracterização. É desejável, portanto, alguns comentários um pouco mais profundos sobre a geometria da Terra, quando assumida como uma esfera perfeita, para introduzir uma notação padronizada para essa hipótese e mostrar as diferenças básicas para o esferoide.

Deve ser entendido, inicialmente, o que é precisamente representado pelos planos, arcos e ângulos. É sabido que:

- uma esfera é um corpo sólido cuja superfície é equidistante do centro;
- toda esfera tem raio constante;
- a normal a um plano tangente à superfície no ponto de tangência é um raio da esfera;
- a distância entre dois pontos na superfície pode ser medida como distância angular ou distância arco.

Essas são as propriedades principais da esfera, essenciais para o prosseguimento das definições (Fig. 5.18):

- se um plano intercepta uma esfera, a seção resultante da superfície curva que é traçado no plano é um círculo;
- um círculo máximo ou grande círculo é aquele de uma seção que passa pelo centro da esfera. Em outras palavras, o círculo PP'BD e ABCD são círculos máximos e todos possuem seus centros em O, ou seja, no centro da esfera.

Com essa definição, é possível afirmar que um, e somente um, círculo máximo pode ser traçado entre dois pontos na superfície da esfera que não sejam diametralmente opostos. Além disso, o menor arco de um círculo máximo passante por dois pontos é a menor distância entre esses pontos na superfície esférica:

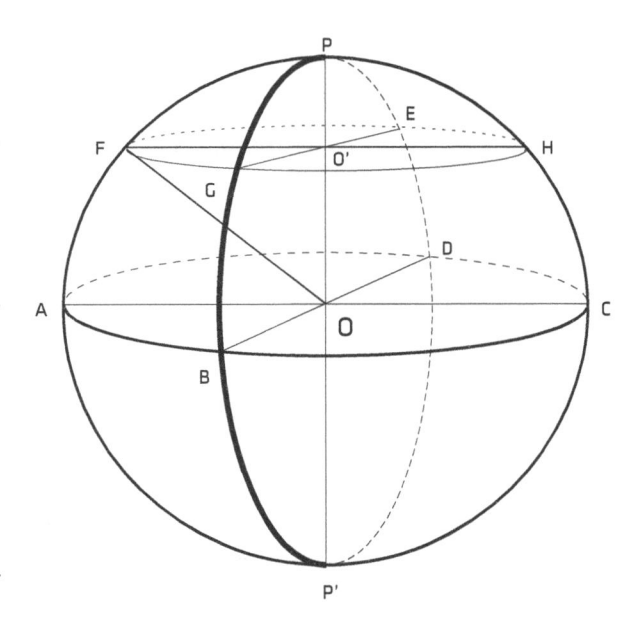

Fig. 5.18 Propriedades das esferas

- se o plano de interseção com a esfera não passa pelo centro da esfera, determina também uma seção circular, porém de raio menor que o raio da esfera. Esses círculos são denominados de pequenos círculos. Na Fig. 5.18, o círculo EFGH é um pequeno círculo, de centro O';
- o eixo de qualquer círculo é uma linha reta passando pelo centro da esfera, perpendicularmente ao plano do círculo. Na Fig. 5.18 a linha POP' é o eixo do círculo máximo ABCD.

Pela definição de que apenas um círculo máximo pode ser traçado por dois pontos que não sejam diametralmente opostos, o eixo de dois ou mais círculos máximos não coincidem.

Por outro lado, um círculo máximo e um número infinito de pequenos círculos podem ter o mesmo eixo.

Nesse caso especial, pela definição de eixo, o círculo máximo e os pequenos círculos serão paralelos entre si. Além disso, se os planos são paralelos, as circunferências dos círculos também são paralelas:

- os polos de qualquer círculo são os pontos de interseção do eixo do círculo com a superfície da esfera. Na Fig. 5.18 P e P' são os polos do círculo máximo ABCD.

Com a definição de que uma esfera tem raio constante e que a seção de um grande círculo passa pelo centro da esfera, os polos de um círculo máximo são equidistantes do seu plano, ou seja, PO = P'O. Para um pequeno círculo, pode-se notar claramente a desigualdade entre P'O' e PO':

- se um círculo máximo é denominado círculo máximo primário, qualquer círculo máximo que passe por seus polos será denominado círculo máximo secundário.

Como os polos são diametralmente opostos, podem-se definir infinitos círculos secundários. Na Fig. 5.18, os círculos máximos PFAP'CH e PGBP'DE são secundários ao círculo máximo ABCD. Como o eixo do círculo primário coincide com o plano de cada círculo secundário, pode se verificar que o plano e, portanto, a circunferência de cada círculo secundário são perpendiculares ao plano e circunferência do círculo máximo primário.

Além disso, quaisquer pequenos círculos que tenham um eixo comum a um círculo máximo primário terão também planos e circunferências perpendiculares aos círculos secundários desse círculo máximo.

Com base nessas propriedades e definições, serão apresentadas a seguir as coordenadas geográficas, ângulos e distâncias na Terra e, posteriormente, o sistema de coordenadas no elipsoide.

Coordenadas geográficas

A Terra possui um movimento de rotação, em torno de seu eixo. Esse eixo intercepta a superfície em dois pontos, os polos Sul e Norte. O círculo máximo primário, perpendicular ao eixo é denominado equador, e os polos Sul e Norte geográficos.

Os círculos máximos secundários não possuem nome específico, mas a palavra meridiano define cada semicírculo de um par, que, juntos, formam um círculo secundário. A cada meridiano, opõe-se o seu antimeridiano, ou seja, o meridiano diametralmente oposto. O círculo secundário completo compreende o meridiano e o seu antimeridiano.

Pelo conceito do uso de ângulos centrais – do centro de uma esfera, para medir distâncias sobre a superfície curva –, pode ser inferido um sistema de coordenadas tridimensionais polares como um método de locação de pontos sobre a superfície da esfera, adotando, como origem, o seu centro.

Como uma extensão do conceito de coordenadas polares, um ponto pode ser localizado no espaço por meio de dois ângulos vetoriais e um raio vetor. Isso define um sistema polar esférico ou coordenadas esféricas polares (Fig. 5.19):

Na esfera, o raio vetor é constante, logo, qualquer ponto na superfície poderá ser localizado pela definição apenas de dois ângulos vetoriais. Para tanto, são escolhidos como origem dois planos ortogonais que se interceptam no centro da esfera.

Um desses planos é definido pelo plano do equador; assim, o equador é utilizado como origem para as medições do ângulo vetorial conhecido como latitude. O outro plano é um plano arbitrário, que é utilizado para as medições do ângulo vetorial, denominado longitude.

Formalmente, a latitude de um lugar é definida como o ângulo vetorial entre o equador e o lugar, medido sobre o meridiano que o contém (ângulo AÔQ, Fig. 5.19). A latitude é positiva se for medida do equador para o Norte, e negativa se for medida em direção ao Polo Sul. A unidade de expressão da latitude é sexagesimal – ou seja, graus, minutos e segundos –, e sua notação é dada pela letra grega φ (fi).

Para qualquer valor de latitude (φ) existirá uma infinidade de pontos na superfície terrestre, que faz esse mesmo ângulo com o equador. O lugar geométrico desses pontos é a circunferência de círculo cujo plano é paralelo ao equador. Essa circunferência é chamada de paralelo de latitude ou simplesmente paralelo. Assim, os planos de todos os paralelos são paralelos ao equador, e compartilham o mesmo eixo, e qualquer paralelo será um pequeno círculo, porque o equador é um círculo máximo.

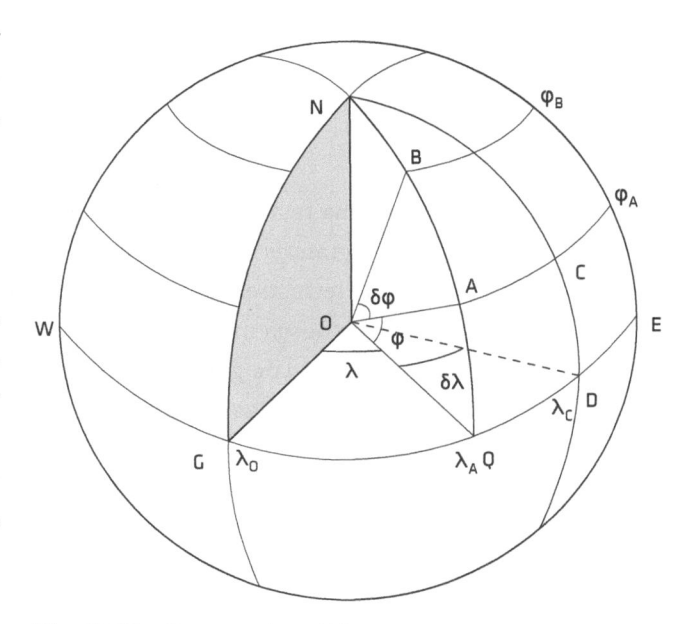

Fig. 5.19 Sistema polar esférico

A longitude é o ângulo vetorial definido pelo plano do meridiano-origem e o plano do meridiano passante pelo lugar, medido sobre qualquer paralelo ao equador, uma vez que esse ângulo é esférico (ângulo GÔQ, Fig. 5.19).

A escolha de um meridiano-origem é arbitrária, porém é mundialmente aceita a definição do meridiano que passa pelo eixo da luneta do Observatório de Greenwich, na Inglaterra, como meridiano-origem para as medições de longitude. Há países, no entanto, que ainda adotam outros meridianos como origem de suas coordenadas, exceto para navegação, por causa da padronização internacional.

O valor de longitude será positivo se estiver a leste de Greenwich e negativa se estiver a oeste. A notação desse ângulo vetorial é a letra grega λ (lâmbda), sendo também medida em unidades sexagesimais. A Fig. 5.20 apresenta a distribuição dos sinais atribuídos aos valores de latitude e longitude de acordo com seu posicionamento.

Com a definição desses ângulos vetoriais, é assumido como coordenadas de um ponto sobre a superfície terrestre o par desses ângulos, latitude e longitude (φ, λ).

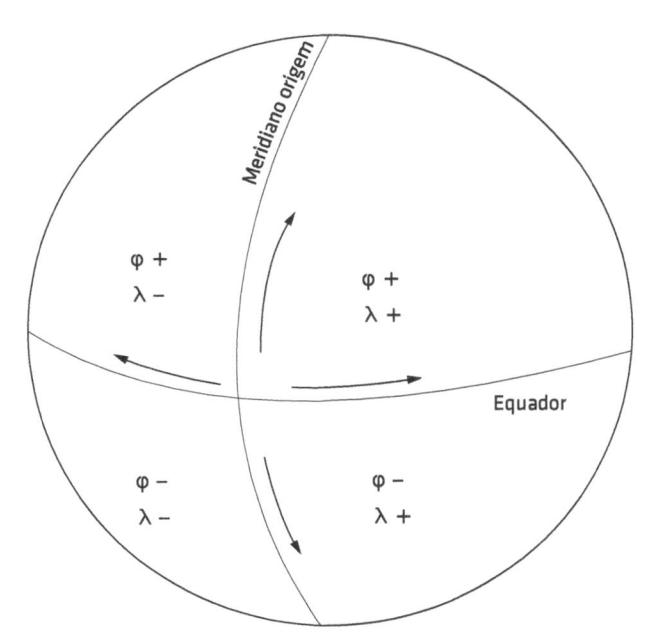

Fig. 5.20 Distribuição dos sinais das coordenadas geográficas

A diferença de coordenadas entre dois pontos quaisquer (1 e 2), pode ser expressa pelas relações:

$$\delta\varphi = \varphi_2 - \varphi_1$$
$$\delta\lambda = \lambda_2 - \lambda_1$$

A malha resultante da distribuição de paralelos e meridianos define o sistema de coordenadas geográficas conhecida como gratícula, que pode ser definida tendo-se como referência a superfície terrestre ou a sua representação em um plano por uma projeção cartográfica. Com a definição dessa malha, é estabelecida uma convenção, internacionalmente aceita, de que uma interseção de gratícula define um ponto na superfície de coordenadas geográficas (φ, λ).

As coordenadas geográficas constituem a forma mais eficiente de prover uma referência de posicionamento unívoco em Geografia, navegação e outras ciências afins, de cunho espacial. Nesse sentido, a rede de paralelos e meridianos (gratícula) efetua o controle geométrico para o uso de um mapa, reconhecida universalmente em diferentes níveis de utilização. Outra aplicação desse sistema de coordenadas é para a definição dos fusos horários terrestres, em que a noção de longitude é muito importante.

Existem outros sistemas, porém, de uso mais restrito, podendo-se citar o sistema de coordenadas de azimute e distância e o próprio sistema cartesiano tridimensional. Esses sistemas, porém são inter-relacionados e podem ser transformados de um para outro, bastando, para isso, que se conheçam os parâmetros de translação, rotação e escala entre elas, como será visto nas transformações isogonal e afins.

Ângulos e distâncias na Terra

Um ângulo esférico é a medida angular no ponto de interseção, de dois arcos de círculo máximo medidos na superfície curva da esfera. Ele é igual ao ângulo plano formado entre as duas tangentes traçadas no ponto de interseção, a cada círculo máximo.

Da figura 5.21 em diante, considerando-se os círculos máximos PA e PD, o ângulo DPA é igual ao ângulo plano KPJ. Por essa figura também se pode verificar que a longitude λ pode ser

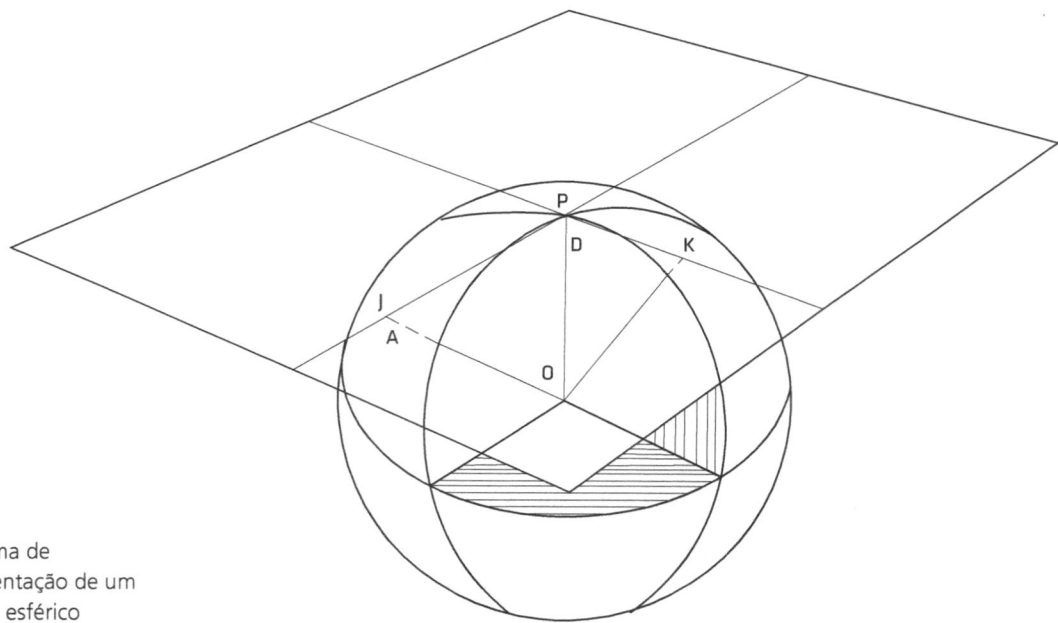

Fig. 5.21 Esquema de representação de um ângulo esférico

medida em qualquer ponto do eixo de rotação, uma vez que esse ângulo pode ser medido em um plano paralelo ao equador. Nesse caso, o ângulo plano é KPJ e o ângulo esférico APD.

Um segundo conceito angular importante é o de azimute entre dois pontos e suas extensões, como o rumo, por exemplo. Esses conceitos introduzem a noção de direção sobre a superfície terrestre.

Considerando-se três pontos N, A e B (Fig. 5.22), em que N é o Polo Norte, e NA e NB são arcos de círculo máximo, representando, respectivamente, o meridiano A e B, é possível afirmar que a linha AB representa a menor distância entre A e B, portanto um arco de círculo máximo. Assim, da interseção dos três arcos de círculos máximos (NA, NB e AB) é definido um triângulo esférico.

O azimute de um ponto a outro, é genericamente definido como o ângulo formado entre a direção norte e a direção a outro ponto, contado no sentido horário. Em termos da superfície terrestre, pode ser visto como o ângulo esférico formado entre qualquer círculo máximo e um meridiano, tendo como origem a orientação para o norte (Maling, 1993). Contado no sentido horário NAB representa o azimute de A para B e NBA o azimute de B para A.

A definição de rumo é um pouco diferente da definição de azimute, sendo estabelecida como o ângulo horizontal em um ponto, medido no sentido horário de um ponto de referência específico para um terceiro ponto. O rumo pode ter como origem qualquer uma das direções N, S, L ou O passante pelo ponto; dessa forma, um rumo nunca será superior a 90°.

Serão apresentadas algumas definições de observações com bastante relevância nas mensurações sobre a superfície curva da esfera, como o comprimento de um arco de meridiano, paralelo e de um arco qualquer de círculo máximo, determinação do azimute e de convergência de meridianos:

- **Comprimento de um arco de meridiano:** o comprimento de um arco de círculo AB (Fig. 5.23) qualquer é dado pela formulação

$$AB = R \cdot z$$

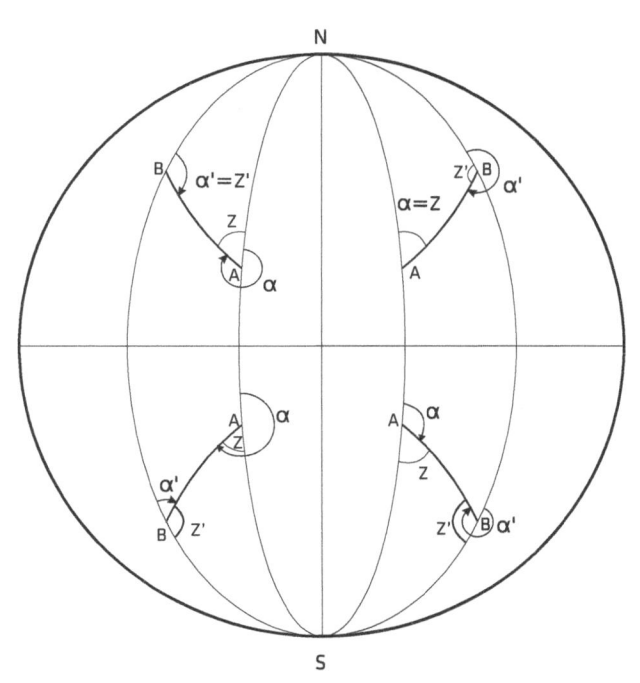

Fig. 5.22 Azimutes e distâncias

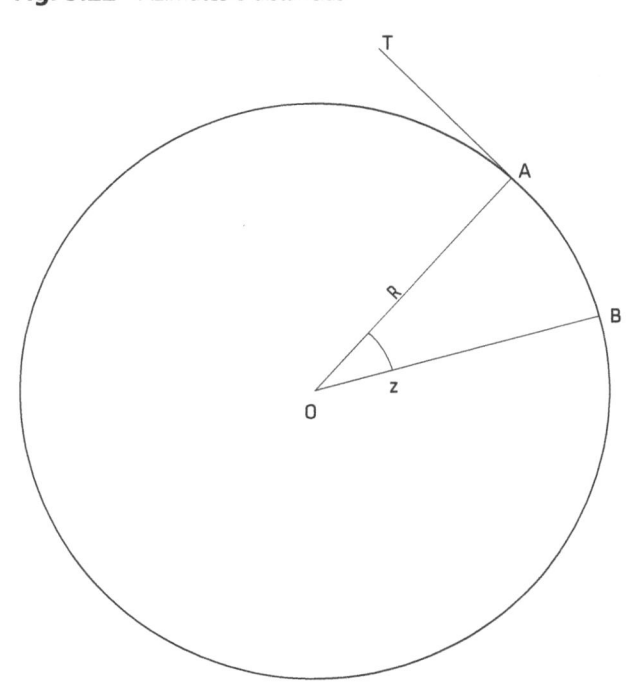

Fig. 5.23 Comprimento de um arco de círculo

Em que:
R = raio do círculo;
z = ângulo AOB, expresso em radianos (180° = π rd − 360° = 2 π rd).

Dessa equação, introduzindo as notações correspondentes, o comprimento de um arco de meridianos (S), a contar do equador para um ponto A, de latitude φ_a, será definido por

$$S = R\delta\varphi_a$$

Em que:
R = raio do círculo;
$\delta\varphi_a$ = valor em arco da diferença de latitude.

O arco entre dois pontos A (φ_a, λ_a) e F (φ_f, λ_f), que esteja sobre um mesmo meridiano (Fig. 5.24), é definido por

$$S = R\delta\varphi_{af}$$

Em que:

$$\delta\varphi_{af} = (\varphi_f - \varphi_a)$$

Todos os ângulos são expressos em radianos, ou seja, em unidades de arco.

- **Comprimento de um arco de paralelo:** sabendo que um paralelo é um pequeno círculo, é possível deduzir que o raio do círculo definido pelo paralelo é menor que o raio da esfera (r < R). Assim, para uma distância angular dada, a distância do arco no paralelo é menor que a distância correspondente ao longo do equador.

Na Fig. 5.24, NFA corresponde ao arco de meridiano de longitude λa e NGB é o arco de meridiano B de longitude λ_b, portanto, o ângulo AÔB = FO'G = $\Delta\lambda_{ab} = \lambda_b - \lambda_a$. Assim, pela formulação de arco de um círculo, é possível definir que:

$$AB = R\delta\lambda \quad e \quad FG = r\delta\lambda$$

Em que:
R = raio da Terra;
r = raio do pequeno círculo;
$\delta\lambda$ = valor em arco da diferença de longitude.

A definição do valor do raio de um pequeno círculo (r) pode ser obtida pela observação da Fig. 5.25, de onde se extrai a seguinte formulação:

$$r = R\,\text{sen}(90 - \varphi) \quad ou \quad r = R\cos\varphi$$

Consequentemente, a distância arco ao longo de um paralelo de latitude φ é determinada por:

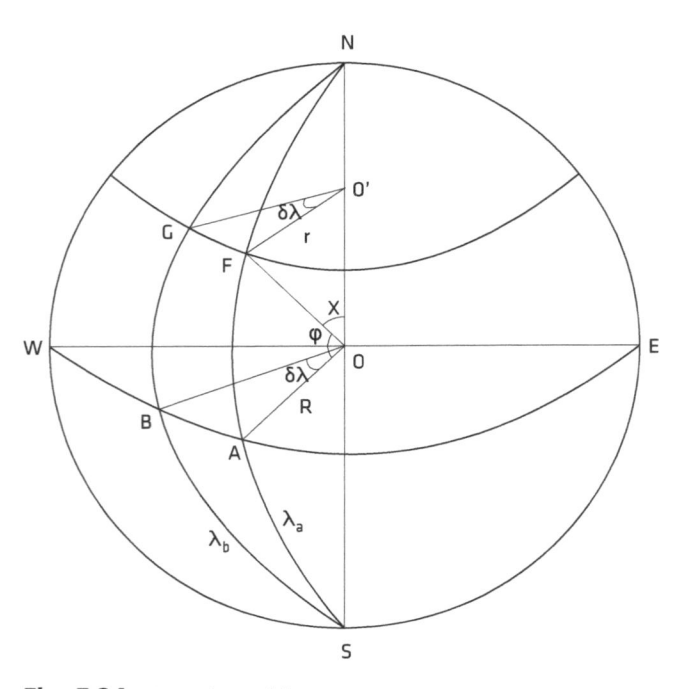

$$S_p = R\cos\varphi\delta\lambda$$

Fig. 5.24 Arco de meridiano

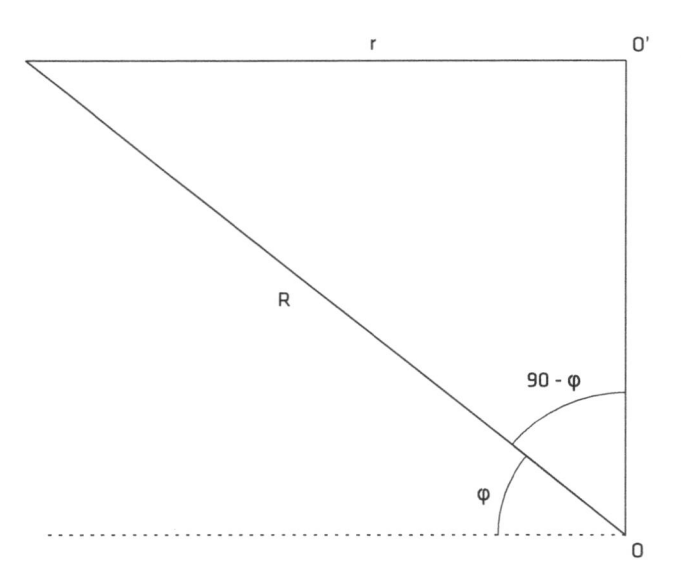

Fig. 5.25 Definição de um raio de paralelo

- **Comprimento de um arco qualquer de círculo máximo:** considerando dois pontos, A e B, com as coordenadas (φ_a, λ_a) e (φ_b, λ_b), respectivamente, deve-se resolver o triângulo NAB (esférico) para determinar o arco de círculo máximo, ou seja, o lado AB = z.

Expressando a formulação, sem dedução, em função da latitude e longitude de A e B, define-se:

$$\cos z = \operatorname{sen}\varphi_a \operatorname{sen}\varphi_b + \cos\varphi_a \cos\varphi_b \cos(\delta\lambda)$$

ou

$$\cos z = \operatorname{sen}\varphi_a \operatorname{sen}\varphi_b + \cos\varphi_a \cos\varphi_b \cos(\lambda_a - \lambda_b)$$

E, finalmente:

$$S = Rz$$

- **Determinação do azimute:** o azimute entre dois pontos A e B qualquer pode ser definido pela trigonometria esférica NAB = Z.

A dedução de equação conduz à formulação:

$$\cot Z = \cos\varphi_a \cdot \operatorname{tg}\varphi_b \cdot \operatorname{cosec}\delta\lambda - \operatorname{sen}\varphi_a \cot\delta\lambda$$

- **Convergência de meridianos:** o azimute de A para B e de B para A não são recíprocos, ou seja, $\alpha \neq \alpha' + 180°$. Esses valores diferem de uma quantidade γ mostrada na Fig. 5.26.

Isso nos leva a uma conclusão importante: um azimute, de qualquer círculo máximo, que cruza um meridiano obliquamente, somente pode ser definido no ponto em que estiver sendo medido, significando que o azimute muda continuamente. A razão para isso é existência de uma quantidade angular denominada convergência meridiana.

No equador, o arco entre dois meridianos possui um valor mensurável (S = R $\delta\lambda$), entretanto, nos polos, a distância correspondente é nula. Assim, no equador, dois meridianos, A e B (λ_a e λ_b), são perpendiculares a ele, interceptando-se nos polos para definir a diferença de longitude $\delta\lambda_{ab}$.

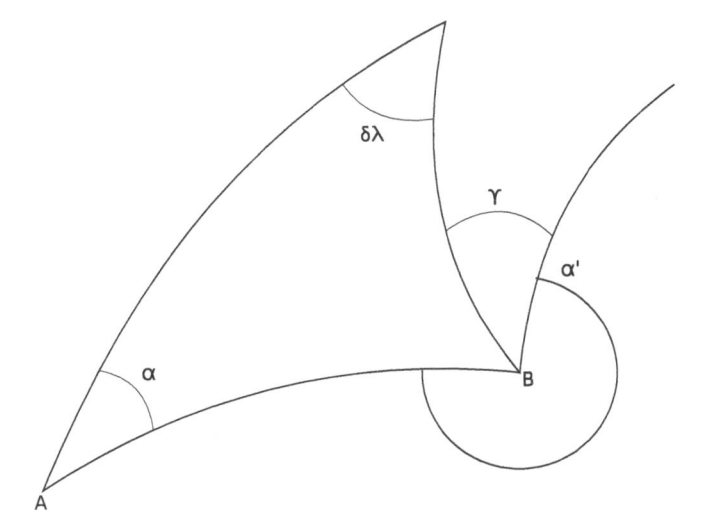

Fig. 5.26 Convergência de meridianos

A convergência entre dois meridianos em qualquer latitude intermediária é expressa pelo ângulo γ, variando de 0 no equador até $\delta\lambda$ nos polos. Essa convergência pode ser presumida com variação de acordo com o seno da latitude (0 a 1), logo:

$$\gamma = \delta\lambda \cdot \operatorname{sen}\varphi$$

Para uma linha AB qualquer, entre os paralelos φ_a e φ_b, é usual expressar a convergência em termos de uma latitude média:

$$\gamma = \delta\lambda \operatorname{sen}\frac{(\varphi_a + \varphi_b)}{2}$$

Sistema de coordenadas no elipsoide

A utilização da figura do elipsoide de revolução como representativa da forma da Terra tem por objetivo a maior aproximação entre o geoide e o elipsoide, gerando erros menores no desenvolvimento de cálculos geodésicos. Isso acarreta a necessidade de um estudo profundo da geometria do elipsoide e sua adaptação à superfície terrestre.

Esse estudo não será apresentado, pois não contempla o objetivo geral desta obra, entretanto, é importante observar que os mapeamentos executados em escala média, ou seja, de 1:1.000.000 até alguns de 1:2.000, são sempre efetuados com a utilização dessa figura matemática como base.

Os conceitos de latitude e longitude continuam como expressão do sistema de posicionamento sobre a superfície terrestre. O conceito de longitude é idêntico, enquanto o de latitude tem uma pequena modificação, pois a latitude elipsoidal possui duas formas: geocêntrica e geodésica.

A latitude geocêntrica é tomada em relação ao centro do elipsoide e a geodésica é definida em relação à normal ao plano tangente e o plano do equador. Porém, para a definição do sistema de posicionamento, é utilizada a latitude geodésica como ângulo vetorial.

Fechando a apresentação dos sistemas de coordenadas plana e tridimensionais ou espaciais, é válido apresentar um quadro síntese de suas dimensionalidades, tipos e simbologia das coordenadas adotadas (Quadro 5.1).

Quadro 5.1 Tipos de sistemas de coordenadas e simbologia de coordenadas adotadas

Dimensionalidade	Tipo	Coordenadas
Bidimensionais ou Planos	Cartesianos	x, y
	Polares	r, θ
Tridimensionais ou Espaciais	Cartesianos	x, y, z
	Polares	r, θ, ϖ
	Terrestre	φ – latitude λ – longitude

5.3 Sistema de coordenadas locais

Sistemas locais são sistemas de coordenadas que podem abranger ou não conceitos relativos aos sistemas de projeções cartográficas. São sistemas utilizados em topografia clássica ou em estruturas que necessitam de uma menor distorção do que os sistemas de projeções normalmente utilizados, como o sistema UTM.

Topograficamente um sistema local é definido por um plano tangente à superfície terrestre, estabelecendo também um sistema de coordenadas planas, cartesianas ou polares, para a localização de seus elementos.

A orientação dos sistemas de coordenadas independe de estar vinculada a qualquer outro sistema de orientação terrestre. Essa característica pode ocasionar uma série de problemas, tais como a necessidade de se estabelecer pontos de controle suplementares para criar uma relação entre o sistema topográfico e outros sistemas de coordenadas terrestres, como os oriundos das projeções cartográficas.

A seguir, uma série de transformações comumente utilizadas para se migrar de um sistema de coordenadas para outro.

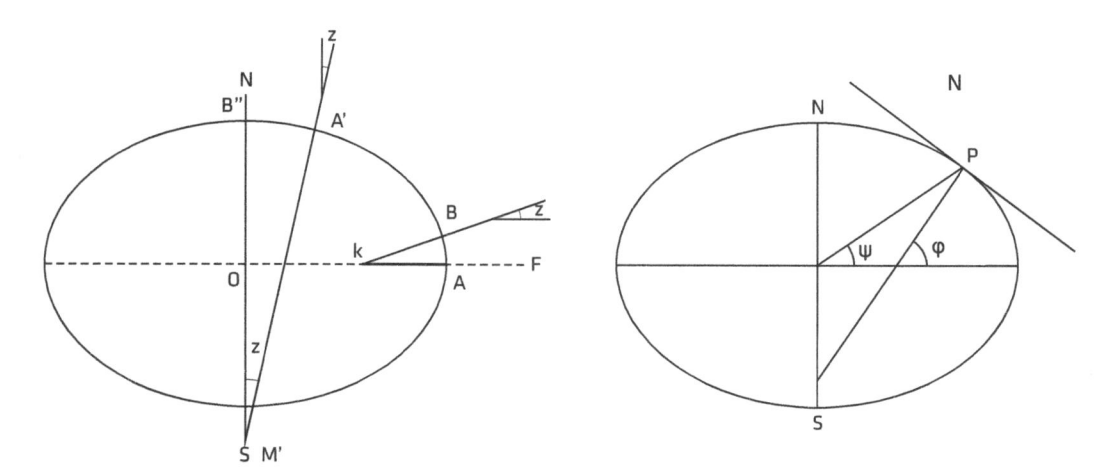

Fig. 5.27 Conceitos de latitude geocêntrica e geodésica

5.3.1 Transformação de coordenadas cartesianas

As relações entre coordenadas cartesianas e polares fornecem o embasamento para as transformações entre sistemas cartesianos. Essas transformações permitem que se obtenham os parâmetros que possibilitem a aquisição de coordenadas entre dois sistemas de coordenadas cartesianos.

Nesse tipo de transformação são considerados dois sistemas de eixos coordenados planos, entre os quais se deseja definir o relacionamento de transformação de um sistema de coordenadas (x, y) para um sistema de coordenadas (x', y').

As três transformações básicas são as seguintes:
- translação de eixos ou mudança de origem;
- alteração de escala de um sistema para outro; e
- rotação de eixos segundo uma origem comum.

Existe uma transformação que envolve todas as relações apresentadas por essas três, que é a transformação conjunta.

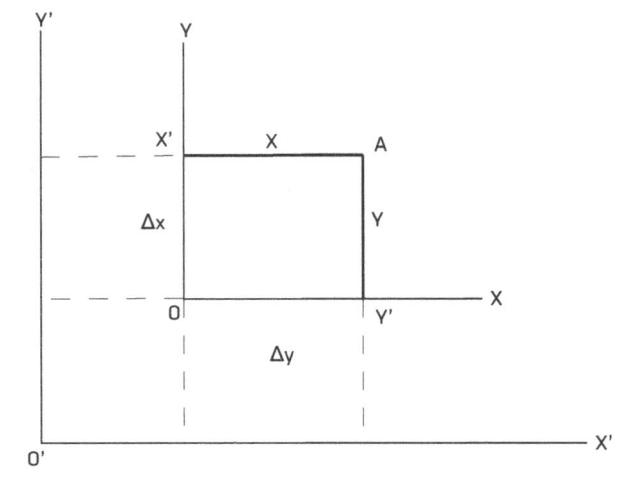

Fig. 5.28 Translação dos eixos

- **Translação de eixos:** essa transformação tem como características a introdução de uma falsa origem na malha e o paralelismo entre os eixos dos dois sistemas. Uma translação de eixo pode ser caraterizada pelo exemplo da Fig. 5.29, em que, considerando o ponto A (x, y) no sistema inicial, de origem O, para se determinar as coordenadas desse mesmo ponto no sistema O', deve ser considerado o deslocamento entre as duas origens de Δx e Δy.

As novas coordenadas para o ponto A (x', y') serão, respectivamente, definidas pela seguinte formulação:

$$x' = x\Delta x$$
$$y' = y\Delta y$$

O sinal de Δx e Δy depende da direção do deslocamento aplicado aos sistemas.

- **Mudança de escala de um sistema a outro:** nesse tipo de transformação é aplicado um fator de escala para converter as coordenadas de um sistema para outro.

Assumindo dois pontos A e B distintos, comuns a dois sistemas de coordenadas, e considerando que os comprimentos dos segmentos que os une (AB no primeiro sistema e ab no segundo) são diferentes, um fator de escala (m) deve ser aplicado para converter as coordenadas do primeiro para o segundo sistema, de tal forma que:

$$m = \frac{ab}{AB}$$

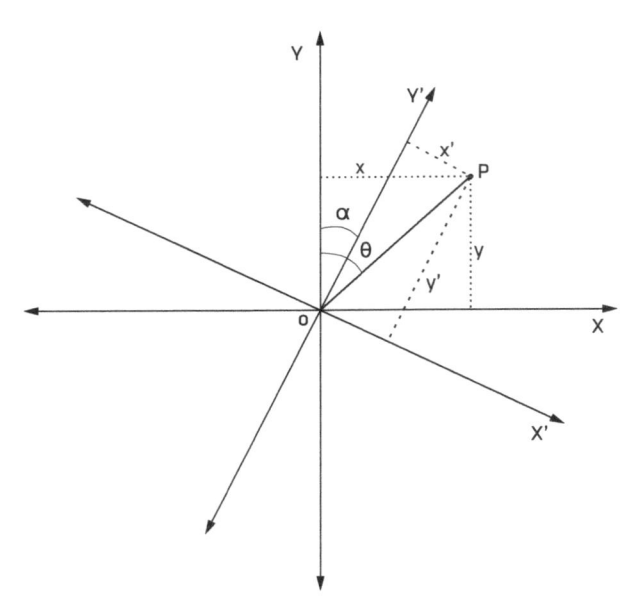

Fig. 5.29 Rotação entre dois sistemas cartesianos

Seguindo-se que:

$$x' = m \cdot x \quad e \quad y' = m \cdot y$$

- **Rotação dos eixos em relação à origem:** deve ser aplicada quando ocorre uma rotação entre dois sistemas com a mesma origem.

Assumindo dois sistemas, com eixos XY e X'Y' de origem comum (O), com rotação entre eles no sentido horário (α), é possível obter-se as coordenadas do ponto P (x', y'), no sistema com os eixos X'Y', das coordenadas do ponto P (x , y) no sistema de coordenadas XY e do ângulo de rotação α (Fig. 5.30).

Para tanto, do sistema XY obtém-se:

$$x = r\,\text{sen}\,\theta \quad e \quad y = r\cos\theta$$

Em que:
θ = AÔY
O ângulo PÔY' = θ − α, logo:

$$x' = r\,\text{sen}(\theta - \alpha) \quad e \quad y' = r\cos(\theta - \alpha).$$

Desenvolvendo pelo seno e cosseno da diferença de dois ângulos obtemos:

$$\text{sen}(\theta - \alpha) = \text{sen}\,\theta\cos\alpha - \cos\theta\,\text{sen}\,\alpha$$
$$\cos(\theta - \alpha) = \cos\theta\cos\alpha + \text{sen}\,\theta\,\text{sen}\,\alpha$$

logo

$$x' = r\,\text{sen}\,\theta\cos\alpha - r\cos\theta\,\text{sen}\,\alpha$$
$$y' = r\cos\theta\cos\alpha - r\,\text{sen}\,\theta\,\text{sen}\,\alpha$$

Substituindo os valores de x e y, temos:

$$x' = x\cos\alpha - y\sen\alpha$$
$$y' = y\cos\alpha + x\sen\alpha$$

Caso a rotação seja efetuada em sentido anti-horário, determina-se de forma semelhante às relações de transformação, alternando apenas os sinais das formulações:

$$x' = x\cos\alpha + y\sen\alpha$$
$$y' = y\cos\alpha - x\sen\alpha$$

- **Rotação dos eixos em relação à origem:** considerando agora uma transformação que envolva as três condições precedentes, rotação, escala e translação, e assumindo uma rotação anti-horária, as relações de transformação são as seguintes:

$$x' = m \cdot x \cdot \cos\alpha + m \cdot y \cdot \sen\alpha + x''$$
$$y' = m \cdot y \cdot \cos\alpha - m \cdot x \cdot \sen\alpha + y''$$

Adotando $m \cdot \sen\alpha = a$ e $m \cdot \cos\alpha = b$, as fórmulas são reduzidas para:

$$x' = x'' \pm ax + by$$
$$y' = y'' \pm bx - ay$$

5.3.2 Transformação isogonal e afim

De forma genérica, é possível fazer a transformação de coordenadas entre diferentes sistemas, conhecendo-se, para isso, as coordenadas de controle, ou seja, algumas coordenadas conhecidas nos dois sistemas – os parâmetros de rotação, translação e escala –, que permitirão transformar todas as demais coordenadas.

A transformação definida acima pode ser reescrita para a forma:

$$x' = ax + by + c$$
$$y' = bx + ay + d$$

Essa transformação é denominada de transformação isogonal –, possuindo quatro parâmetros (a, b, c, d) envolvendo escala, rotação e translação – e pressupõe que os eixos são perpendiculares entre si.

Um mínimo de dois pontos de coordenadas conhecidas resolve um sistema de equações possível e determinado da forma:

$$x'_1 = ax_1 + by_1 + c$$
$$y'_1 = bx_1 + ay_1 + d$$
$$x'_2 = ax_2 + by_2 + c$$
$$y'_2 = ax_2 + by_2 + d$$

Em uma transformação afim, o processo é semelhante, supondo-se que não existe ortogonalidade entre os eixos coordenados. Assim, ocorre um aumento do número de parâmetros de quatro para seis.

A estrutura de transformação será definida pelas equações:

$$x' = ax + by + c$$
$$y' = dx + ey + f$$

São necessárias agora as coordenadas de três pontos para a determinação do sistema.

Nos dois casos de transformação apresentados, normalmente são utilizadas mais coordenadas, criando, assim, um sistema superabundante e indeterminado, o qual só poderá ser resolvido por intermédio de um método de ajustamento estatístico, tal como o método dos mínimos quadrados.

5.4 Tempo e fusos horários

No passado, quando até pequenos deslocamentos tinham a duração de vários dias, a medida do tempo era compreendida apenas por astrônomos, que observaram que o tempo solar era variável em diferentes lugares no mesmo momento. De fato, se em determinado local o Sol se encontra próximo à posição do meio-dia, a oeste dessa posição, o Sol ainda não a atingiu, enquanto, a leste, essa posição já foi ultrapassada. Se dois lugares estiverem alinhados ao longo de um mesmo meridiano, terão a mesma hora solar, pois estarão posicionados em relação ao Sol sob o mesmo ângulo horário com a posição do meio-dia.

A Fig. 5.30 mostra um exemplo das situações apresentadas no texto. A Terra (E), observada do Polo Norte, é iluminada pelo Sol. Os raios solares atingem a superfície terrestre paralelamente, por causa da distância Terra-Sol. A seta curva mostra a direção contrária da rotação terrestre, uma vez que se está considerando a Terra fixa. O Sol está alinhado com a direção do meridiano (MN) e o ponto M indica a passagem do Sol pelo meridiano, às 12h (meio-dia). Em E, são 16h, havendo um ângulo horário de + 4 horas, definido pelas direções MN e NA, direção do meridiano local. Similarmente, existirá um ângulo horário de − 4 horas, em relação ao meridiano BN, em W. No ponto L também será meio-dia, pois está situado sobre o mesmo meridiano MN.

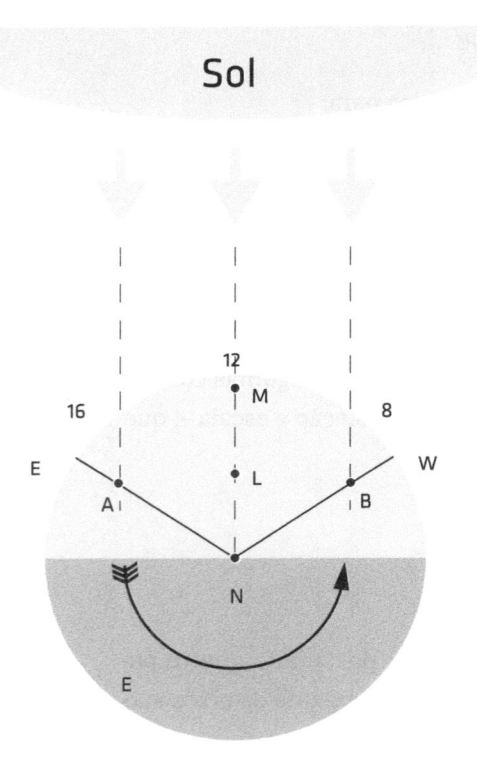

Fig. 5.30 Esquema da incidência dos raios solares sobre a Terra definindo diferentes horas em diferentes posições

5.4.1 Medidas de tempo

O tempo e sua medida são elementos amplamente conhecidos e vividos por cada ser humano. Porém, mesmo estando presente nas ações cotidianas e nas transformações socioambientais, questiona-se: o que é o tempo? Qual é o seu significado real? Como ele é medido e sentido sobre a superfície terrestre?

Em uma busca nos principais dicionários, são encontradas um total de 29 definições para o tempo, tais como: "um período da história, caracterizado por uma determinada estrutura social, costumes estabelecidos"; "um instante preciso, segundo, minuto, hora, dia, semana, mês ou ano, determinado pelo calendário, relógio"; "o período medido ou mensurável, durante o qual uma ação, processo ou condição exista ou continue a existir" (Peuquet, 2002).

A duração desse período define-se como um *continuum* não espacial, que é medido em termos de eventos que se sucedem um ao outro, do passado, através do presente, para o futuro. Platão considerava o tempo como a imagem móvel da eternidade. Ele também indicou a natureza numérica de tempo, que é medida através da revolução dos céus, isto é, o tempo é ordenado pelas leis do Cosmos (Peuquet, 2002).

Em cosmologia e física moderna, tempo representa a quarta dimensão do espaço-tempo em que a sociedade vive. Compreende-se, com essa definição, que algo apenas poderá ter existência física real se possuir volume, ou seja, as três dimensões espaciais, e duração superior a zero, que é caracterizada como uma dimensão temporal.

Existem outros conceitos e terminologias empregados no sistema de medição de tempo. O termo instante representa quando ocorre o fenômeno. Data, por sua vez, é o registro, em particular, da ocorrência de um instante. Já a noção de intervalo de tempo ou interregno é o tempo decorrido entre duas datas, a inicial e a final. O padrão que se adota para medir intervalos de tempo é denominado escala de tempo. A materialização do sistema de medição de tempo pode ser representada por um instrumento conhecido, o relógio.

O conceito tradicional de tempo define o dia como a unidade básica de mensuração, estabelecida como o período de luz solar, seguido pela noite, consistindo de dois períodos de 12 horas, num total de 24 horas. Uma hora é dividida em 60 minutos, que, por sua vez, subdivide-se em 60 segundos, estabelecendo, assim, um sistema sexagesimal. Entretanto, os segundos não são subdivididos pelo sistema sexagesimal e sim pelo sistema decimal, ou seja, em décimos, centésimos, milésimos de segundo.

Atualmente, o tempo é definido tendo por base o segundo. Um dia possui 86400 segundos, e um segundo é oficialmente definido como 9.192.631.770 oscilações do átomo do Césio-133 em um relógio atômico, como o do observatório de Greenwich, que está representado na Fig. 5.31.

Fig. 5.31 Relógio atômico do Observatório de Greenwich, Inglaterra.

Existem ainda outros sistemas de tempo, principalmente voltados para aplicações astronômicas e satelitais (GPS), como:

- **Tempo sideral**: corresponde a uma escala de tempo baseada no movimento de rotação da Terra, adotando como referência o equinócio vernal, que também é denominado equinócio de março. O equinócio vernal corresponde ao ponto de interseção da elíptica e do equador celeste (círculo máximo em que o plano descrito é perpendicular ao de rotação da Terra) que é ocupado pelo Sol, quando este passa da declinação sul para a declinação norte, aproximadamente no dia 21 de março (Oliveira, 1983). Um dia sideral é igual a cerca de 23 horas, 56 minutos e 4,090 segundos do dia solar médio. Da mesma forma, 366,2422 dias médios siderais são iguais a 365,2422 dias solares médios. Segundo Oliveira (1983), denomina-se tempo sideral verdadeiro, aquele que considera o equinócio verdadeiro, ou seja, que é afetado pela mudança de direção do eixo de rotação (precessão) e pelas oscilações periódicas do plano equatorial (nutação). Já o conceito de tempo sideral médio aplica-se ao tempo que toma por referência o equinócio médio, que é afetado somente pela precessão do eixo terrestre.

- **Tempo atômico internacional (TAI):** representa uma escala de tempo atômico baseada em dados provenientes de um conjunto mundial de relógios atômicos. Constitui, por acordo internacionalmente aceito, a referência de tempo em conformidade com a definição de segundo, a unidade fundamental de tempo atômico no sistema internacional de unidades (SI). É definido com a duração de 9.192.631.770 períodos da radiação correspondente à transição entre dois níveis hiperfinos dos átomos de Césio-133 em seu estado básico. O TAI é mantido pelo Bureau International des Poids et Mesures (BIPM), na França. Embora o TAI tenha sido oficialmente introduzido em janeiro de 1972, ele estava disponível desde julho de 1955.

- **Tempo terrestre (TT):** trata-se da nova denominação do Tempo das efemérides, definida pela União Astronômica Internacional, em 1991. Para o Tempo das efemérides, a medida se baseia na duração do ano do trópico de 1900, sendo este independente do movimento de rotação da Terra (Oliveira, 1983). Em 1º de janeiro de 1997: TT = TAI + 32,184 segundos, e a duração do segundo foi escolhida em concordância com o sistema internacional (SI) sobre o geoide. A escala TT difere do antigo Tempo das efemérides em sua definição conceitual. Todavia, na prática, é materializado pelo Tempo atômico internacional (TAI).

- **Tempo civil (TC):** é o tempo solar médio acrescido de 12 horas, isto é, usa como origem do dia o instante em que o sol médio (sol imaginário que percorre o equador com uma velocidade média) passa pelo antimeridiano do local. Em outras palavras, é o tempo do meridiano central do fuso (Oliveira, 1983). A razão da instituição do tempo civil é não mudar a data durante as horas de maior atividade da humanidade nos ramos financeiro, comercial e industrial, o que acarretaria inúmeros problemas de ordem prática. O tempo civil, por disposição legal, é adotado para todo ou parte do território de um país, com relevante importância político-econômica, e denomina-se tempo oficial.

- **Greenwich mean time (GMT) ou hora média de Greenwich:** corresponde a um sistema de 24 horas baseado na hora solar média mais 12 horas em Greenwich, Inglaterra. A hora média de Greenwich pode ser considerada aproximadamente equivalente ao tempo universal coordenado (UTC), o qual é disseminado por todas as radioemissoras de tempo e frequência. Entretanto, GMT é um termo obsoleto, e foi substituído por UTC. Por acordos internacionais, a grande maioria das informações de tempo está relacionada ao tempo universal coordenado (UTC), nova denominação do tempo médio de Greenwich (GMT), que por sua vez é uma aproximação do tempo universal (UT). Com relação ao UTC, Oliveira (1983) apresenta que essa disseminação de sinais horários está vinculada à escala internacional do tempo atômico pela seguinte relação: TUC = TA + B, em que (TUC − TU1) <0^s7. Compreende-se que TA representa o Tempo Atômico, TUC corresponde ao Tempo Universal Coordenado e TU1 é o Tempo Universal corrigido pelos efeitos do movimento dos polos. B é uma constante modificável por saltos de 1^s, que se efetuarão quando forem necessários, e prévio anúncio do Serviço Internacional da Hora, num primeiro dia do mês à 0^h (preferencialmente 1º de janeiro ou 1º de julho), a fim de assegurar o cumprimento da condição de que (TUC – TU1) $<0^s7$ (Oliveira, 1983).

- **Tempo universal (TU):** é o tempo civil de Greenwich ou o tempo solar médio do meridiano do Greenwich.

5.4.2 Fusos horários

Considerando o movimento de rotação terrestre, é impossível o Sol cruzar os meridianos de dois lugares exatamente ao meio-dia, exceto se esses lugares estiverem sobre o mesmo meridiano. O sistema horário mundial, ou fuso horário, corresponde a uma grade de meridianos principais elaborada para acomodar a passagem da luminosidade solar por diferentes meridianos em momentos distintos.

O fuso representa a faixa compreendida entre dois meridianos. Embora alguns autores utilizem o termo zona como sinônimo de fuso, o emprego do primeiro se refere diretamente a uma faixa compreendida entre dois paralelos, derivando-se, daí, termos muito usuais nos estudos geográficos como zonas climáticas.

Para definir as faixas horárias, considera-se a Terra uma esfera, realizando o movimento completo de rotação (360°) em um período aproximado de 24 horas, porque a duração do dia terrestre corresponde a 23h56min04,09s. É fácil verificar que, a cada hora, o planeta gira em 15°. Surge, assim, a noção de divisão da Terra em fusos horários, com a amplitude desses 15°, estabelecendo-se 24 fusos de uma hora ou 24 zonas de tempo no mostrador do relógio terrestre (Greenwood, 1964).

Todos os fusos foram definidos com origem no meridiano de Greenwich, por acordo internacional estabelecido em Washington, em 1884. Greenwich foi escolhido pelo fato de esse meridiano, definido pelo cruzamento dos fios da luneta do antigo Observatório Real de Greenwich, já ser considerado origem para alguns dos sistemas de posicionamento terrestre (Fig. 5.32).

Durante a segunda metade do século XIX, o horário de Greenwich já era utilizado na maioria dos transportes de cargas em rotas comerciais internacionais. Isso não significa que se aderiu a esse meridiano como marco zero do sistema horário mundial de forma imediata. Como não havia uma única padronização do sistema horário em nível internacional, existiam vários sistemas horários locais, referenciados em meridianos que ou passavam pelas capitais desses países ou por determinados observatórios astronômicos nacionais (Strahler, 1975).

Fig. 5.32 Meridiano de Greenwich, no Observatório Real, Inglaterra

Esses horários eram necessários para regular os fluxos internos de mercadorias nas estradas de ferro – alinhando-os com os embarques e desembarques nas zonas portuárias –, organizando, assim, a produtividade do trabalho com base na hora oficial adotada em cada país.

França e Índia foram mais resistentes em alinhar suas horas oficiais com o sistema horário londrino, tanto que, em 1905, os franceses ainda utilizavam a hora baseada no meridiano do Observatório de Paris, o que lhes conferia um adiantamento de 9min20,9s em relação a Greenwich.

Na mesma época, os indianos tinham como horário de referência o fuso do Observatório de Madras, com um adiantamento de 5h20min21,1s em relação a Greenwich. Caso semelhante à Irlanda, que empregava a hora oficial correspondente ao meridiano de Dublin, com um atraso de 25min21,1s (Strahler, 1975).

O meridiano de Greenwich é definido como o meridiano central do fuso zero. Por isso, todos os lugares de um determinado fuso têm a hora do meridiano central do fuso, e cada fuso tem a longitude do meridiano central divisível por 15.

Os fusos variam de 0h a +12h a leste e de 0h a −12h a oeste de Greenwich, onde, tanto às +12h quanto às −12h se encontram no antimeridiano de Greenwich (180°), denominado linha internacional da mudança de data (LID). Entende-se que, a oeste de Greenwich, as horas estão atrasadas em relação ao marco zero, e a leste, elas estão adiantadas, gerando a ideia de que nesse sistema horário o dia começa no extremo oriente.

Essa divisão, bem-caracterizada, define a hora civil em cada ponto da superfície terrestre. O fuso de Greenwich recebe a denominação de Z ou zulu, e a hora em Greenwich é chamada de hora zulu. Aos demais fusos são também atribuídas letras (Fig. 5.33). O fuso que abrange a Linha Internacional de Mudança de Data possui duas designações: a oeste M e a leste Y, correspondendo à data adiantada e atrasada respectivamente.

Para acomodar divisões políticas, a maior parte dos países tem modificado os fusos, criando contornos que melhor se enquadram às suas necessidades, conforme pode ser visto na Fig. 5.34. No entanto, visando a atender os interesses locais, alguns países geram grandes

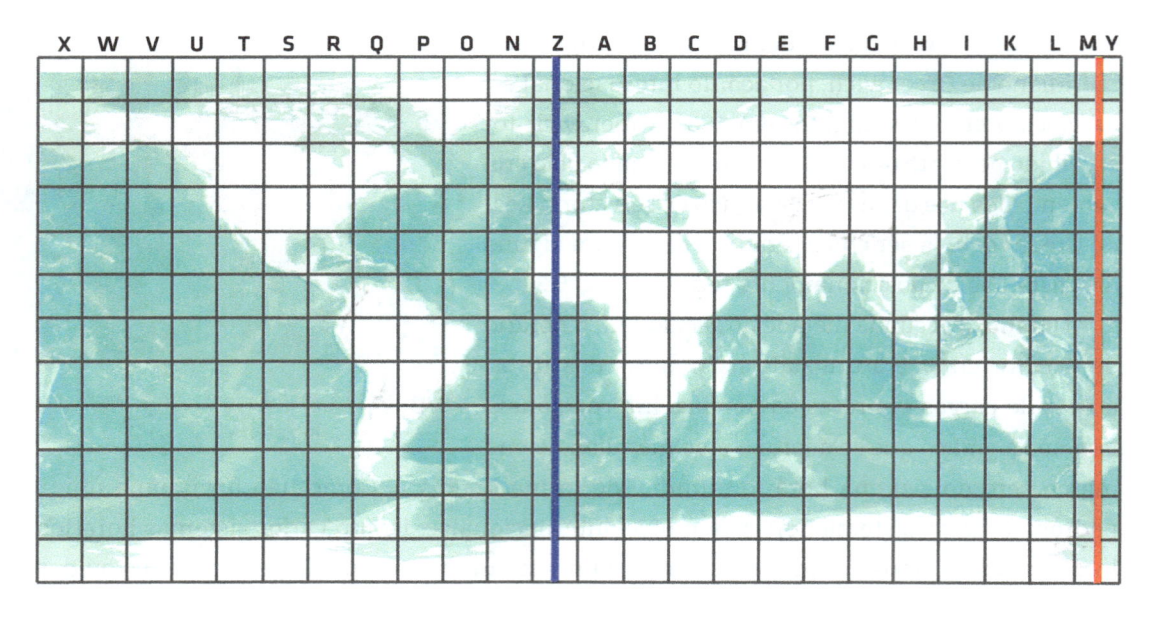

— Meridiano de Greenwich
— Linha Teórica de Mudança de Data

Fig. 5.33 Fuso horário: o mundo em fusos de 15°, denominados por letras

CAPÍTULO 5 | SISTEMAS DE COORDENADAS 111

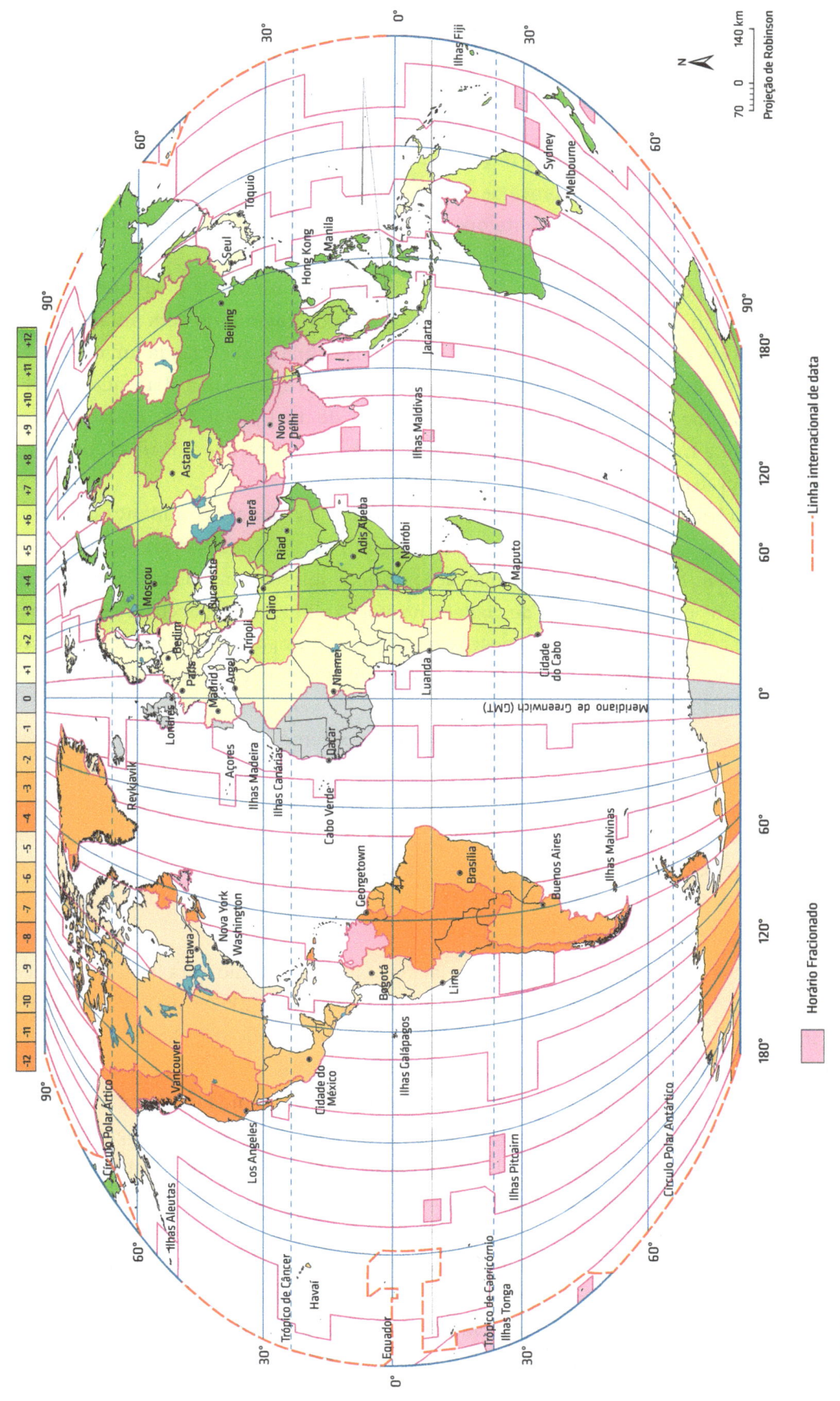

Fig. 5.34 Fuso horário adaptado ou horário civil mundial
Fonte: IBGE (2004).

distorções horárias em seu território, como é o caso da China, que compreenderia cinco fusos por sua grande extensão longitudinal, mas, por determinação governamental, todo o país possui o horário do fuso H (+8h), no qual está situada a capital, Pequim.

5.4.3 Linha internacional de mudança de data

A linha internacional de mudança de data é uma linha imaginária posicionada próximo ao meridiano 180° ou diametralmente oposta ao meridiano de Greenwich (antimeridiano de Greenwich), cortando o oceano Pacífico.

Por convenção internacional, essa linha determina a mudança de data civil em todo o planeta. Assim, ao cruzar essa linha a oeste, a data do calendário será adiantada um dia; se cruzada em sentido contrário, a leste, a data observada será atrasada um dia em relação ao oeste da linha. A hora, no entanto, será a mesma nas duas zonas, defasadas de 24 horas. Por exemplo, no lado oeste da linha, seria h horas, do dia D, enquanto, no lado leste, seria exatamente a mesma hora, h, do dia D-1. Esse exemplo ocorria em Kiribati, pequeno país formado por diversas ilhas no oceano Pacífico.

O território de Kiribati era dividido pela linha internacional de mudança de data, e, por isso, quando era domingo no leste do país, na capital, Bairiki, a oeste, já era segunda-feira. Isso foi alterado em 1995, com a nova demarcação da linha internacional de mudança de data, que torna o país o ponto mais a leste do planeta, no atol Carolina, onde, por conta dessa convenção, os dias nascem primeiro. A linha possui vários desvios importantes para acomodar limites territoriais, viabilizando que localidades pertencentes ao território desfrutem do mesmo dia (Greenwood, 1964).

Isso acontece no estreito de Bering, onde o extremo oriente da Sibéria, na Rússia, é contornado pela LID, assim como as ilhas Aleutas, que são contornadas para compor o fuso do Alasca (Strahler, 1975). A ilha Attu, no extremo oeste das Aleutas, é o ponto extremo dessa região, pois é o último lugar em que o dia se encerra. Esses desvios fizeram com que a linha passasse por algumas mudanças de traçado ao longo do século XX (Fig. 5.35).

5.4.4 Conceitos referentes à hora

Há uma série de conceitos e definições relacionadas à hora, como hora legal ou oficial e hora civil. O conceito de hora legal ou oficial é definido por Oliveira (1983) como a hora civil referida a meridiano único, adotado em cada país, correspondendo ao fuso horário que melhor se adapta às necessidades desse país. Portanto, a hora oficial se baseia na hora de um meridiano de referência, em que todos os horários compreendidos no mesmo fuso desse meridiano serão generalizados ao valor horário desse meridiano. Sendo assim, todos os relógios dentro desse fuso serão sincronizados à mesma hora, enquanto as zonas de tempo contíguas terão horas diferindo exatamente em uma hora (Strahler, 1975). Também é possível definir a hora oficial de um país como a hora legal da sua capital.

A hora civil corresponde à hora solar de um dia que tem início à meia-noite, ou seja, o dia civil (Oliveira, 1983). Essa hora pode ser contada em duas séries de 12 horas, iniciadas à meia-noite e ao meio-dia, respectivamente, ou em uma série de 24 horas, começando à meia-noite. A hora civil sempre será determinada pela diferença de longitude entre os dois lugares considerados. Assim, dividindo-se a diferença de longitude pelo valor unitário de 1h

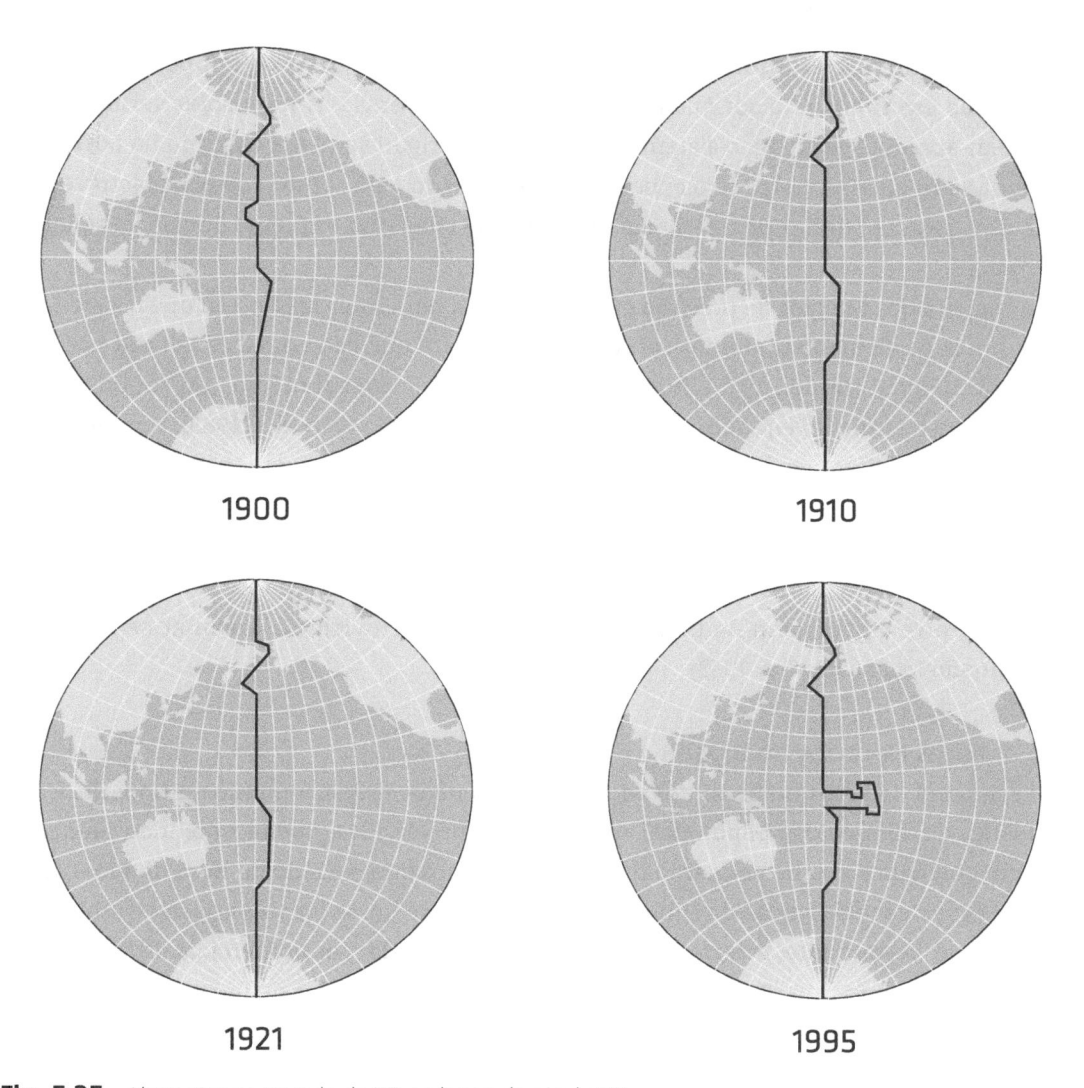

Fig. 5.35 Alterações no traçado da LID ao longo do século XX
Fonte: adaptado de <http://www.staff.science.uu.nl/~gent0113/idl/idl.htm>.

(15°) é possível obter-se a diferença horária entre esses dois meridianos. O valor obtido deve ser somado ou subtraído, conforme a posição do ponto desejado estar a leste ou a oeste do ponto origem.

Com as definições de hora civil e hora legal, existem outros conceitos, apresentados por Oliveira (1983), que conferem perspectivas variadas para analisarmos a noção de hora:

- Um termo bastante usual é o de hora local: é a que tem o meridiano local como referência, contrastando com a baseada no meridiano do fuso ou no marco zero do sistema horário mundial. Representa qualquer hora obedecida em um determinado local;
- Outro termo relevante é hora astronômica: um instante dado é igual ao ângulo horário local do sol, e, por isso, corresponderá à zero hora no instante de passagem do Sol pelo semipleno meridiano superior do lugar;
- O termo hora lunar é baseado na rotação da Terra em relação à Lua;
- O termo hora local lunar expressa o ângulo horário local da Lua, expresso em unidades de tempo, acrescidas de 12 horas.

Quanto à hora solar (fundamentada no sol como um marcador de tempo), ela pode ser classificada em função do sol que é adotado como referência. A hora solar verdadeira ou hora solar aparente expressa o sistema de dias e horas rigorosamente baseado na posição do sol verdadeiro (ou aparente), isto é, pelo ângulo formado pela sombra de um objeto vertical sobre uma reta, em linhas de referência marcadas no chão (um esquema de relógio solar, por exemplo).

A maioria dos relógios de precisão está baseada na hora solar média, em que o sistema de dias e horas é calculado matematicamente, de maneira que cada dia e cada hora possuam um valor médio (Strahler, 1975). Adota-se como referência o sol médio, um sol imaginário que percorre a Linha do equador com uma velocidade média (Oliveira, 1983). Strahler (1975) apresenta que a diferença entre a hora solar média e a hora solar aparente recebe o nome de equação da hora.

A atuação do sistema gravitacional Terra-Lua sobre as massas de água oceânicas viabilizam a criação da hora de marés coincidentes, expressa o intervalo médio – em horas solares ou lunares – entre a passagem da Lua no meridiano de Greenwich e a preamar seguinte, em determinado local (Oliveira, 1983).

5.4.5 Fusos Horários no Brasil

O sistema de fusos no Brasil foi adotado com o parecer da Comissão de Constituição e Justiça da Câmara dos Deputados, em 6 de setembro de 1911, que recomendou ser de alta conveniência o estabelecimento da hora legal, visto que, ao lado da hora do Rio – usada nas estações telegráficas da União –, encontravam-se horas locais variadas e arbitrárias, fato que, certamente, interferia negativamente nas relações comerciais. Dificultava-se assim o estabelecimento seguro do tráfego mútuo nas estradas de ferro, pois se impedia a comparação das datas e horas dos despachos telegráficos, bem como a resolução de contratos em transações mercantis, que envolviam questões de tempo. Nessa mesma data, a Comissão acima mencionada enviou ao Congresso Nacional um projeto de lei que seria mais tarde aprovado por ele – em 18 de junho de 1913, a lei nº 2.784, estabeleceu a adoção do sistema horário em nosso país (ON, 2013).

Em relação ao sistema horário mundial, até o ano de 2008 o Brasil abrangia quatro fusos, em que o mais próximo de Greenwich difere duas horas a menos da hora zulu, e o mais afastado diferia cinco horas a menos. Nessa divisão, as faixas horárias brasileiras organizavam-se da seguinte forma (Fig. 5.36):

- −2h: arquipélagos e ilhas (ex: Fernando de Noronha);
- −3h: estados do litoral, Minas, Goiás, Tocantins, parte oriental do Pará;
- −4h: parte ocidental do Pará, parte oriental do Amazonas, Mato Grosso e Mato Grosso do Sul;
- −5h: parte ocidental do Amazonas e do Acre.

Com o objetivo de integrar o sistema financeiro do país, facilitar as comunicações – principalmente em horários de transmissão televisiva – e o transporte aéreo, o governo brasileiro aprovou uma lei – publicada no Diário Oficial da União, em 24 de abril de 2008 – que estabelece a redução de quatro, para três faixas de fusos horários no território nacional (Brasil,

Fig. 5.36 Distribuição atual dos fusos horários brasileiros

2008a).Dessa maneira, todo o Estado do Acre e seis municípios amazonenses passaram a ter uma hora de diferença em relação ao horário de Brasília. O Estado do Pará foi totalmente articulado ao horário da capital, porque todos os seus municípios ocidentais deixaram de pertencer ao fuso de −04h00 min. A Fig. 5.37 mostra esta divisão horária dos estados brasileiros. Em 30 de outubro de 2013 foi publicada a lei nº 12.876 (Brasil, 2013), que revogou a lei nº 2.784 de 18 de junho de 1913, reestabelecendo os fusos horários do Estado do Acre e parte do Estado do Amazonas (Fig. 5.36). Assim, é retomado, a partir de 10 de novembro de 2013, o sistema de faixas horárias com quatro fusos que vigorava até 2008.

5.4.6 Horário de verão

O horário de verão, ou hora de aproveitamento da luz diurna (Strahler, 1975), é adotado por um grande número de países como medida de economia de eletricidade, durante parte da primavera e do verão – quando a duração do período diurno é superior ao noturno. A ideia é ajustar as horas de claridade o mais próximo possível das horas de atividade humana, havendo com isso uma razoável economia no consumo de energia elétrica, principalmente nas despesas com iluminação. Normalmente, esse horário é definido por decretos, com datas de início e término variáveis, adiantando-se os relógios em uma hora, quando começa, e atrasando-os, em uma hora também, ao seu final.

Fig. 5.37 Distribuição dos fusos horários brasileiros entre 2008 e 2013

No Brasil, o decreto presidencial de 2008 estabeleceu datas fixas para a ocorrência do horário de verão. Com início no terceiro domingo de outubro e término no terceiro sábado de fevereiro. Caso a data do término coincidir com o domingo de Carnaval, o encerramento do horário de verão será transferido para a semana seguinte (Brasil, 2008b).

A definição dos estados brasileiros que adotam o horário de verão vem sofrendo alterações ao longo dos anos. Pelo decreto nº 7.826, de 15 de outubro de 2012 (Brasil, 2012), foi definido que os estados do Rio Grande do Sul, Santa Catarina, Paraná, São Paulo, Rio de Janeiro, Espírito Santo, Minas Gerais, Goiás, Mato Grosso, Mato Grosso do Sul, Tocantins e o Distrito Federal adotariam esse horário, configurando a distribuição espacial apresentada na Fig. 5.38.

CAPÍTULO 5 | SISTEMAS DE COORDENADAS 117

Estados que adotaram o horário de verão brasileiro em 2012/2013

Fig. 5.38 Estados que adotaram o horário de verão brasileiro em 2012/2013

capítulo 6

Sistemas de projeção cartográfica

A transformação projetiva caracteriza um processo de transformação cartográfica em que um sistema de projeção é adotado para que uma informação geográfica seja plotada em uma representação bidimensional plana e associada a um sistema de coordenadas caraterístico desse tipo de representação. Ganha importância à medida que é definida pelas chamadas projeções cartográficas, as quais, dependendo de suas características e propriedades, podem criar diferentes representações de uma mesma informação geográfica.

Diferentes transformações projetivas podem interferir diretamente na forma, área, comprimento, entre outras características associadas à informação a ser plotada em um mapa, podendo criar codificações diversas, influenciar a cognição do usuário final e, consequentemente, interferir na comunicação cartográfica.

Uma projeção cartográfica, ou um sistema de projeção cartográfica, pode ser definido como "qualquer representação sistemática de paralelos e meridianos retratando a superfície da Terra, ou parte dela, considerada como uma esfera ou elipsoide, sobre um plano de referência" (Snyder, 1987; Pearson, 1990; Bugayevskiy; Snyder, 1995). Ou seja, uma projeção cartográfica procura retratar a superfície terrestre, ou parte dela sobre uma superfície plana, conforme mostra a Fig. 6.1.

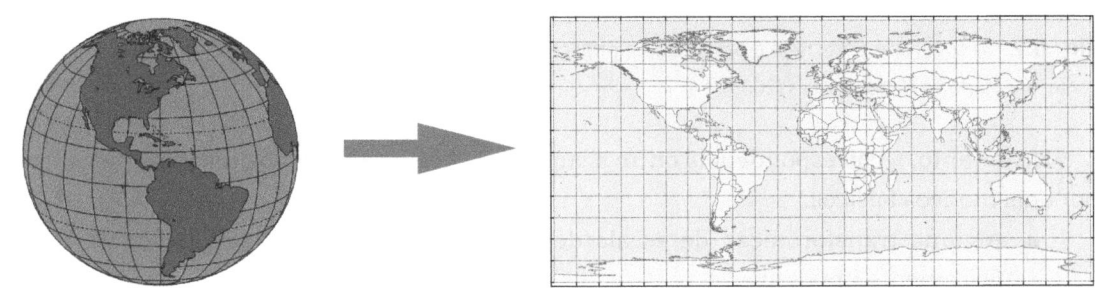

Fig. 6.1 A estrutura básica das projeções

Toda projeção é uma forma de representação de coordenadas sobre um plano, assim, a rede de coordenadas geográficas, definida por suas latitudes e longitudes, deve ser locada por coordenadas cartesianas ou polares ou qualquer outro meio que as represente no plano de projeção. É possível definir as projeções como transformações projetivas, que permitam transformar a superfície curva tridimensional terrestre em uma representação bidimensional plana.

Segundo Dent (1999), um sistema projetivo é um sistema no qual as posições da superfície curva da Terra são mostradas sobre a superfície plana em um mapa, de acordo com algum conjunto de regras. Assim, cada ponto da superfície terrestre de coordenadas geográficas ou geodésicas (φ, λ), deve ser definido em um plano por um único ponto de coordenadas (x, y) cartesianas ou (r, θ) polares.

Esse relacionamento deve ser expresso em uma forma funcional como:

$$[x = f_1(\varphi, \lambda), \quad y = f_2(\varphi, \lambda), \quad r = f_3(\varphi, \lambda), \quad \theta = f_4(\varphi, \lambda)]$$

Em que:

f_i são funções que determinam cada uma das coordenadas na representação do mapa.

Com base nesse relacionamento, cada ponto da superfície terrestre terá um, e apenas um, ponto correspondente no documento cartográfico, ou seja, existirá uma correspondência um para um, biunívoca, entre o mapa e a superfície terrestre. Assim, as coordenadas (x, y) ou (r, θ) são determinadas como funções de (φ, λ).

Os sistemas projetivos devem ser entendidos como um processo matemático de transformação de uma posição terrestre tridimensional (φ, λ), para um sistema plano (x,y) ou (r, θ), como Fig. 6.2, em que é apresentada uma transformação para a projeção de Mercator.

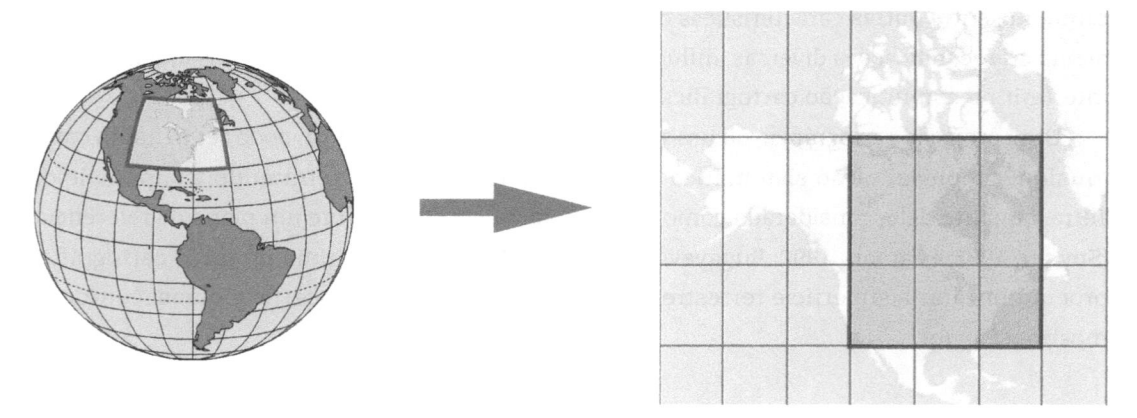

Fig. 6.2 A superfície terrestre e a projetada na projeção de Mercator
Fonte: adaptado de National Atlas (2008).

No entanto, a correspondência entre a superfície terrestre e o mapa não pode ser exata por dois motivos básicos:
- Alguma transformação de escala deve ocorrer, porque a correspondência 1/1 é fisicamente impossível;
- A superfície curva da Terra não pode ajustar-se a um plano sem a introdução de alguma espécie de deformação ou distorção, equivalente a esticar, rasgar ou encolher a superfície curva.

Entretanto, algumas considerações são verificadas e estabelecidas de maneira direta. Por exemplo, o centro de projeção caracteriza o local em que a distorção é nula, podendo ser caracterizado por um ponto ou uma linha, que é definido pelo contato entre a superfície terrestre e a superfície de projeção, seja por tangência ou secância entre as duas superfícies.

A Fig. 6.3 mostra centros de projeção definidos pela tangência do plano no polo e pela sua secância ao cortar a superfície terrestre:

A transformação de escala será aplicada sempre a qualquer representação, podendo ser variada ao longo do mapa. Quanto às deformações, elas serão tanto maiores quanto maior e mais afastada do centro de projeção for a área projetada.

Para estabelecer uma distinção, o termo deformação implica no desconhecimento do comportamento final da transformação aplicada; já o termo distorção estabelece a existência de um conhecimento prévio do comportamento da deformação, uma vez que toda transformação projetiva é uma função matematicamente definida, possibilitando, assim, o conhecimento de todos os resultados oriundos da aplicação da função. Em seguida, serão apresentadas várias características e propriedades das projeções, além das principais projeções utilizadas no mundo e no Brasil.

Fig. 6.3 Centro de projeção

6.1 Escala principal e fator de escala

A definição de escala aplicada ao globo terrestre é caracterizada pela razão entre a distância no mapa, globo ou seção vertical e a distância real que representa. Se AB é o comprimento no terreno e ab o comprimento no mapa, a relação entre essas duas quantidades representa a razão de escala para o mapa.

$$\left(E = \frac{ab}{AB}\right)$$

Essa definição pode ser usada para caracterizar a escala de um globo que representa a Terra. Nesse caso, a comparação é efetuada pelo comprimento de dois arcos de círculo máximo AB na Terra e ab no globo. O comprimento de um arco de círculo máximo é dado por:

$$AB = R\alpha \quad \text{e} \quad ab = r\alpha$$

Em que:

α = arco subentendido entre A e B e a e b;

R e r = raio terrestre e da representação, respectivamente.

Relacionando os dois comprimentos de arco de círculo máximo temos:

$$\frac{ab}{AB} = \frac{r\alpha}{R\alpha} \quad \text{ou} \quad E = \frac{r}{R} = \frac{1}{N}$$

N = número da escala

É assumido que o globo gerado dessa forma é uma réplica exata da Terra à escala considerada, e a escala principal é definida como a escala de redução para um globo, representando a esfera ou esferoide determinada pela relação fracionária de seus respectivos raios.

Essa escala, por ser representativa da réplica perfeita da Terra à escala do mapa, é isenta de variação. Assim, a escala principal é definida como tendo um fator de escala $k_0 = 1.0$, e as distorções que venham a ocorrer serão avaliadas como frações de unidade ou múltiplos da unidade.

A escala principal tem como característica a equivalência com à fração representativa impressa no mapa. Se o fator de escala $k = 1.0 = k_0$, não há distorção, mas, se houver dilatação ou ampliação de escala, o fator de escala será $k > k_0$, e, se houver compressão ou diminuição de escala, o fator de escala será $k < k_0$.

O fator de escala μ pode ser definido como o valor adimensional determinado pelo relacionamento entre a escala no local considerado e a escala principal nesse mesmo local.

$$k = \frac{E_l}{E_p}$$

Em que:

E_l = Escala no local;

E_p = Escala principal.

Com base nessa relação, um fator de escala igual a 2 caracteriza uma ampliação de escala de duas vezes a escala principal. Por exemplo, a escala principal igual a 1:20.000 e a escala local igual a 1:10.000. Um fator de escala igual a 0,5 caracteriza uma redução de escala também de duas vezes, ou seja, se a escala principal é igual a 1:20.000, a escala local será de 1:40.000.

6.2 O conceito de distorção

O exame de um globo representativo da superfície terrestre mostra que a sua superfície não poderá ser transformada em um plano. É possível, porém, para um globo de dimensões de uma bola de futebol, ser ajustado em um pedaço de papel – como, por exemplo, um selo – sem aparentemente deformá-lo ou rasgá-lo. Se esse selo for colocado sobre a superfície de uma bola de pingue-pongue, dificilmente será possível adaptá-lo à superfície sem esticá-lo ou rasgá-lo, ou seja, sem uma maior deformação aplicada à sua superfície.

As distorções são tanto maiores quanto maiores forem as áreas representadas e terão características próprias segundo a forma de relacionamento entre a superfície terrestre e a representação plana correspondente, caracterizando a projeção adotada.

A Fig. 6.4 apresenta uma representação plana da Terra pelo corte da superfície esférica ao longo dos paralelos de ±15°, ±45° e ±75° e ao longo do meridiano de Greenwich. Essa representação aproxima-se do corte da casca de uma laranja. É possível obter uma planificação razoável, sem que as distorções sejam expressivas. Isso pode ser visualizado pelos círculos dispostos ao longo da projeção, que possuem aproximadamente as mesmas dimensões.

Essa representação faz com que alguns paralelos sejam mostrados duas vezes, gera uma descontinuidade do mapa e deixa vazios entre os paralelos. Por outro lado, se for desejado que o mapa apresente a superfície terrestre de forma contínua, esses vazios devem ser fechados, esticando-se cada faixa em uma direção ao longo dos meridianos até a coincidência dos paralelos, conforme mostra a Fig. 6.5.

CAPÍTULO 6 | Sistemas de projeção cartográfica

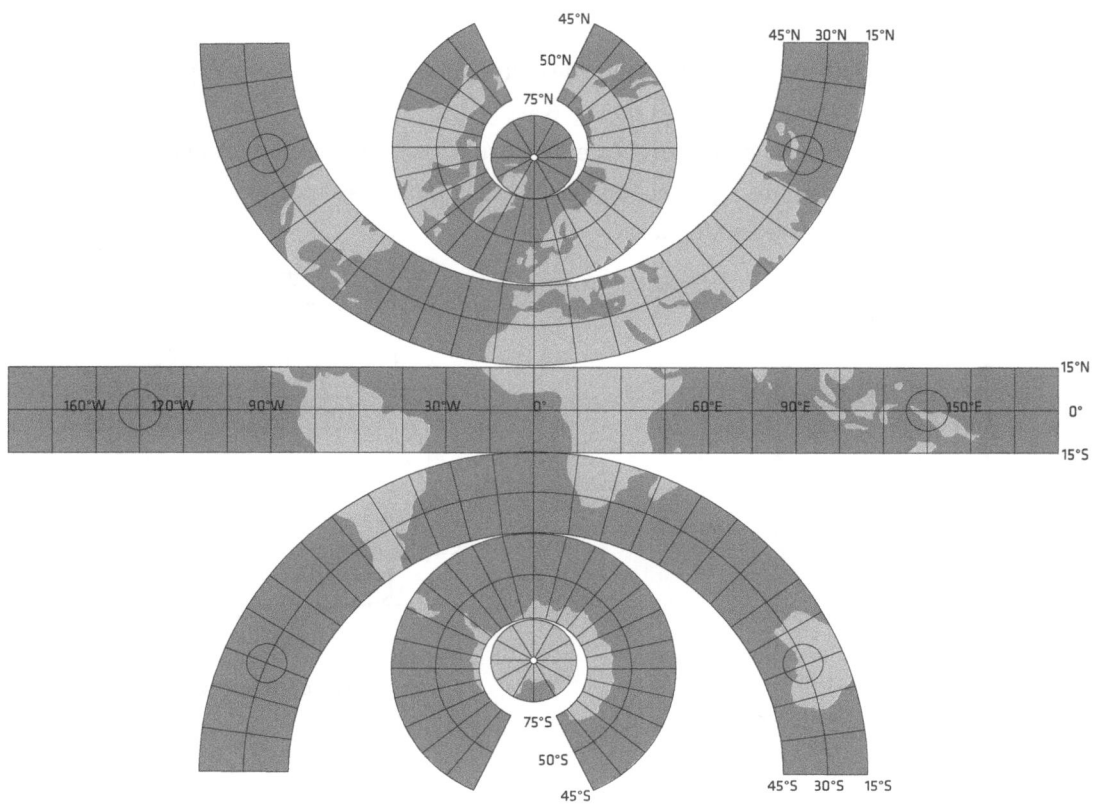

Fig. 6.4
Representação terrestre por cortes ao longo dos paralelos
Fonte: adaptado de Maling (1980).

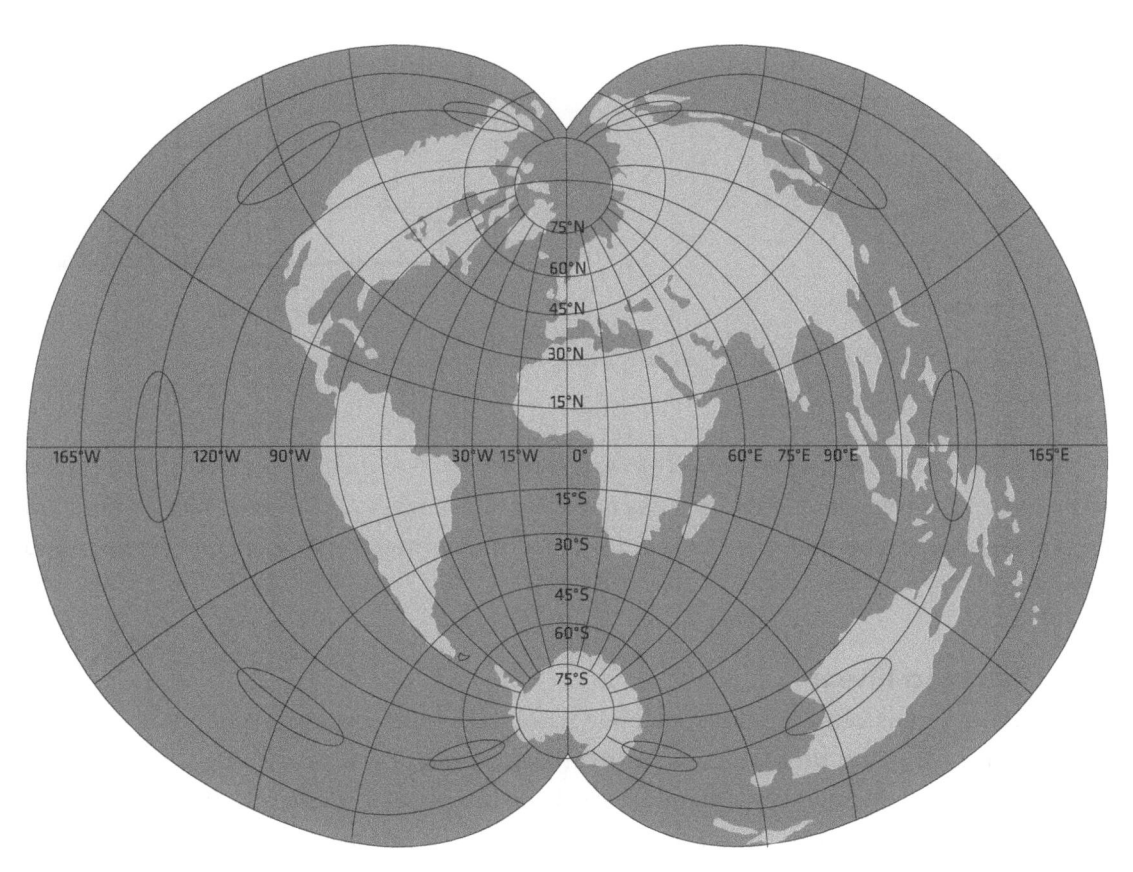

Fig. 6.5
Representação contínua da Terra, segundo a extensão da projeção anterior.
Fonte: adaptado de Maling (1980).

Ao se comparar as Figs. 6.4 e 6.5, verifica-se que a deformação cresce à medida que se aproxima das bordas do mapa. A quantidade de distorção pode ser visualizada pela deformação dos círculos na Fig. 6.4 para as elipses da Fig. 6.5.

Uma notável ilustração de distorções e deformações pode ser vista na Fig. 6.6, em que um rosto é desenhado sobre a projeção globular e, depois, transportado para as projeções ortográfica, estereográfica e de Mercator.

Desenho original

Projeção ortográfica

Projeção estereográfica

Projeção de mercator

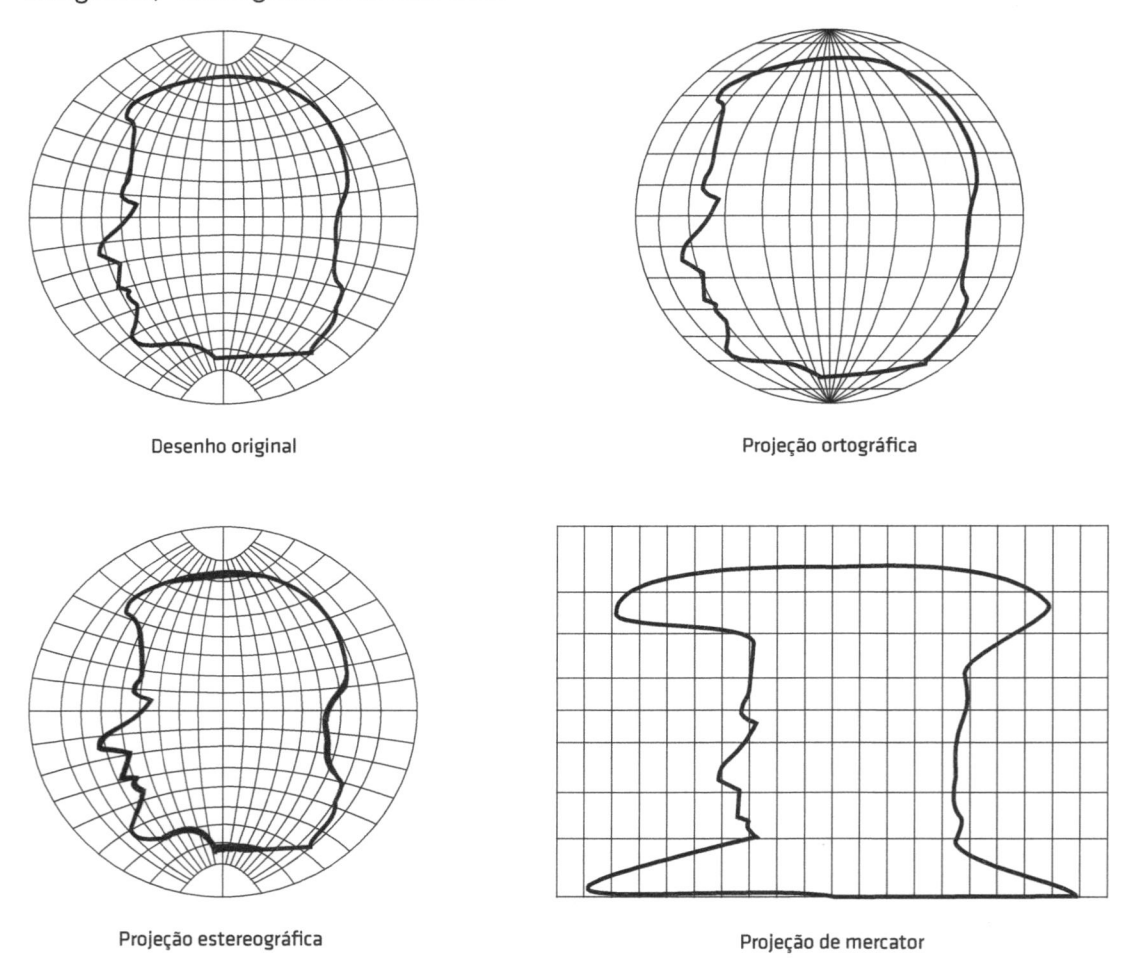

Fig. 6.6 Diferentes distorções e deformações aplicadas a uma mesma forma.
Fonte: adaptado de Deetz e Adams (1945).

Isso não quer dizer que uma projeção esteja mais certa ou melhor que outra. Na verdade, as distorções ocorrem entre cada uma das projeções. Em suma, toda projeção sempre possuirá distorções, maiores ou menores, de acordo com a transformação projetiva que esteja sendo aplicada.

6.3 Distorção linear

Nenhuma transformação projetiva pode manter a escala constante em toda a extensão do mapa. Ângulos, áreas, distâncias e direções serão alterados, por algum motivo, na representação cartográfica. Quando a escala de um mapa é conhecida, supõe-se que ela atenda à aplicabilidade em toda a área do mapa em três aspectos:

- possa ser aplicada em todos os comprimentos e distâncias e linhas medidas no mapa;
- seja constante em todas as partes dos mapas;
- possa ser aplicada independentemente da direção de aplicação.

Pode parecer axiomático em muitos tipos de mapas, mas a suposição de que a escala é constante em todas as distâncias, em todos os lugares e em qualquer direção, não é verdadeira. Qualquer representação plana do globo envolve variação de escala em alguns ou em todos os três aspectos apresentados.

A variação de escala caracteriza a distorção linear, que por sua vez irá influenciar a representação de ângulos e áreas no mapa, conforme é demonstrado na Fig. 6.7:

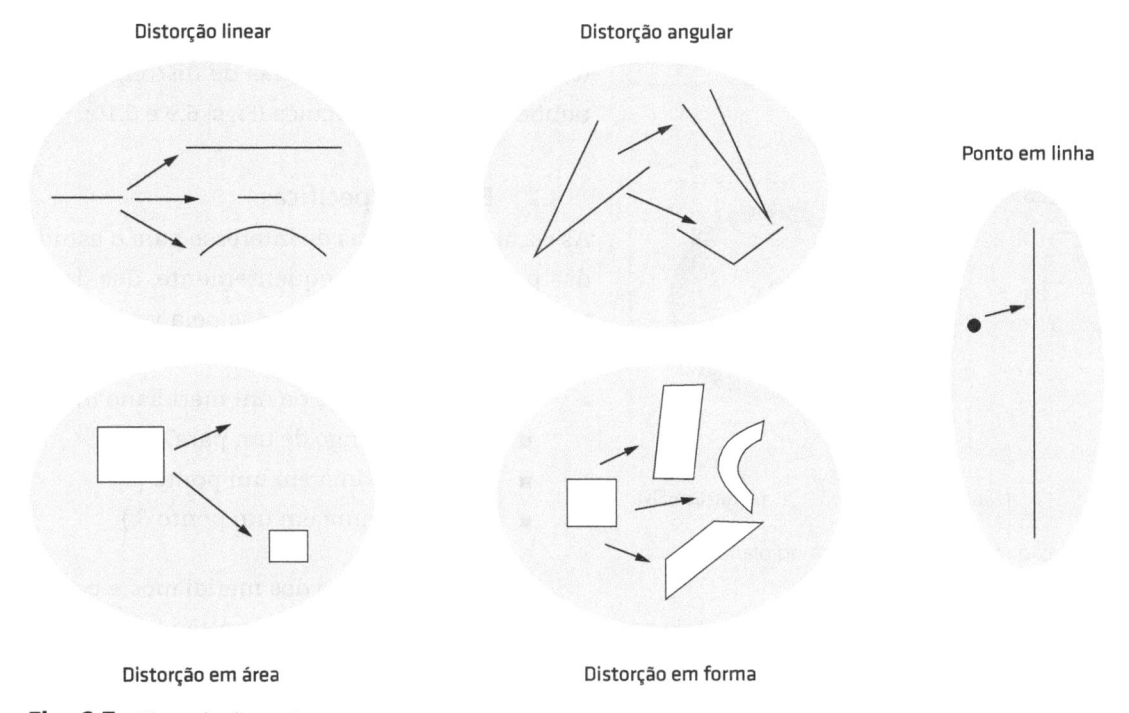

Fig. 6.7 Tipos de distorção

Em um sistema de projeção, essas distorções não podem ser facilmente definidas por gráficos planos, mas a característica principal é perfeitamente definida, ou seja, as duas distorções dependem da distorção linear e, em consequência, podem ser definidas por meio delas.

6.3.1 Distorção nula

É claramente impossível criar um mapa perfeito, no qual a escala principal seja preservada em todos os pontos. É fácil, porém, manter a escala principal ao longo de certas linhas ou pontos no mapa, em que a escala seja constante e igual à escala principal, ocasionando uma distorção nula. Linhas de distorção nula são linhas em uma projeção em que a escala principal é preservada. São caracterizadas pela tangência ou secância da superfície terrestre e a superfície de projeção. Pontos de distorção nula são pontos em que a escala principal é preservada. Esses pontos são gerados da tangência de planos de projeção à superfície da Terra.

Qualquer plano secante à superfície terrestre irá gerar uma linha de distorção nula, que será sempre identificada como um pequeno círculo. Tanto a tangência quanto a secância produzirão áreas de distorção baixa, média e alta, de acordo com a área de contato, ou seja, quanto mais afastado da área de tangência ou secância, maior será a distorção e, quanto mais próximo dessa área de contato, menor será a distorção (Fig. 6.8).

Caso a superfície de projeção seja um cilindro ou cone tangente à superfície terrestre, gerará uma linha de distorção nula, definida por um círculo máximo ou um pequeno círculo; se, entretanto, um cilindro ou cone for secante à superfície terrestre, gerará duas linhas de distorção nula, também pequenos círculos (Figs. 6.9 e 6.10).

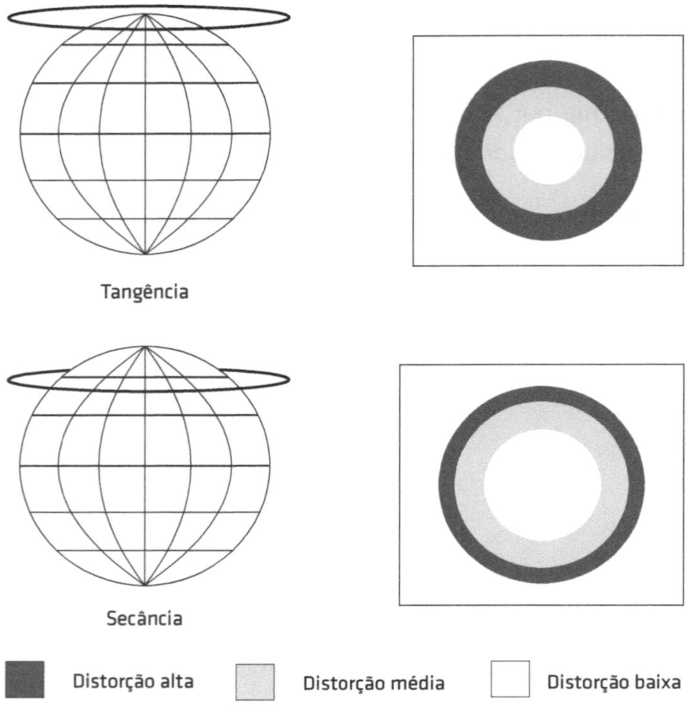

6.3.2 Escalas específicas

As escalas específicas de interesse para o estudo das projeções e, consequentemente, das deformações e distorções causadas pela variação de escala são as seguintes:

- escala ao longo de um meridiano (h);
- escala ao longo de um paralelo (k);
- escala máxima em um ponto (a);
- escala mínima em um ponto (b).

Fig. 6.8 Áreas de distorção mínima, média e alta no plano

As escalas ao longo dos meridianos e paralelos são funções da projeção que esteja sendo empregada. Máxima e mínima são funções das escalas ao longo dos paralelos e meridianos, e representam essas variações de escala em um ponto. A escala ao longo de uma direção qualquer segundo um azimute determinado, porém não será importante para o estudo da maior parte das projeções e por isso não será abordada.

Uma medida de distorção bem aceita cartograficamente é definida pelo conceito da Teoria da Deformação de Tissot, definida pela deformação geométrica de seu indicador, a indicatriz de Tissot.

Um círculo infinitesimalmente pequeno na superfície terrestre será transformado em uma elipse infinitesimalmente pequena no plano de projeção. Essa elipse descreve as características locais e próximas das distorções ocorridas na transformação projetiva. A área infinitesimal da superfície terrestre se relaciona com a área também infinitesimal da superfície da representação por uma transformação de afinidade. Os semieixos a e b da elipse de distorção, em tamanho e direção, são determinados pela formulação e propriedades geométricas da superfície a ser representada. Avalia-se, pela indicatriz, as propriedades locais de distorção em ângulo, distância e áreas. Esse conceito é traduzido pela figura geométrica, definida e descrita pela elipse de Tissot (Fig. 6.11).

Na esfera, em qualquer ponto, pode ser representado pela igualdade das escalas máxima e mínima a = b, criando-se um círculo de escala. Representando-se cada eixo do círculo

CAPÍTULO 6 | SISTEMAS DE PROJEÇÃO CARTOGRÁFICA

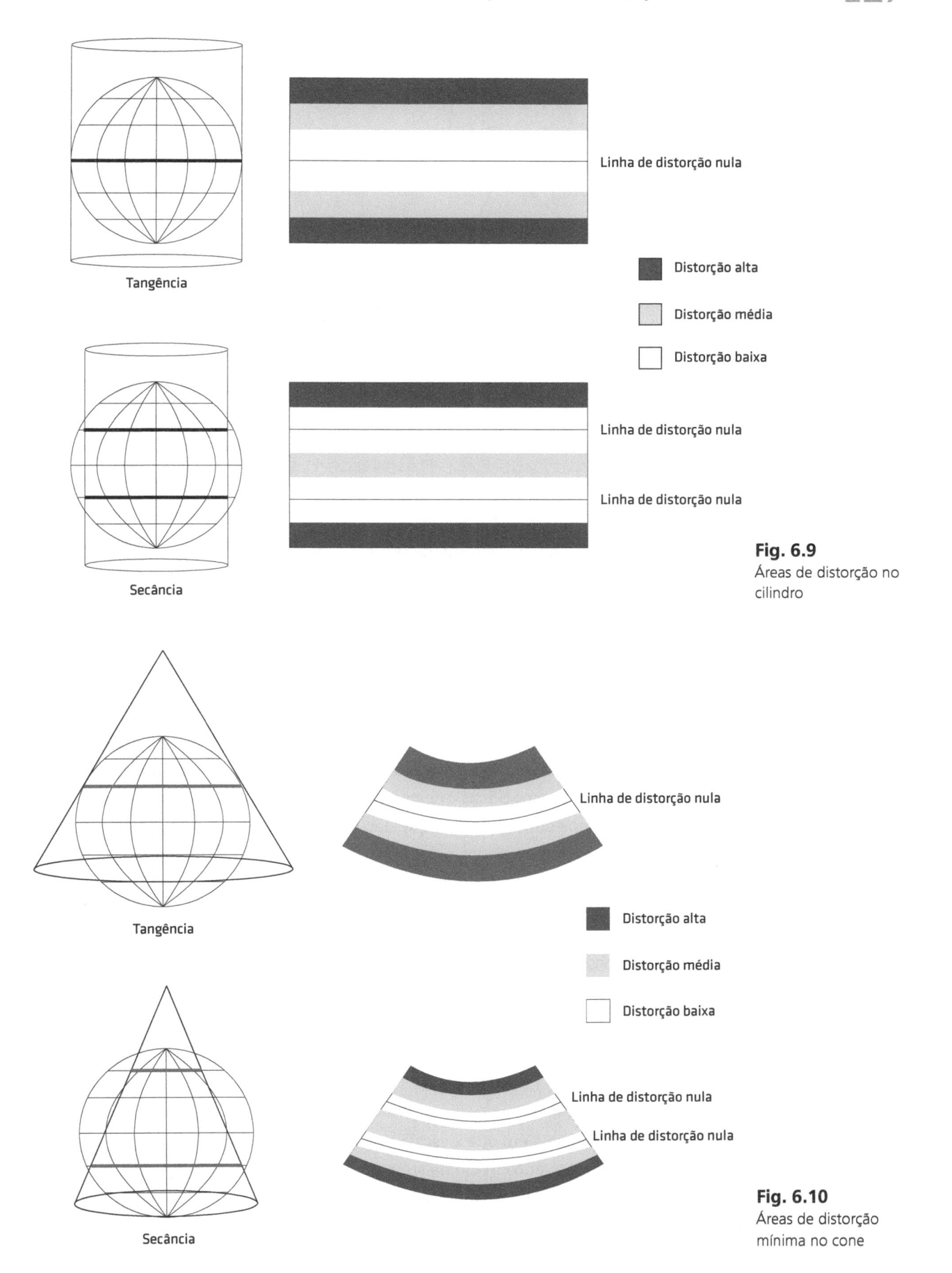

Tangência

Linha de distorção nula

■ Distorção alta
▨ Distorção média
□ Distorção baixa

Secância

Linha de distorção nula
Linha de distorção nula

Fig. 6.9
Áreas de distorção no cilindro

Tangência

Linha de distorção nula

■ Distorção alta
▨ Distorção média
□ Distorção baixa

Secância

Linha de distorção nula
Linha de distorção nula

Fig. 6.10
Áreas de distorção mínima no cone

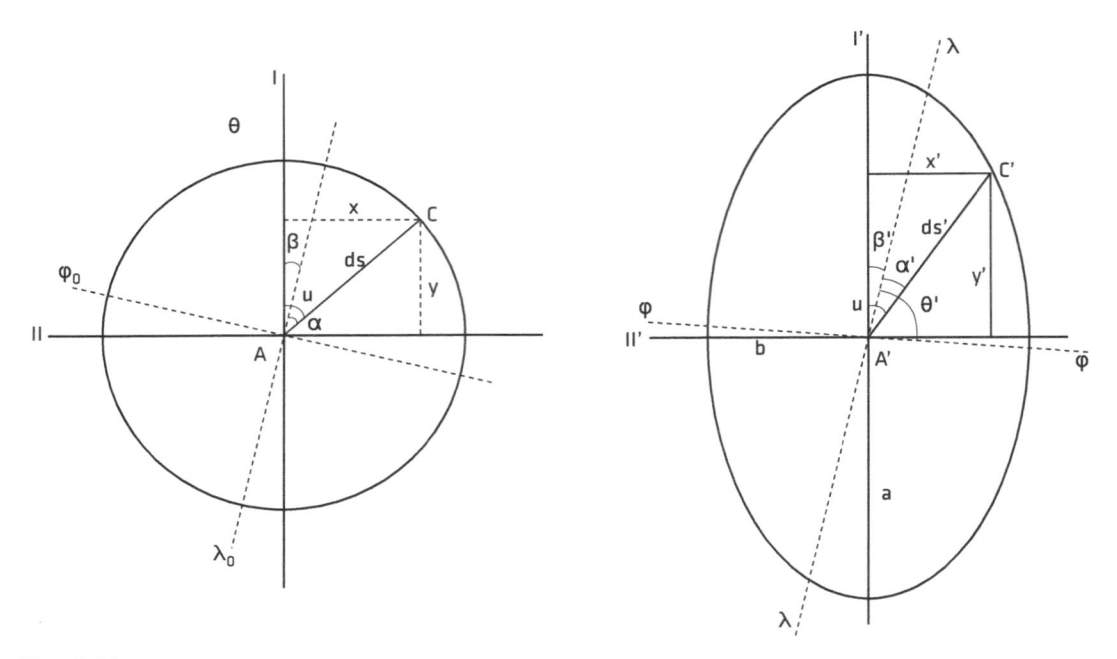

Fig. 6.11 Elipse de Tissot

como eixos da projetada pelo sistema de projeção, dependendo da escala ao longo dos paralelos e dos meridianos, haverá uma relação de escala máxima e mínima, de tal forma que $h^2 + k^2 = a^2 + b^2$. A distorção será mostrada pela elipse traçada segundo a direção da distorção máxima (Fig. 6.12).

6.4 Propriedades especiais das projeções

Apesar de a escala principal ser preservada em algumas linhas ou pontos em uma projeção, e as escalas específicas serem variáveis em posição e direção no mapa, é possível criar combinações de escalas específicas que podem ser mantidas por todo o mapa, exceção feita apenas nos pontos singulares, em que não se mantêm as características projetivas.

Tais combinações são denominadas propriedades das projeções e são definidas como as propriedades de uma projeção que surgem do relacionamento entre as escalas máxima e mínima em qualquer ponto e que são preservadas em todo o mapa, exceto em seus pontos singulares.

Segundo Tyner (1992) as mais importantes dessas propriedades são:
- conformidade;
- equivalência;
- equidistância.

6.4.1 Conformidade

Projeção conforme é aquela em que a escala máxima é igual à mínima em todas as partes do mapa (a = b). Um pequeno círculo na superfície terrestre se projetará como um círculo na projeção, caracterizando uma deformação angular nula. Assim, as pequenas formas são preservadas e os ângulos de lados muitos curtos também, ou seja, os ângulos em torno

Posicionamento de traços corretos, porém, elevada distorção de área

Áreas corretas, porém, elevada distorção de forma

Indicatriz de Tissot

Indicatriz de Tissot

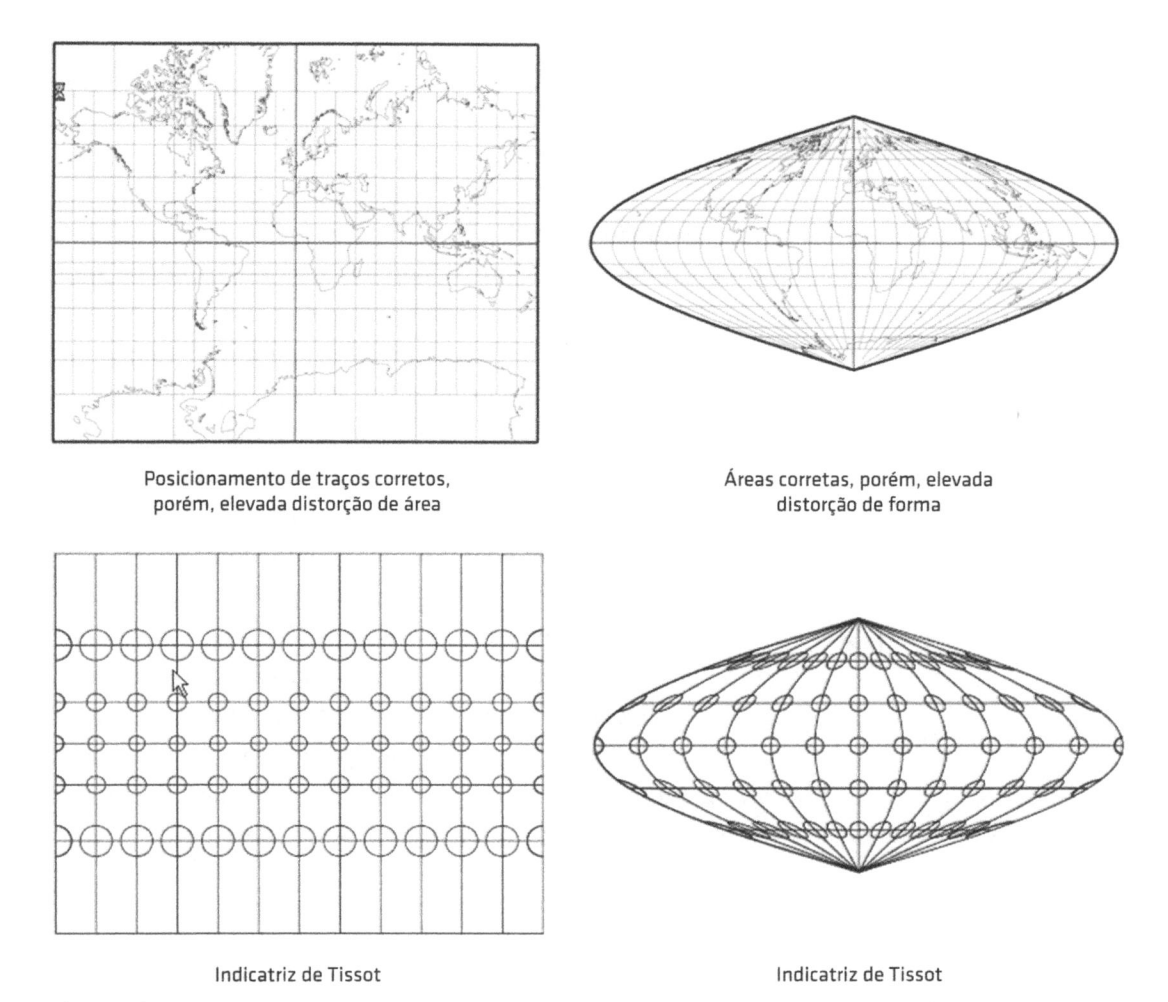

Fig. 6.12 Distorções mostradas pela elipse de Tissot nas projeções de Mercator e sinusoidal
Fonte: adaptado de Mapthematics (2006).

de um ponto são mantidos (Fig. 6.13). Isso é uma característica necessária aos mapas que servirão a propósitos de medição de ângulos ou direções.

Incorretamente, essa propriedade é referenciada como uma projeção de formas verdadeiras. Na realidade só a forma das pequenas áreas é preservada. Grandes áreas, com características regionais ou globais, são distorcidas em sua configuração geral.

A variação de escala é constante em todas as direções em torno de um ponto qualquer. Fora do centro de projeção podem existir grandes alterações.

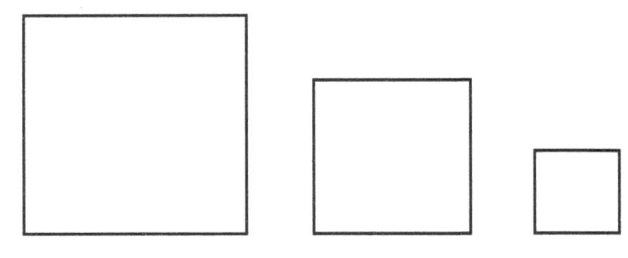

Ângulos e pequenas formas preservados

Fig. 6.13 Manutenção de áreas e formas

Não havendo deformação angular, as intercessões da gratícula (paralelos e meridianos) são ortogonais, não dependendo da natureza dos paralelos e meridianos mapeados. Entretanto, nem todas as projeções que possuam tal característica de ortogonalidade entre paralelos e meridianos são conformes.

As projeções que possuem essa propriedade são indicadas para todos os empregos relativos a mapeamentos de direção dos ventos, rotas, cartas topográficas, entre outros tipos de levantamentos em que a forma é uma variável de análise importante, como, por exemplo, no estudo de forma de grandes fragmentos florestais.

6.4.2 Equivalência

Nessa propriedade as escalas máxima e mínima são recíprocas, ou seja, a.b = 1. Assim, é mantida uma escala de área uniforme. Por outro lado, ela traz deformidade muito pronunciada em torno de um ponto, pois a escala varia em todas as direções.

O princípio da equivalência é a manutenção das áreas de tamanho finito. Um aspecto importante das projeções equivalentes é a sua habilidade de que todo o globo ou parte dele pode ser mapeado em um quadrado, retângulo, círculo, elipse, ou outra figura geométrica qualquer, tendo a mesma área do elemento representado. A Fig. 6.14 mostra uma equivalência de área de diversas figuras.

Em razão das suas deformações, não interessa à Cartografia de base, porém é de muito interesse para a Cartografia temática, principalmente em investigações em que os cálculos de área são essenciais, como, por exemplo, na quantificação de áreas desmatadas e preservadas, áreas de cultivo, entre outros tipos de levantamento.

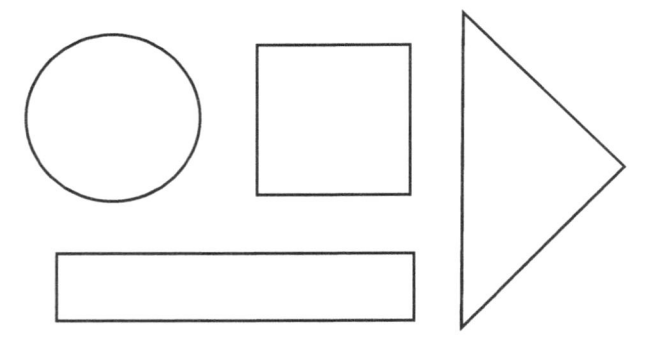

Fig. 6.14 Conservação de áreas
Fonte: adaptado de Tyner (1992).

6.4.3 Equidistância

A principal característica dessa propriedade é a manutenção de uma escala específica igual à escala principal ao longo de todo o mapa, como, por exemplo, a manutenção de escala ao longo de um meridiano (h = 1.0). Sob certas condições, as distâncias são mostradas corretamente. Porém, a equidistância não é mantida em todo o mapa, e, por isso, a escala linear é correta apenas ao longo de determinadas linhas ou de um ponto específico.

Essa propriedade é menos empregada em projeções do que a conformidade e a equivalência, porque raramente é desejável um mapa com distâncias corretas em apenas uma direção. No entanto, os mapas equidistantes são bastante usados em atlas, mapas de planejamento estratégico e representações de grandes porções da Terra, nas quais não é necessário preservar outras propriedades, pelo fato de o aumento da escala de área ser mais lento dos que nas projeções conformes e equivalentes.

6.5 Classificação das projeções

De uma forma geral, a maioria dos autores, como Tyner (1992), Bugayevskiy e Snyder (1995), entre outros, classificam as projeções cartográficas segundo diversos tipos de características, como:
- Propriedades;
- Superfície de projeção;
- Método de traçado.

6.5.1 Quanto às propriedades

Semelhante à classificação definida no item anterior, com a adição apenas da classe de projeções afiláticas, as propriedades podem ser divididas em:

- Conformes;
- Equivalentes;
- Equidistantes;
- Afiláticas.

Nenhuma dessas propriedades pode coexistir, por serem incompatíveis entre si. Assim, uma projeção terá uma, e somente uma, dessas propriedades.

As projeções afiláticas não conservam área, distância, forma ou ângulos, mas podem apresentar alguma outra propriedade específica que justifique a sua construção.

6.5.2 Quanto à superfície de projeção

A superfície de projeção, figura geométrica que estabelecerá a projeção plana do mapa, pode ser classificadas como (Fig. 6.15):

- Plana ou azimutal: quando a superfície for um plano;
- Cilíndrica: quando a superfície for um cilindro.
- Cônica: quando a superfície for um cone.

Conforme o contato da superfície de projeção com o globo, as projeções ainda podem ser classificadas em tangentes (Fig. 6.15) e secantes (Fig. 6.16):

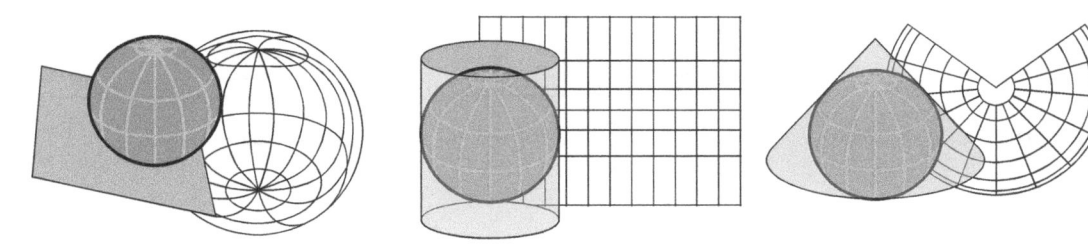

Fig. 6.15 Superfícies de projeção – tangentes

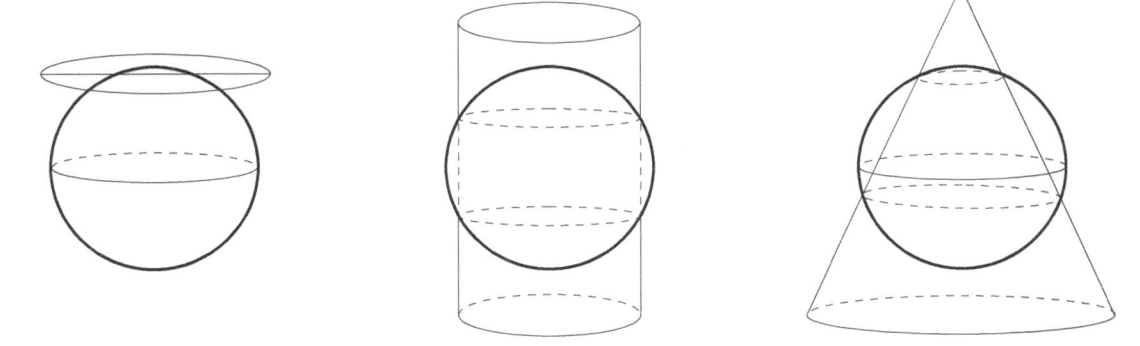

Fig. 6.16 Superfícies de projeção – secantes

Ainda em relação à superfície de projeção, quanto a posição relativa ao equador e polos, cada uma dessas superfícies de projeção tem outra classificação.

As projeções planas são classificadas em (Fig. 6.17):
- Normais ou polares: plano tangente ao polo (paralelo ao equador);
- Transversas ou equatoriais: plano tangente ao equador;
- Oblíquas: plano tangente a um ponto qualquer.

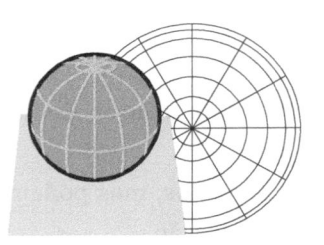

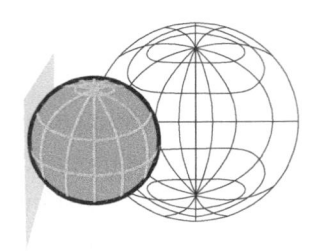

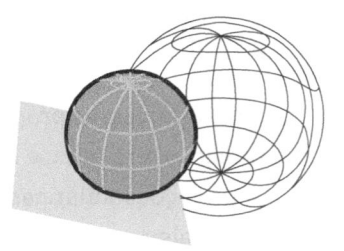

Fig. 6.17 Projeções planas: normal ou polar, transversa ou equatorial e oblíqua.

As projeções cilíndricas são classificadas em (Fig. 6.18):
- Equatoriais ou normais: o eixo do cilindro é perpendicular ao equador (paralelo ao eixo terrestre);

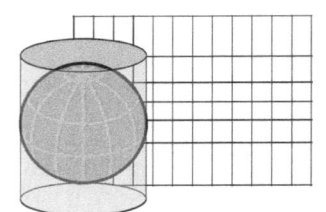

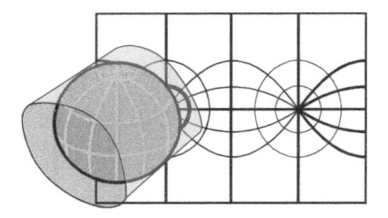

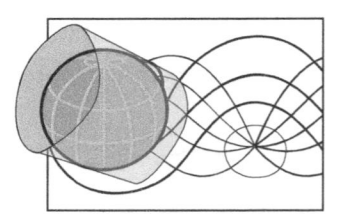

Fig. 6.18 Projeções cilíndricas: equatorial ou normal, transversa ou meridiana e oblíqua

- Transversas ou meridianas: o eixo do cilindro é perpendicular ao eixo da Terra;
- Oblíquas: o eixo do cilindro é inclinado em relação ao eixo terrestre.

As projeções cônicas por sua vez também podem ser classificadas em (Fig. 6.19):
- Normais: quando o eixo do cone é paralelo ao eixo da Terra (coincidente com o eixo).
- Transversas: quando o eixo do cone é perpendicular ao eixo terrestre.
- Oblíquas: quando o eixo do cone é inclinado em relação ao eixo da Terra.

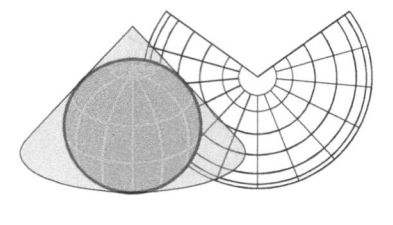

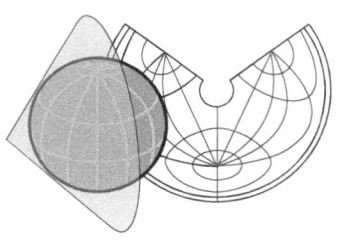

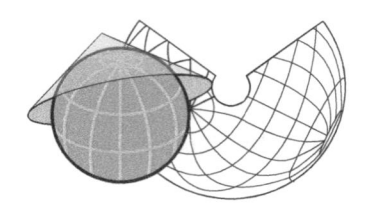

Fig. 6.19 Projeções cônicas: normal, transversa e oblíqua

6.5.3 Quanto ao método de traçado

Segundo a forma de traçar, desenhar ou criar as projeções, elas podem ser classificadas em:
- Geométricas: são as que podem ser traçadas diretamente utilizando as propriedades geométricas da projeção;
- Analíticas: são as que podem ser traçadas com o auxílio de cálculo adicional, tabelas ou ábacos e desenho geométrico próprio;
- Convencionais: são as que só podem ser traçadas com o auxílio de cálculo e tabelas.

As projeções geométricas possuem ainda uma subdivisão, caracterizando ou não a existência de um ponto de vista ou centro de perspectiva, podendo, de acordo com essas características, ser classificadas como:
- Perspectiva: possuem um ponto de vista;
- Pseudoperspectivas ou não perspectivas: possuem ou não um ponto de vista fictício.

Ainda conforme a posição do ponto de vista, as projeções podem ser mais uma vez subdivididas em (Fig. 6.20):
- Ortográficas: o ponto de vista está no infinito;
- Estereográficas: o ponto de vista está no ponto diametralmente oposto à tangência do plano de projeção, também denominado antípoda;
- Gnomônica: o ponto de vista está no centro da Terra.

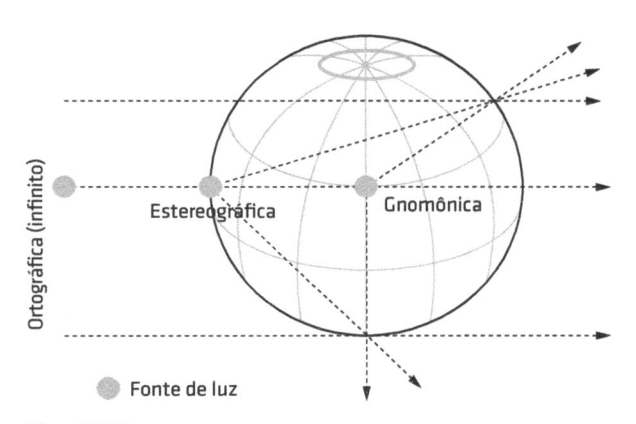

Fig. 6.20 Posição do ponto de vista

6.6 Aparência e reconhecimento de uma projeção

Após conhecer a classificação das projeções, é possível se verificar que a quantidade de formas de representar a Terra é muito variada. Por isso, agora, uma pergunta já pode ser feita: o que fazer para se reconhecer uma projeção?

Para responder essa pergunta serão elencados sete elementos diagnósticos, sob os quais deverão ser examinadas as projeções:
- A Terra está mapeada como uma feição contínua ou existem descontinuidades no mapa?
- Que tipo de figura geométrica se formou pelo limite do mapa – seja ele da Terra ou de um hemisfério? Retângulo, círculo, elipse ou figuras mais complicadas?
- Como estão os continentes e oceanos dispostos em relação aos limites e eixos do mapa?

Essa é uma verificação da convenção do equador, do meridiano de Greenwich e da localização dos polos. Alguma coisa diferente do que se está acostumado a ver – equador e Greenwich como eixos centrais e polos acima e abaixo – possivelmente causará estranheza a um leigo.

- Os meridianos e paralelos são retilíneos ou curvos?

- As interseções dos meridianos e paralelos, em qualquer ponto do mapa, são ortogonais ou ocorrem interseções de gratícula oblíquas em alguma parte?
- Meridianos ou paralelos curvos são formados por círculos, arcos de círculos ou arcos de curvas de ordem superior (elipses, hipérboles). No caso de arcos, se forem circulares, são concêntricos?
- O espaçamento entre os meridianos sucessivos é uniforme ou variável? Se for variável, o espaçamento dos paralelos aumenta ou diminui do equador para os polos? Em relação aos meridianos, aumenta ou diminui do centro do mapa para as bordas?

Todas essas variáveis podem ajudar a identificar uma projeção, e a maior parte delas pode ajudar a verificar a sua classificação.

A aparência de uma projeção é de valor menor para a definição de uma ou outra propriedade: por exemplo, se uma projeção tem as gratículas oblíquas, pode se inferir que não seja conforme, porém a recíproca não é verdadeira.

Existe uma grande quantidade de projeções que podem ser utilizadas para os mais diversos fins e demandas. Serão elencadas, a seguir, as principais projeções e suas características – divididas em grandes grupos, de acordo com a superfície de projeção –, além de se destacar outras muito utilizadas.

6.7 Projeções planas ou azimutais

Constituem-se em um importante grupo de projeções, em que algumas são conhecidas há mais de dois mil anos. Esse grupo é caracterizado pela projeção da superfície terrestre sobre um plano tangente à superfície, conforme Fig. 6.21 (Dana, 1994). São também chamadas de azimutais, pelo fato de que o azimute do centro da projeção a qualquer direção é sempre mostrado corretamente na representação do mapa.

As principais projeções planas são as seguintes:
- Ortográficas
- Estereográficas
- Gnomônicas
- Azimutal equidistante

Como características gerais das projeções azimutais ou planas, podem-se citar:

- Na hipótese esférica, todos os grandes círculos que passam pelo centro de projeção são apresentados como linhas retas. Portanto, o caminho mais curto do centro da projeção a qualquer ponto será sempre uma reta;
- Apresentam a Terra em uma representação circular, com exceção às projeções gnomônicas;
- A forma mais simples de representação são os seus aspectos polares, em que os meridianos são sempre representados por linhas retas irradiadas do centro de projeção, e os paralelos são círculos concêntricos com centro no mesmo ponto do centro de projeção;

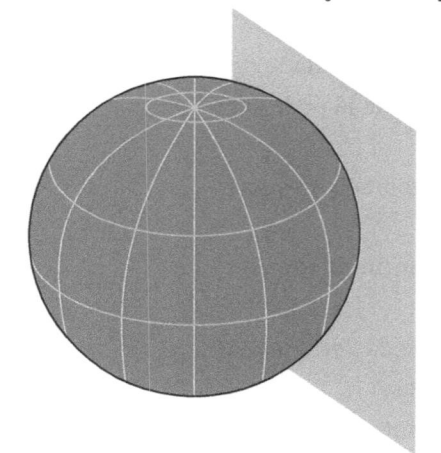

Fig. 6.21 Superfície plana de projeção

- Possuem um único ponto de contato, se tangentes, e as distorções aumentam à medida que se afasta desse ponto.

A Fig. 6.22 apresenta a posição do plano tangente, conforme os aspectos polar, equatorial e oblíquo da projeção azimutal:

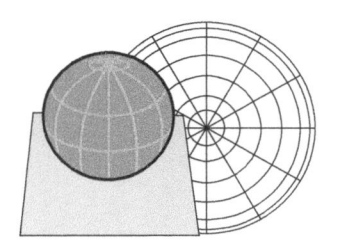

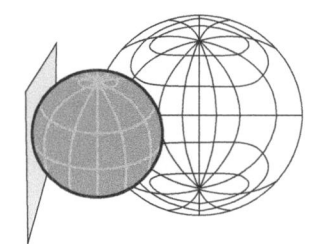

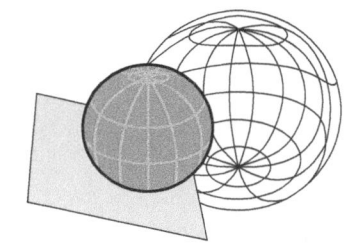

Fig. 6.22 Aspectos da projeção azimutal

Serão apresentadas a seguir as características e propriedades mais importantes das projeções azimutais descritas.

6.7.1 Projeção ortográfica

O ponto de perspectiva para a projeção ortográfica está situado no infinito, e os paralelos e os meridianos estão projetados sobre o plano tangente por linhas de projeção paralelas conforme pode ser observado na Fig. 6.23 (Snyder, 1987).

Todos os meridianos e paralelos são mostrados como elipses, círculos ou linhas retas. No aspecto polar, os meridianos aparecem como linhas retas irradiadas do polo, em ângulos reais, com os paralelos representados como círculos concêntricos com centro no polo. Os paralelos são mais espaçados próximos ao polo, diminuindo o espaçamento até zero no equador, que marca o paralelo limite do mapa no aspecto polar (Fig. 6.24).

A escala é maior próximo ao polo, diminuindo em direção ao Equador. As formas próximas ao polo parecem maiores por esse motivo, ficando comprimidas próximo ao Equador, tornando-se difícil o reconhecimento nessa área. A escala ao longo de qualquer paralelo é constante, uma vez que varia ao longo dos meridianos, do valor real, no centro de projeção, até zero.

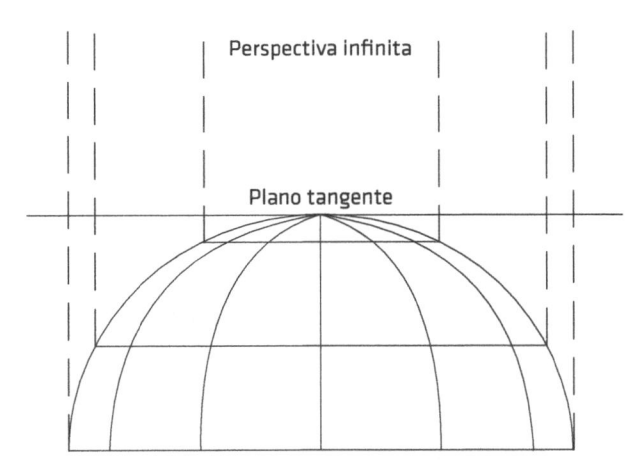

Fig. 6.23 Perspectiva da projeção ortográfica no aspecto polar

O aspecto equatorial tem o centro de projeção em qualquer ponto do equador terrestre. Nesse aspecto, os paralelos são representados por retas, que se estendem de limite a limite da projeção. O meridiano central é uma reta e os meridianos de ±90° do meridiano central formam um círculo, marcando o limite da projeção. Os demais meridianos são elipses de excentricidade 0 (círculo limite) até 1 (meridiano central) (Fig. 6.24).

O aspecto oblíquo tem o centro de projeção em qualquer lugar situado entre o equador e os polos. Fornece uma imagem parecida com um globo, sendo preferida para ilustrações no

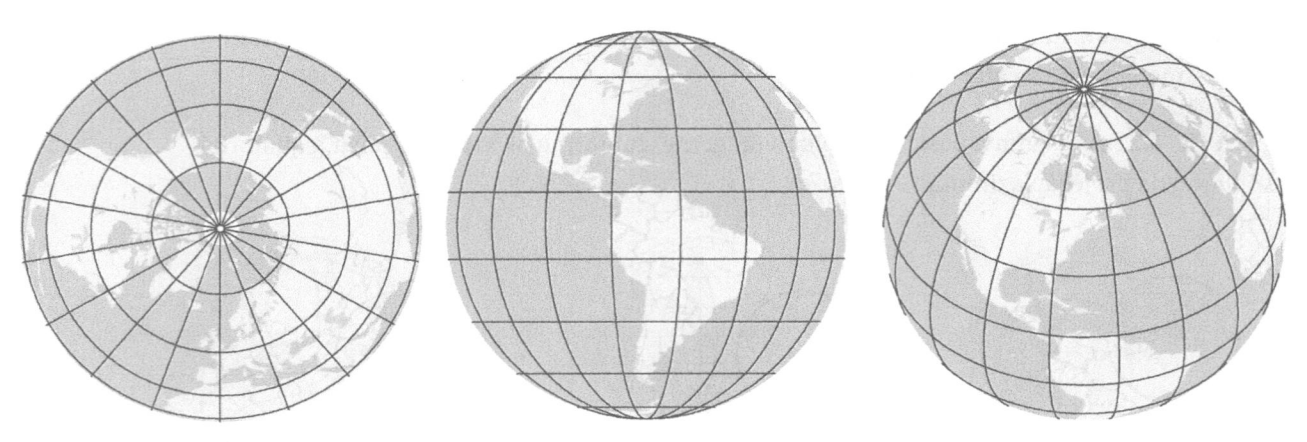

Fig. 6.24 Aspectos polar, equatorial e oblíquo da projeção azimutal ortográfica

lugar dos aspectos polar e equatorial. O único meridiano representado por uma linha reta é o central. Todos os paralelos são elipses de mesma excentricidade – algumas das elipses são mostradas inteiramente, enquanto outras, só parcialmente. Todos os demais meridianos são elipses de excentricidade variável. Nenhum meridiano aparece como círculo (Fig. 6.24).

A escala e a distorção mudam apenas em função da distância do centro de projeção. Na verdade, o esquema de distorção será sempre o mesmo para os três casos, como no caso polar, já apresentado.

6.7.2 Projeção estereográfica

A projeção estereográfica é uma perspectiva verdadeira na sua forma esférica. É a única projeção perspectiva verdadeira conforme. Seu ponto de projeção está na superfície da esfera, no lado diametralmente oposto ao ponto de tangência do plano ou do centro de projeção (Snyder, 1987) (Fig. 6.25). Quando o polo Sul for o centro do mapa, o ponto de vista estará no polo Norte, e vice-versa. O ponto na esfera oposto ao centro de projeção é projetado no infinito no plano do mapa.

O aspecto equatorial e oblíquo torna a aparência da projeção mais distinta, pois todos os meridianos e paralelos são mostrados como arcos de círculo, exceto o meridiano central e o equador. No caso oblíquo, o meridiano central é uma linha reta, assim como o paralelo de mesmo valor numérico, mas de sinal contrário ao paralelo de contato. Por exemplo, quando o paralelo de contato for +40°, o paralelo −40° será mostrado como uma reta.

Os paralelos são centrados ao longo do meridiano central e os círculos dos meridianos são centrados ao longo do paralelo retilíneo. No caso equatorial, o meridiano de 90°, a contar do meridiano central, define o limite da projeção.

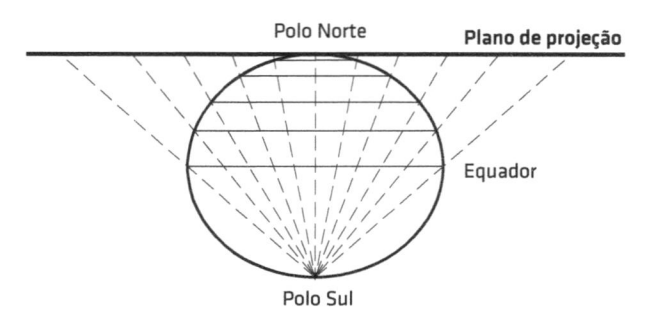

Fig. 6.25 Aspecto projetivo esterográfico

Como uma projeção azimutal, as direções que partem do centro da projeção são verdadeiras na forma esférica, no caso elipsóidico, e apenas o aspecto polar é realmente azimutal, mas não é perspectiva, para manter a conformidade.

Em razão da conformidade, muitas vezes é estabelecida não a tangência do plano, mas uma secância, passando a existir um círculo padrão de distorção nula, o que possibilita o balanceamento dos erros por todo o mapa.

As representações dos aspectos da projeção estereográfica são apresentadas na Fig. 6.26.

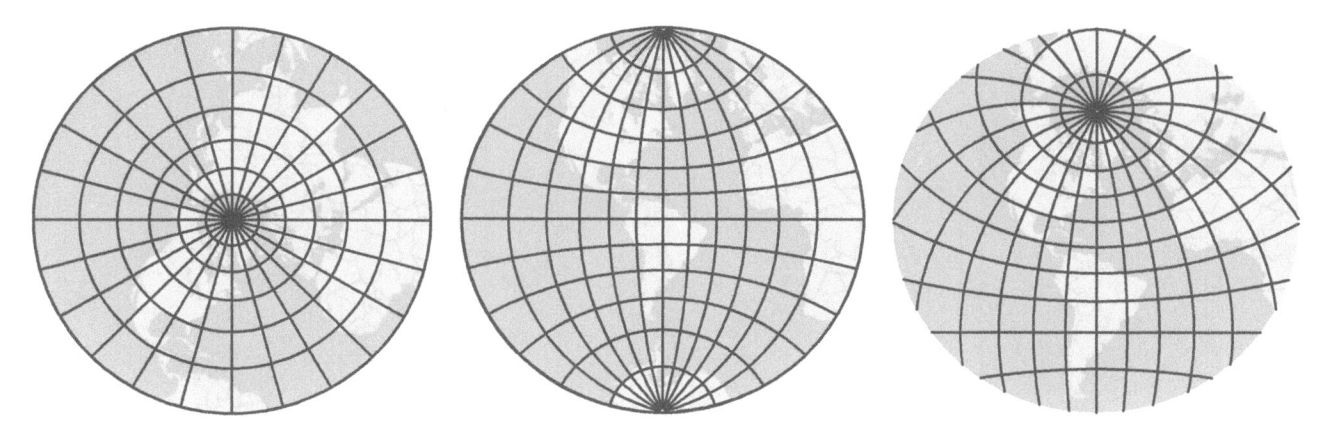

Fig. 6.26 Aspecto polar, equatorial e oblíquo da projeção estereográfica

Os principais empregos das projeções estereográficas são:
- Utilização do aspecto oblíquo para projeção planimétrica de corpos celestes, como Lua, Marte, Mercúrio e Vênus;
- Mapeamento pelo aspecto polar elipsóidico das regiões polares (Ártica e Antártica);
- Como complemento da projeção UTM, acima de 84° e abaixo de −80°, com a projeção Universal Polar Estereográfica (UPS);
- Em 1962, a porção polar da carta ao milionésimo do mundo, foi modificada, da projeção policônica para a polar estereográfica, nos mesmos moldes da UPS.

6.7.3 Projeção azimutal equidistante

A projeção azimutal equidistante não é uma projeção perspectiva, porém, como equidistante, tem a característica especial de todas as distâncias estarem em uma escala real quando medidas do centro até qualquer outro ponto do mapa (Snyder, 1987).

O aspecto polar é idêntico aos demais, com paralelos representados por círculos concêntricos e meridianos irradiados do centro de projeção, além de coincidir também com o esquema de distorção da projeção. Na forma esférica os paralelos são igualmente espaçados. Em relação à representação, ela pode ser estendida além do equador, mas as distorções serão sempre muito grandes. No equador a escala é cerca de 60% maior do que no centro de projeção (Fig. 6.27).

O aspecto equatorial é o menos usado dos três casos, ou seja, menos do que os aspectos polar e oblíquo, e, na maioria das vezes, seu uso é substituído com vantagens pela projeção estereográfica.

A representação do equador e o meridiano central, no aspecto equatorial, são retas, e, todos os demais meridianos e paralelos, curvas complexas. Outra característica desse aspecto é que os dois polos são mostrados (Fig. 6.28).

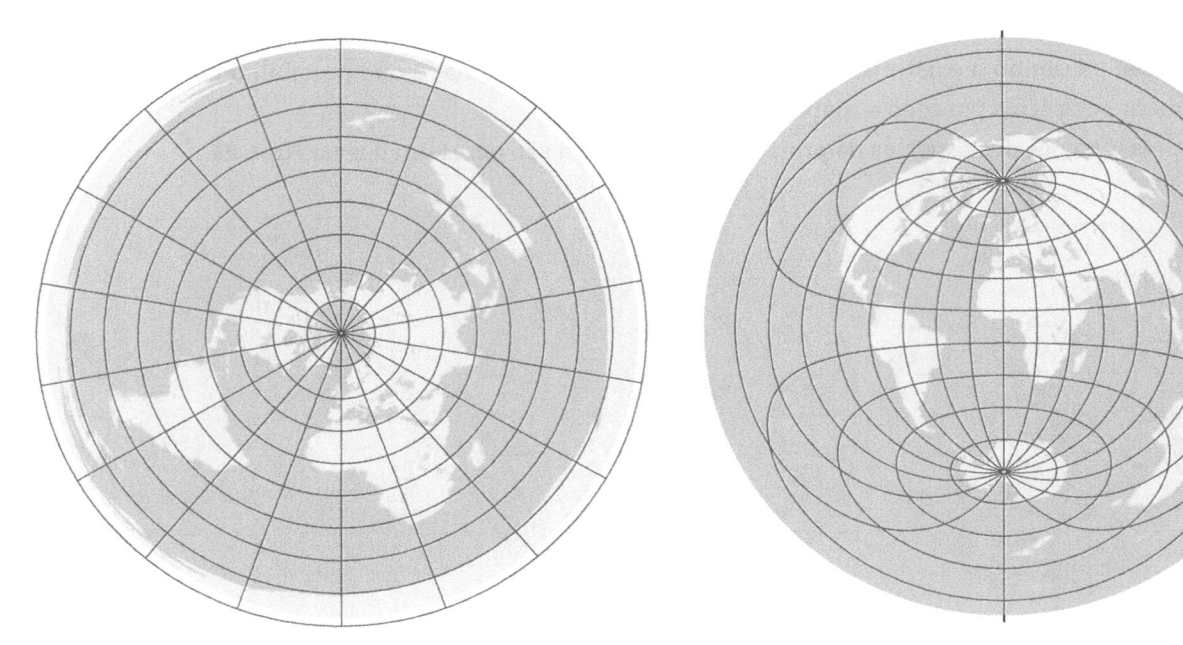

Fig. 6.27 Projeção azimutal equidistante no aspecto polar

Fig. 6.28 Projeção azimutal equidistante no aspecto equatorial

O aspecto oblíquo lembra a projeção azimutal equivalente de Lambert. Neste aspecto, com exceção do meridiano central, todos os demais são curvas complexas, incluindo o Equador. Quando os dois hemisférios são representados, as diferenças com a projeção de Lambert são mais pronunciadas. Enquanto as distorções são extremas em outros aspectos, as distâncias e direções do centro superam, neste aspecto, as distorções para muitas aplicações (Fig. 6.29).

As principais utilizações da projeção azimutal equidistante são:

- Confecção de mapas mundiais e mapas de hemisférios polares, utilizando o aspecto polar;
- Confecção de atlas de continentes, mapas de aviação e uso de rádio, no aspecto oblíquo;
- Utilização regular em atlas, mapas continentais e comerciais, tomando-se o centro de projeção em cidades importantes.

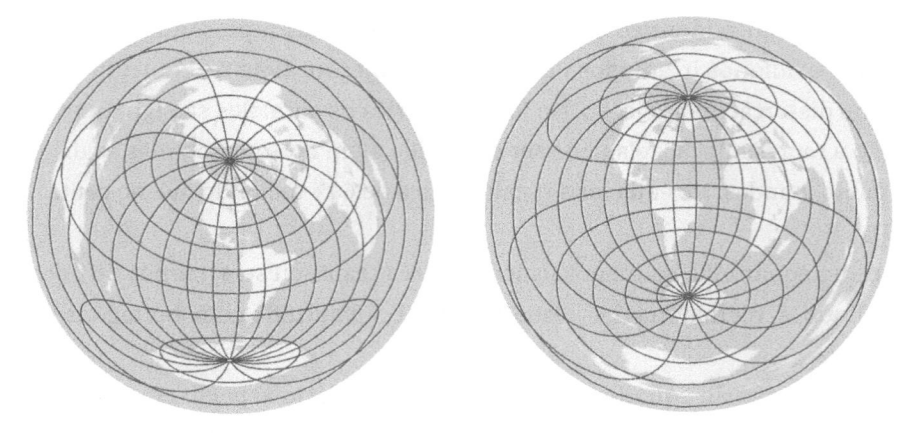

Fig. 6.29 Aspecto oblíquo com dois centros diferentes: Chicago e Brasília
Fonte: adaptado de Snyder (1987).

- Elaboração de cartas polares.
- Utilização na navegação aérea e marítima.
- Utilização em rádio comunicações, para a definição da orientação de antenas, e radioengenharia.
- Confecção de cartas celestes tendo a Terra como ponto central.

6.7.4 Projeção gnomônica

Na projeção gnomônica, estando o ponto de vista no centro da Terra, a representação estará contida no plano de qualquer círculo máximo e este plano, seja qual for o aspecto, ocorrerá a interceptação do plano de projeção segundo uma reta, que será a transformada de círculo máximo correspondente na projeção (Snyder, 1987). Assim todo círculo máximo sempre será representado por uma reta (Fig. 6.30).

A ortodrômica rota mais curta que une dois pontos, é um arco de círculo máximo no caso esférico, sendo, portanto representada por uma reta (Tyner, 1992) (Fig. 6.31). Essa condição só ocorre nas projeções gnomônicas.

Em qualquer caso, os meridianos serão retas por serem arcos de círculo máximo, paralelas entre si e perpendiculares à transformada do equador. Também vale ressaltar que o polo não terá representação.

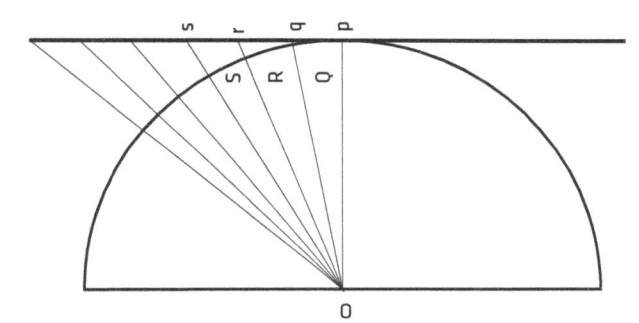

Fig. 6.30 Característica positiva da projeção gnomônicas

Fig. 6.31 Representação da ortodrômica

Os paralelos, no caso oblíquo ou equatorial, serão curvas que, dependendo da situação do plano de projeção, poderão ser elipses, parábolas ou hipérboles. Por suas grandes deformações, quanto mais extensa a área mapeada, as diferenças de escala também serão consideráveis (Fig. 6.32).

As principais aplicações da projeção gnomônica são:
- Confecção de cartas polares de navegação;
- Utilização na navegação marítima e aérea;
- Utilização para rádio, radiogoniometria e radiofaróis;
- Na Geologia, para o alinhamento de componentes da crosta terrestre.

6.8 Projeções cilíndricas

As projeções cilíndricas correspondem às projeções que têm um cilindro como superfície de projeção. O desenvolvimento da superfície do cilindro em um plano vai apresentá-la como um retângulo em todos os casos considerados (Fig. 6.33).

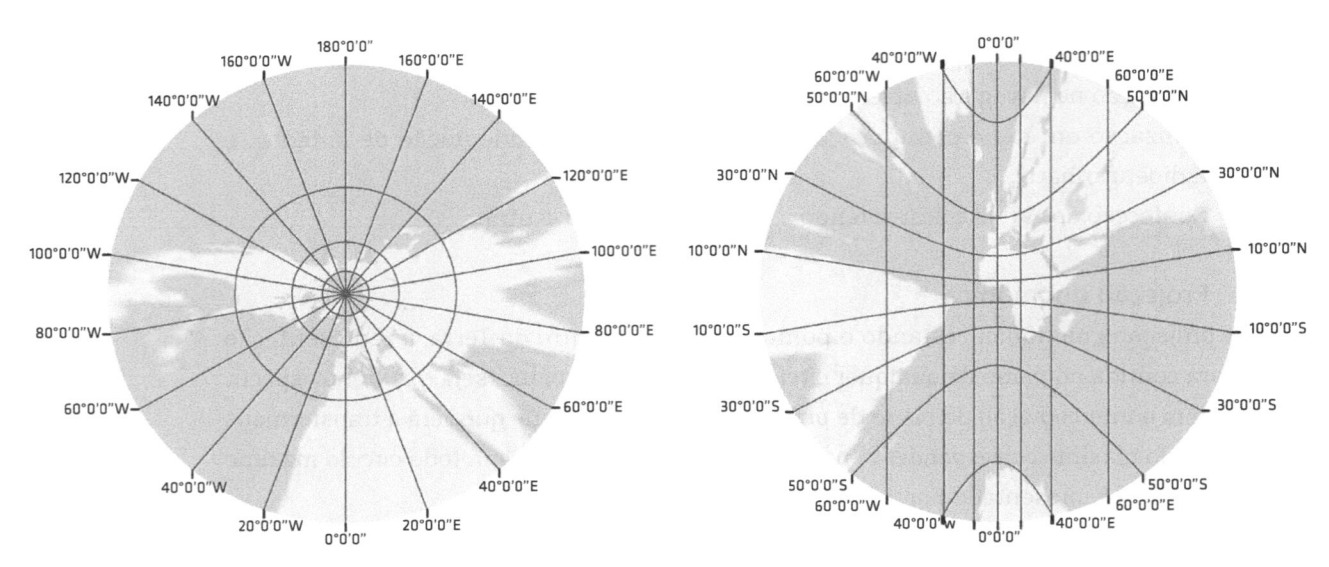

Fig. 6.32 Aspecto polar e equatorial da projeção gnomônica

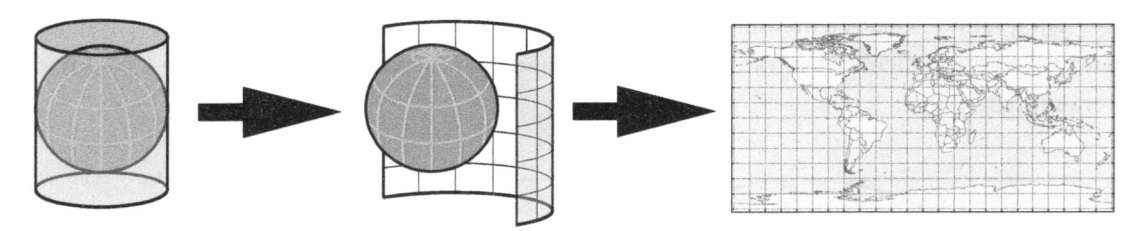

Fig. 6.33 Superfície de projeção cilíndrica

Em termos geométricos, esse grupo de projeções é parcialmente desenvolvido por um cilindro tangente ou secante ao globo terrestre, em seus três aspectos: equatorial, transverso e oblíquo (Fig. 6.34). São utilizadas para representar mapas mundiais, em uma faixa estreita ao longo do equador, meridiano ou círculo máximo.

No aspecto equatorial, com o cilindro tangente, os meridianos e paralelos são sempre representados por retas ortogonais e o equador será o centro de projeção. Nos demais casos, geralmente, nem os meridianos e paralelos são retas, ocorrendo isso apenas em situações especiais.

As principais projeções cilíndricas que serão apresentadas são:
- Projeção de Mercator;
- Projeção transversa de Mercator;
- Projeção equivalente de Lambert.

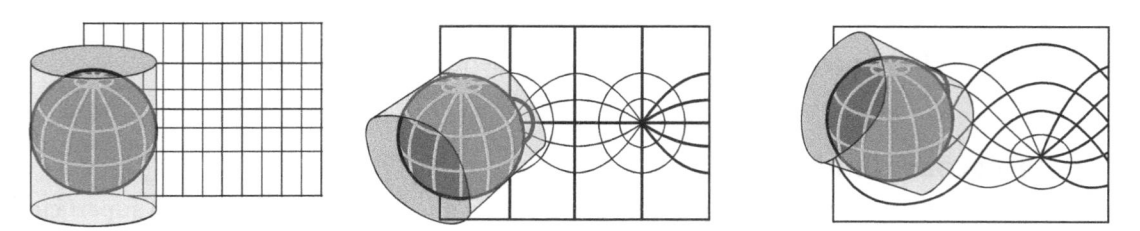

Fig. 6.34 Aspectos equatorial, transverso e oblíquo

6.8.1 Projeção de Mercator

A projeção de Mercator (Fig. 6.35) foi desenvolvida graficamente, em 1569, por Gerardus Mercator, cartógrafo originário da região de Flandres, atual Bélgica. Por suas características, é até hoje amplamente utilizada em navegação marítima e, durante o século XVII e XVIII, foi padrão para todo o mapeamento marítimo. Ao longo do século XIX foi amplamente utilizada para o mapeamento das áreas equatoriais.

No Brasil a projeção de Mercator é utilizada pela Diretoria de Hidrografia e Navegação (órgão da Marinha do Brasil) para o mapeamento de cartas náuticas de auxílio à navegação. Devido às distorções em altas latitudes tem sido bastante criticada hoje em dia, por utilização em outras aplicações.

Os meridianos da projeção de Mercator são representados por linhas retas verticais paralelas, igualmente espaçadas, que são cortadas ortogonalmente por linhas também retas, representando os paralelos, que, por sua vez, são espaçados a intervalos crescentes, à medida que se aproximam dos polos. Este espaçamento é tal que permita a conformidade, e é inversamente proporcional ao cosseno da latitude.

A característica mais importante da projeção de Mercator é a sua capacidade de mostrar a loxodrômica entre dois pontos como uma linha reta (Tyner, 1992). Uma linha de rumos ou uma loxodrômica é a linha que corta os meridianos segundo um azimute constante. Assim, será sempre possível de qualquer ponto da superfície terrestre chegar ao polo apenas percorrendo essa linha. A navegação entre dois pontos utilizando a loxodrômica não necessitaria de

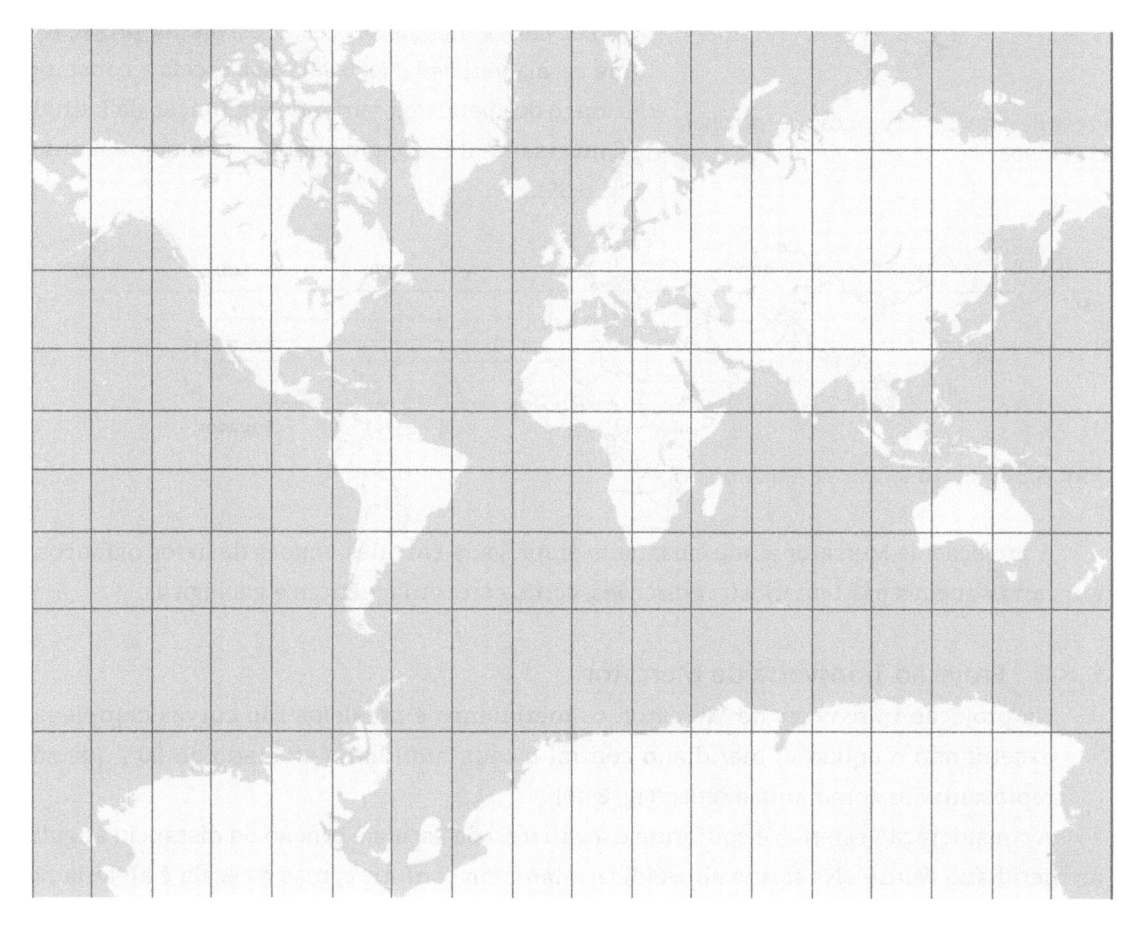

Fig. 6.35 Projeção de Mercator

correção de direção (Fig. 6.36). É devido a esta capacidade de apresentar as loxodrômicas, a razão da utilização da projeção de Mercator em cartas de navegação, praticamente todas as cartas de navegação marítima são desenvolvidas nesta projeção.

A loxodrômica possui um comprimento sempre maior que a ortodrômica, só havendo coincidência das duas no equador ou sobre um meridiano, onde a loxodrômica também será um arco de círculo máximo.

As distorções de área da projeção, no entanto, podem levar a concepções erradas por leigos em cartografia. A comparação clássica do problema da distorção é estabelecida pela comparação entre a América do Sul e a Groenlândia, lugar em que esta última aparece maior, apesar de realmente ser 1/8 do tamanho da América do Sul (Fig. 6.37).

Os polos Norte e Sul não podem ser mostrados por serem pontos singulares. Eles estão no infinito, e não têm representação na projeção. Os limites da projeção são os paralelos +78° e −70° de latitude. Apesar das desvantagens, é uma projeção conforme e, por isso, as direções em torno de um ponto são conservadas; logo, as formas de pequenas áreas também o são.

Por causa das distorções, a escala da projeção é uma escala variável (Fig. 6.38). Essa escala é constante ao longo dos paralelos, variando em função da latitude, e é inversamente proporcional ao cosseno da latitude (Fig. 6.39).

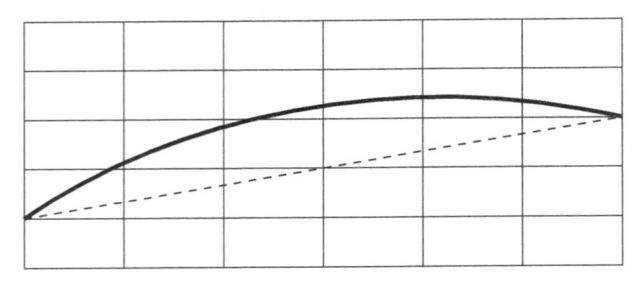

Fig. 6.36 Loxodrômica ou linha de rumo

Fig. 6.37 Comparação de distorção da projeção de Mercator
Fonte: IBGE (1998).

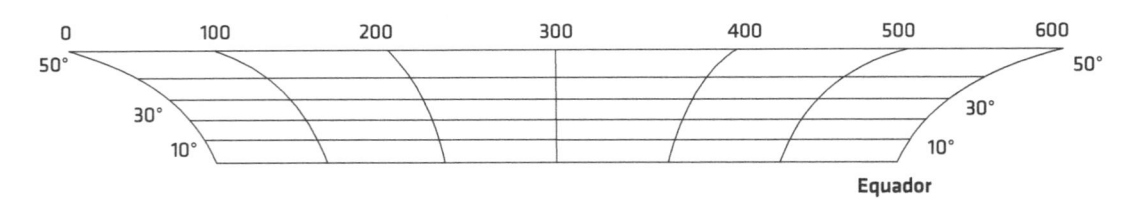

Fig. 6.38 Escala variável de Mercator

A projeção de Mercator ainda é bastante empregada em atlas, mapas de livros didáticos e em cartas que necessitem mostrar direções, como cartas magnéticas e geológicas.

6.8.2 Projeção Transversa de Mercator

Na projeção transversa de Mercator, os meridianos e paralelos são curvas complexas, excetuando o equador, meridiano central e cada meridiano afastado de 90°, que são representados como linhas retas (Fig. 6.40).

A consideração esférica é conforme e a variação da escala é função da distância angular ao meridiano central. Na forma elipsóidica, é também conforme, mas a escala é afetada por outros fatores, além da distância angular ao meridiano central. A escala ao longo do meridiano central é tomada como verdadeira, quando o cilindro é tangente, ou ligeiramente menor, quando o cilindro é secante. No cilindro secante à Terra, ocorrerão duas linhas de escala verdadeira (Bugayevskiy; Snyder, 1995).

Os principais empregos da projeção transversa de Mercator são:

- Mapeamentos topográficos;
- Base para a projeção universal transversa de Mercator (UTM).

6.8.3 Projeção oblíqua de Mercator

É uma projeção semelhante à projeção regular de Mercator, em que o cilindro é tangente a um círculo máximo que não o equador ou um meridiano.

O mapa da projeção oblíqua de Mercator lembra a projeção regular com as massas continentais rotacionadas para os polos. Duas linhas a 90° do grande círculo escolhido como centro de projeção estão no infinito (Snyder, 1987) (Fig. 6.41).

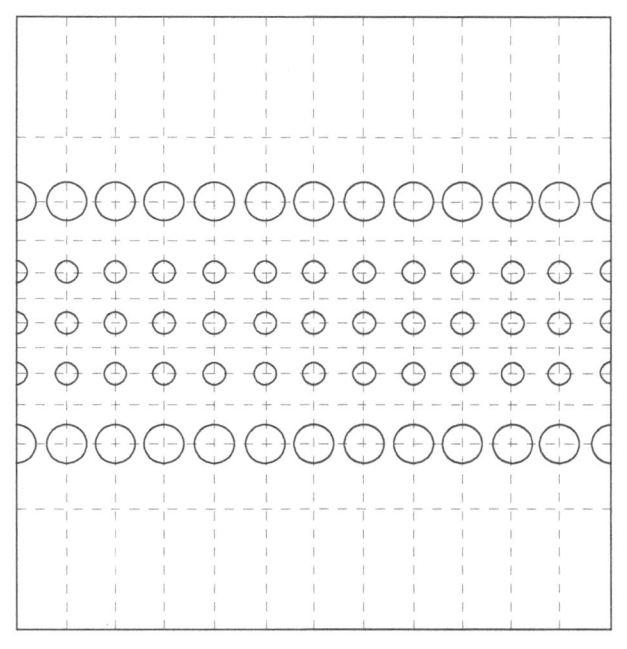

Fig. 6.39 Esquema de distorção da projeção de Mercator
Fonte: adaptado de National Atlas (2008).

Normalmente, é utilizada para mostrar a região próxima à linha central. Sob essas condições parece similar aos mapas da mesma área em outras regiões, à exceção das medidas de escala, que mostrarão diferenças.

As principais utilizações da projeção oblíqua de Mercator são:

- Projetar imagens de satélite no sistema Landsat (Hotine oblique Mercator – HOM). Essa projeção foi a que se mostrou mais capaz de executar tal função;

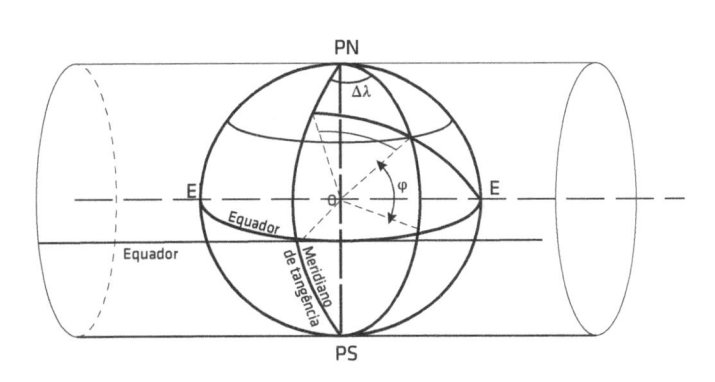

Fig. 6.40 Aparência da projeção transversa de Mercator
Fonte: adaptado de Snyder (1987).

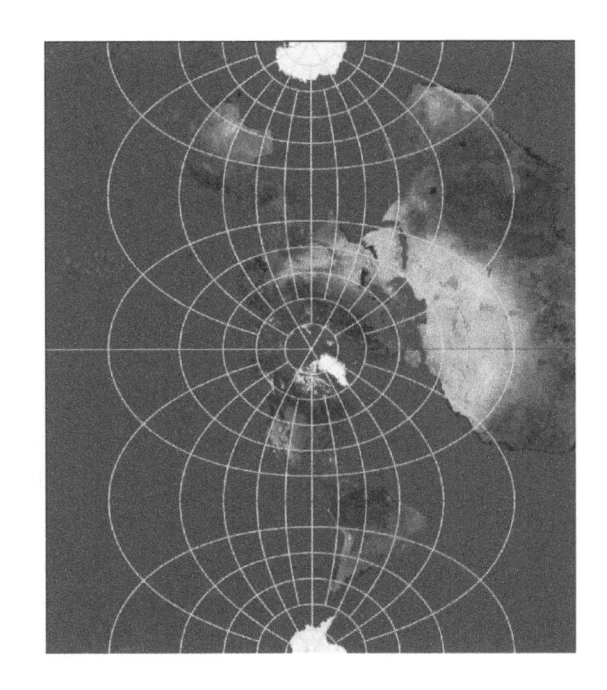

- Servir de base para a elaboração da projeção Space oblique Mercator (SOM).
- Mapeamento de regiões que se estendem em uma direção oblíqua (Alasca, Madagascar, entre outras).

6.8.4 Projeção cilíndrica equivalente de Lambert

A projeção cilíndrica equivalente de Lambert é uma projeção cilíndrica, equivalente e equatorial, portanto a escala sobre o equador é verdadeira e os paralelos são representados com o mesmo comprimento do equador (Bugayevskiy; Snyder, 1995) (Fig. 6.42).

A escala sobre os meridianos é reduzida na proporção inversa do seu aumento sobre os paralelos, para manter a razão de equivalência.

O espaçamento entre os paralelos diminui à medida que a latitude aumenta, indicando uma redução de escala. Dessa forma, a escala sobre os paralelos vai sendo progressivamente exagerada, ao mesmo tempo em que é reduzida sobre os meridianos, na proporção inversa.

Essa projeção apresenta uma grande distorção nas altas latitudes por essa desigualdade entre a escala nos meridianos e nos paralelos.

As principais aplicações dessa projeção são:
- Confecção de cartas equivalentes em baixas latitudes;
- Elaboração de mapas mundiais de baixas latitudes.

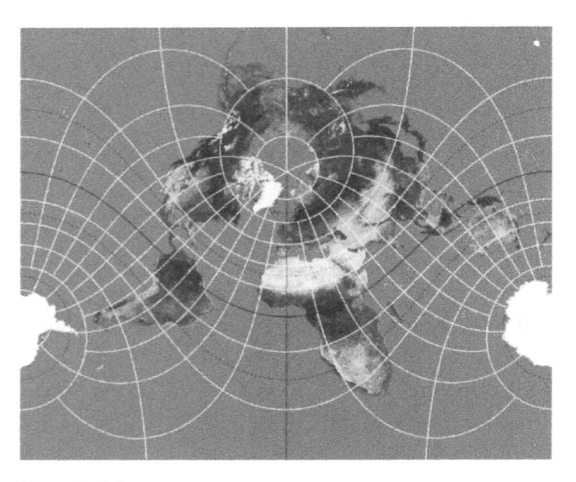

Fig. 6.41 Aparência da projeção oblíqua de Mercator

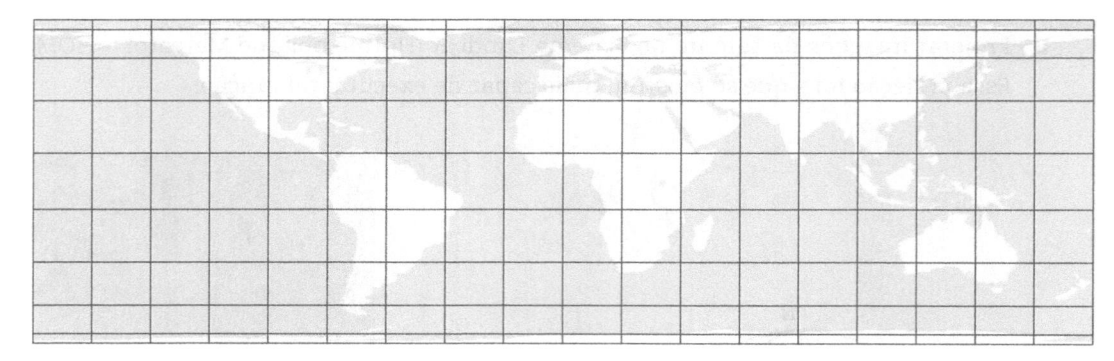

Fig. 6.42 Projeção cilíndrica equivalente de Lambert

6.8.5 Projeção Platte Carrée ou Equirretangular

Também conhecida como projeção equirretangular cilíndrica normal, a projeção de Platte Carrée é desenvolvida sobre um cilindro tangente e normal ao equador. Assim, a distorção aumenta em função da latitude, enquanto a escala é verdadeira ao longo do equador e de todos os meridianos, uma vez que é uma projeção equidistante. A escala é constante ao longo de cada paralelo, sendo igual à do paralelo oposto em sinal.

Os meridianos são espaçados igualmente e representados por linhas retas ortogonais ao equador. Os paralelos são igualmente espaçados e representados por linhas retas ortogonais aos meridianos. Os polos são linhas retas idênticas em comprimento ao equador e possuem simetria em relação a qualquer meridiano ou ao equador (Fig. 6.43).

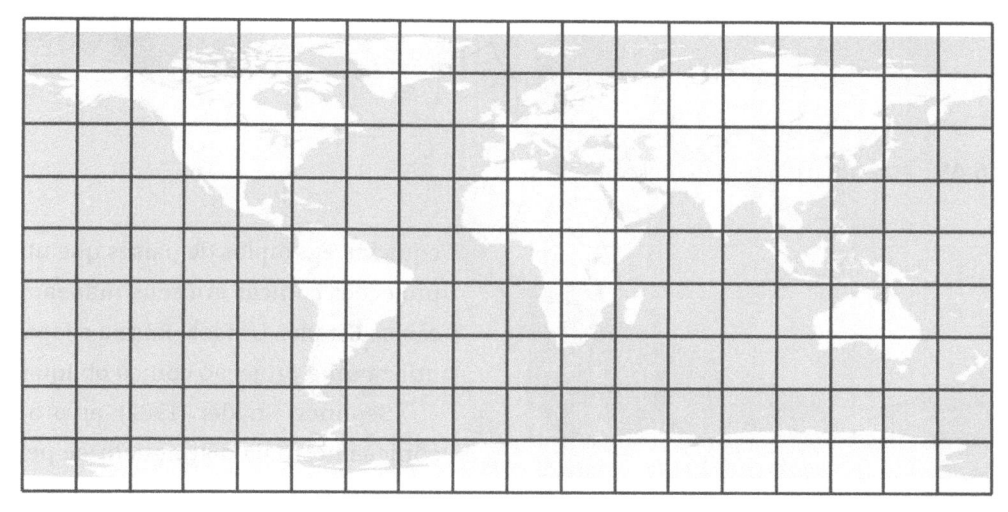

Fig. 6.43 Projeção cilíndrica equidistante

Essa projeção é creditada a Marinus (ou Marino) de Tiro, e foi idealizada por volta de 100 a.C., podendo ter sido na realidade originada por Eratóstenes (275 a.C.-195 a.C.) (Bugayevskiy; Snyder, 1995).

A maior aplicação dessa projeção – decorrente de sua característica de igual espaçamento entre os paralelos e meridianos – é como um sistema de coordenadas de um plano cartesiano, sendo, portanto, de fácil manipulação em sistemas de CAD (*AutoCAD* e *MicroStation*, entre outros), que não comportam sistemas de projeção cartográficos. Alguns sistemas CAD mais atuais já suportam a inserção de informações projetadas, como o *AutoCAD Map*.

6.9 Projeções cônicas

Nas projeções cônicas a superfície de projeção é definida pela superfície de um cone, tangente ou secante à superfície terrestre, sendo então planificada (Dana, 1994), conforme pode ser observado na Fig. 6.44.

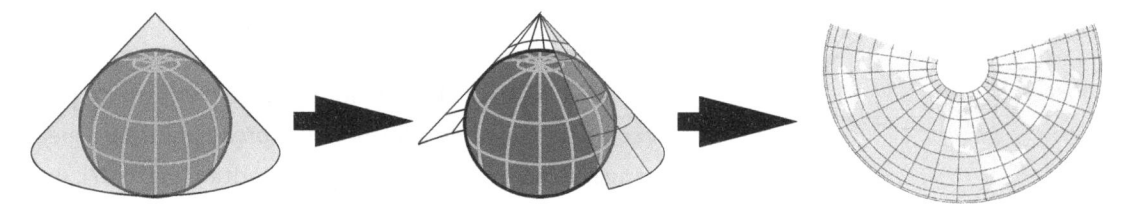

Fig. 6.44 Desenvolvimento cônico

As projeções cônicas se apresentam com três aspectos em relação à posição do cone adiante da superfície terrestre: equatorial, transverso e oblíquo (Fig. 6.45).

As projeções cônicas são utilizadas para mostrar uma região que se estenda de leste para oeste em zonas temperadas ou em pequenos círculos, ortogonais ou inclinados em relação ao

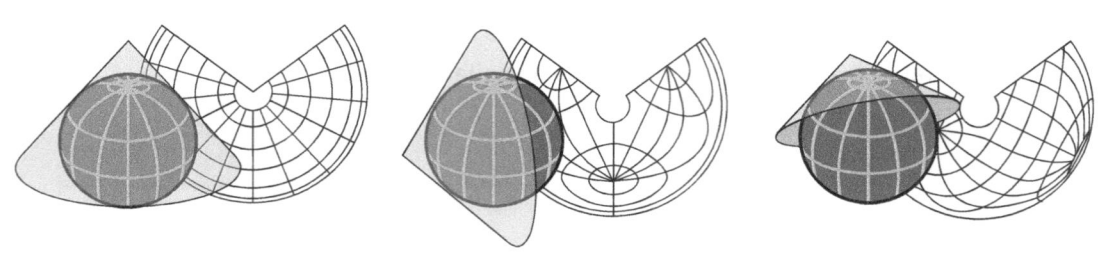

Fig. 6.45 Aspectos das projeções cônicas

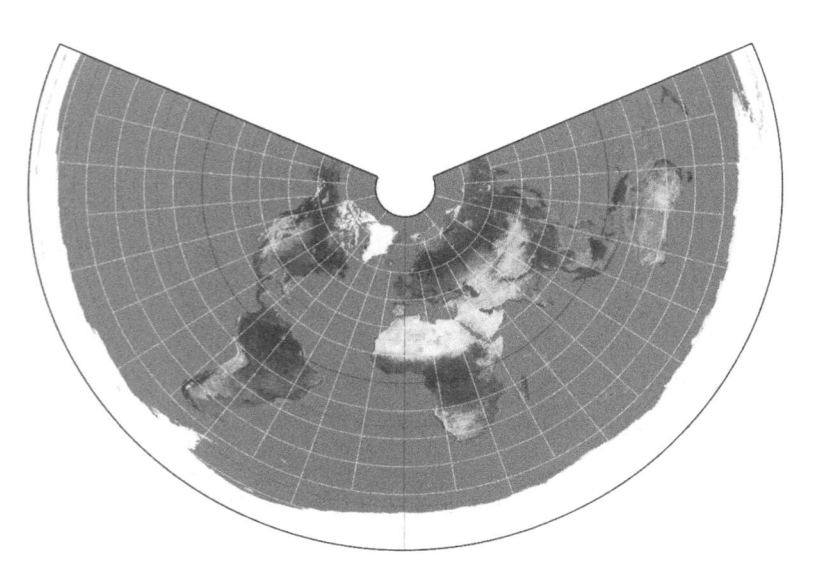

Fig. 6.46 Aspecto geral da projeção cônica normal

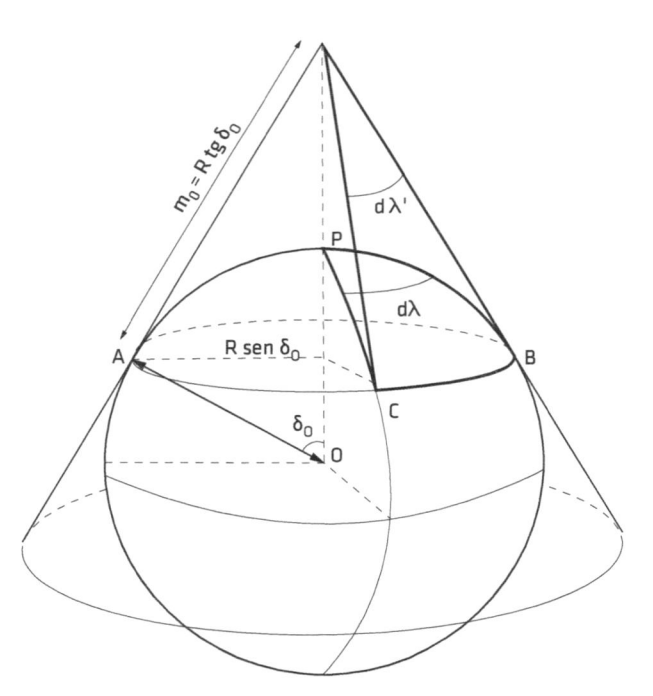

Fig. 6.47 Projeção cônica com cone tangente

equador. Exemplos de países que utilizam projeções cônicas em seus mapeamentos são os Estados Unidos, Rússia e Japão, que utiliza uma projeção cônica oblíqua.

Segundo Snyder (1987), as projeções cônicas normais distinguem-se pelo uso de arcos de círculos concêntricos para a representação dos paralelos e os raios desses círculos, igualmente espaçados, para representar os meridianos. Os ângulos entre os meridianos são menores que a diferença real em longitude. Dependendo das características da distorção da projeção, o espaçamento entre os paralelos será menor ou maior, definindo a escala ao longo de cada paralelo, que será sempre constante (Fig. 6.46).

A denominação projeção cônica origina-se do fato de as projeções mais elementares serem derivadas de um cone colocado no topo do globo, no qual o eixo do cone coincide com o eixo terrestre e seu lado tangente ao globo, descrevendo um paralelo padrão, em que a escala é real e sem distorções.

Os meridianos são traçados no cone do vértice para os pontos do meridiano correspondente no globo pelo paralelo padrão. O paralelo padrão é o centro de projeção, caracterizando a linha de distorção nula. No aspecto tangente só existirá um paralelo padrão (Fig. 6.47), e, no secante, dois paralelos padrões (Fig. 6.48) (Deetz; Adams, 1945). Os demais paralelos são traçados como arcos centrados no vértice do cone, de forma dependente da projeção, que irá definir o espaçamento.

As principais projeções cônicas que serão apresentadas em seguida terão como caso de análise o aspecto normal, que é de interesse para o caso brasileiro:

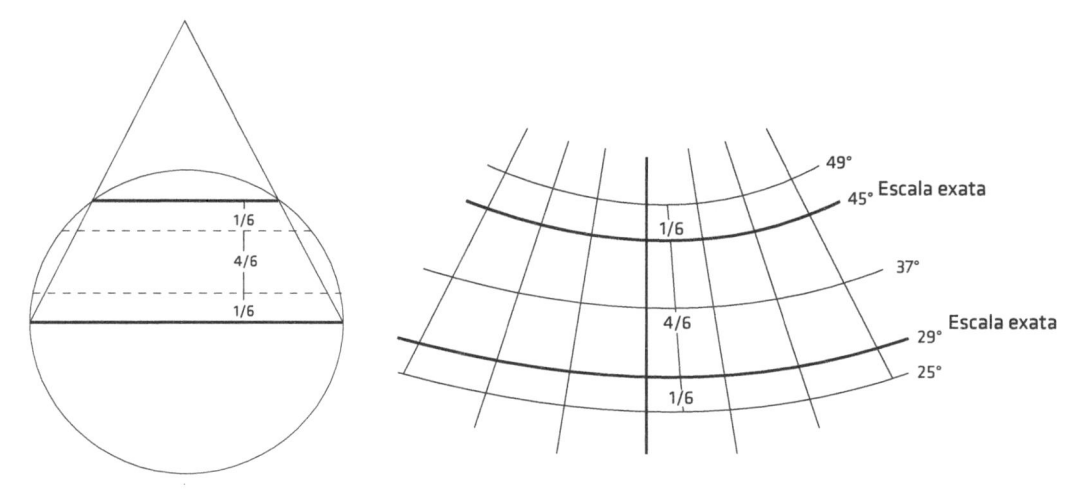

Fig. 6.48 Projeção cônica com cone secante
Fonte: adaptado de Deetz e Adams (1945).

- Projeção equivalente de Albers;
- Projeção cônica conforme de Lambert;
- Projeção policônica.

6.9.1 Projeção equivalente de Albers

Como o próprio nome indica, é equivalente e normal (Snyder, 1987). Possui a representação dos paralelos como arcos de círculos concêntricos e raios desses arcos, igualmente espaçados para os meridianos. Os paralelos não são igualmente espaçados, e o espaçamento é maior próximo ao paralelo padrão e menor próximo às bordas norte e sul (Fig. 6.49).

O polo não é o centro dos círculos, mas também é um arco de círculo, e os paralelos padrões devem ser tomados de forma a minimizarem a distorção em uma determinada região.

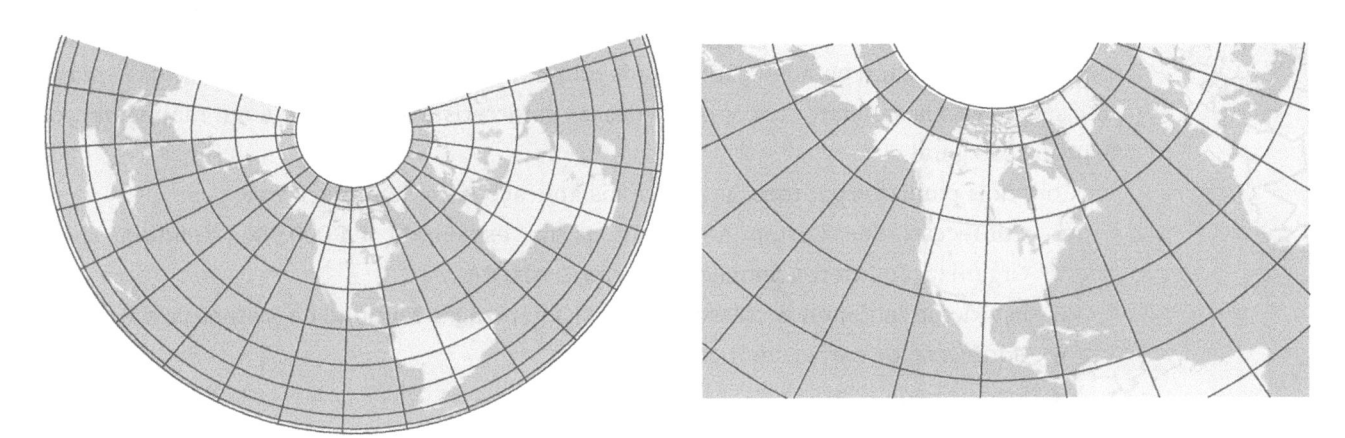

Fig. 6.49 Aparência da projeção cônica equivalente de Albers

Por conta de sua característica de equivalência, foi utilizada no desenvolvimento dos mapeamentos do projeto Sivam, elaborados pelo IBGE no fim da década de 1990 e início deste século. Atualmente vem sendo bastante empregada em projetos que primam pela maior precisão na mensuração de áreas.

6.9.2 Projeção cônica conforme de Lambert

Alguns dos comentários feitos para a projeção de equivalente de Albers em relação à aparência da projeção são idênticos para a projeção cônica conforme de Lambert, como, por exemplo, o espaçamento dos paralelos (Fig. 6.50).

A seleção de paralelos padrões é estabelecida pelas zonas de 4° de amplitude que se vai mapear, situados respectivamente a 1°20' abaixo e acima dos seus paralelos limites (Snyder, 1987).

É uma projeção conforme, porém, em altas latitudes, a projeção não é utilizada, em decorrência das grandes distorções existentes.

A escala, reduzida entre os paralelos padrões, é ampliada exteriormente a eles. Isto se aplica às escalas ao longo dos meridianos, paralelos ou qualquer outra direção, uma vez que é igual em um ponto dado.

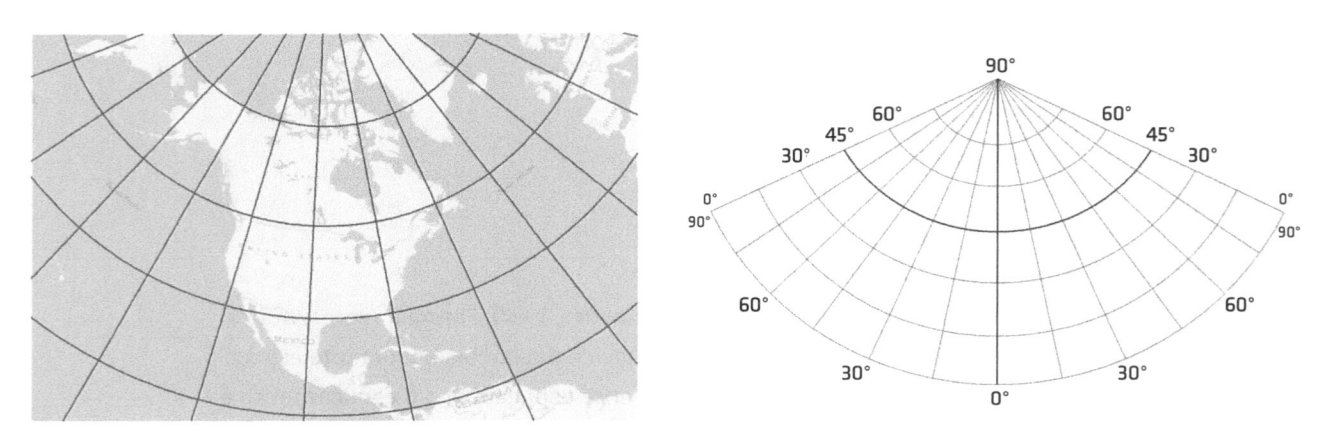

Fig. 6.50 Aparência da projeção cônica conforme de Lambert
Fonte: adaptado de Snyder (1987).

As principais aplicações dessa projeção são em regiões com pequena diferença de latitude, com a utilização de um paralelo padrão, pois primam pela manutenção das formas das áreas e precisão de escala satisfatória. Por conta dessas características é utilizada em mapeamentos de utilização geral.

Com dois paralelos padrões, as principais aplicações dessa projeção são:
- Confecção das Cartas Aeronáuticas na escala de 1:1.000.000, definidas pela Organização Internacional da Aviação Civil (OIAC);
- Estudo de fenômenos meteorológicos (Organização Mundial de Meteorologia);
- Confecção de cartas sinóticas;
- Produção de atlas;
- Produção das cartas internacionais do mundo (CIM, na escala 1:1.000.000).

6.9.3 Projeção policônica

Essa projeção não é conforme nem equivalente. Utiliza como superfície intermediária de projeção diversos cones tangentes em vez de apenas um (Deetz; Adams, 1945). No caso normal, os eixos dos cones são coincidentes com o eixo terrestre. Os cones tangenciam a superfície terrestre em seus paralelos, de modo que a cada um corresponda a um cone tangente. Em consequência, cada paralelo será desenvolvido separadamente, por meio do cone que lhe é tangente, e representado por um arco de círculo (Fig. 6.51).

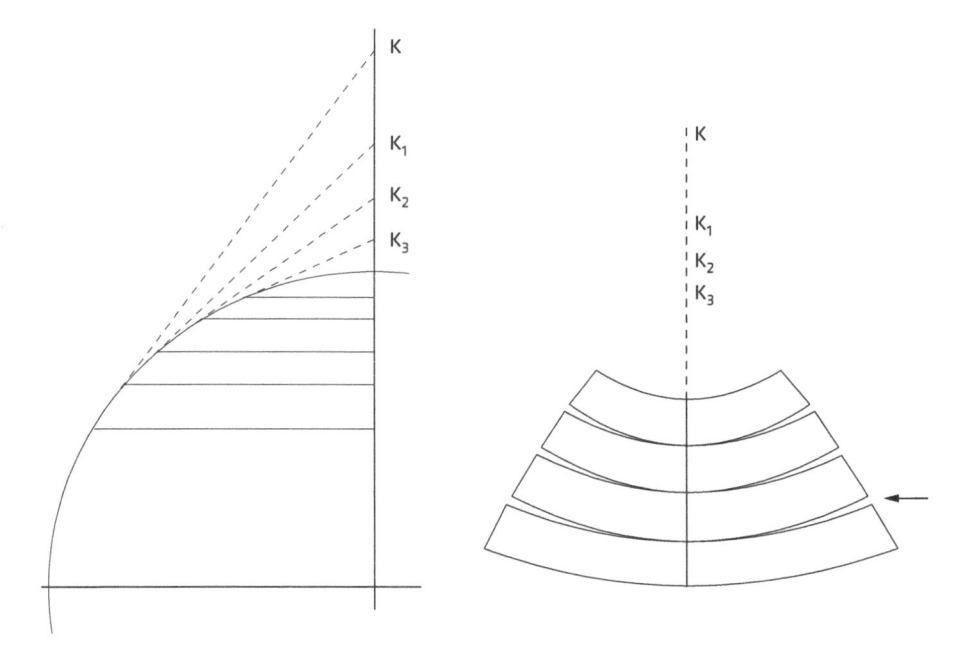

Fig. 6.51 Esquema de desenvolvimento
Fonte: adaptado de Deetz e Adams (1945).

Os arcos de círculo que representam os paralelos, não são concêntricos, porque cada um terá como centro o vértice do cone que lhe deu origem. Esses centros estão todos sobre o mesmo segmento de reta, pois os eixos dos cones são coincidentes, no prolongamento do meridiano central.

O meridiano central é representado por uma reta ortogonal ao equador, que também é uma reta. Os demais meridianos são curvas complexas calculadas e plotadas para cada posição de cone tangente, sendo o resultado da união desses pontos (Deetz; Adams, 1945) (Fig. 6.52).

Suas principais utilizações são em

- Mapas topográficos de grandes áreas e pequena escala;
- Cartas gerais de regiões não muito extensas;
- Levantamentos hidrográficos;
- Mapa internacional do mundo, com a projeção policônica modificada, substituída usualmente pela cônica conforme de Lambert;
- Mapas estaduais e regionais brasileiros, como os da série 1:5.000.000 e 1:2.500.000 do IBGE.

6.10 Projeção UTM – O sistema UTM

Ao fim do século XVIII, tendo por fim o levantamento do território de Hannover e a necessidade de se trabalhar com uma projeção com distorções menores que as existentes, Karl Friedrich Gauss estabeleceu um sistema de projeção conforme para a representação

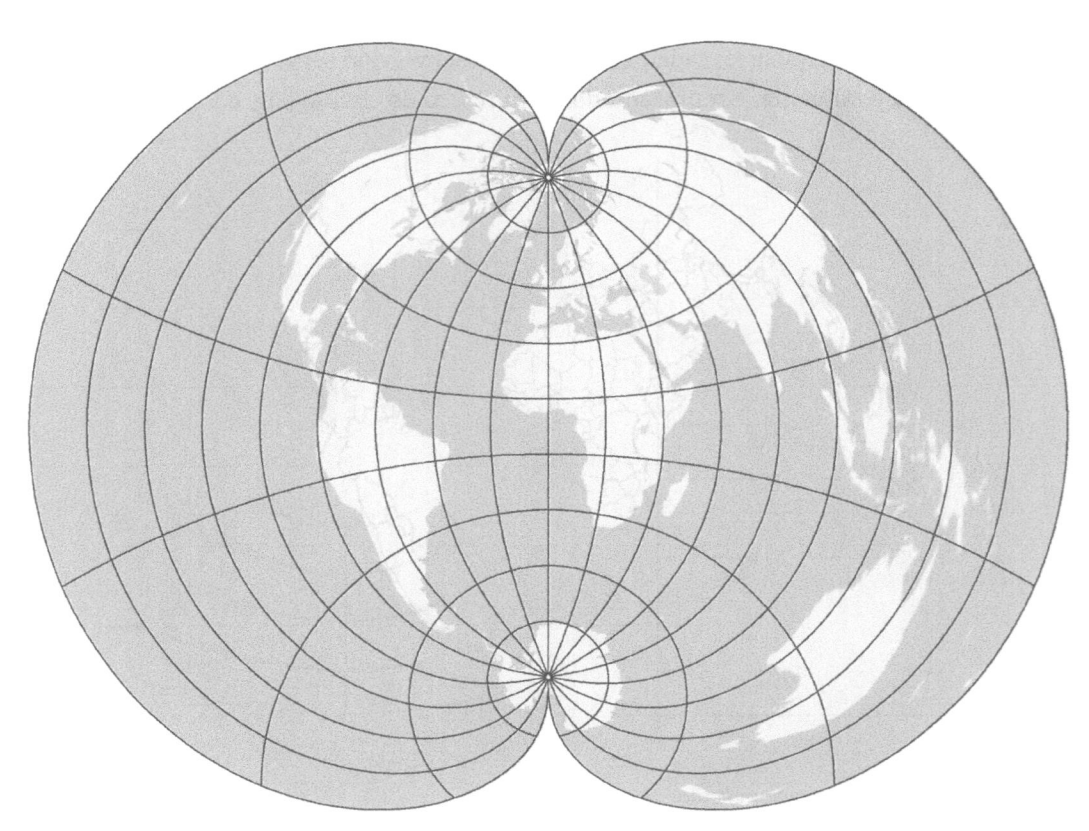

Fig. 6.52 Projeção policônica

do elipsoide, o qual foi denominado de *Gauss Hannovershe Projektion* (projeção de Hannover de Gauss) (Chagas, 1959).

Essa projeção tinha as seguintes características:

- Cilindro tangente a Terra;
- Utilização do conceito da projeção de Mercator;
- Cilindro transverso, tangente ao meridiano de Hannover, conforme pode ser visto na Fig. 6.53.

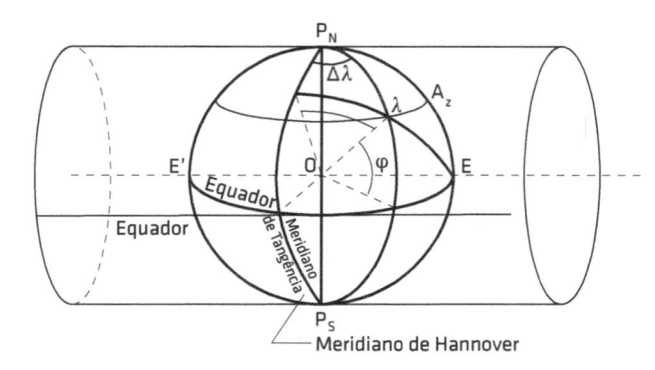

Fig. 6.53 Projeção transversa de Mercator com cilindro tangente ao meridiano de Hannover
Fonte: adaptado de Chagas (1959).

Aproveitando os estudos de Gauss, outro geodesista alemão, Krüger, definiu um sistema projetivo, no qual o cilindro era rotacionado, aproveitando-se, como áreas de projeção, fusos independentes um do outro, de 3° de amplitude, ficando conhecido pelo nome de Gauss-Krüger (Fig. 6.54).

Após a 1ª Grande Guerra Mundial (1914-1918), as exigências militares fizeram com que as projeções conformes fossem largamente empregadas na construção de cartas topográficas. Com essa necessidade, outro geodesista, o comandante francês Tardi, introduziu novas modificações ao sistema de Gauss, ao realizar parte do mapeamento do continente africano, criando o sistema denominado Gauss-Tardi.

Esse sistema passou a ser aplicado a fusos de 6° de amplitude, idênticos aos da carta do mundo ao milionésimo, com os meridianos centrais de cada fuso múltiplos de 6° (36°, 42°, ...). O cilindro passou a ser secante, criando-se duas linhas de distorção nula e, consequentemente, diminuindo a distorção da projeção (Chagas, 1959) (Fig. 6.55).

Esse sistema foi proposto pela União Internacional de Geodésia e Geofísica (UGGI) em 1935 como um sistema universal, numa tentativa de unificação dos trabalhos cartográficos. Em 1932, o antigo Serviço Geográfico do Exército (SGE) adotou o sistema Gauss-Krüger, em fusos de 3° (1,5° para cada lado do meridiano central), e em 1943 adotou o sistema Gauss-Tardi. Em 1951 a UGGI recomendou o emprego em sentido mais amplo para o mundo inteiro, o sistema universal transversa de Mercator (UTM), o qual foi adotado a partir de 1955 pela Diretoria do Serviço Geográfico do Exército. Esse sistema é basicamente o mesmo sistema de Gauss-Tardi, com pequenas modificações.

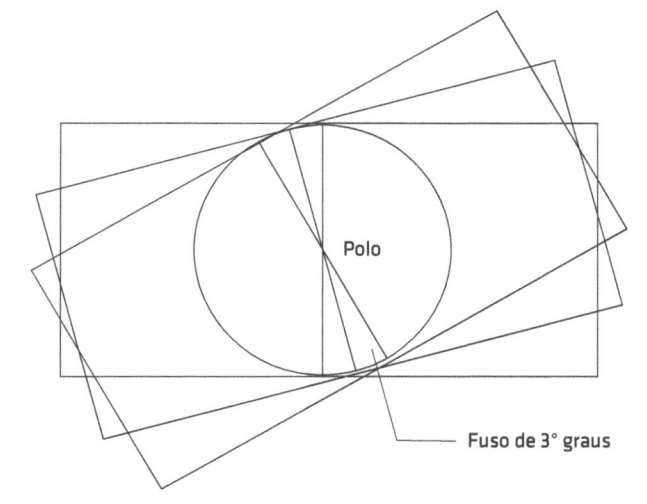

Fig. 6.54 Modificação de Krüger, com cilindro tangentes e fusos de 3°

6.10.1 Especificações dos sistemas de Gauss

Serão apresentadas especificações de todos os sistemas baseados em Gauss (Gauss-Krüger, Gauss-Tardi e UTM), pelo fato de ainda existirem em circulação mapas e cartas que foram gerados e impressos nesses sistemas. Isso pode confundir o leigo, uma vez que as coordenadas desses sistemas não são idênticas, ou seja, mesmo se tratando de sistemas teoricamente semelhantes, suas coordenadas são diferentes em valor e conteúdo.

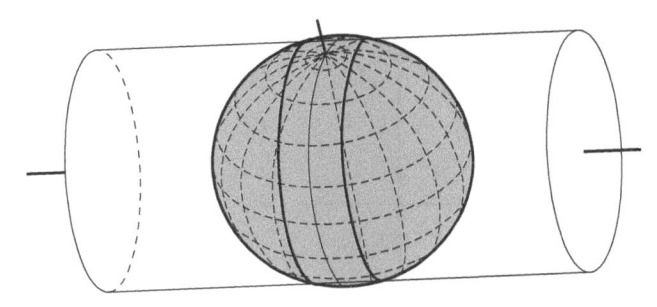

Fig. 6.55 Modificação de Tardi: cilindro secante e fusos de 6°

Sistema Gauss-Krüger (Gauss 3)

As especificações da projeção Gauss-Krüger são:
- Projeção conforme de Gauss;
- Decomposição em fusos de 3° de amplitude;
- Meridiano central múltiplo de 1°30';
- Cilindro tangente no meridiano central;
- k_0 coeficiente de escala (fator de escala) = 1 no meridiano central;
- Existe ampliação para as bordas do fuso;
- Constante do equador = 0;
- Constante do meridiano central = 0;
- As coordenadas planas são (x, y), em que x é abscissa sobre o meridiano e y é a ordenada sobre o equador, caracterizando uma inversão do sistema matemático.

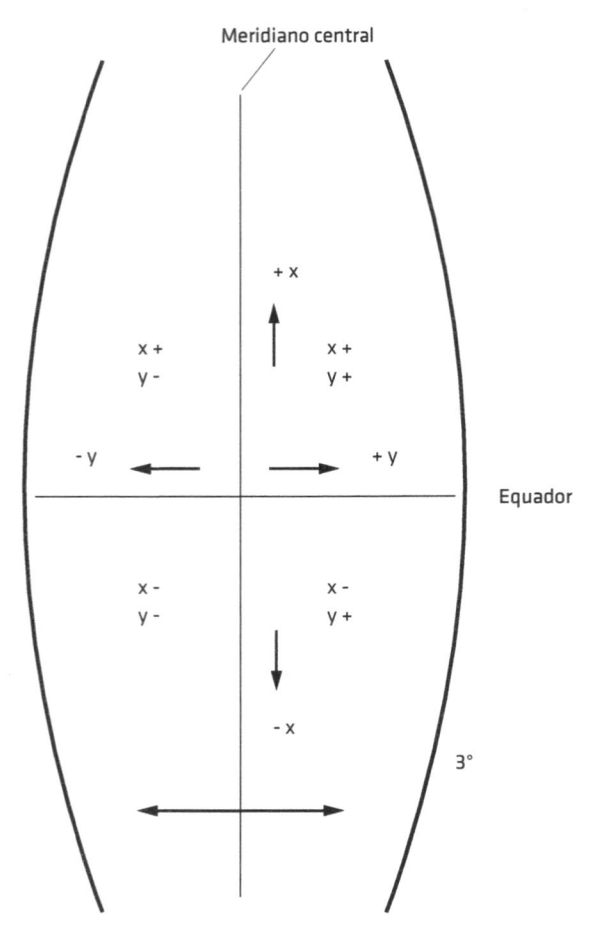

Fig. 6.56 Sistema de Gauss-Krüger (Gauss 3)

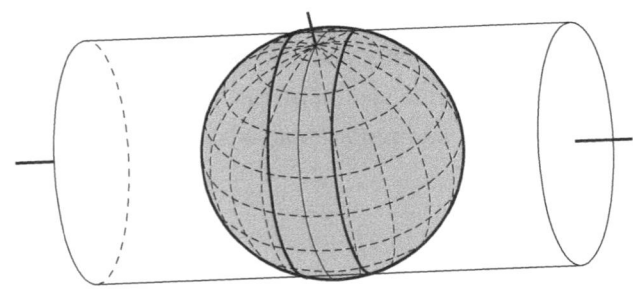

Fig. 6.57 Cilindro secante e fusos de 6°

Trata-se de um sistema de aplicação mais local, que inspirou a criação dos sistemas locais LTM e RTM, que serão vistos adiante.

Um esquema de representação de um fuso da projeção de Gauss-Krüger e o comportamento de suas coordenadas é apresentado na Fig. 6.56.

Sistema Gauss-Tardi (Gauss 6)

As especificações da projeção Gauss-Tardi são:

- Projeção conforme de Gauss, cilíndrica, transversa e secante, com fusos de 6° de amplitude (3° para cada lado) (Fig. 6.57);
- Meridiano central (MC) múltiplo de 6°. No caso brasileiro, os MC são: $-36°$, $-42°$, $-48°$, $-54°$, $-60°$, $-66°$ e $-72°$;
- O fator de escala (coeficiente de redução de escala) é $k_0 = 0,999333$. Existe, portanto, um miolo de redução, até a região de secância, em que $h = 1.0$. Haverá ampliação até as bordas do fuso;
- Origem dos sistemas parciais no cruzamento central, acrescidas as constantes de 5.000 km para o equador e 500 km para o meridiano central (Fig. 6.58). Tais constantes visam a não existir coordenadas negativas, o que acontece com o sistema Gauss-Krüger.
- Existência de uma zona de superposição de 30' além do fuso. Os pontos situados até o limite da zona de superposição são colocados nos dois fusos, ou seja, no próprio fuso e no subsequente, visando a facilitar trabalhos de campo.

Sistema UTM

O sistema Universal Transversa de Mercator (UTM) foi adotado pelo Brasil em 1955, passando a ser utilizado pela DSG e IBGE para o mapeamento sistemático do país. Gradativamente, foi o sistema adotado para o mapeamento topográfico de qualquer região, e hoje é utilizado ostensivamente em qualquer tipo de levantamento.

Suas principais especificações são:

- Utiliza a projeção conforme de Gauss como um sistema Tardi;
- O cilindro é secante, com fusos de 6°, 3° para cada lado;
- Os limites dos fusos coincidem com os limites da carta do mundo ao milionésimo;
- Os fusos de 6° são numerados do antimeridiano de Greenwich, de 1 até 60, de oeste para leste e, dessa forma, coincidem com a carta do mundo.

A Fig. 6.59 apresenta a divisão do Brasil em fusos e a Tab. 6.1 mostra o número de fusos, seu meridiano central e os meridianos extremos dos fusos brasileiros.

- Para evitar coordenadas negativas, são acrescidas as constantes de 10.000.000 m para o equador, que se referem apenas ao hemisfério sul, e 500.000 m para o meridiano central;
- O coeficiente de redução de escala (fator de escala) no meridiano central é $k_0 = 0,9996$;
- O cilindro sofre uma redução, tornando-se secante ao globo terrestre, logo, o raio do cilindro é menor do que a esfera modelo.

A vantagem da secância é o estabelecimento de duas linhas de distorção nula nos pontos de secância (Fig. 6.60). Essas linhas estão situadas a aproximadamente 180 km a leste e a oeste do meridiano central do fuso. Pelo valor arbitrado ao meridiano central, as coordenadas da linha de distorção nula estão situadas em 320.000 m e 680.000 m, aproximadamente.

A Fig. 6.61 mostra a representação esquemática da variação da distorção na projeção. No meridiano central existe um núcleo de redução que aumenta de 0,9996 até 1,0 quando encontra a linha de secância. Dessa linha de secância até a extremidade do fuso existe uma ampliação, até o valor de $h = 1,0010$. A Tab. 6.2 mostra o fator de escala ao longo das coordenadas leste (E).

O limite de fuso deve sempre ser preservado – a ampliação cresce de tal forma após a transposição de fusos, que, caso isso não aconteça, haverá distorções cartograficamente inadmissíveis:

- A simbologia adotada para as coordenadas UTM são N para a coordenada ao longo do eixo N-S, e E para a coordenada ao longo do eixo L-O (Fig. 6.62);
- As coordenadas são dimensionadas em metros, podendo em alguns casos serem apresentadas em quilômetros também. Normalmente são definidas até mm, para coordenadas de precisão;
- As coordenadas E variam de aproximadamente 120.000 m a 880.000 m, passando pelo valor de 500.000 m no meridiano central.
- As coordenadas N, acima do equador, são caracterizadas por serem maiores do que zero e crescem na direção norte. Abaixo do equador, onde têm um valor de 10.000.000 m, as coordenadas são decrescentes na direção sul.

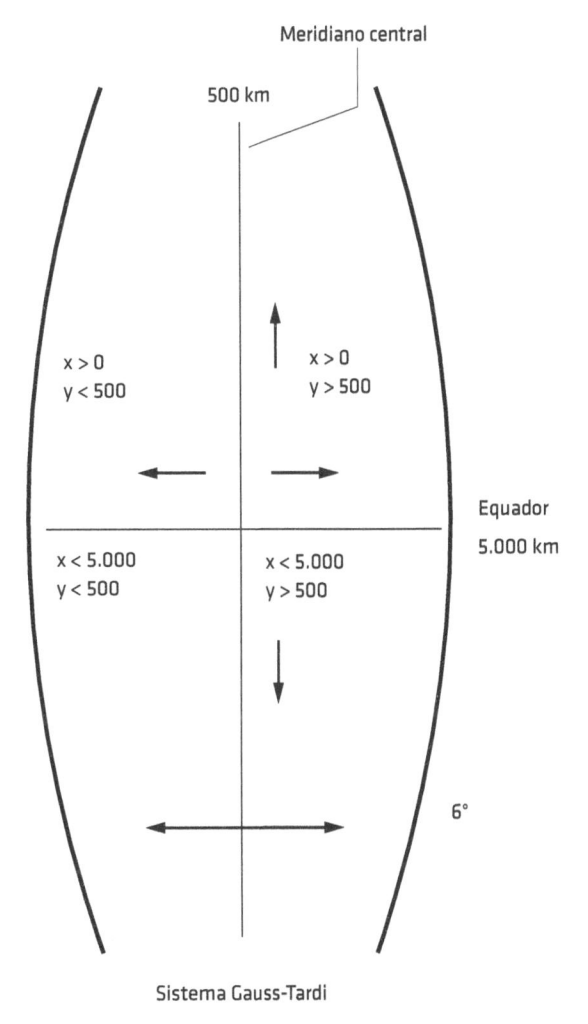

Fig. 6.58 Sistema Gauss-Tardi (Gauss 6)

Tab. 6.1 Características dos fusos brasileiros na projeção UTM

Fusos	Meridiano Central	Meridianos Limites	
18	−75°	−78°	−72°
19	−69°	−72°	−66°
20	−63°	−66°	−60°
21	−57°	−60°	−54°
22	−51°	−54°	−48°
23	−45°	−48°	−42°
24	−39°	−42°	−36°
25	−33°	−36°	−30°

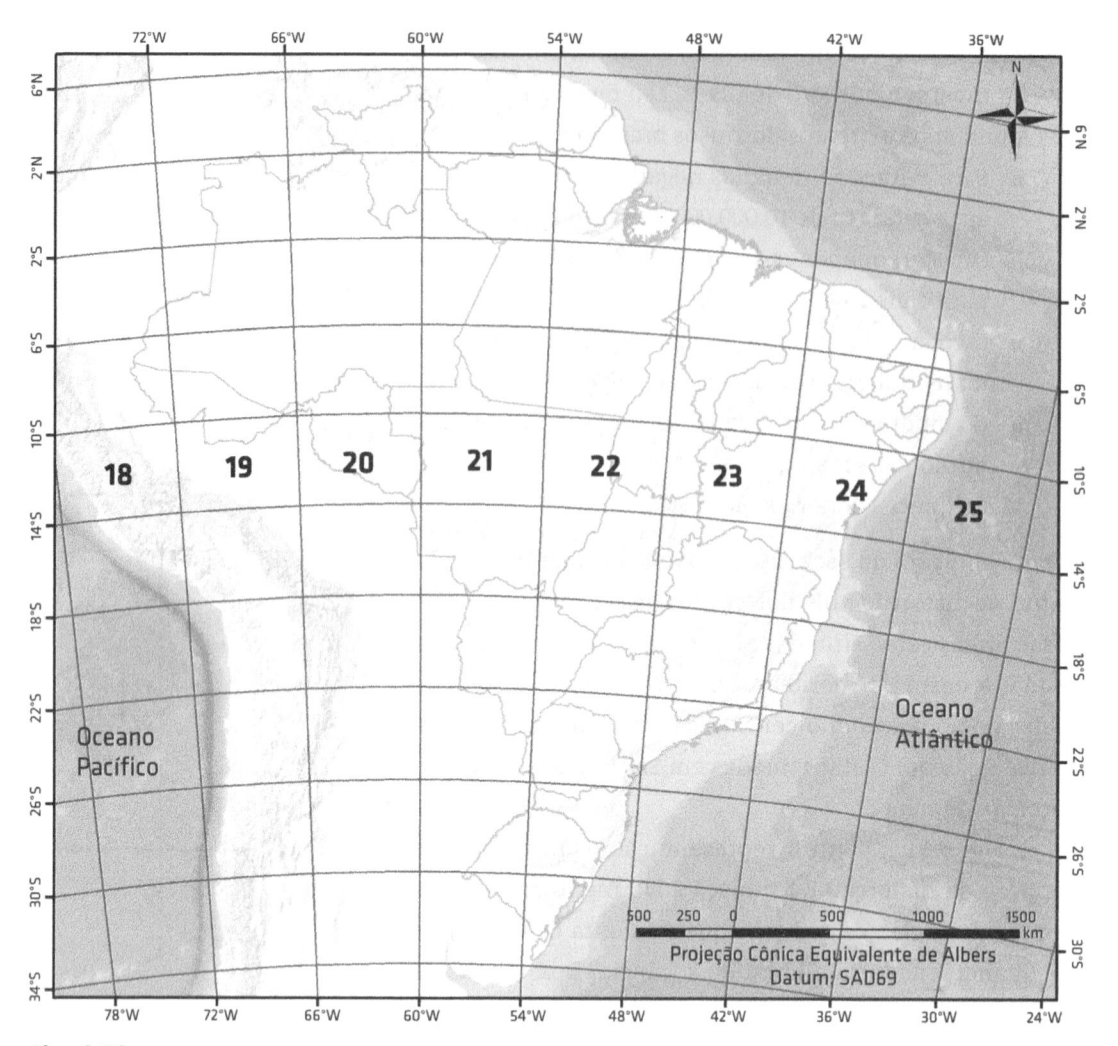

Fig. 6.59 Divisão dos fusos do Brasil

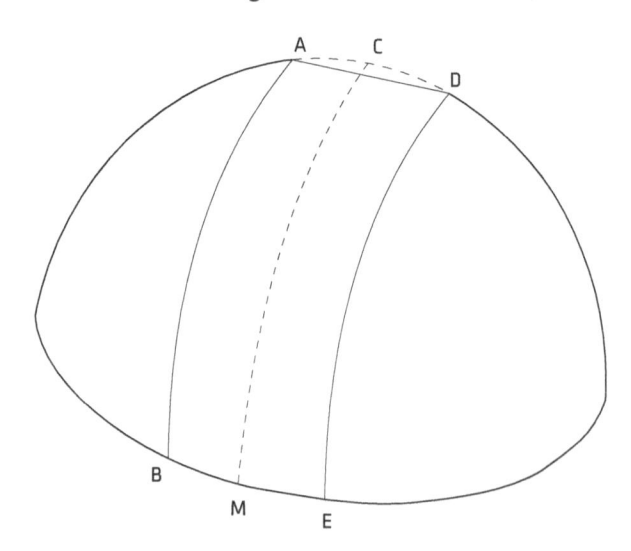

Fig. 6.60 Representação da região de secância

Um ponto qualquer P, será definido pelo par de coordenadas UTM E e N de forma P (E;N). Exemplos: P1 (640 831,33 m; 323, 285 m) – é um ponto situado à direita do meridiano central e no hemisfério norte; P2 (640 831,33 m; 9 999 676, 615 m) – é um ponto simétrico do ponto anterior em relação ao equador; P3 (359 168,67 m; 9 999 676, 715 m) – é um ponto simétrico em relação ao anterior, em relação ao meridiano central. A Fig. 6.63 mostra o esquema de representação das coordenadas UTM em um fuso qualquer.

É importante observar que a cada fuso corresponderá a um conjunto independente de coordenadas. Existirão, portanto, 60 (sessenta) sistemas independentes de coordenadas, um para cada fuso. Assim, ocorrerá a repetição de coordenadas em diferentes fusos, e o que irá diferenciar o posicionamento de um ponto em um fuso será a indicação do meridiano central ou do número do fuso que contém o ponto ou conjunto de pontos.

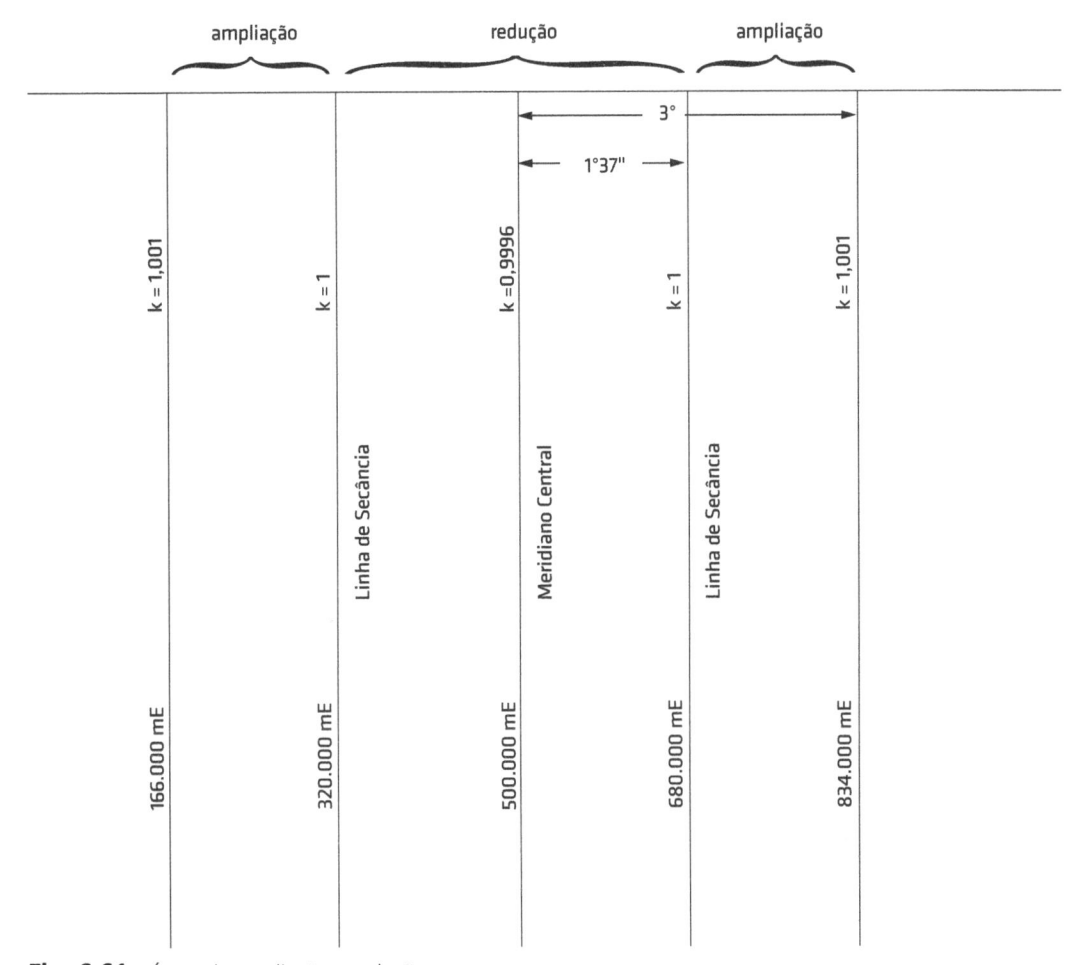

Fig. 6.61 Áreas de ampliação e redução

Essa característica dificulta a adoção dessa projeção para estudo que contemplam mais de um fuso, pois em um mesmo projeto fica difícil trabalhar com um sistema de coordenadas que tem duas origens distintas, principalmente em meio digital. Em casos que contemplem uma distribuição de área de interesse por dois fusos é mais indicado trabalhar com outro tipo de projeção.

Pelo esquema apresentado na figura anterior, é possível verificar que as coordenadas, não têm os valores das constantes do equador e do meridiano central. Essas constantes são adicionadas para se evitar coordenadas negativas.

- O sistema UTM é utilizado entre as latitudes de 84° e −80°. As regiões polares são complementadas pelo Universal Polar Estereográfica (UPS).

6.10.2 Transformação de coordenadas UTM

Para a transformação de coordenadas da projeção UTM para o elipsoide, e vice-versa, devem ser salientadas algumas recomendações para não se cair em erros que possam colocar a perder todo um trabalho que porventura esteja sendo realizado.

A latitude e longitude de cartas topográficas em projeção UTM, estarão sempre referidas a um elipsoide de revolução, portanto, essas latitudes e longitudes são geodésicas, e não geográficas referidas à esfera.

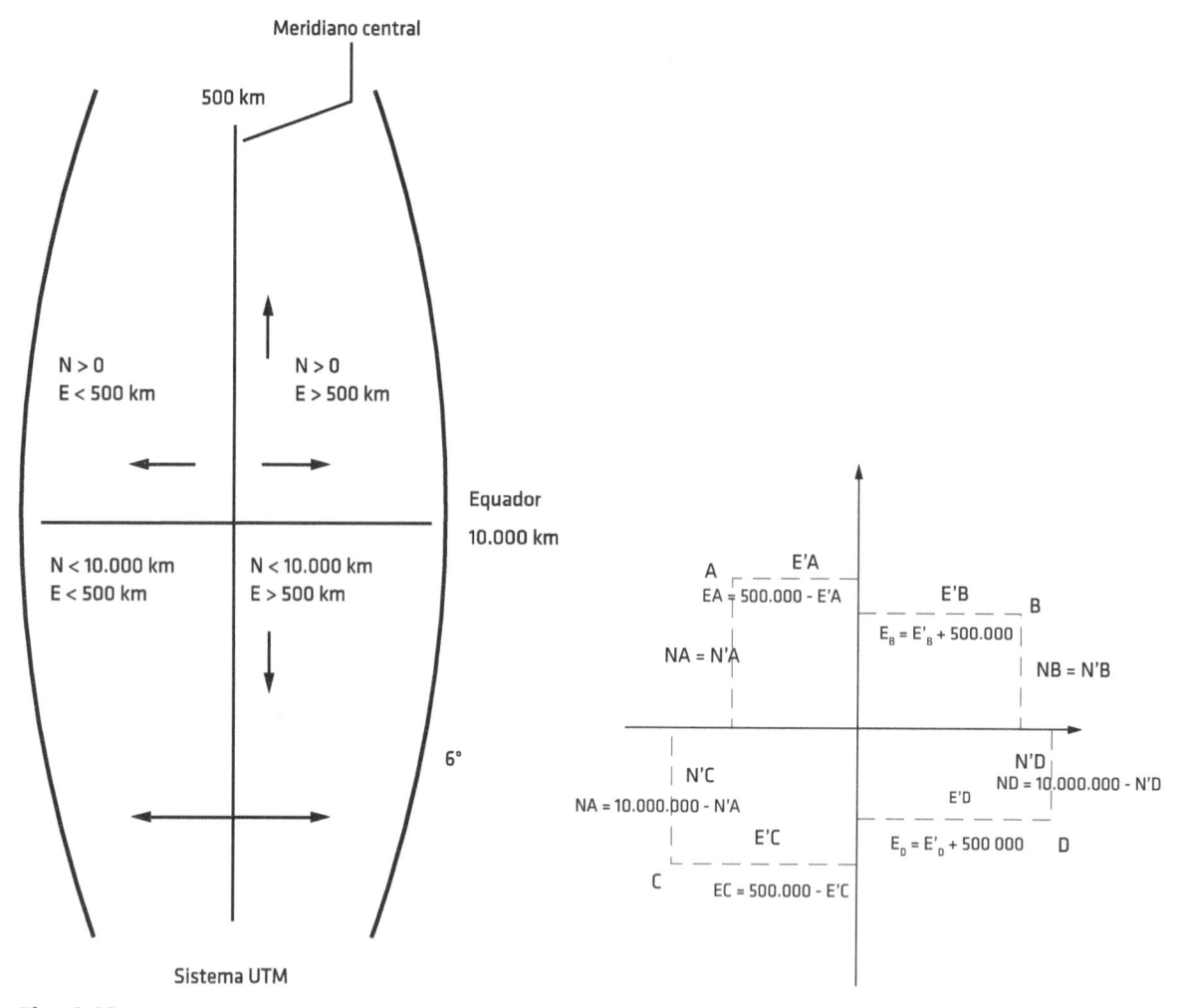

Fig. 6.62 Sistema UTM

Fig. 6.63 Esquema de representação das coordenadas UTM

A atribuição de um sistema geodésico de referência é fundamental para a realização das transformações. Assim, devem ser verificados os corretos parâmetros das coordenadas, que normalmente deveriam estar dispostos e consolidados em metadados associados aos documentos cartográficos. Entretanto, essa prática não é comum, cabendo ao usuário da informação realizar uma investigação prévia para evitar transformações equivocadas.

Cartas mais antigas podem mostrar não só sistemas de projeção diferentes (Gauss-Krüger, Gauss-Tardi, entre outros) como estar relacionadas a outros sistemas geodésicos. Por isso, é importante ter bastante atenção ao se retirar coordenadas delas.

A transformação de coordenadas pode ser efetuada por cálculo manual, utilizando-se tabelas de cálculo e manuais de transformação desenvolvidos pela DSG e IBGE, ou por calculadora de bolso ou *softwares* de computadores. No caso específico dos *softwares*, eles são capazes de calcular a convergência meridiana e o coeficiente de redução de escala para o ponto considerado.

6.11 Sistemas topográficos locais nas NB 14166/98 ABNT

Um sistema de coordenadas local tem a sua definição e conceito estabelecido dentro das NBR 14166/98 da ABNT (ABNT, 1998). Essa norma fixa as condições exigíveis para a

Tab. 6.2 Áreas de ampliaçãio e redução

Ordenada E		K	Log K
500000	500000	0.99960	9.99983 – 10
490000	510000	0.99960	9.99983
480000	520000	0.99960	9.99983
470000	530000	0.99961	9.99983
460000	540000	0.99962	9.99983
450000	550000	0.99963	9.99984
440000	560000	0.99964	9.99984
430000	570000	0.99966	9.99985
420000	580000	0.99968	9.99986
410000	590000	0.99970	9.99987
400000	600000	0.99972	9.99988
390000	610000	0.99975	9.99989
380000	620000	0.99978	9.99990
370000	630000	0.99981	9.99992
360000	640000	0.99984	9.99993
350000	650000	0.99988	9.99995
340000	660000	0.99992	9.99997
330000	670000	0.99996	9.99998 – 10
320000	680000	1.00000	0.00000
310000	690000	1.00005	0.00002
300000	700000	1.00009	0.00004
290000	710000	1.00014	0.00006
280000	720000	1.00020	0.00009
270000	730000	1.00025	0.00011
260000	740000	1.00031	0.00013
250000	750000	1.00037	0.00016
240000	760000	1.00043	0.00019
230000	770000	1.00050	0.00022
220000	780000	1.00057	0.00025
210000	790000	1.00064	0.00028
200000	800000	1.00071	0.00031
190000	810000	1.00079	0.00034
180000	820000	1.00086	0.00037
170000	830000	1.00094	0.00041
160000	840000	1.00103	0.00045
150000	850000	1.00111	0.00048
140000	860000	1.00120	0.00052
130000	870000	1.00129	0.00056
120000	880000	1.00138	0.00060
110000	890000	1.00148	0.00064
100000	900000	1.00158	0.00069

implantação e manutenção das denominadas Redes de Referência Cadastral Municipal, destinadas a apoiar a elaboração e atualização de plantas cadastrais municipais e amarrar, de modo geral, todos os serviços de topografia, visando às incorporações às plantas cadastrais do município. Além disso, referencia todos os serviços topográficos de demarcação, anteprojetos, projetos, implantação e acompanhamento de obras de engenharia em geral, urbanização, levantamentos de obras conforme construídas (*as built*) e cadastros imobiliários para registros públicos e multifinalitários.

Um plano topográfico local é um plano tangente à superfície terrestre, elevado ao nível médio da área a ser levantada, ou seja, da área de abrangência do sistema topográfico local, segundo a normal à superfície de referência no ponto de origem do sistema de coordenadas locais, definido pelo ponto de tangência do plano topográfico de projeção no elipsoide de referência (ABNT, 1998). (Fig. 6.64).

Cintra (2004) apresenta a concepção do plano topográfico local, com as suas orientações em relação ao centro do plano tangente (Fig. 6.65).

Essa superfície é definida pelas tangentes no ponto origem do sistema topográfico, ao meridiano desse ponto e à geodésica normal a esse meridiano.

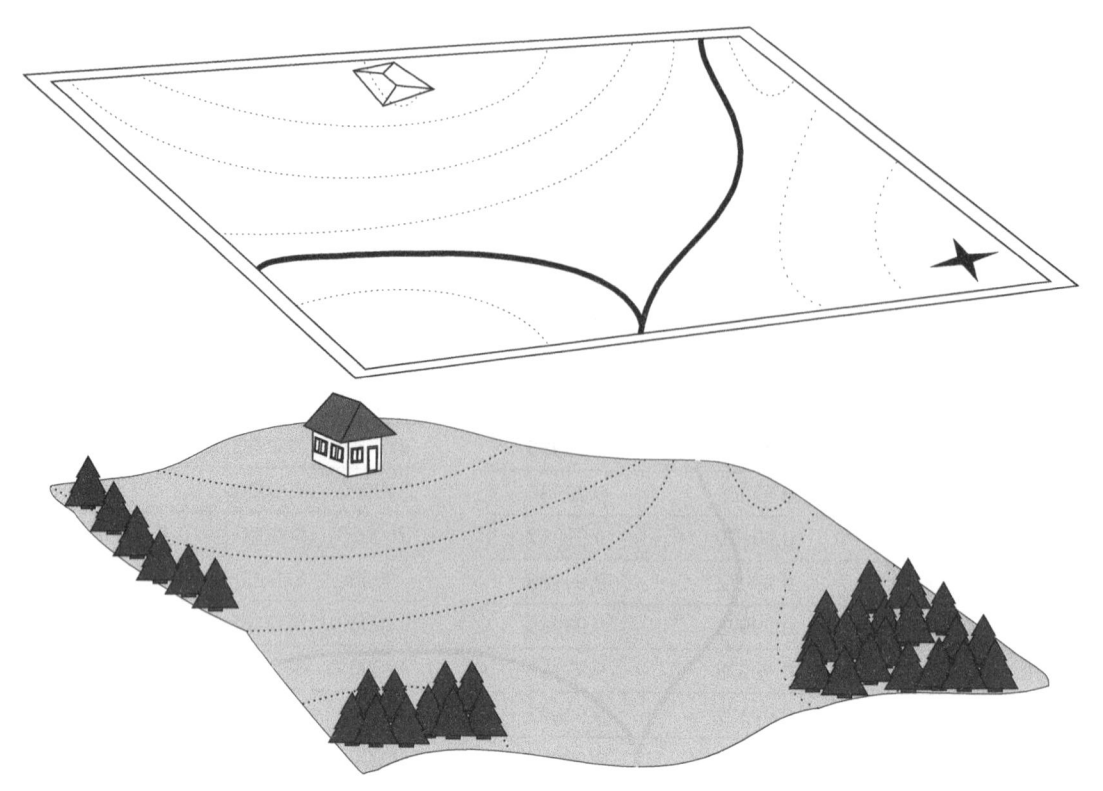

Fig. 6.64 Esquema de um plano topográfico local
Fonte: adaptado de Cintra (2004).

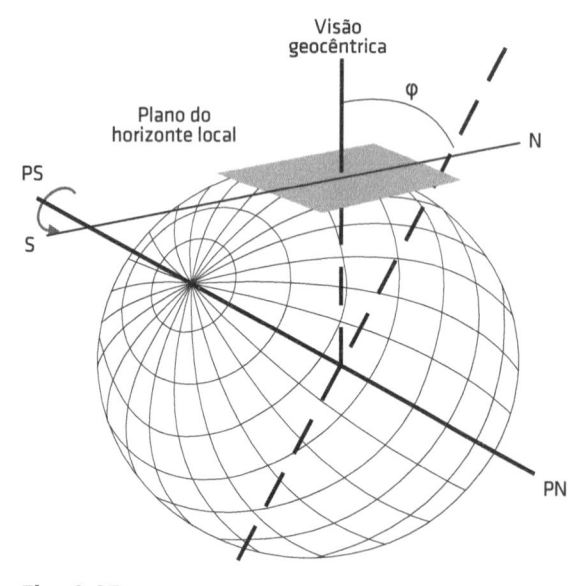

Fig. 6.65 Concepção do plano topográfico local
Fonte: adaptado de Cintra (2004).

O plano topográfico é tangente ao elipsoide de referência no ponto de origem do sistema topográfico e tem a sua dimensão máxima limitada a aproximadamente 50 km do ponto de origem do sistema topográfico local. Busca, assim, minimizar que o erro relativo, decorrente da desconsideração da curvatura terrestre, não ultrapasse 1:50.000 nessa dimensão, e 1:20.000 nas imediações da extremidade dessa dimensão (Cintra, 2004). A Fig. 6.66 mostra a estrutura dos planos topográficos locais.

A dimensão máxima do plano topográfico é a metade da diagonal de um quadrado de 100 km de lado, correspondente à área máxima de abrangência do sistema topográfico local (ABNT, 1998), conforme pode ser visto na Fig. 6.67.

As coordenadas cartesianas da localização planimétrica dos pontos medidos no terreno são notadas pelas letras x e y (X, Y). Essas coordenadas são representadas no plano topográfico do sistema topográfico local tendo como origem o ponto de tangência desse plano com a superfície de referência adotada pelo Sistema Geodésico Brasileiro (SGB). Dessa forma, as seguintes regras devem ser aplicadas (ABNT, 1998):

- O sistema de coordenadas plano-retangulares tem a mesma origem do sistema topográfico local;

Fig. 6.66 Planos topográficos locais
Fonte: adaptado de ABNT (1998).

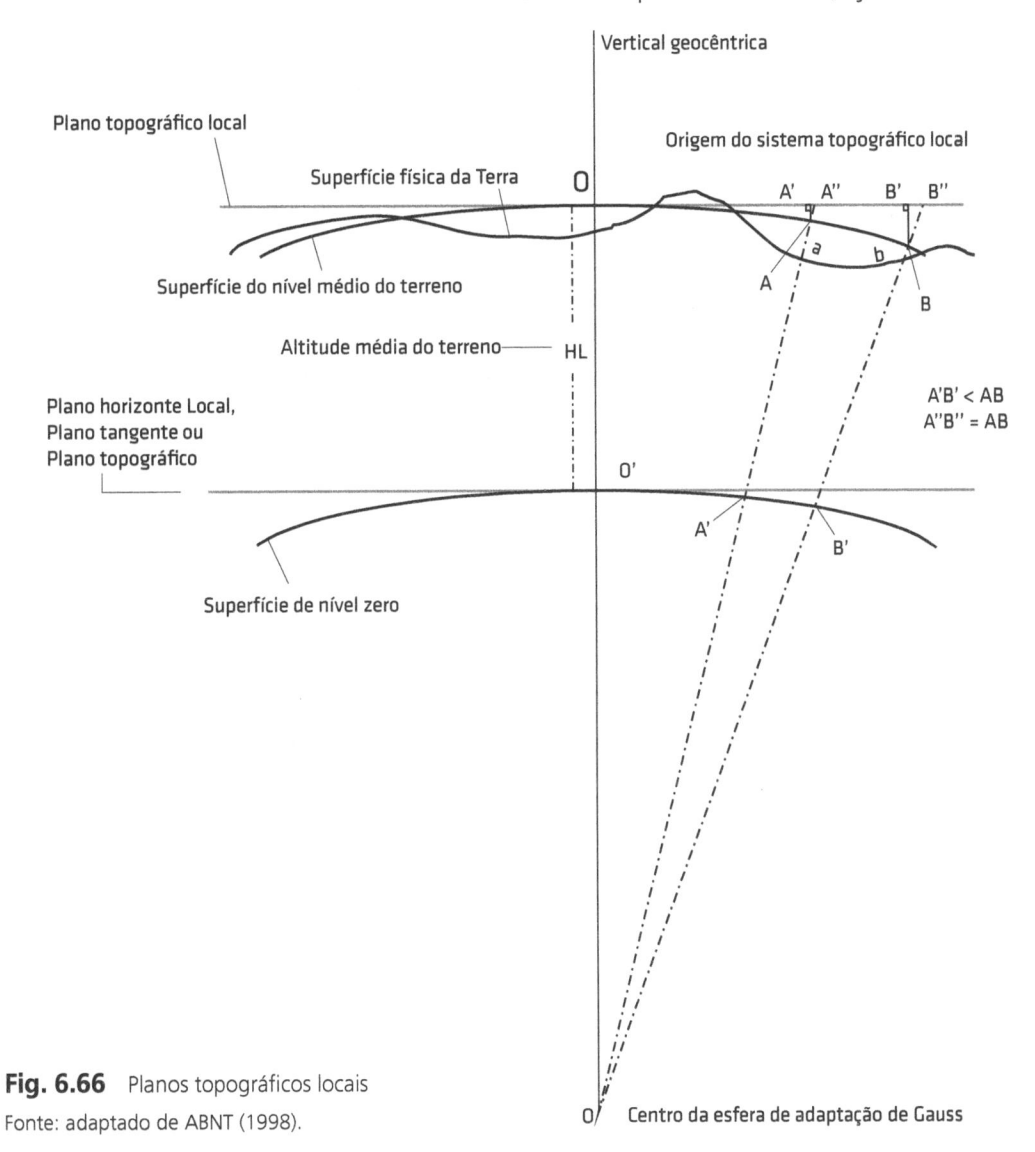

- A orientação do sistema de coordenadas plano retangulares é em relação ao eixo das ordenadas (Y);
- A fim de serem evitados valores negativos para as coordenadas plano-retangulares, serão adicionadas constantes aditivas adequadas a essa finalidade;
- A origem do sistema topográfico local deve estar posicionada, geograficamente, de modo que nenhuma coordenada plano-retangular, isenta do seu termo constante, tenha valor superior a 50 km;
- Com o objetivo de se elevar o plano topográfico de projeção ao nível médio da área do sistema topográfico, as coordenadas plano-retangulares são corrigidas por um fator de correção de altitude (c), caracterizando o plano topográfico local. O fator c é definido por:

$$c = \frac{R_m + H_t}{R_m} \quad e \quad R_m = \sqrt{N \cdot M}$$

Em que:
c = correção de altitude;
H_t = altitude média do terreno;

R_m = raio médio terrestre = adotado como raio da esfera de adaptação de Gauss;

M = raio de curvatura da elipse meridiana do elipsoide de referência na origem do sistema topográfico local;

N = raio de curvatura da elipse normal à elipse meridiana na origem do sistema topográfico local.

Relativamente à grandeza de R_m e ao pequeno valor de H_t, a norma permite a utilização da expressão simplificada:

$$c = 1 + 1{,}57 \times 10^7 \times H_t$$

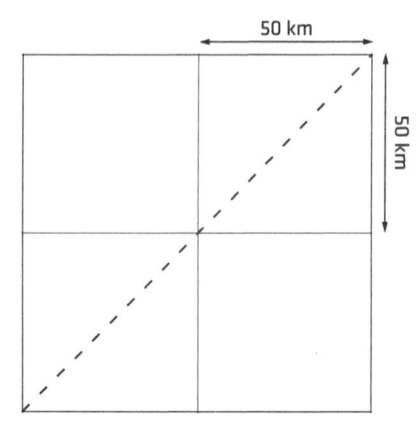

Fig. 6.67 Extensão máxima de um plano topográfico local

6.12 Sistema de projeção RTM

O sistema regional transversa de Mercator (RTM) é uma especificidade do sistema de projeção UTM. A conceituação é similar ao sistema UTM, só que, nesse caso, os fusos são de 2° de amplitude. Segundo o Cebrapot (1999), é usado em aplicações mais regionais, evitando fusos muito reduzidos e regiões de duplicidades de fusos.

O sistema de projeção RTM possui as mesmas características do UTM, com algumas diferenças:

- A amplitude do fuso é de 2° de longitude (180 fusos);
- Fator de redução de escala $k_0 = 0{,}999995$;
- Constante aditiva no Equador $N = 5.000.000{,}00$ m;
- Constante aditiva no meridiano central $E = 400000{,}00$ m;
- Distorção linear máxima: 1/200.000 no meridiano central e 1/9.000 no final do fuso.

A representação de um fuso da projeção RTM pode ser visualizada na Fig. 6.68.

6.13 Sistema de projeção LTM

O sistema local transversa de Mercator LTM (LTM) é similar na conceituação ao sistema de projeção UTM, mas com fusos de amplitude de 1° de largura, e é adotado pelo Instituto de Cartografia Aeronáutica (ICA), órgão do Departamento de Controle do Espaço Aéreo (Decea) da Força Aérea Brasileira (FAB) para mapeamento de aeroportos, na escala 1:2.000 (Carvalho, 1984).

O sistema de projeção LTM apresenta as seguintes características:

- Projeção conforme de Gauss (superfície de projeção cilíndrica transversa);
- Fusos de 1° de amplitude;
- Fator de redução de escala, $k_0 = 0{,}999995$;
- $N = N' + 5.000.000{,}00$, em que N' = Norte verdadeiro;
- $E = E' + 200.000{,}00$, em que E' = Leste verdadeiro;
- Distorção no meridiano central = 1/200.000.

A representação de um fuso da projeção LTM pode ser visualizada na Fig. 6.69.

CAPÍTULO 6 | Sistemas de projeção cartográfica

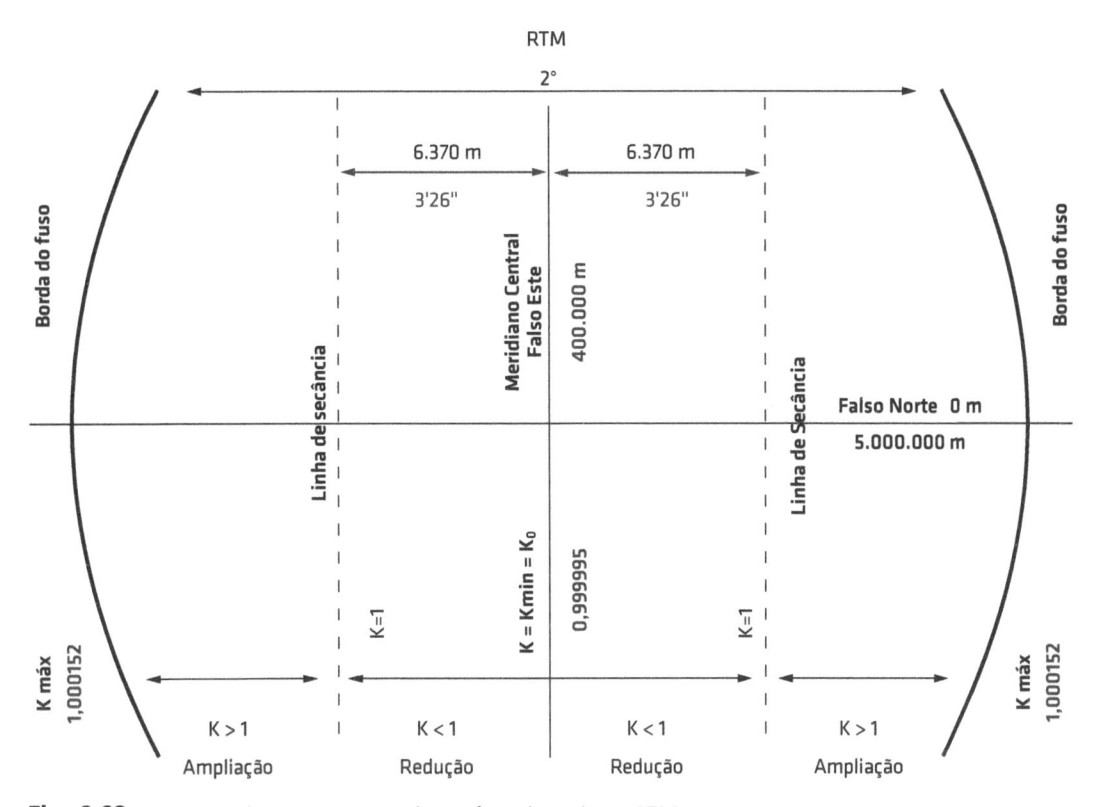

Fig. 6.68 Esquema de representação de um fuso da projeção RTM

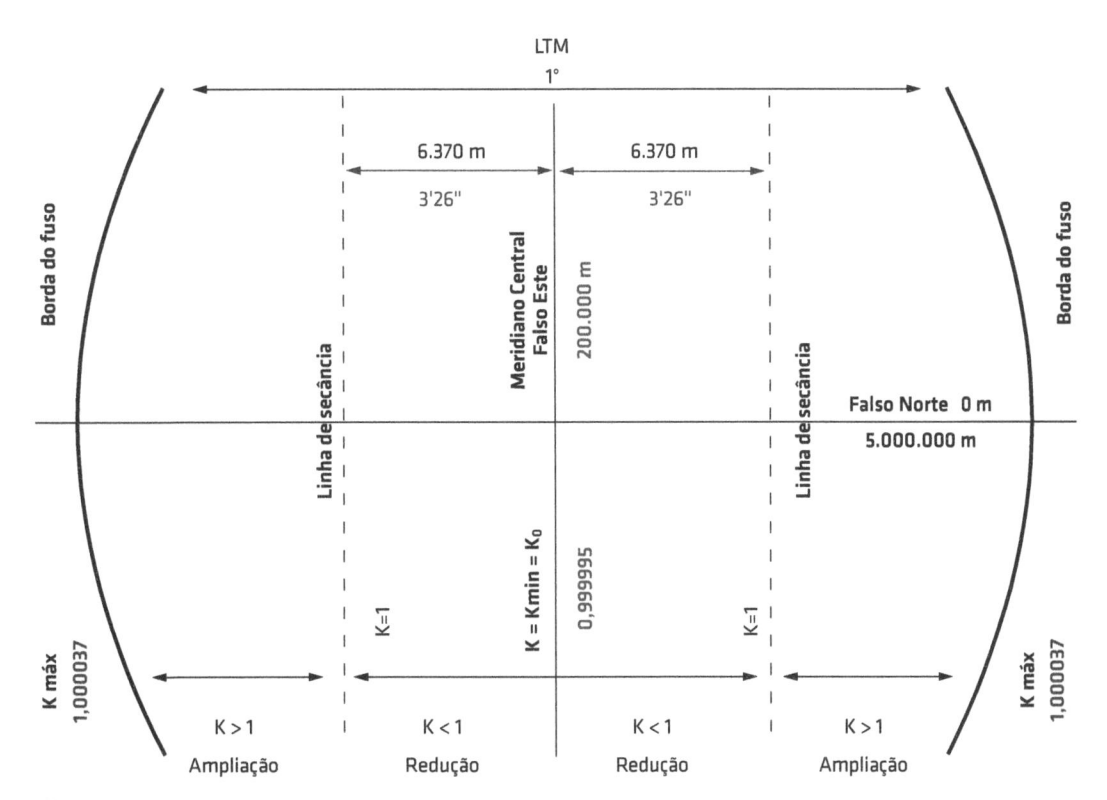

Fig. 6.69 Esquema de representação de um fuso da projeção LTM

6.14 Principais projeções cartográficas utilizadas no Brasil

Agora que já se conhece os principais sistemas projetivos e suas utilizações, é conveniente saber sobre o quadro síntese das projeções mais utilizadas no Brasil e suas aplicações (Tab. 6.3).

Tab. 6.3 Principais projeções cartográficas utilizadas no Brasil e suas aplicações

Projeção	Aplicação
Mercator	Cartografia náutica
Cônica conforme de Lambert	Cartografia aeronáutica Carta internacional do mundo (CIM)
Policônica	Séries 1:5.000.000 e 1:2.500.000 IBGE Mapas estaduais e regionais
Universal Transversa de Mercator (UTM)	Cartografia sistemática Bases estaduais e municipais – Cadastro rural e urbano
Cônica de Albers	Projeto Sivam
Platte Carrée	Projetos digitais – Geoprocessamento
Sistemas topográficos locais	Cadastros municipais, obras de engenharia em geral, urbanização, cadastros imobiliários e multifinalitários
Sistema RTM	Aplicações regionais
Sistema LTM	Mapeamento de aeroportos na escala 1:2.000 (ICA)

capítulo 7
Generalização cartográfica

As transformações cognitivas são aquelas sofridas pela informação geográfica, para que possa tanto ser representada cartograficamente quanto reconhecida como a informação existente no mundo real. Essa transformação pode ser entendida como uma transformação do conhecimento, uma vez que suas características podem ser alteradas durante o processo, justamente para poder representar a sua ocorrência no mundo real.

Para o processo cartográfico, as transformações cognitivas mais importantes são a generalização e a simbolização. Essas transformações realizam uma adaptação da informação geográfica, selecionando, eliminando o que não é importante representar, classificando a informação e representando-a por uma simbologia apropriada, ou seja, adequando essa informação aos objetivos propostos para o mapeamento, tema representado, características da área geográfica, natureza das informações disponíveis e de acordo com a escala do mapeamento. Uma dessas transformações cognitivas, a generalização, vai ser apresentada e discutida.

Um mapa sempre representa um fenômeno em uma escala reduzida, diante de sua ocorrência no mundo real. A informação que o mapa contém pode sofrer perdas, truncamentos e até mesmo não ser representada por causa das restrições que são impostas pela escala de representação. Em função da impossibilidade de representação da realidade na escala 1:1, esse processo de adequação das informações em um documento cartográfico é conhecido como generalização cartográfica.

Segundo a Associação Cartográfica Internacional (ICA, 1992), a generalização é um processo de representação selecionada e simplificada de detalhes apropriados à escala e aos objetivos do mapa. A generalização pode ser vista como um processo que – com a seleção, classificação, esquematização e harmonização – reconstitui a realidade da distribuição espacial a qual se deseja representar (Robinson et al., 1995). Então, o processo de transformação que permite reconstituir em um mapa a realidade – seja de um terreno ou de uma distribuição espacial – por seus traços essenciais denomina-se generalização cartográfica.

O processo de generalização é essencial tanto para a cartografia de base como para a cartografia temática, pois tem como objetivo principal a elaboração de mapas, cujas informações possuam clareza gráfica suficiente para o estabelecimento da comunicação cartográfica desejada, em outras palavras, a legibilidade do mapa. Assim, a representação exagerada de elementos, forçosamente irá prejudicar a clareza do documento.

A transformação de escala é a operação mais relevante para a imposição da generalização. Como toda operação de mapeamento implica em transformação de escala, fica também implícito o processo de generalização para todo e qualquer processo de mapeamento. Cada documento cartográfico, dentro dos limites de escala, necessita ter definido o próprio nível de detalhamento para atingir seus objetivos.

A generalização pode ser efetuada por meio de dois processos: manual e automático. O manual é inteiramente subjetivo e dependente do conhecimento cartográfico e geográfico do responsável pelo trabalho, enquanto o automático esbarra na especificação de tarefas e padrões de trabalho que tornam objetivas as subjetividades impostas pelo processo manual (Vianna, 1997).

Dentro de um ambiente digital, o processo de generalização ganha grande importância, uma vez que a possibilidade de existir uma função de *zoom* ilimitada pode resultar em mapas ilusórios na interpretação de seus conteúdos. Em função desse quadro, é importante reafirmar o que foi discutido no Cap. 3, ou seja, a escala de representação de um mapa é função da escala de origem dos dados e não apenas das necessidades do mapeamento a ser realizado.

Nesse sentido, aplicar um *zoom* em uma informação não significa que ela foi generalizada automaticamente para a escala pretendida, mas sim que a imagem foi simplesmente ampliada ou reduzida, assim como os erros embutidos de acordo com a escala de origem.

Na Fig. 7.1 é apresentada uma base na escala de 1:50.000 (original) da região de Cornélio

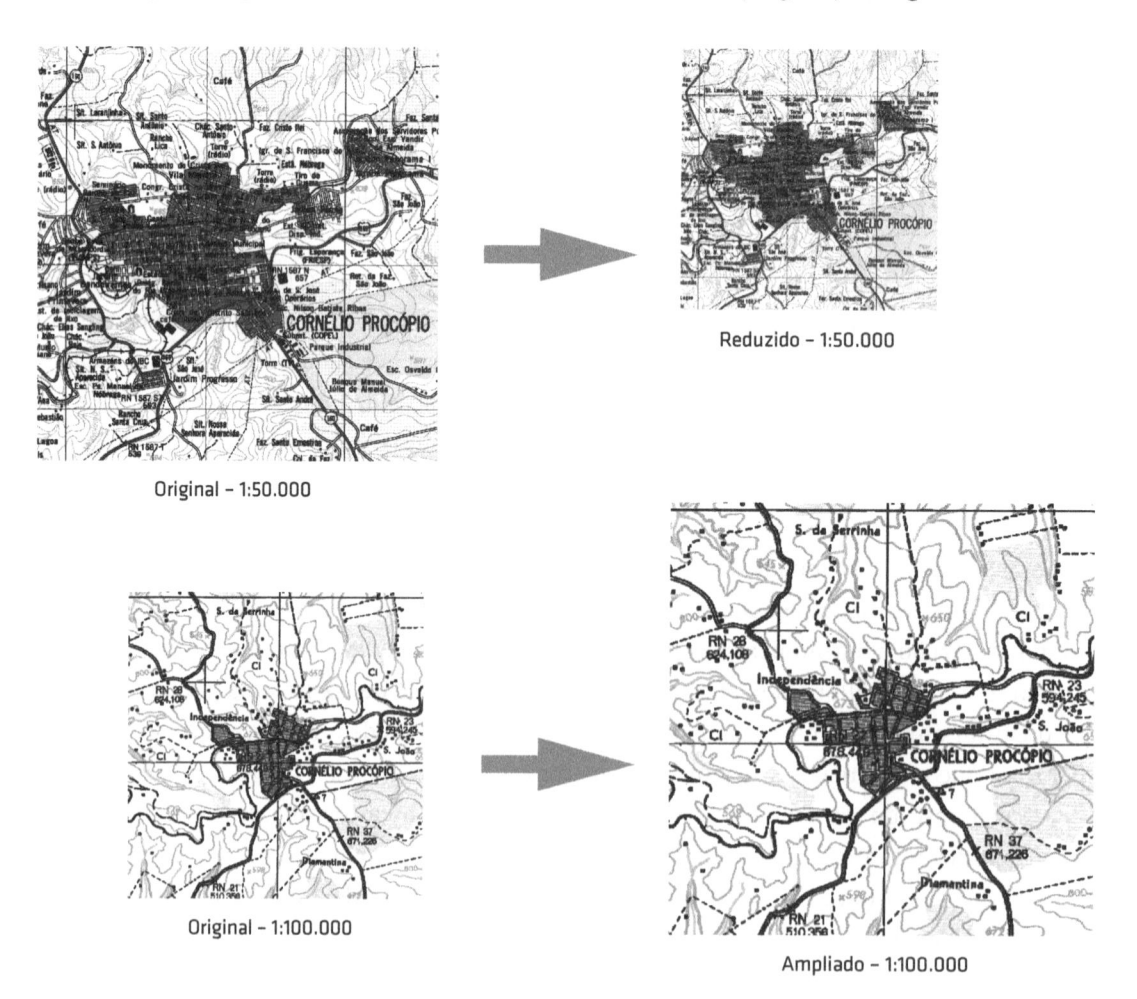

Fig. 7.1 Bases reduzida e ampliada dos respectivos originais
Fonte: adaptado de IBGE (1998).

Procópio/PR e uma ampliação (1:50.000) feita com base 1:100.000. Ela é pobre em detalhes e contém erros em função da ampliação. Por outro lado, é apresentada a base 1:100.000 (original) e uma redução (1:100.000) feita com base 1:50.000. Nesse caso, a redução apresenta um mapa muito confuso e poluído pelo excesso de informações. O simples fato de se reduzir uma informação não significa que os erros associados também sejam reduzidos.

Todo processo de generalização é definido em função dos seguintes fatores (Robinson et al., 1995; Kraak; Ormeling, 1996; Jones, 1997):

- escala;
- finalidade do documento cartográfico;
- tema representado;
- características da região mapeada;
- natureza das informações disponíveis sobre a região.

A escala é o fator mais importante, porque independentemente de todos os demais fatores, o mapa será generalizado. Segundo Anson e Ormeling (1996), quanto menor for a escala, maior será a generalização das informações. Portanto, a generalização é inversamente proporcional à escala (Fig. 7.2).

A finalidade diz respeito ao emprego do mapa, para que ele vai servir, a que tipo de usuário deverá atender. Assim, é definido quais informações que serão importantes estar contidas no mapa, em função do seu emprego e dos usuários que o utilizarão. Por exemplo, uma área representada em um atlas de referência e em um atlas escolar não conterá a mesma quantidade e qualidade de informação. O mapa de referência terá sempre muito mais informações, enquanto o escolar terá essas informações de modo simplificado para não prejudicar o entendimento pelo público-alvo, ou seja, os estudantes, facilitando a sua cognição.

O tema conduz a uma simplificação dos detalhes que não interessam exibir ou são irrelevantes. Por exemplo, o relevo numa carta básica é essencial, numa uma carta náutica, é apenas esquematizado, e, em um mapa temático de densidade populacional, não necessita ser exibido.

As características da região mapeada estabelecem o que é necessário representar no mapa, dependendo de sua importância relativa. Por exemplo, a localização de um poço artesiano na cidade do Rio de Janeiro e um poço artesiano em uma região desértica ou semidesértica. O poço da região desértica tem uma importância relativa muito maior, sendo relevante a sua representação.

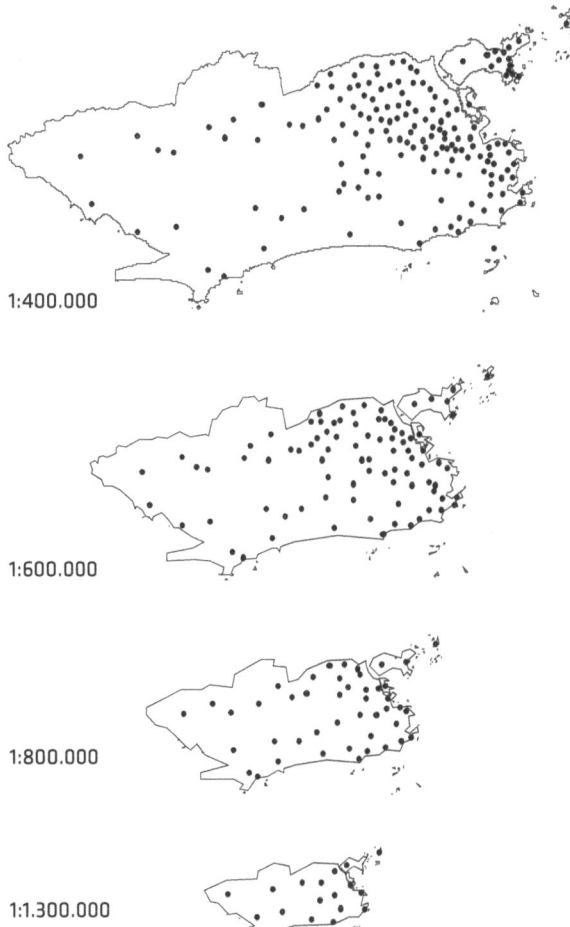

Fig. 7.2 Relação entre escala e diferentes graus de generalização
Fonte: adaptado de Anson e Ormeling (1996).

Em relação às informações disponíveis, é importante que se faça uma documentação da região, para que se possa conhecê-la bem e saber o que será possível generalizar. Por outro lado, é necessário saber como serão referenciadas as características dessa feição, pelo fato de a informação primária ser de posição. Por exemplo, estradas podem ter retas e curvas acentuadas; as curvas das estradas de ferro serão sempre suaves; linhas de costa e contornos serão suaves ou irregulares, dependendo da região; alguns limites de cidades são completamente irregulares em forma de construção e leiaute, outros, porém, são simétricos.

7.1 Processos de generalização

Os conceitos associados de generalização são bastante divergentes entre autores. Alguns coincidem em conceito, porém não existe um consenso para definir quais são os que realmente a caracterizam. Quanto aos processos adotados, é possível distinguir dois tipos de generalização: a gráfica e a conceitual. A diferença entre os dois está relacionada aos métodos do processo de generalização. A gráfica não afeta a simbologia, pontos permanecem pontos, linhas continuam como linhas e áreas como áreas. A conceitual, por sua vez, pode afetar a simbologia do elemento generalizado.

Quanto ao conhecimento da informação geográfica, pode-se classificá-la em generalização semântica e geométrica (Jones, 1997). A generalização semântica aborda os aspectos da seleção da informação que dependa essencialmente de conhecimento dos conceitos geográficos, identificando estruturas de hierarquia das informações associadas. A generalização geométrica gera uma interface entre a generalização semântica e o processo de simbolização da informação, realizando transformações pelas operações dentro do nível da representação gráfica, visando a clareza da informação cartográfica representada no mapa.

Nas duas alternativas, alguns conceitos são coincidentes e outros divergem bastante, o suficiente para causar alguma confusão. Por isso, é necessário deixar bem claro qual a forma de generalização aplicada em uma representação cartográfica.

7.1.1 Generalização gráfica

Os processos de generalização gráfica podem ser categorizados, segundo Tyner (1992), como processos de simplificação, ampliação, deslocamento, aglutinação e seleção (Fig. 7.3).

- **Simplificação:** aplica-se às feições lineares e em limites de feições planares. Quanto maior for a sinuosidade de uma linha, maior será o efeito de simplificação. Uma linha reta reduzida em escala continuará sendo uma linha reta, embora mais curta. Por outro lado, uma linha altamente irregular sofrerá, além da redução em escala, uma redução em tamanho, à medida que as sinuosidades são removidas.
- **Ampliação:** é necessária, pois alguns símbolos podem desaparecer. Para se manter um limite, uma estrada ou um caminho legível, haverá necessidade de se aumentar o seu tamanho. Uma estrada na escala 1:10.000 pode ter 10 m de largura, enquanto essa mesma estrada em um mapa em 1:50.000, representado pelo mesmo símbolo, teria 50 m de largura.
- **Deslocamento:** por causa da ampliação e de outros fatores – como uma série de símbolos colocados juntos ou muito próximos – haverá necessidade de se deslocar alguns, para não se afetar a legibilidade do documento.

Simplificação			
Ampliação			
Deslocamento			
Aglutinação			
Seleção			

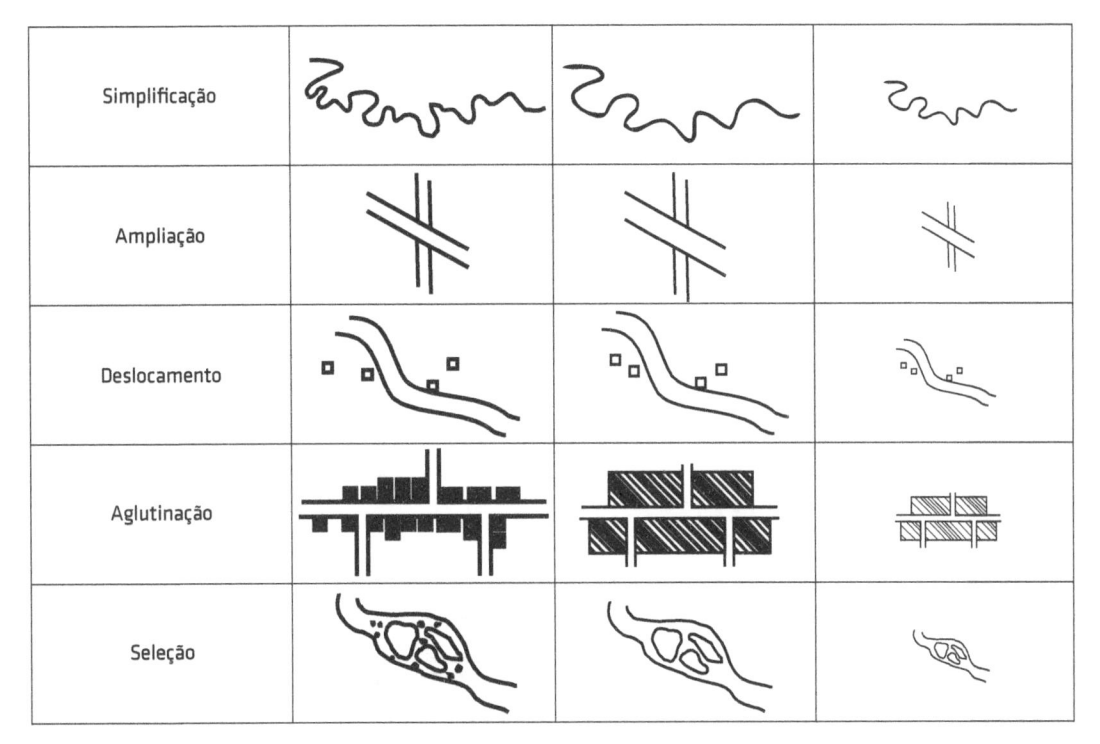

Fig. 7.3 Processos de generalização gráfica
Fonte: adaptado de Tyner (1992).

- **Aglutinação:** é necessária para o agrupamento de elementos, ou feições, com características semelhantes. Por exemplo: um grupo de casas em uma mesma quadra.
- **Seleção:** também chamada de omissão seletiva, é um processo que estabelece o número total de feições de uma classe que será ou não representado no mapa. A seleção pode ser qualitativa ou quantitativa, mas se deve priorizar, nas duas formas, a omissão. A seleção qualitativa pode ser exemplificada pela decisão de supressão da vegetação ou de todas as feições das rodovias de uma área. Na quantitativa, podem ser citadas como exemplo a supressão de riachos com menos de 1 cm de comprimento na carta e matas com menos de 16 mm^2, ou, ainda, cidades com menos de 5.000 habitantes.

7.1.2 Generalização conceitual

Os processos de generalização conceitual são classificados por Tyner (1992) como de aglutinação, seleção, simbolização e exagero. Podem ser exemplificados e diferenciados dos procedimentos gráficos da seguinte forma (Fig. 7.4):

- **Aglutinação:** esse processo de generalização, em termo conceitual, não pode ser efetuado sem algum conhecimento técnico, uma vez que terá influência na legenda do mapa, pois alguns símbolos irão desaparecer.
- **Seleção:** a seleção exige conhecimento sobre o fenômeno mapeado. Por exemplo, se o solo de uma ilha vulcânica for constituído de marga e basalto, o basalto é tão característico que predomina sobre a própria característica da ilha.
- **Simbolização:** indica as mudanças que a relação entre espaço e símbolo representa. Por exemplo, um grupo de torres de petróleo poderá se tornar um símbolo de área

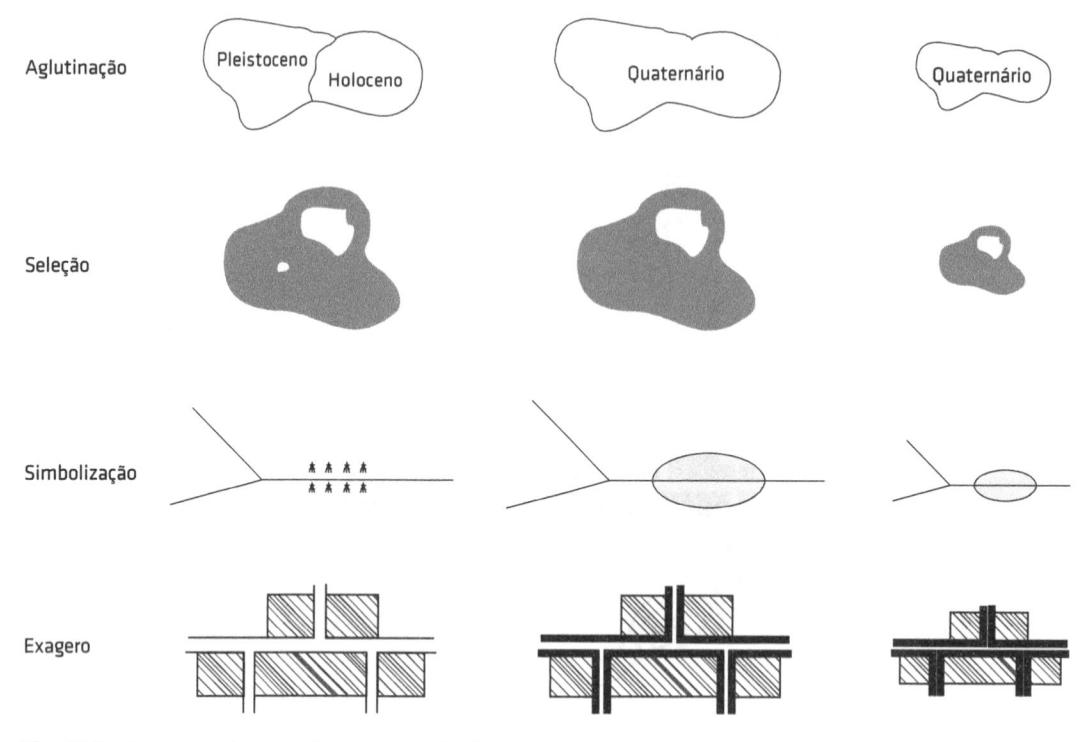

Fig. 7.4 Processos de generalização conceitual
Fonte: adaptado de Tyner (1992).

simples, indicando um campo petrolífero. Essa alteração depende da escala original e da escala após a redução.

- **Exagero:** esse processo é necessário, pois a generalização resulta em uma representação que atraia pouco ou não atraia a atenção. Alguns símbolos com certeza terão de ser ampliados, no todo ou em parte, para ter a sua importância relativa, no documento cartográfico, bem-definida.

7.1.3 Generalização semântica

A generalização semântica procura estabelecer, dentro de uma estruturação hierárquica da informação o que deverá ser representado. Essa generalização pode ser feita por meio de uma classificação abordando o aspecto qualitativo, o quantitativo e a aglutinação da informação:

- **Classificação qualitativa:** abordada com uma hierarquização da informação em domínios de ocorrência, define quais são as informações geográficas importantes para atingir os objetivos do mapa. Para a Cartografia de base, essa é uma tarefa relativamente simples, uma vez que a hierarquização pode ser vista de forma bastante estruturada pela composição dos elementos de hipsografia, hidrografia, planimetria e vegetação, suas feições e subfeições, ficando apenas por definir a exclusão ou inclusão dentro da elaboração do mapa. Para a Cartografia temática, cada objetivo de mapeamento poderá gerar diferentes hierarquias, devendo, naturalmente, fazer parte do processo de construção do mapa.

- **Classificação quantitativa:** elabora uma forma de representação hierárquica, seja ordinal ou pela definição de intervalos de classe. A apresentação de mapas coropléticos é um bom exemplo dessa classificação.
- **Aglutinação ou agregação:** compõe um fenômeno por suas partes constituintes. Ocorrências em setores censitários ou bairros podem ser aglutinados para uma apresentação por regiões administrativas em uma cidade.

7.1.4 Generalização geométrica

As operações que caracterizam a generalização geométrica traduzem modificações na estrutura gráfica da informação, buscando dar clareza à informação cartográfica. Por isso, pode se afirmar que a generalização geométrica é uma interface com a simbolização. Existe, evidentemente, uma estreita ligação com a generalização semântica, pois, dependendo do tipo de operação estabelecida, poderá ocorrer uma alteração dimensional da feição cartográfica representada, como, por exemplo, uma área edificada em uma escala passará a ser representada por um ponto em outra escala menor.

O conjunto de operações abordado pela generalização geométrica apresentada nesta obra é resultado de uma compilação da operação de diversos estudos, apresentados por Monmonier (1987), McMaster e Shea (1992), Robinson et al. (1995) e Jones (1997). Essas operações são a eliminação de pontos, linhas e áreas; simplificação de detalhes de linhas, áreas e superfícies; realce de aparência de linhas, áreas e superfícies; aglutinação de linhas e áreas; redução de áreas a linhas e pontos; exagero de linhas e áreas; e deslocamento de pontos, linhas e áreas. Essas operações são descritas a seguir:

- **Eliminação:** é a função mais simples da generalização, pois efetua a remoção da informação e, consequentemente, da representação gráfica da feição selecionada. Não realiza nenhum tipo de transformação geométrica efetivamente, decorre diretamente do fator de escala da transformação, em que pequenas áreas, linhas e feições pontuais podem perder a significância ou até tornar menos legível a leitura gráfica, e são eliminadas para clarificar o conjunto (Fig. 7.5).

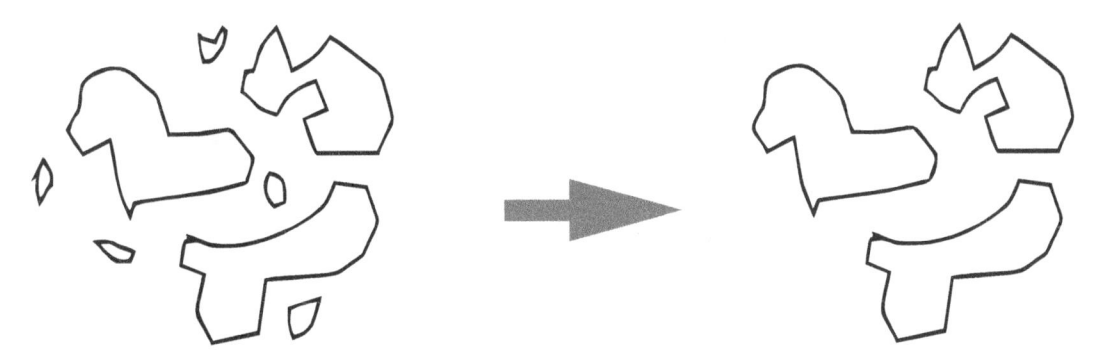

Fig. 7.5 Processo de eliminação

- **Simplificação de detalhes:** é aplicada a linhas, contornos e superfícies, uma vez que a aplicação em objetos pontuais nada mais é do que uma eliminação simples do objeto. É uma operação que tem por objetivo diminuir os detalhes de linhas, polígonos e superfícies.

Ⓐ Simplificação à mesma escala

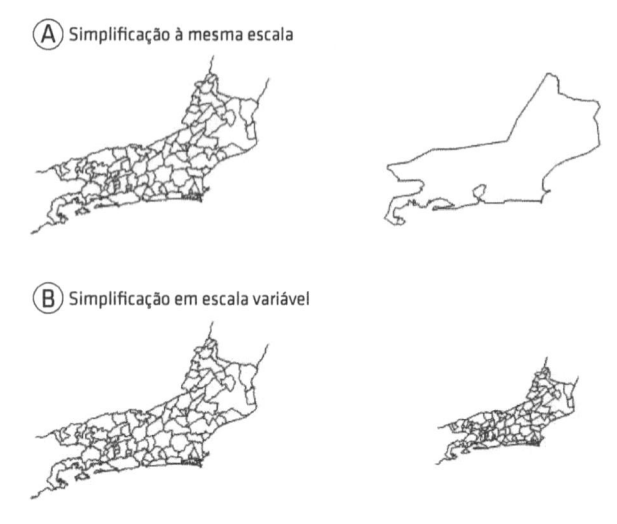

Ⓑ Simplificação em escala variável

Fig. 7.6 Processos de simplificação de detalhes: A) redução com a escala constante; B) redução com a variação da escala

A redução de linhas equivale a uma eliminação controlada dos pontos que a compõe, mantendo suas características básicas, tornando-a menos detalhada, o que, em escalas menores, trará mais legibilidade. A simplificação pode ser aplicada em representações em mesma escala, segundo diferentes objetivos para o mapeamento de uma mesma área geográfica. Essa redução é aplicada aos contornos de áreas. A Fig. 7.6A mostra uma redução com a escala constante e a Fig. 7.6B, com a variação de escala.

A simplificação de linhas é desenvolvida segundo técnicas variadas, de uma seleção arbitrária de pontos até a utilização de algoritmos de eliminação global, local ou de banda. Um dos algoritmos mais utilizados é o Douglas e Peucker (Jones, 1997), em que uma divisão sucessiva da linha elimina os pontos que mais se afastam, de acordo com uma tolerância preestabelecida (Fig. 7.7).

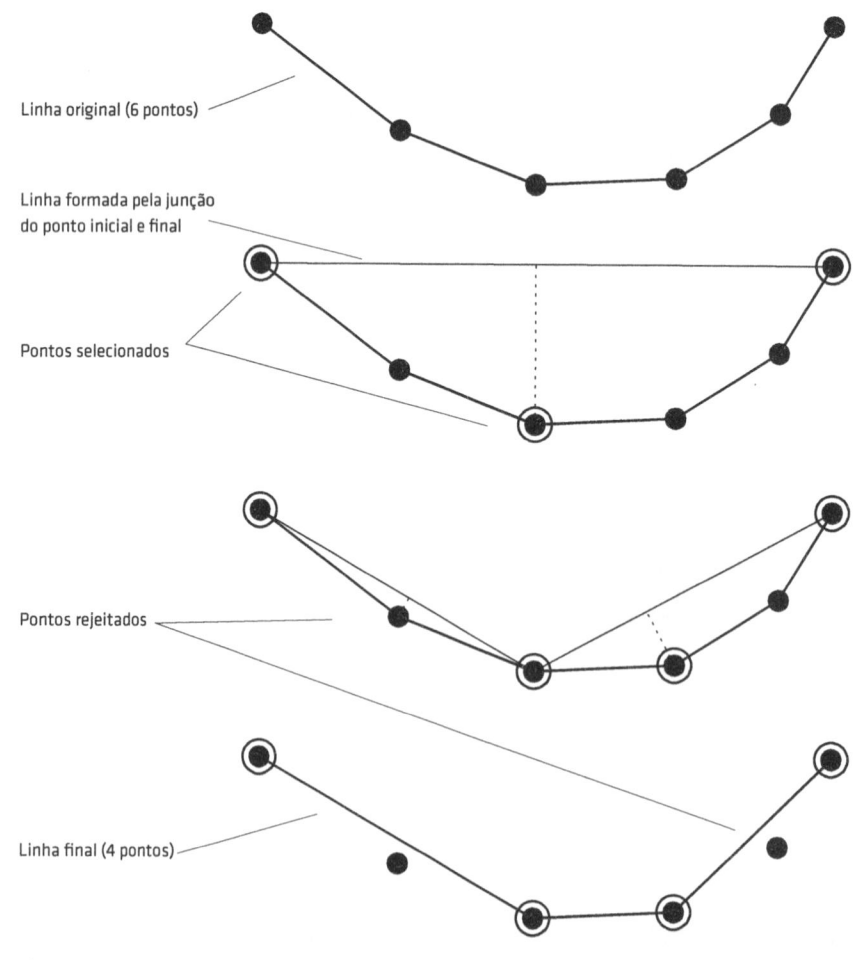

Linha original (6 pontos)

Linha formada pela junção do ponto inicial e final

Pontos selecionados

Pontos rejeitados

Linha final (4 pontos)

Fig. 7.7 Algoritmo de Douglas e Peucker
Fonte: adaptado de Jones (1997).

- **Realce:** A informação linear digital é normalmente representada por uma sequência de linhas retas, formando um polígono quebrado, ou seja, com lados retilinizados, o que não representa a realidade em termos reais. A aproximação com a realidade deveria fazer com que os vértices estivessem muito mais próximos para apresentar um efeito suavizado. Quando não é possível estabelecer uma representação dessa maneira, a solução é submeter às linhas e contornos, bem como as superfícies, a algoritmos que permitam uma visualização suavizada, conforme a Fig. 7.8. Algoritmos como *splines*, cúbicas e B-*splines*, ajustamento parabólico e outros podem ser incorporados à sequência das linhas para torná-las mais suavizadas.

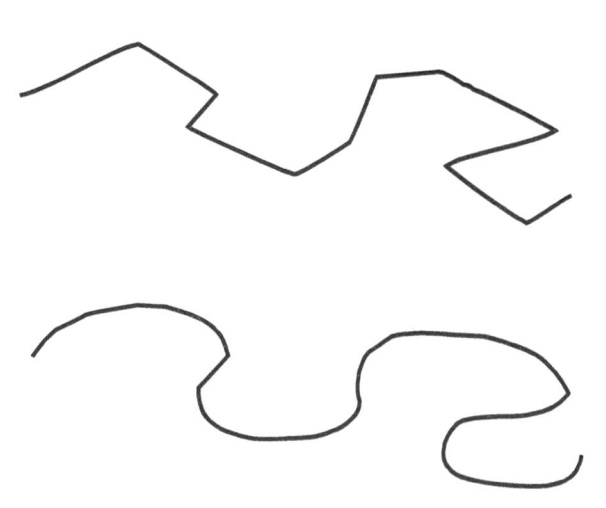

Fig. 7.8 Processo de realce por suavização de linha

- **Aglutinação ou combinação:** Essa operação faz com que elementos isolados sejam combinados ou reunidos, formando novos objetos com iguais características nominais dos objetos anteriores. Por exemplo, podem ser combinados grupos de ilhas, lagos, tipos iguais de solo e manchas de cobertura vegetal. Esses elementos, separadamente, não teriam significação em uma escala pequena, porém, reunidos, passam a mostrar uma área ou um grupo significativo (Fig. 7.9).

Fig. 7.9 Processo de aglutinação

- **Redução:** define a transformação de geometria entre o objeto original e o objeto generalizado. Normalmente, é uma transformação obrigatória, com redução de escala muito acentuada, como transformar uma feição planar – por exemplo, a área de uma cidade para um objeto pontual – em uma escala na qual a representação de área não tivesse representatividade.

- **Exagero:** consiste em exagerar propositalmente as dimensões do objeto representado, uma vez que a redução de escala, na maioria das vezes, apresenta o objeto sem as dimensões reais. Por exemplo, uma estrada de 7 m de largura tem essa dimensão em uma escala 1:50.000; quando reduzida a 0,14 mm, porém, a sua especificação é de uma linha próxima a 1 mm de largura (Fig. 7.10).

Fig. 7.10 Processo de exagero

- **Deslocamento:** é necessário pelo fato de existirem problemas de superposição ou de muita proximidade entre objetos cartográficos nas operações de generalização, que dificultam a clareza da simbologia aplicada (Fig. 7.11). O tratamento do deslocamento muitas vezes não é simples, porque necessita estabelecer uma prioridade de aplicação ou de hierarquia entre

Fig. 7.11 Processo de deslocamento

os objetos representados. Um exemplo bastante elucidativo na Cartografia de base diz respeito a duas estradas que correm paralelamente, uma rodovia e uma ferrovia, e uma delas terá de ser deslocada em relação à outra para não se prejudicar a clareza de leitura do mapa.

7.2 Princípios de generalização

Toda generalização a ser efetuada deve seguir princípios bem-definidos para não perder a qualidade, clareza e precisão do documento a ser representado. A Fig. 7.12 apresenta o modelo conceitual de generalização, que contempla princípios conceituais e gráficos, caracterizando o porquê, quando e como aplicar a generalização (Jones, 1997).

Os modelos conceituais e gráficos devem ser aplicados sempre que possível. Uma série de etapas e princípios associados deve ser bem-avaliada para o sucesso da generalização, como:

- Juntar o máximo de informações possíveis sobre a área a generalizar;
- Não se ater ao princípio de supressão do pequeno e manutenção do grande. Em certos locais, o pequeno pode ter prioridade sobre o grande. Por exemplo, em dois trechos de um mapa, a área A é mais seca que a B. Suprimir pequenos lagos em B dará uma ideia errada do terreno;
- Avaliar o processo de simbolização, pois, na alteração da classificação de objetos e feições – passando-se de área a ponto, por exemplo –, a generalização tem de atingir todos os elementos envolvidos. A supressão de classe, por outro lado, leva a outro conceito de generalização. Uma avaliação ruim da simbolização pode até criar a possibilidade de perda do equilíbrio;
- Aplicar o princípio da visualização, na qual se deve agrupar apenas elementos que sejam vizinhos;
- Buscar sempre que possível utilizar o princípio da semelhança, em que se deve sempre seguir a preservação das formas. Existindo a degradação das formas, elas devem ser representadas o mais próximo da forma original;
- Construir mapas com o maior equilíbrio possível estabelecendo prioridades sobre os elementos a representar. Se todos os elementos tiverem o mesmo peso, não haverá prioridade visual sobre nenhum deles. Entretanto, em cartas temáticas, o equilíbrio será dado pela priorização da visualização sobre o tema a representar.

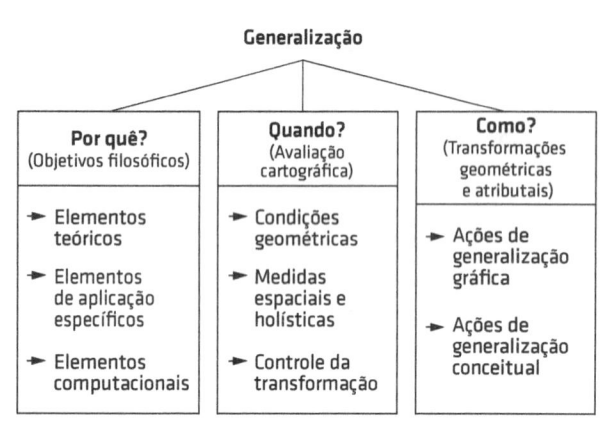

Fig. 7.12 Modelo conceitual de generalização

7.3 Simplificação e classificação

Como representar tudo o que existe no mundo real em um mapa é impossível, há a necessidade de retratar os aspectos mais importantes da realidade, manipulando-os de tal forma para que representem apenas o que for essencialmente necessário. Assim, um processo de seleção da informação a ser apresentada no mapa deve ser feito antes do processo de generalização.

A seleção pode ser definida como o processo intelectual de decisão sobre quais informações serão necessárias para atingir o objetivo do mapa satisfatoriamente. Não há necessidade de modificar a informação. A escolha deve ser objetiva e definir o que deve ou não ser exibido, sem preocupação da escala ou formato do mapa. Efetuada a seleção, passa-se ao processo de generalização.

O processo de generalização cartográfica pode ser grupado em quatro categorias ou subprocessos:

- **Simplificação:** determina características importantes de dados, a retenção e possível exagero dessas características para realçá-las e a eliminação daqueles não desejados;
- **Classificação:** ordenação, ou gradação, e agrupamento dos dados;
- **Simbolização:** codificação gráfica da gradação e características essenciais agrupadas; significações comparativas e posições relativas;
- **Indução:** aplicação cartográfica do processo de inferência ou amostragem.

São estabelecidos controles da generalização para acompanhar e permitir que esses subprocessos sejam aplicados:

- **Objetivo:** qual é a finalidade ou destinação do mapa;
- **Escala:** qual é a razão mapa/terreno;
- **Limites gráficos:** qual é a capacidade do sistema empregado e a capacidade perceptiva do usuário;
- **Qualidade dos dados:** até que ponto os vários tipos de dados empregados são corretos e precisos.

Esses quatro elementos de controle da generalização não são claramente distintos em muitas situações. O tratamento individualizado de cada um não exclui as fronteiras existentes, e eles devem ser tratados em consideração uns aos outros. Serão apresentados os subprocessos de simplificação e classificação. O subprocesso de simbolização será apresentado no Cap. 8.

7.3.1 Simplificação

A simplificação é constituída pelo exame detalhado das características dos dados a serem mapeados e a consequente definição dos dados que serão mantidos e excluídos. A forma mais usada de simplificação é a eliminação de dados não desejados.

Um mapa é uma redução da realidade, e os elementos gráficos, necessariamente, têm de manter as características de legibilidade e visibilidade. Como a redução ocorre na escala do mapa, cada informação cartográfica ocupará, proporcionalmente, mais espaço no mapa do que no mundo real. A simplificação deve ser executada para assegurar a legibilidade e a retratação da realidade.

A redução de uma área em um mapa é relativa ao quadrado da razão da diferença das escalas lineares. Logo, a quantidade de informações que se pode mostrar por unidade de área decresce em progressão geométrica. Uma redução fotográfica, sem generalização, fará com que o mapa se apresente completamente ilegível pela quantidade de informações contidas por unidade de área.

Töpfer e Pillewizer (1966) desenvolveram uma equação, denominada lei radical, que, na sua forma mais simples, é definida pelas seguintes relações:

$$n_f = n_i \sqrt{\frac{N_i}{N_f}}$$

Em que:
n_f = número de itens do mapa final;
n_i = número de itens do mapa original;
N_i = número da escala do mapa original;
N_f = número da escala do mapa final.

Os problemas relativos à simplificação dependem também da natureza dos dados. Por exemplo, elementos de área são representados sem exagero, enquanto símbolos de povoados com o nome associado tomam um espaço maior e, por isso, devem ter uma menor eliminação.

Para minimizar tais problemas, foram introduzidas duas constantes na avaliação da lei radical (C_e e C_f), denominadas constante de exagero e de forma, respectivamente. Elas podem assumir três aspectos:

- $C_{e1} = 1.0$, para elementos que aparecem sem exagero;
- $C_{e2} = \sqrt{\frac{N_f}{N_i}}$, para feições de área mostrados em contorno, sem exagero (ilhas, lagos, regiões etc.);
- $C_{e3} = \sqrt{\frac{N_i}{N_f}}$, para feições que envolvam grande exagero de área, necessário em um mapa, como um símbolo de povoado sem nome associado;
- $C_{f1} = 1.0$, para símbolos compilados sem mudanças significativas;
- $C_{f2} = (wi/wf) = \sqrt{\frac{N_i}{N_f}}$, para símbolos lineares, em que a largura das linhas seja o item significativo na generalização;
- $C_{f3} = (ai/af)\sqrt{\frac{N_i}{N_f}}^2$, para símbolos planares, em que as áreas sejam os itens mais significativos.

A equação básica, sem ou com modificação de constantes, deve ser encarada como um guia para a definição do número de elementos que deve ser esperado no novo mapa.

A simplificação deve estar vinculada a um grau de importância relativa entre os elementos e a própria quantificação dos elementos dentro de uma área geográfica. Por exemplo, na eliminação de ocorrências de pontos d'água no sul e no nordeste. No sul, é possível deixar apenas os maiores, mas, no nordeste, possivelmente todos os pontos d'água tenham de ser representados.

A Fig. 7.13 mostra uma simplificação por eliminação de pontos de contorno políticos administrativos do Brasil. A caracteriza um mapa de referência, dando a impressão de um detalhamento preciso. B é uma generalização diagramática.

Manipulação da simplificação

É executada com valores tabulares. Mapas ou imagens fotográficas tendem a ser subjetivas, podendo assumir uma forma de omissão ou supressão, sem regras específicas. É improvável que existam duas simplificações idênticas, portanto, há necessidade de se definir procedimentos mais objetivos e padronizados, para que o processo não comprometa a utilidade e a qualidade do mapa.

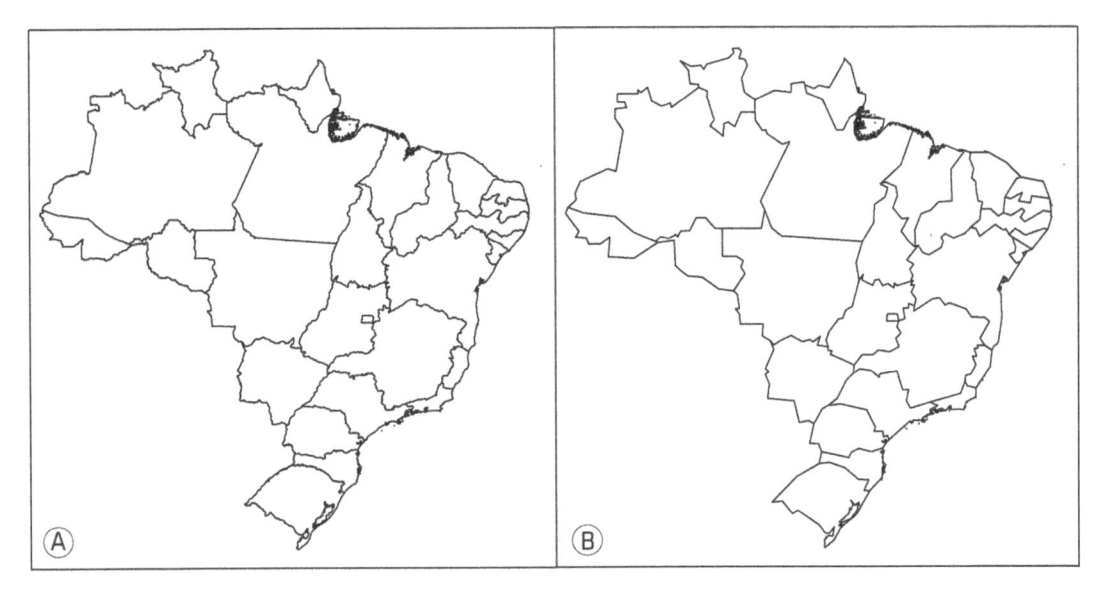

Fig. 7.13 Simplificação por eliminação de pontos da base das unidades da federação brasileira

A eliminação de pontos é um processo de manipulação de simplificação. Ele seleciona pontos que serão mantidos e ligados por segmentos de reta, como na Fig. 7.14, em que são apresentados dois mapas (A, com 6.097 pontos, e B, com 865) com diferentes processos de simplificação:

A simplificação de pontos, além de sua importância na generalização de mapas, tem significância no esforço computacional em arquivos gráficos, porque, com menor número de pontos, os arquivos digitais ficam menores e mais fáceis de ser manipulados.

Na eliminação sistemática manual dos pontos, a manipulação consiste em eliminar pontos que não sejam importantes. A experiência conta bastante nesse processo, pois as características essenciais do mapa devem ser mantidas.

Caso exista um conjunto de coordenadas, duas operações podem ser identificadas como simplificação: a pontual e a de feições. A simplificação pontual é a eliminação de pontos que definem o contorno do mapa. Por esse processo, os pontos mais importantes são retidos e manterão as características das linhas que compõem o mapa. A simplificação de feições ocorre quando diversos itens da mesma espécie estão presentes em uma área comum. Assim, alguns itens são mantidos (as características essenciais) e outros eliminados.

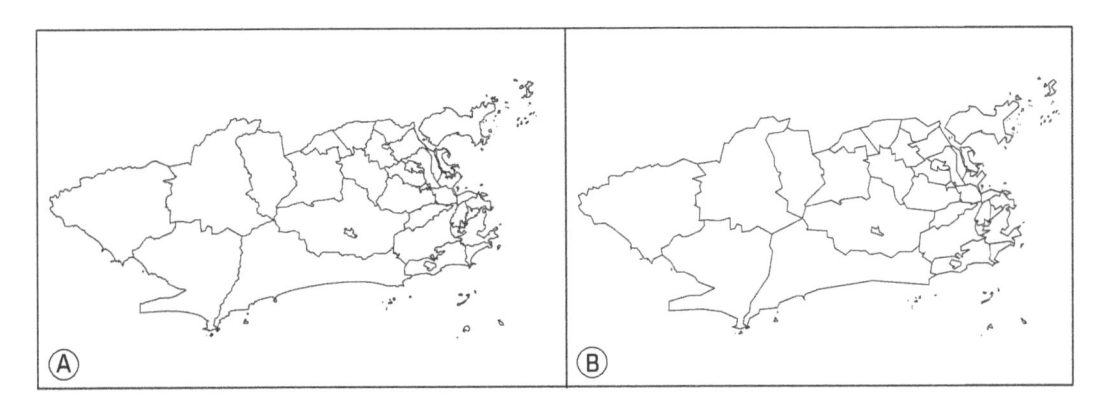

Fig. 7.14 Simplificação por eliminação de pontos da base do município do Rio de Janeiro/RJ

Quanto maior a simplificação maior será o número de pontos selecionados. A eliminação de feições menores pode ser visualizada na Fig. 7.15, na qual algumas feições podem ser exibidas ou omitidas.

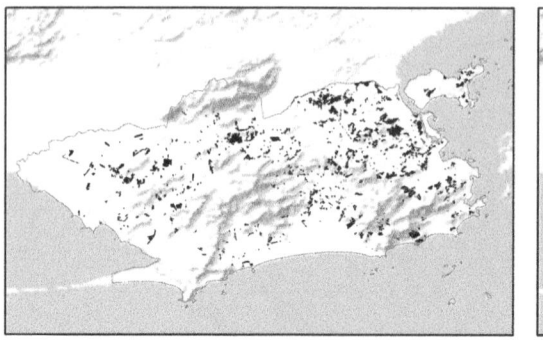

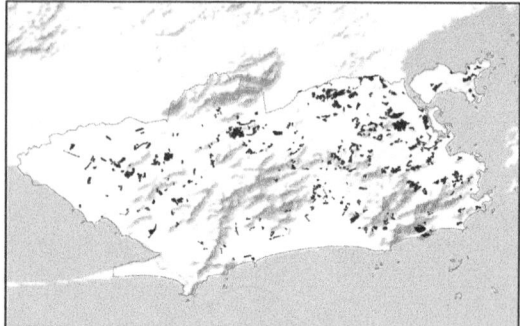

Fig. 7.15 Simplificação de feições
Fonte: adaptado de Robinson et al. (1995).

A simplificação pode ser aplicada ao longo de duas dimensões, classificadas como:
- Redução de escala (mudança de uma escala por outra menor);
- Redução constante (representação detalhada ou simplificada).

Esses tipos de simplificação podem ser verificados na Fig. 7.16.

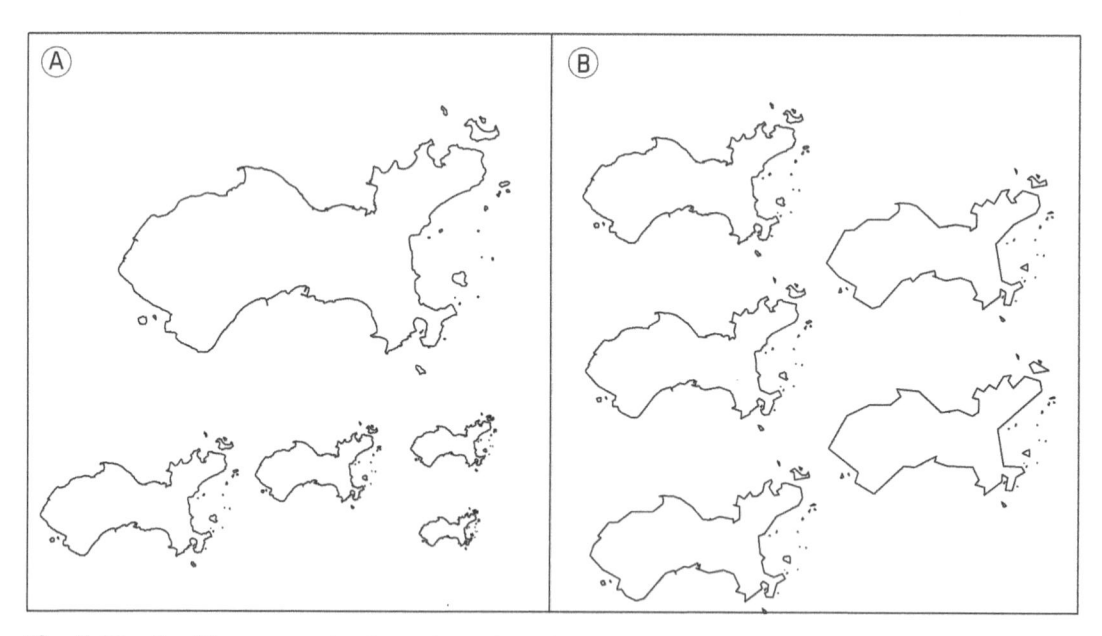

Fig. 7.16 Simplificação por: A) redução de escala; e B) constante

7.3.2 Classificação

O objetivo desse método é o de expressar uma característica dominante de uma distribuição. Em vez de eliminar alguns dados, como na simplificação, a classificação modifica-os, com a intenção de tipificá-los. É um processo intelectual de agrupar fenômenos, a fim de trazer uma simplicidade relativa à complexidade das diferenças ou da grandeza da informação.

A classificação é um processo natural, muitas vezes realizado instintivamente na ordenação em médias, acima e abaixo da média, extremos ou em classes mais simples, tipo estradas, rios, e outros.

Os processos mais comuns de classificação são:

- Alocação de fenômenos qualitativos similares (uso da terra, vegetação) em categorias (campo limpo, florestas) ou quantitativamente, em grupos numéricos definidos;
- Seleção da localização e modificação dos dados no local, criando um elemento típico para retratar no mapa.

A manipulação do processo será tratada adiante, porém um exemplo de agrupamento (*cluster* ou *clustering* – agrupar elementos de mesmo tipo) pode ser dado para diferenciar a simplificação da classificação. Esse processo é necessário sempre que a caracterização de uma distribuição for feita por numerosos itens discretos. Em uma escala reduzida, é impossível mostrar todos os itens individuais, apresentando-se duas opções: simplificação e classificação, ambos procurando tipificar a distribuição. A Fig. 7.17 mostra a distribuição entre esses dois processos.

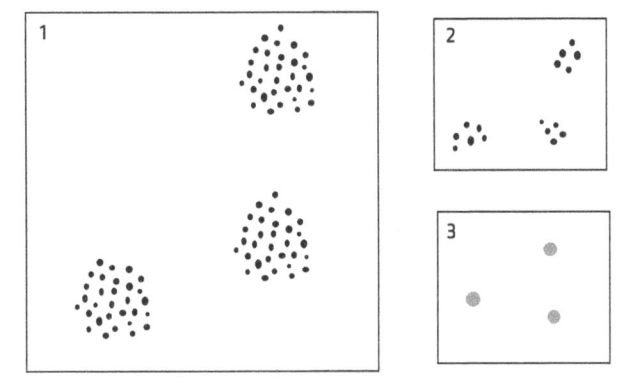

Fig. 7.17 Diferenciação aplicada a uma 1) distribuição, entre uma 2) simplificação e uma 3) classificação

Em 1), a distribuição apresenta um número determinado de itens individuais que serão generalizados nas distribuições 2) e 3). Em 2), a distribuição apresenta um número predeterminado dos itens individuais, caracterizando uma simplificação pela eliminação de alguns itens, mas outros são mantidos na posição original. Em 3), os itens foram agrupados na distribuição, e uma média ou localização típica foi definida para representar cada grupo, caracterizando uma classificação.

Manipulação da classificação

Existem dois tipos de rotinas de classificação importantes que podem ser aplicadas a dados pontuais, lineares, planares ou volumétricos:

- Aglomeração de unidades;
- Seleção de limites de classes.

A aglomeração de unidades semelhantes é na maior parte das vezes definida por técnicas de agrupamento (*clustering*), aplicados a tabelas de posição ou dados pontuais. O agrupamento de linhas é incomum e o de áreas e volumes é bastante específico, como, por exemplo, nos mapas dasimétricos (mapas de densidades).

A aglomeração de pontos é definida por critérios subjetivos, sugere uma nova posição que representará a aglomeração dos pontos considerados. Todo o conjunto é substituído por um único representante (Fig. 7.18).

A aglomeração de linhas é rara, mas pode ocorrer em mapas de fluxo e turísticos, entre outros. Como exemplo,

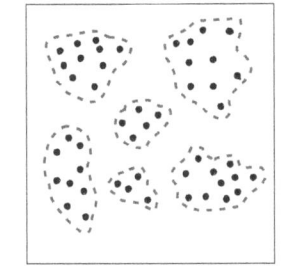

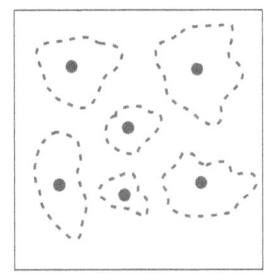

Fig. 7.18 Aglomeração de pontos

o movimento de passageiros da ponte aérea Rio-Brasília pode ser visto pelos fluxos de duas empresas aéreas ou aglutinando-os em um único fluxo. A aglomeração de áreas é muito importante para a Cartografia, ocorrendo em dados normalmente nominais (qualitativos). Depende da área de ocorrência a ser aglomerada em relação à escala do mapa. Um exemplo pode ser observado na Fig. 7.19, em que uma área cultivada é cortada por uma cobertura de mata ciliar.

Foi efetuada uma aglomeração com uma redução de escala de 5 vezes, e outra com redução de 20 vezes.

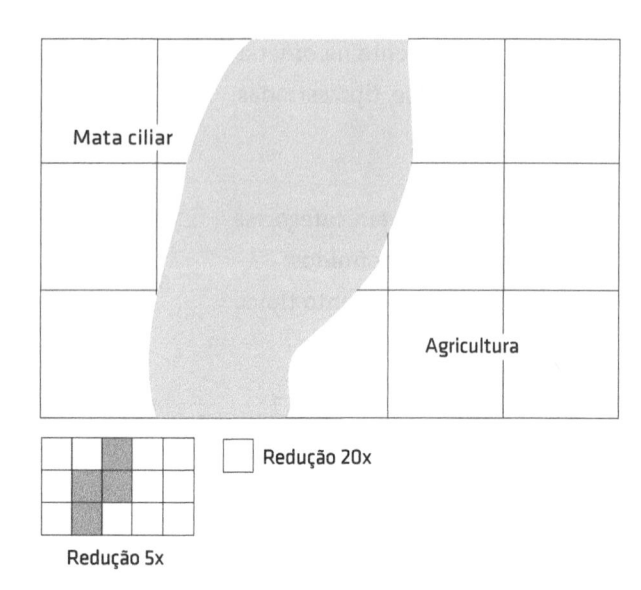

Fig. 7.19 Aglomeração de áreas

capítulo 8
Simbolização cartográfica

A simbolização – definição dos símbolos e convenções cartográficas que representarão as informações geográficas em um mapa ou carta – é a última das transformações cognitivas a que são submetidas as informações geográficas. As características das informações espaciais e sua influência na construção de símbolos cartográficos, e como esses podem ser dispostos na composição final de um mapa (leiaute) serão abordadas, levando-se em conta uma série de fatores, como, por exemplo, o formato de impressão (tamanho do papel).

Uma das vantagens de um documento cartográfico é a sua universalidade. Na realidade, ele não precisa ter uma linguagem escrita padronizada para que possa ser interpretado, ou seja, a interpretação de um mapa pode ser realizada, em princípio, sem que se conheça totalmente a linguagem escrita, apenas com o reconhecimento da linguagem gráfica associada. Por outro lado, o mapa fornece uma visão global de uma região, facilitando sua memorização, porque é, com as limitações inerentes, uma imagem generalizada do terreno.

O mapa pode ser caracterizado como uma linguagem peculiar de comunicação que permite a transmissão de informações. Ele trabalha com a linguagem gráfica, que utiliza símbolos para poder traduzir uma ideia ou um determinado fenômeno (Nogueira, 2009; Martinelli, 2011). Assim, pela associação de símbolos, é perfeitamente possível chegar a uma analogia e até a uma comparação de fenômenos.

A linguagem gráfica é monossêmica, diferentemente da linguagem escrita ou falada (polissêmica). Ela é recebida e percebida pelo usuário como um todo, em vez de por uma sequência. Por isso, a percepção de cada elemento no mapa é relacionada simultaneamente à sua posição e à aparência relativa a todos os outros elementos, privilegiando uma visualização do todo, não sequencial. A disposição dos elementos gráficos é essencial para a compreensão da comunicação cartográfica.

Todo mapa registra um fenômeno e, consequentemente, a informação que o traduz. Logo, pode ser considerado um inventário dos fenômenos representados. Por ser um documento informativo, tem de ser completo, ou seja, fiel ao que se deseja representar. Deve-se procurar, ao mesmo tempo, registrar a informação, não prejudicar a legibilidade e a consequente comunicação com o usuário. Por isso, a informação deve ser tratada, e não apenas registrada, sob pena de não representar o fenômeno cartográfico de forma coerente.

A informação, ao ser disposta em um mapa, pode passar por um tratamento qualitativo ou quantitativo, o que permitirá a sua sintetização, visando facilitar a comunicação com o usuário por meio de uma leitura clara e nítida. Uma boa carta pode até ser lida sem legendas, mas elas são indispensáveis para uma interpretação mais aprofundada.

Existem diversas formas de simbolizar ou codificar dados geográficos de cunho espacial, seus conceitos e relacionamentos, porém atribuir um significado específico a vários tipos de símbolos, suas variações e combinações, é o primeiro de dois passos de um projeto gráfico. O segundo passo é dispor os símbolos e códigos de maneira que o usuário os veja como o produtor do documento (o cartógrafo) deseja que sejam vistos, ou seja, atribuindo-lhes um significado próprio. Então, é possível estabelecer que símbolos e convenções cartográficas são elementos que se dispõem para representar cartograficamente a informação geográfica dentro de uma linguagem gráfica preestabelecida (Bertin, 1983).

A estruturação da simbolização é variável em documentos cartográficos com diferentes propósitos, como nos mapas gerais (cartas) e nos temáticos. Em um mapa geral, o objetivo é exibir uma variedade de informações geográficas em que nenhuma classe deve ser mais importante que outra. Um mapa temático, por sua vez, interessa-se em apresentar, de forma geral ou estrutural, uma dada distribuição espacial ou uma combinação delas. O relacionamento estrutural de certa parte com o todo é que tem importância. É uma espécie de ensaio gráfico relacionado com variações espaciais e alguma distribuição espacial.

Em mapas gerais, existe uma série de convenções preestabelecidas, não existindo muita margem para a criação de novos símbolos. Todavia, nos mapas temáticos existe maior liberdade para a simbolização das informações a serem mapeadas, mas uma série de características deve ser respeitada visando uma melhor cognição da informação pelo usuário final. Essas características estão relacionadas ao tipo de fenômeno, que pode ser qualitativo ou quantitativo, e têm reflexo nas variáveis gráficas a serem empregadas na construção do símbolo.

8.1 Simbolização e informações qualitativas e quantitativas

As informações geográficas possuem características que podem ser assumidas como qualitativas ou quantitativas. Por informação qualitativa deve ser entendida a informação que tem caráter de apresentar a tipificação da informação, ou seja, a sua qualificação. Por exemplo, uma igreja, uma estrada, um rio, uma área de vegetação, uma ocorrência de determinado tipo de solo, um tipo específico de cobertura vegetal. A simbologia adotada irá apenas qualificar o tipo de ocorrência e o seu posicionamento geográfico, sendo esses os seus principais atributos. Esse tipo de informação não possui associação com nenhum tipo de hierarquização ou quantificação de valores.

As informações quantitativas são caracterizadas por representar um valor mensurável para o fenômeno ou à sua ocorrência. Podem dar também, sem valorar, uma ideia de hierarquia ou de priorização de elementos ou, ainda, associar valores quantificáveis para a representação do fenômeno. Por exemplo, a ocorrência de estradas, distintas por classes (federal, estadual, municipal), dando uma ideia de hierarquia, ordenação ou prioridade. Entretanto, ao se trabalhar com dados de fluxo de veículos, capacidade de escoamento de carga, capacidade de suporte de veículos, ou outros relacionados às estradas, ocorre uma quantificação por valores mensuráveis sobre o fenômeno.

8.1.1 Escalas ou classes de observação

A forma de associação às informações qualitativas e quantitativas define uma escala ou classe de observação dos fenômenos, que são denominadas como nominais, ordinais, intervalos e razão.

A classe nominal traduz as informações qualitativas, possuindo todas as suas características. A classe ordinal é associada às distribuições quantitativas que não são representadas por valores dimensionais, mas pela hierarquização de importância ou priorização apropriada, como a categorização de estradas por classes – federal, estaduais, municipais. As classes de intervalo e razão são associadas às informações quantitativas valoradas, nas quais as de intervalo são traduzidas por valores dentro de uma faixa contínua de ocorrência e as de razão são representadas por valores obtidos de associações ou relacionamentos entre dois ou mais elementos. Por exemplo, a representação de altitudes por curvas de nível são intervaladas e a densidade demográfica é associada às representações por razão (habitantes/km^2).

8.1.2 Classes de símbolos

Existe uma variedade ilimitada de dados espaciais que podem ser mapeados e todos devem ser representados por símbolos. Considerando as diferentes maneiras pelas quais os sinais convencionais – ou convenções – podem ser empregados, é importante classificá-los por meio de sua geometria. Nesse contexto, é possível definir três tipos de classes de símbolos quanto às suas características gráficas, que são pontos – símbolos pontuais –, linhas – símbolos lineares – e áreas – símbolos zonais, de área ou planares (Cromley, 1992; Robinson et al., 1995). Essas classes são conhecidas como primitivas gráficas (Martinelli, 2011). É possível ainda estabelecer uma quarta classe, definida por uma característica volumétrica (Laurini; Thompson, 1992), mas que é pouco utilizada.

A simbolização associada a essas primitivas gráficas são apresentadas a seguir:

- **Símbolos pontuais:** são convenções individuais, tais como pontos, círculos, triângulos, quadrados, entre outros, usados para representar um lugar ou dados de posição, como, por exemplo, uma cidade, uma cota altimétrica, o centroide de uma distribuição ou, então, um volume conceitual, como a população de uma cidade. Mesmo que a convenção possa cobrir uma pequena área do mapa, pode ser considerado um símbolo pontual quando conceitualmente se refere a uma posição geográfica de ocorrência.
- **Símbolos lineares:** são convenções lineares para representar elementos que têm características de linhas, tais como cursos d'água, rodovias, fluxos, limites, entre outros. Não significa que representem apenas elementos lineares. Por exemplo, a representação de curvas de nível permite que se extraiam informações de volume.
- **Símbolos zonais, de área ou planares:** são convenções que se estendem no mapa, caracterizando que a área de ocorrência tem um atributo comum: água, jurisdição administrativa, tipo de solo ou vegetação. Usada dessa forma, uma convenção de área é graficamente uniforme e cobre toda área de representação do fenômeno.

A Fig. 8.1 apresenta classes de símbolos associadas a diferentes escalas de observação (Robinson et al., 1995).

8.1.3 Elementos gráficos primários

A representação de diferentes informações cartográficas é associada ao uso de diferentes símbolos, que são individualizados pela visualização e diferenciados pelo uso de diferentes variáveis visuais (Bertin, 1983). Assim, as variáveis visuais de diferenciação dos símbolos são definidas como elementos gráficos primários (Robinson et al., 1995). Existem pequenas

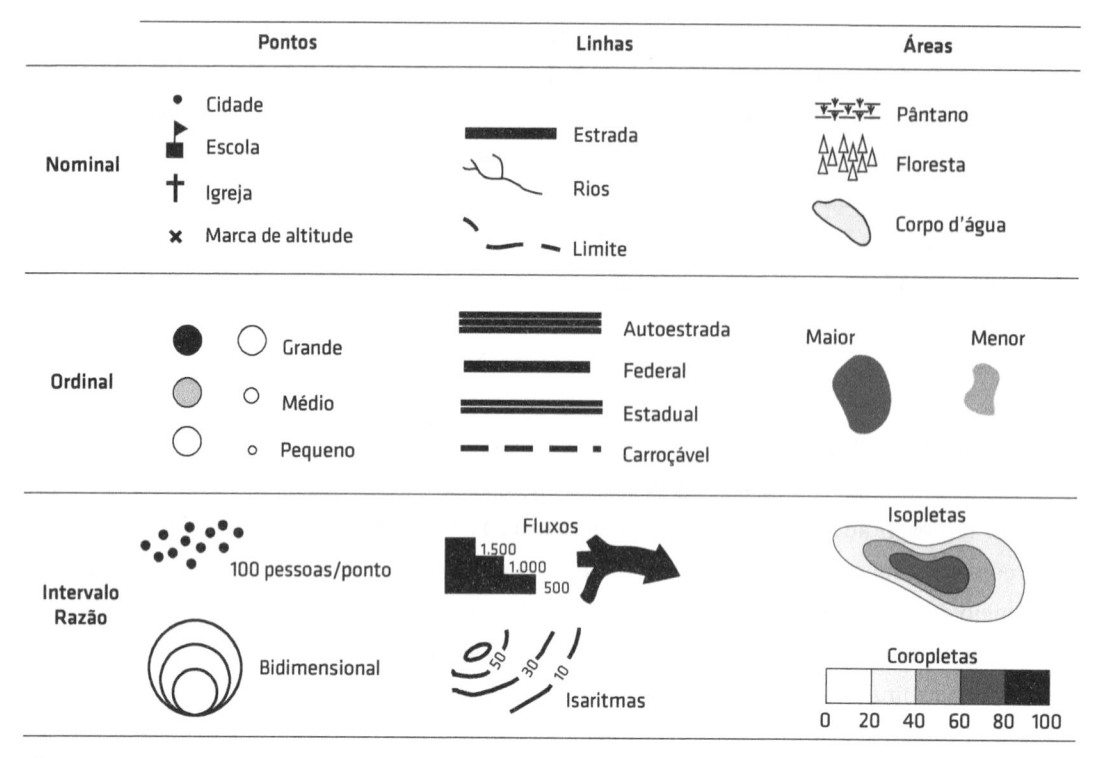

	Pontos	Linhas	Áreas
Nominal	• Cidade ▶ Escola ✝ Igreja ✗ Marca de altitude	▬▬ Estrada ⌇ Rios — — Limite	⩚⩚⩚ Pântano 🌲🌲 Floresta ⬭ Corpo d'água
Ordinal	● ○ Grande ◐ ○ Médio ○ ∘ Pequeno	═══ Autoestrada ══ Federal ─── Estadual - - - Carroçável	Maior ⬤ Menor •
Intervalo Razão	⁙ 100 pessoas/ponto ◎ Bidimensional	Fluxos 1.500/1.000/500 Isaritmas 50/30/10	Isopletas Coropletas 0 20 40 60 80 100

Fig. 8.1 Diferentes classes de símbolos e escalas de observações
Fonte: adaptado de Robinson et al. (1995).

diferenças entre as variáveis visuais apresentadas por Bertin (1983) e Robinson et al. (1995), porém, de maneira geral, as principais variáveis gráficas visuais são: cor, valor, tamanho, forma, espaçamento, orientação e posição. A Fig. 8.2 (p. 179) mostra os elementos gráficos primários segundo a semiologia gráfica apresentada por esses autores:

Reconhecer e diferenciar as principais caraterísticas e aplicações das variáveis gráficas visuais em símbolos para diferentes tipos de mapeamentos é de fundamental importância na construção de documentos cartográficos, porque estes vão influenciar diretamente na capacidade de cognição do usuário final e, consequentemente, no sucesso da comunicação cartográfica. Essas variáveis visuais são apresentadas a seguir:

Cor e valor

Essas duas variáveis são interligadas, mas indicam simbologias para diferentes tipos de mapeamentos. São visíveis apenas em símbolos robustos. Para símbolos pequenos, a variação de valor (saturação) e cor não é distinta, e por isso não indicada. Não é indicado utilizar muitas cores, para evitar confusão e desequilíbrio em uma representação. As cores devem ser poucas e contrastantes.

A cor traduz fenômenos quantitativos quando é usada apenas uma cor em seus vários matizes. Nesse caso, a variável é denominada valor. Uma escala monocromática, na qual o valor varia do branco ao preto, pode ser considerada como um exemplo do uso da variável gráfica valor. Por outro lado, o uso de diferentes cores expressa fenômenos qualitativos.

A cor possui características controvertidas e complexas. Existem fatores para o estudo da cor, que muitas vezes são divergentes entre si, fazendo com que tenham de ser considerados inicialmente isolados para depois serem observados em conjunto.

Com as cores, é possível ordenar, distinguir contrastes, enfatizar efeitos e até representar a evolução de um fenômeno, além de aumentar a legibilidade de um mapa. A cor contribui para a estética e para a qualidade do documento, mas deve ser lembrado que uma má escolha de cores gerará um documento com características invertidas. Os fatores ou aspectos a serem considerados são o físico, fisiológico, subjetivo, simbólico e estético.

Aspecto físico da cor

As cores visíveis são as do espectro eletromagnético, dentro da faixa do visível (0,3 mm a 0,7 mm). As cores fundamentais são vermelha, azul e amarelo, as quais possuem variações diretas (Fig. 8.3).

Em termos de sistemas de cores, os mais utilizados são o RGB (*red, green* e *blue*) e o CMY (*cian, magenta* e *yellow*), aditivo e subtrativo, respectivamente. O RGB é mais usado com o HIV (*hue, intensity, value*) para uso computacional, enquanto o CMY é é mais utilizado para emprego topográfico (Fig. 8.4).

Outra caraterística física da cor deve ser levada em conta na produção de símbolos para um documento cartográfico: avaliar antes da escolha de uma cor o efeito da luz branca (ou outra) sobre o documento que será gerado. Esse efeito pode modificar completamente o comportamento projetado para a cor utilizada.

Hierarquia cromática

Caracteriza a ordem de percepção das cores. Por exemplo, o preto é logo notado, enquanto o amarelo é uma das últimas cores a serem percebidas. O preto é indicado para dados importantes, enquanto o amarelo é indicado para os de pouca importância. O olho humano distingue vinte cinco variações de tonalidade da mesma cor, porém, o ideal, é utilizar em um mapa cinco variações para haver contraste suficiente, evitando confusão de percepção. Na Fig. 8.5 (p. 180) estão discriminadas as combinações mais notáveis.

Aspecto fisiológico da cor

Em relação ao aspecto fisiológico da cor é importante considerar três fatores: o tom, o valor e a saturação.

Tom, sinônimo de cor, caracteriza as diferentes cores dentro de cada sistema de cor. Esse fator é estritamente qualitativo em termos de representação de fenômenos, entretanto, pode representar quantificações, desde que não deixe margem a dúvidas sobre que tipo de representação está sendo apresentada.

Valor também é chamado de brilho e corresponde à luminosidade da cor – fruto do grau da própria refletância e dependente do seu comprimento de onda e da diluição do branco em proporção variável. Por exemplo: azul–vermelho; verde–laranja; e violeta–vermelho roxo.

A saturação é a relação entre a cor pura e a mesma cor diluída no branco. A cor pura será 100% saturada. Com essas características é possível ordenar quantitativamente um fenômeno pela definição de uma escala monocromática com variações de saturação de cor. Por exemplo: vermelho puro (100%); com 25% de branco; com 50%; com 75%.

A escala monocromática de cinza também pode ser utilizada em percentuais de diluição que permitam uma boa definição da sua variação. Por exemplo: preto (100%); com 23% de branco; com 48%; com 78%. O branco é normalmente usado para representar ausência do fenômeno.

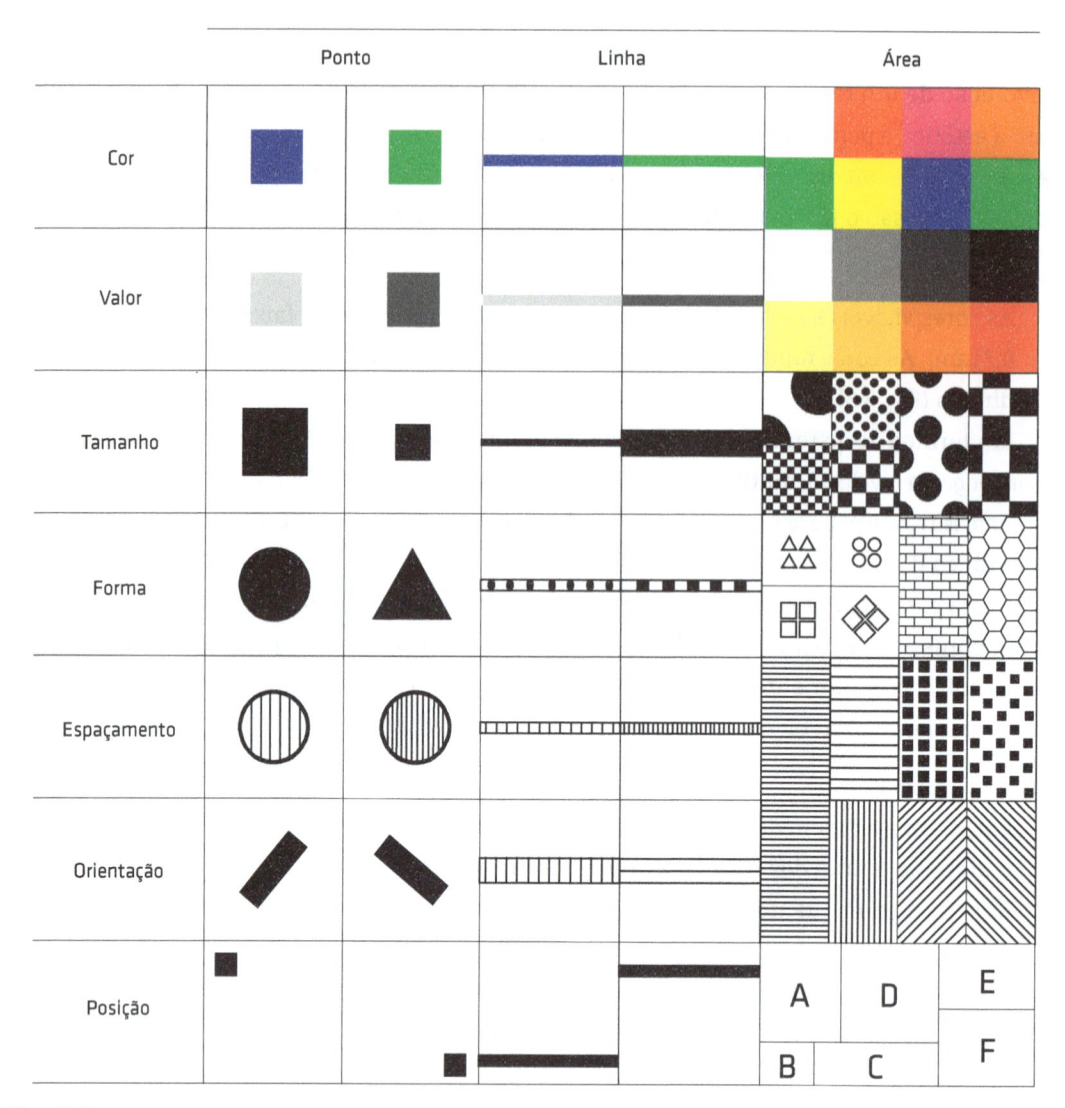

Fig. 8.2 Variáveis gráficas visuais
Fonte: adaptado de Robinson et al. (1995) e Bertim (1983).

Fig. 8.3 Cores fundamentais e variações diretas

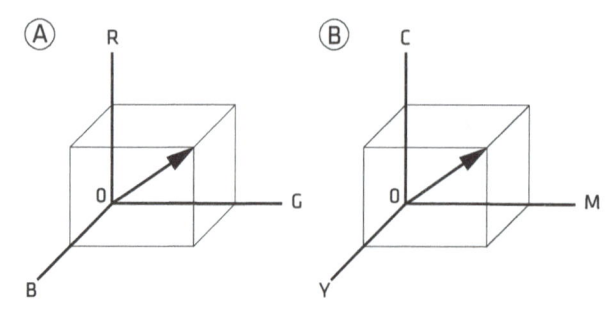

Fig. 8.4 Esquema representativos dos sistemas de cores RGB e CYM

É possível definir uma representação quantitativa utilizando uma ou outra banda do espectro, incluindo-se o amarelo em cada uma delas. Não é aconselhável misturar as duas bandas para uma representação única quantitativa. Se for necessário, deve-se levar em conta a intensidade da fonte luminosa, pois, sob a luz normal, a maior sensibilidade do olho humano é ao amarelo. Se a luz for fraca, é deslocada para o verde, resulta que a cor azul é vista mais clara que o vermelho, apesar de terem valores iguais. Quando se quiser um bom contraste, deve-se usar uma cor próxima à escala da direita do espectro eletromagnético.

Em relação às cores acopladas, o olho humano é mais apto a reconhecer duas saturações próximas que estejam vizinhas do que quando estiverem em duas regiões afastadas. Todavia, todas as cores são notadas com maior ênfase se limitadas por preto ou visualizadas sobre um fundo claro. As cores de maior valor avivam as de menor valor, como o vermelho junto ao verde e o azul junto ao laranja.

Aspecto subjetivo da cor

As cores também podem ser diferenciadas quanto ao aspecto subjetivo de frias e quentes. Cores quentes, como o vermelho, são associadas ao calor, guerra, violência, alta suscetibilidade a fenômenos de risco, entre outros. Cores frias, como o azul, podem ser associadas à água, baixa suscetibilidade a fenômenos de risco. Outro aspecto subjetivo da cor é o emocional, que a liga com o estado de espírito, procurando dar aparência de calma e tranquilidade. É o caso do uso de tons suaves, como o verde, para hospitais e roupas de médicos.

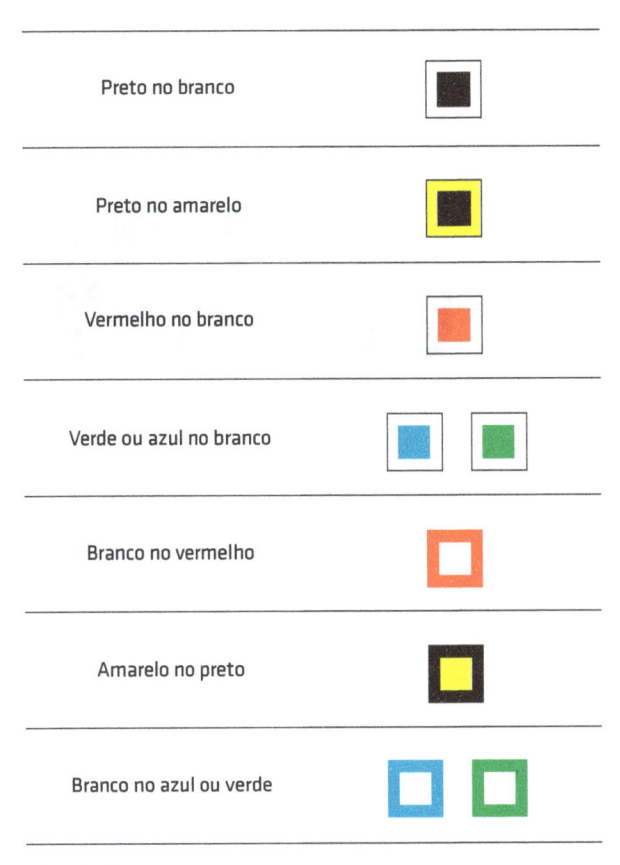

Fig. 8.5 Combinações mais notáveis de cores

Aspecto simbólico da cor

Esse aspecto liga a cor a um fenômeno de maneira direta, como associar o azul a corpos d'água e o verde à vegetação.

Aspecto estético

é uma preocupação secundária, mas deve ser considerada. O usuário é sensível à estética e à beleza. O documento deve ser, no mínimo, funcional.

Forma

É uma variável ilimitada e possui uma característica gráfica definida pela aparência. Pode ser determinada pela geometria regular (triângulo, círculo, quadrado, entre outros) ou irregular, como uma área de limite irregular (ilha, estado, entre outros) ou um contorno de uma feição linear.

Apesar de na teoria ser ilimitada, na prática, deve ser limitada, com figuras conhecidas e fáceis de serem diferenciadas uma das outras, para maior cognição do símbolo pelo usuário do documento cartográfico. Figuras de mesma área darão relação de equivalência e não de classificação, assim, a forma assume um comportamento qualitativo, quando não apresentada em diferentes tamanhos.

Tamanho

Essa variável gráfica fornece uma informação quantitativa sobre a ocorrência do fenômeno. Excepcionalmente, pode representar ideias qualitativas. A variação em tamanho é percebida quando ocorrem dimensões aparentes diferentes, tais como, diâmetro, área, comprimento e altura. Normalmente, quanto maior o símbolo, maior a sua importância (Fig. 8.6). Além disso, é indicado que a variação do tamanho tenha uma proporcionalidade com a variação do fenômeno, entretanto, nem sempre é possível seguir esta ideia, principalmente quando existe uma variação muito grande dos fenômenos a serem mapeados.

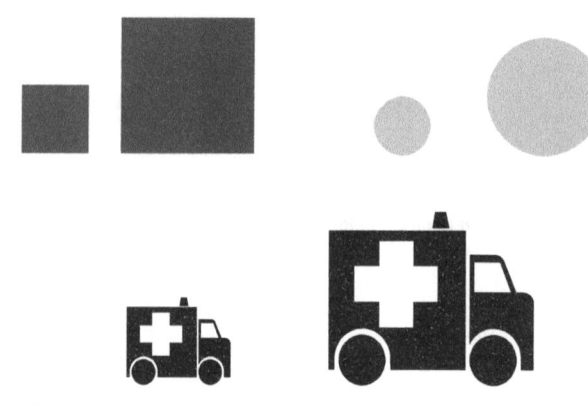

Fig. 8.6 Exemplo de variável gráfica da forma

Orientação

A variável gráfica orientação se refere à disposição direcional dada a componentes utilizados em uma simbologia. Estes componentes são geralmente linhas paralelas, perpendiculares, pontilhadas, entre outras. Não é permitido o uso de qualquer componente, como, por exemplo, o círculo, que não dá a ideia de direção. Vale ressaltar que essa orientação é definida por uma referência, que pode ser o reticulado ou a borda do mapa, para a modificação da disposição (Fig. 8.7).

Fig. 8.7 Exemplo de variável gráfica de orientação

Esses componentes podem ainda ser combinados entre si, criando novas formas de símbolos, como por exemplo, formas diferentes de mesma área; formas e dimensões; formas e cores diferentes; dimensões diferentes e cores diferentes; e todas com orientações.

Espaçamento

Quando um símbolo é definido por um arranjo de outros componentes, como pontos ou linhas, o seu espaçamento pode ser variável, quantificando a informação mapeada, como por exemplo, a quantificação para determinadas ocorrências (Fig. 8.8).

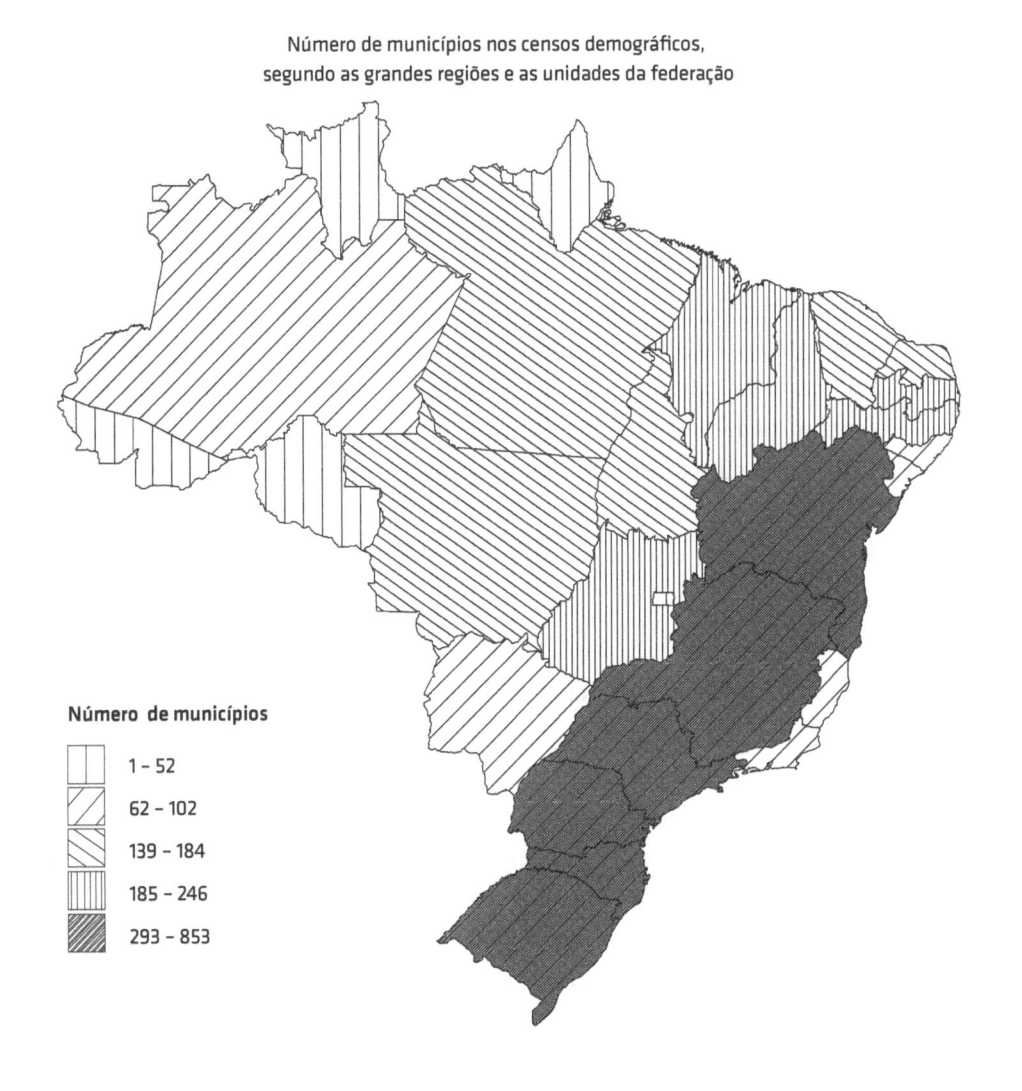

**Número de municípios nos censos demográficos,
segundo as grandes regiões e as unidades da federação**

Número de municípios
- 1 – 52
- 62 – 102
- 139 – 184
- 185 – 246
- 293 – 853

Fig. 8.8 Exemplo de variável gráfica de espaçamento com conotação quantitativa

Além do aspecto quantitativo essa variável pode assumir um aspecto qualitativo, como, por exemplo, a classificação de áreas diferenciadas por textura visível sem diferenciação de intensidade, ou seja, sem quantificação com espaçamento regular. Ainda é permitido trabalhar com essas estruturas de maneira regular ou irregular.

Posição

O posicionamento no campo visual no plano de um mapa é geralmente aplicado apenas aos componentes que podem ser movidos, tais como títulos, legendas e toponímia. A posição da maior parte dos símbolos e convenções é prescrita pela ordenação geográfica dos dados e são suscetíveis de alteração apenas por mudanças de projeção ou deslocamentos dentro da área do mapa, para melhor legibilidade.

8.2 Símbolos cartográficos

Símbolos cartográficos são convenções utilizadas na representação de feições cartográficas, exibidas em um mapa ou carta. Para a Cartografia de base, a simbologia é convencionada e codificada em manuais de instruções, como os manuais T 34-700 de convenções cartográficas, do Estado-Maior do Exército – utilizados no mapeamento sistemático brasileiro –, e as normas para a carta internacional do mundo ao milionésimo (IBGE, 1993). Esses manuais, além de apresentarem especificações dos sinais convencionais a serem adotados, disponibilizam tipos, tamanhos de letras e outras informações necessárias.

Todas as convenções utilizadas em um mapa ou uma folha isolada devem, em princípio, constar da legenda como um dado marginal do mapa ou carta, mesmo constando desses manuais e serem do conhecimento de um grupo diverso de usuários.

Na Cartografia temática, diferente da Cartografia de base, não existe uma padronização de convenções, por causa da diversidade de fenômenos que podem ser veiculados e mapeados. Assim, a criação de símbolos, seu planejamento, distribuição e visualização são de responsabilidade exclusiva do elaborador do documento, devendo constar obrigatoriamente da legenda do mapa, bem como, quando necessário, a elaboração de descritores que permitam a tradução do mapa ao leigo.

8.2.1 Limites de percepção, diferenciação e separação

Um dos problemas que logo surgem para a apresentação do que será representado no mapa está ligado ao tamanho, ou seja, até que dimensões reais na carta um objeto será percebido, e como será essa interação com o usuário.

Em princípio, nada que possua menos de 0,2 mm na escala do mapa será representado, mas, se o for, por sua importância relativa, como fazê-lo de modo que a sua percepção seja estabelecida com ponderação em relação aos demais elementos representados?

Diante do exposto, é possível estabelecer três limites em uma série de símbolos de tamanho variados:

- **Limite de percepção:** o nível de presença que possa discernir o símbolo;
- **Limite de diferenciação:** o reconhecimento claro da diferença de formas;
- **Limite de separação:** a diferenciação por incremento de alguma dimensão do símbolo.

A aplicação desses critérios no conjunto, baseados em uma hierarquia de peso e classificação qualitativa e quantitativa dos objetos, permite não só estabelecer uma melhor diferenciação entre os símbolos, mas proporcionar também estética e clareza.

8.2.2 Escolha de convenções

Deve ser guiada por uma análise criteriosa dos fatores apresentados, bem como sobre a escala do documento cartográfico. Para representar fenômenos pontuais, os símbolos devem sempre conservar os limites e as formas. Caso isso não seja possível, deve ser elaborado algo que pelo menos lembre esses limites. O aproveitamento de uma mesma forma para gerar símbolos deve levar em consideração os limites estabelecidos. A representação de fenômenos lineares deve conservar o alinhamento original, variando apenas a largura da convenção e a espessura do traço, de acordo com o fenômeno a ser representado. Fenômenos zonais têm como convenção a estrutura e textura da simbologia para representar a área de sua ocorrência. Essa convenção pode ser alcançada pela cor ou padrão gráfico.

8.3 Toponímia

Pode-se definir a toponímia como o estudo linguístico ou histórico dos topônimos ou a relação dos nomes de um lugar, país ou região (Oliveira, 1983). Os topônimos correspondem ao nome dado a um acidente topográfico ou sociocultural. A toponímia de uma carta corresponde aos nomes que caracterizam acidentes naturais, ou não correspondentes, de uma carta topográfica.

Mais recentemente, alguns autores – Santos (2007), apoiado no trabalho de Houaiss (1999) – vêm empregando o termo geonímia para designar nomes próprios de lugares e acidentes geográficos, tradicionalmente ditos toponímia e topônimos. Com base nessa reflexão, Santos (2007) apresenta nomes geográficos como sinônimos de geônimos, conceituando-os como topônimos padronizados, incluindo, na maioria das ocorrências, um nome específico e uma designação genérica, acrescido de atributos que o caracterizam como um conjunto etnográfico, etimológico, histórico e de topofilia, referenciado geograficamente e inserido num contexto temporal.

A toponímia é, portanto, um elemento essencial para as cartas ou mapas, pois permite fazer a associação entre nomes e posição geográfica, ou seja, a identificação da área de ocorrência do acidente e dele próprio pelo seu nome associado ao mapa. Segundo Furtado (1960), se todos os topônimos fossem extraídos de uma carta, esta se tornaria inerte, morta e incógnita, mesmo com todo seu enquadramento analítico. Uma carta sem nomes geográficos não é uma carta completa, por menos que se necessite identificá-la. Existem cartas "mudas", porém, para fins bastante específicos ou didáticos.

Por essas razões, a toponímia correta apresentada em um mapa ou carta é de extrema importância, pois ajuda não só na orientação, mediante referência aos elementos representados, como fornece informações essenciais que não podem ser representadas de forma adequada unicamente por outros símbolos. Os topônimos são símbolos textuais de uma carta que ou o complementam ou são o próprio resultado da transformação cognitiva de uma feição. Como símbolos cartográficos, os topônimos, rótulos ou letreiros, complementam ou reforçam as variáveis visuais do mapa: ponto, linha e símbolos de área (Monmonier, 1993).

Segundo Monmonier (1993), em um mapa, esses topônimos são rótulos descritivos que utilizam a linguagem escrita natural para fornecer uma ligação imediata entre o símbolo cartográfico e o tipo de recurso decodificado no mapa. Assim, símbolos reais não são apenas um retângulo preto, mas o retângulo mais seu rótulo. Porque ele é explicitado; literalmente, o símbolo não precisa aparecer na chave do mapa.

Mapas gerais ou topográficos têm geralmente um grande número de nomes. O reconhecimento da função a que se aplica um nome, o tempo necessário para encontrá-lo e a facilidade com que ele pode ser lido são etapas importantes a ser cumpridas pelo mapa (Robinson et al., 1995).

8.3.1 Reambulação

O processo de coleta de topônimos, dados e informações, relativos aos acidentes naturais e artificiais (orográficos, hidrográficos, fitogeológicos, demográficos, obras de engenharia em geral), além da materialização das linhas divisórias nacionais e internacionais e respectivos marcos de fronteira, denomina-se reambulação.

Além dos objetivos expostos, para a Cartografia de base, o processo de reambulação fornece um possível esclarecimento de imagens fotográficas não reconhecíveis pela fotointerpretação, a coleta de informações que não possam ser obtidas pela interpretação por estereoscopia e a elucidação de nomes múltiplos para os mesmos acidentes.

Tradicionalmente, esse processo se realiza no levantamento básico de campo ou, de maneira mais frequente, antecedendo o procedimento de restituição fotogramétrica (Oliveira, 1983) (Fig. 8.9):

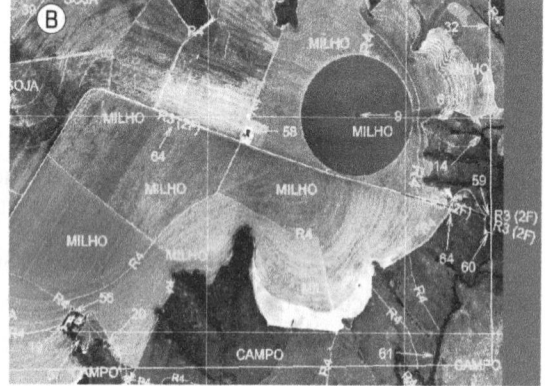

Fig. 8.9 Processo de reambulação: A) coleta dos topônimos em campo; B) marcação dos topônimos na fotografia aérea, de acordo com o local de ocorrência
Fonte: IBGE.

Inerentes ao processo de levantamento em campo estão algumas dificuldades de natureza técnica como, por exemplo, a existência de informações conflitantes para o nome de um mesmo elemento geográfico; problemas relacionados a pronúncias e/ou grafias regionais; carência de informações, principalmente pela falta de acervos locais contendo referências documentais que ajudem a precisar os nomes dos lugares; e curtas durações da campanha em campo, o que acaba postergando dúvidas e imprecisões relativas a determinados topônimos.

Além dos problemas técnicos, existem outras dificuldades relativas à logística do processo de reambulação *in loco*: o acesso a áreas remotas, bem como as péssimas condições viárias que dificultam o deslocamento; a grande abrangência da área a ser levantada que impede o retorno diário da equipe de campo para sua respectiva base operacional; a impossibilidade de acesso a algumas localidades de mata densa, cabeceiras de rios – com encostas muito íngremes ou com ausência de trilhas.

A questão do acesso impossibilitado também se torna problemática em locais em que há conflitos fundiários, litígios em áreas indígenas, plantações ilegais de ervas entorpecentes, espaços territorializados por organizações criminosas e terras privadas sem autorização prévia dos responsáveis ou proprietários.

O processo de reambulação deve estar fielmente atrelado à escala de uma carta, porque nunca se deve permitir que o letreiro sobrecarregue a carta, afetando seus propósitos, prejudicando o caráter de sua generalização e comprometendo sua comunicação (Oliveira, 1988). A densidade do letreiro deve ser controlada, para evitar confusões na denominação entre os elementos geográficos, evitando que sua interpretação seja dúbia e imprecisa.

Para a Cartografia temática, dependendo do tema a representar, a reambulação também pode ser definida pelos documentos existentes, em escala apropriada. Não se prescinde, no entanto, de trabalhos de campo para checagem e elucidação de dúvidas.

A rotulação com topônimos, nos mapas temáticos, não é tão intensa como nas cartas topográficas, porque eles, geralmente, não executam a gama de funções dos mapas gerais. No entanto, sua aplicação pode muito bem ser feita para se encaixar no leiaute do mapa, de modo a melhorar a comunicação sem chamar atenção desnecessária para si (Robinson et al., 1995).

… capítulo 9

Cartografia digital, geoprocessamento e construção de modelos de representação e análise espacial

Um assunto recorrente em qualquer fórum de debates sobre geoprocessamento é relativo a problemas de fundo cartográfico. A Cartografia, para o geoprocessamento, é a principal ferramenta de auxílio à visualização gráfica e representação da informação geográfica, tratada pela Inde (2010) como informação geoespacial. Com base nesse contexto, sobressaem duas constatações sobre o desenvolvimento de qualquer projeto de geoprocessamento:

- Ausência de bases cartográficas digitais de referência que deem o necessário suporte aos diversos projetos de geoprocessamento;
- Desconhecimento e despreparo em Cartografia por parte de algumas equipes de execução desses projetos.

Esses dois fatores fornecem razões suficientes para a existência de problemas que irão fatalmente afetar a qualidade das representações e análises geradas pelo geoprocessamento. Deve ser salientado também que o produto final de projeto operacionalmente baseado em técnicas de geoprocessamento não é fazer a Cartografia de uma área, mas sim produzir informações com um conjunto de geotecnologias que permita a análise e representação de fenômenos espaciais com a confiabilidade necessária, e utilizar a Cartografia como ferramenta de apoio para a geração e apresentação gráfica das informações analisadas. É importante ressaltar que a desmistificação da Cartografia é necessária, porque essa ciência deve ser aplicada por uma gama cada vez maior de profissionais.

Um dos principais fatores que atuaram na configuração desse quadro, bem característico no Brasil, foi o descompasso nos avanços tecnológicos assumidos no desenvolvimento da Cartografia digital e das técnicas de geoprocessamento somado ao número de atores envolvidos diretamente em cada área e às diferentes demandas e oportunidades de desenvolvimento e financiamento. Entretanto, nos últimos anos, novas experiências surgem em busca da padronização e disseminação de informações geoespaciais, como é o caso da Infraestrutura de Dados Espaciais (IDE).

Com o objetivo de fazer uma síntese dessa temática, os principais conceitos que envolvem a Cartografia digital e o geoprocessamento – e como eles interagem na construção de modelos de representação e análise espacial – serão apresentados a seguir.

9.1 Cartografia digital

Uma das áreas do conhecimento que apresentou um profundo impacto com o desenvolvimento da tecnologia dos computadores foi, sem dúvida, a Cartografia. Esse desenvolvimento foi particularmente sentido nas três últimas décadas, quando do desenvolvimento e aperfeiçoamento dos equipamentos que viriam a permitir a visualização gráfica de informações.

Começando no início de 1960, e concorrente com a pesquisa em comunicação cartográfica, a Cartografia foi muito influenciada pela tecnologia do computador. A adaptação a essa nova ferramenta ocorreu muito rapidamente, apesar de os métodos primitivos de produção gráfica produzirem, à época, representações muito grosseiras (Peterson, 1995).

Termos surgidos no início dos anos 1980 designavam os esforços para o tratamento computacional – como Cartografia automatizada; depois, Cartografia apoiada por computador; e Cartografia assistida por computador –, a semelhança dos sistemas assistidos por computador para projetos mecânicos (CAD/CAM – *computer aided design/computer assisted manufacturing*) (Rhind, 1977; Boyle, 1979). Esses termos não refletiram a significância do processo de modernização, o que viria a ser caracterizado quase no fim da década de 1980, quando é verificada a percepção e a prática em grande escala de uma maneira revolucionária de fazer cartografia (Marble, 1987).

Desse período em diante, os computadores começam a afetar o tratamento cartográfico profissional para a construção de mapas. Além disso, dispositivos de saída mais sofisticados, que incorporavam um pouco de cores, tornaram-se disponíveis durante os anos 1980, e programas cartográficos foram elaborados para tirar vantagem da capacidade desses periféricos gráficos (Peterson, 1995).

Nesse contexto, qualquer pessoa que possua um *software* de cartografia, bem como um *hardware* com capacidade de processamento gráfico, é capaz de gerar mapas com pelo menos uma aparência de qualidade. O que se vê, até hoje, e com um crescimento cada vez maior, é uma popularização da Ciência Cartográfica. Mais e mais pessoas passam a trabalhar com Cartografia apoiadas nos sistemas computacionais, porém, sem embasamento confiável de conhecimentos cartográficos.

Essa popularização é importante para a cartografia, pois muito foi desmitificado, permitindo o aparecimento de uma grande quantidade de mapas e outros documentos cartográficos, divulgando e disseminando a informação geográfica. Muitas vezes, a documentação gerada pode ter qualidade inferior pela falta de conhecimentos cartográficos do pessoal envolvido nos trabalhos. Atualmente, pode-se notar que existe uma tendência pela busca de conhecimento cartográfico necessário, pois utilizar esses sofisticados *softwares* o exige.

Mesmo com a reformulação dos processos cartográficos pela Ciência Computacional, os procedimentos em si não se constituem em novos paradigmas. O computador passa a ser o assistente do cartógrafo, e os equipamentos periféricos, os instrumentos de uma nova Cartografia, denominada Cartografia digital (Cromley, 1992). Pode-se então definir Cartografia digital, como a Cartografia tratada e assistida por processos computacionais, através de *hardware* e *software* apropriados ou adaptados.

9.1.1 Mapa como modelo de dados digital e a visualização cartográfica

O advento computacional na Cartografia trouxe novas concepções às definições já consolidadas, como a consideração de mapa como um modelo de dados. Enquanto modelo, mapas permitem perceber a estrutura do fenômeno representado, uma vez que o processo de mapeamento visa o reconhecimento de qualquer fenômeno passível de representação (Kraak; Ormeling, 1996). Em outras palavras: mapas podem ser facilmente concebidos como modelos representativos de informações contidas no mundo real, mas, no entanto, é necessário compreender os mapas como modelos conceituais que contêm a essência de generalizações da realidade.

Em meio a essa perspectiva, mapas são instrumentos analíticos que auxiliarão pesquisadores a enxergar o mundo real sob uma nova ótica ou proporcionarão a eles a possibilidade de obter uma visão totalmente nova da realidade (Board, 1975).

Pelas definições de mapa já apresentadas, depreende-se que eles descrevem uma representação gráfica do ambiente sociobiofísico. Trazendo novas perspectivas a mapas gerados em ambientes digitais para análises, Kraak e Ormeling (1996) colocam que os mapas apresentam dados geoespaciais, isto é, dados sobre objetos ou fenômenos dos quais se conhece sua localização sobre a superfície da Terra em sua correta relação de um para com o outro, ou seja, dados georreferenciados.

Os autores consideram o mapa um sistema de informações geoespacial que esclarece muitas dúvidas pertinentes à área descrita, como, por exemplo, qual a distância entre pontos espacialmente distribuídos; as posições dos pontos em relação uns aos outros; o tamanho de localidades e domínios; e, ainda, a natureza dos padrões de distribuição.

As características de tangibilidade, visibilidade e permanência da informação geraram um poderoso conjunto de definições para mapas (Moellering, 1983; Cromley, 1992; Kraak; Ormeling, 1996). Em relação a esse conjunto, outra característica que se pode associar aos mapas é a sua função dentro dos parâmetros definidos pela comunicação cartográfica. Para ser válido, devem transmitir informação ao usuário, instruindo-o sobre algo novo ou diferente, do que é ordinário ou normal (Peucker, 1972).

Em visão mais abrangente, um mapa é um modelo de dados que, segundo Peuquet (1984), pode ser definido como uma descrição geral de grupos específicos de entidades e seus relacionamentos. A função de um modelo é estabelecida por algumas características (Harvey, 1969) que podem defini-lo como icônico, analógico ou simbólico.

Um modelo icônico apresenta apenas uma redução de escala, como os modelos reduzidos para estudos hidráulicos ou hidrológicos. Possuem todos os elementos do mundo real, reduzidos pela escala e as condições de emprego podem ser simuladas em laboratório.

Um modelo analógico também possui uma redução em escala, porém, os elementos do mundo real são reproduzidos de forma semelhante. Como exemplo, pode ser citado um mapa topográfico.

Um modelo simbólico é estabelecido por uma representação altamente elaborada da realidade, em que muitas vezes é necessária uma linguagem dedicada para a descrição de objetos do mundo real. Um mapa temático é a combinação de um modelo simbólico com um modelo analógico, considerando-se o mapa base como o modelo analógico e a informação temática traduzida por um modelo simbólico.

A tecnologia computacional causou um grande impacto, em relação ao modelo de dados de um mapa, base cartográfica, ao considerá-lo como uma imagem, logo, um modelo simbólico. Porém uma estrutura de armazenamento de uma informação digital é determinada apenas por códigos binários, não havendo, em nenhuma hipótese, qualquer correlação em semelhança com o mundo real. Esses códigos, só serão manipulados e visíveis com a execução de um *software* apropriado. Pode-se inferir que qualquer modelo apropriado para um tratamento computacional será denominado modelo digital (Cromley, 1992; Clarke, 1995).

A digitalização pode ser definida como o processo de transformação de dados analógicos, que descrevem determinados fenômenos analógicos, para uma forma numérica (Menezes, 1987). Em princípio, esse processo não necessariamente é computacional, mas todo processo computacional exige uma tradução digital dos elementos, para serem reconhecidos. Entretanto vale ressaltar que atualmente já existem alguns processos de aquisição direta da informação em meio digital, descartando esse processo de transformação.

Mais especificamente em relação à base cartográfica ou mapa base, sua definição não é nova; nova é a sua vinculação à Cartografia digital. Arlinghaus (1994) define base cartográfica como um mapa preciso em escala, que mostra detalhes físicos e topográficos, tais como estradas, rios, lagos, ruas, altimetria. Na realidade, qualquer mapa que seja desenvolvido pela Cartografia de base ou de referência, estará enquadrado na definição acima. Os mapas base, ou bases cartográficas, contêm informações que servirão de apoio para as demais informações que serão acrescentadas à representação. Uma base cartográfica digital pode ser definida como aquela capaz de ser trabalhada por sistemas computacionais, juntando conceitos de cartografia digital.

Dentro do relacionamento com o geoprocessamento, esse conceito é importantíssimo, pois a base cartográfica servirá de registro, elemento de ligação entre todas as informações. Nesse aspecto, erros existentes na base cartográfica serão propagados às informações e a todos os produtos derivados.

Devem ser salientadas as diferenças existentes entre os processos cartográficos anteriores e posteriores ao advento da tecnologia computacional. Os antigos, mas ainda usuais, apresentavam apenas a necessidade de serem vistos gráfica e analogicamente, para que a eles fosse associada à simbolização correspondente à sua representação. A topologia entre as diversas classes e feições era elaborada pela análise, interpretação e entendimento espacial do usuário, efetuada na visualização da representação.

A norma técnica que padronizava os procedimentos para a cartografia sistemática era o Manual Técnico T 34-700 de convenções cartográficas, 1ª e 2ª parte, editado pela Diretoria do Serviço Geográfico (DSG), em que, na primeira parte, são definidos os conceitos, indicados os procedimentos e estabelecidas normas para o emprego dos símbolos convencionais constantes da segunda parte, na qual são estabelecidos o formato, as dimensões dos símbolos convencionais e os tipos e as dimensões das letras a serem utilizadas nas legendas lançadas nas cartas.

Em meio à atual conjuntura de produção cartográfica, a tecnologia nos está permitindo repensar como são e serão apresentados os mapas. Ou seja, como a computação gráfica, linguagens de programação, *web* e sistemas gerenciadores de bancos de dados – trazendo processos mais interativos e dinâmicos – influenciam a construção e apresentação dos mapas. Há uma reestruturação da relação humana com os mapas, alterando tanto a forma de apresentação quanto o uso que será conferido a esses mapas (Peterson, 1995).

Com a cartografia digital, os conceitos cartográficos já existentes, em princípio, não se alteraram, porém, a complexidade de aquisição e estruturação da informação aumentou em níveis bastante diferenciados, necessitando a readequação de normas e padrões que atendam às necessidades das estruturas geométricas e topológicas entre as diversas classes de informações geográficas sobre a superfície terrestre e a superfície de um mapa.

Desse contexto, nos anos 1990, novos conceitos surgem para lidar com mapas voltados para ambientes digitais, com perspectivas que ultrapassam a linearidade tradicional do processo de comunicação cartográfica.

O computador facilita a representação direta do movimento e das mudanças, as visualizações múltiplas para os mesmos dados e a interação do usuário com os mapas. Nessa evolução técnica e científica produzida pela cartografia digital surge o conceito de visualização cartográfica ou visualização geográfica (MacEachren, 1995; Peterson, 1995; Dent, 1999; Sluter, 2001).

Segundo Sluter (2001), no processo de visualização cartográfica, os mapas são tidos como ferramentas analíticas para seus usuários. Como ferramentas de análise, os mapas podem ser utilizados tanto para investigar fenômenos geográficos – propondo possíveis soluções – como para apresentar resultados. Por isso, os mapas são meios de visualização (Sluter, 2001). Mapas hoje são considerados como uma forma de visualização científica, e, de fato, esse conceito já existia antes da visualização ser desenvolvida como um campo analítico distinto. Na perspectiva da visualização cartográfica, as análises dos dados espaciais são viabilizadas por técnicas de computação gráfica, visualização científica e sistemas de informações geográficas.

A visualização cartográfica deriva da visualização científica, que promove um significativo aproveitamento dos avanços da tecnologia computacional para facilitar a visibilidade de dados científicos e conceitos (MacEachren, 1995). Segundo Peterson (1995), a visualização é a criação de imagens por computação gráfica que exibem dados para a interpretação humana, particularmente, dados científicos multidimensionais. Ela tem sido interpretada como um método de computação que integra a coleta de dados, organização, modelagem e representação, baseada na capacidade humana de impor ordem e identificar padrões.

Além de tudo isso, ela é utilizada para verificar a consistência do processo de aquisição e da estrutura de uma base de dados. Composta por gráficos e geometria, referentes à sua posição relativa das informações retratadas. Em Cartografia, posições relativas são usualmente definidas com base em uma grade geoespacial – cartesiana ou geográfica – que se refere a posições reais de locais sobre a superfície da Terra (Kraak; Ormeling, 1996). Por isso, a visualização é empregada em diferentes fases do processo de manipulação de dados geoespaciais, demonstrando a necessidade de uma abordagem integrada com o geoprocessamento.

O processo de visualização pode variar muito, dependendo do lugar e da finalidade para a qual ele é necessário. Pode ser simples ou complexo, e o tempo de produção pode ser curto ou longo. O ambiente em que é executado pode ser um computador pessoal, um computador de rede ligado a uma intranet ou até em sistemas interativos na internet (Kraak; Brown, 2001). A visualização reafirma a importância da ilustração gráfica em todos os aspectos de análise e interpretação. Ela reconhece que o ser humano tem habilidades especiais para interpretar representações gráficas e essas habilidades devem ser utilizadas (Peterson, 1995).

Discorrendo sobre o conceito de visualização do pesquisador Alan MacEachren, Dent (1999) complementa que, do ponto de vista cartográfico, a visualização é empregada como uma nova maneira de descrever a Cartografia como instrumento de pesquisa científica. Um aspecto interessante da discussão sobre a visualização cartográfica é que a comunicação cartográfica não está morta, mas incorporada a descrições mais complexas de cartografia como um componente importante.

MacEachren (1995) coloca a comunicação cartográfica ancorada em um vértice dentro de um cubo cartográfico e a visualização em outro vértice da diagonal extremamente oposta, como pode ser observado na Fig. 9.1:

No modelo tridimensional de interação proposto por esse autor, nota-se o que pode ser concebido no vértice da visualização e no vértice da comunicação. As dimensões do espaço de interação são definidas por três contínuos: do uso de mapa que é privado (adaptado a um indivíduo) para o público (projetada para um público amplo); uso de mapa que é direcionado para incógnitas reveladoras (exploração) *versus* conhecimento apresentando (apresentação); e fazer uso de mapa que tem interação alta *versus* baixa interação (MacEachren, 1995).

É possível perceber que toda visualização com mapas envolve algum tipo de comunicação e toda a comunicação com mapas envolve algum tipo de visualização, e a distinção entre as duas encontra-se na ênfase. A visualização ganha maior ênfase quando o mapa possui uma alta interatividade com o que analisa em um domínio privado, objetivando revelar conhecimento. A comunicação cartográfica predomina nas feições que compõem o vértice oposto.

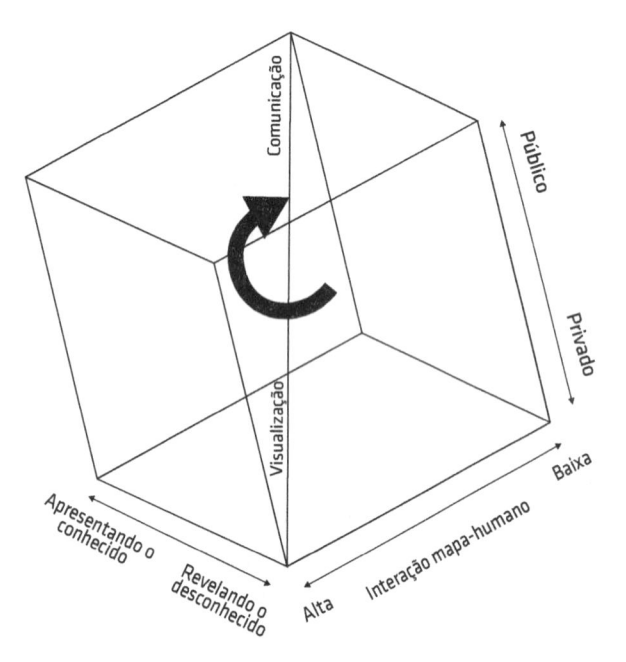

Fig. 9.1 Modelo cúbico de uso das informações mapeadas
Fonte: adaptado de MacEachren (1995).

Dois elementos são relevantes no processo de visualização cartográfica: a animação e a interatividade. Peterson (1995) exemplifica o papel da animação por meio de programas disponíveis para lidar com gráficos de três eixos (variáveis em x, y, z). Os programas usam a animação para fazer girar um gráfico tridimensional que descreve os dados. A animação faz uma nuvem de pontos visíveis em duas dimensões existirem em três dimensões. Na interatividade, as ferramentas computacionais permitem que o usuário deixe de ser um elemento passivo no processo de comunicação cartográfica, interagindo ativamente no processo de aquisição de conhecimento com o uso de mapas (Sluter, 2001).

Peterson (1995) afirma que o ponto forte da visualização dentro da Cartografia é, em parte, uma resposta à observação das bases de dados atreladas aos mapas que surgiram e se avolumaram com o crescimento dos sistemas de informação geográfica. Está implícita, na visualização de bancos de dados cartográficos, a noção de que todos os elementos de um mapa podem ser decompostos e representados dentro de um arquivo gerado no computador. Depois que a informação é codificada, toda a análise pode proceder dentro da base de dados sem qualquer representação gráfica ou necessidade de intervenção humana. Essa visão sobre os mapas digitais pode ser chamada, segundo Peterson (1995), de cartografia não gráfica.

Se a introdução de técnicas computacionais na Cartografia trouxe uma série de potencialidades para o processo cartográfico como um todo, o avanço tecnológico, aliado à disseminação de *softwares* diversos e a uma multiplicidade de diferentes procedimentos de aquisição, tratamento e oferta da informação cartográfica representada digitalmente criou um ambiente de difícil interoperabilidade entre sistemas, havendo uma necessidade de adequação constante para a conversão de formatos.

O crescimento do uso da informação geográfica ou geoespacial – em praticamente todos os segmentos que a demandam –, mais a diversidade de instrumentos, equipamentos, sistemas computacionais, programas e as diversas geotecnologias para a aquisição de informação, apresenta um ambiente que sem uma padronização e interoperabilidade eficiente pode causar mais prejuízos do que ganhos.

Como a demanda por informação geoespacial cresce, a produção e a oferta de dados e informações geoespaciais têm de ser mais eficientes a cada dia. Para isso, dados e informações precisam ser gerados, adquiridos e tratados de acordo com critérios, padrões e especificações técnicas que garantam seu compartilhamento, interoperabilidade e disseminação por uma eficaz infraestrutura de dados espaciais (IDE).

9.1.2 Infraestrutura de dados espaciais (IDE)

A relevância da informação geográfica ou geoespacial no mundo atual é essencial em muitas atividades. Mais de 70% das informações utilizadas pelo setor público pode ser georreferenciada, inferindo-se daí se a sua importância (Inde, 2010).

Dados, informações geoespaciais, metadados e qualidade de documentos cartográficos tiveram suas definições melhor formalizadas pelo Plano de Ação para Implantação da Infraestrutura Nacional de Dados Espaciais (Inde, 2010):

- **Dados espaciais:** são quaisquer tipos de dados que descrevem fenômenos aos quais esteja associada alguma dimensão espacial. Se essa dimensão espacial se refere ao posicionamento de um fenômeno ou ocorrência na Terra e no seu espaço próximo, num determinado instante ou período, obtém-se o conceito de dados geoespaciais ou dados geográficos.
- **Informação geoespacial ou geográfica:** é o resultado do processamento de dados geoespaciais, compreendendo os dados *na*, *sobre*, *sob* ou *próximos à* superfície terrestre, caracterizado, no mínimo, por três componentes: espacial ou de posição; descritivo ou semântico; e temporal.

Uma discussão mais abrangente sobre tipos e características de dados e informações geográficas será apresentada adiante.

Para que os dados e informações geoespaciais possam ser disseminados, e efetivamente utilizados com propriedade por diversos usuários, eles devem ser acompanhados por metadados, isto é, os dados sobre os dados e informações. Metadados geoespaciais podem ser caracterizados por uma série de definições, como a apresentada por Inde (2010).

Goodchild (1997) apresenta os metadados como uma descrição de alto nível, ofertando informações sobre referenciamento espacial, qualidade, linhagem, periodicidade, acesso e distribuição dos dados.

Pereira et al. (2001) ressaltam a característica que os metadados proporcionam para que os dados geográficos sejam utilizados de forma consistente. Os metadados são um instrumento poderoso para utilizar dados e informações geoespaciais de maneira correta. Além disso, garantem sua acessibilidade de uso, evitando que dados e informações sejam novamente processados – por conta do desconhecimento de suas características –, e definem diretamente a qualidade e possibilidade de uso para objetivos específicos.

O desenvolvimento da IDE remonta à Agenda 21 da Conferência das Nações Unidas para o Meio Ambiente e Desenvolvimento, Rio 1992, na qual foi discutido que a informação é necessária em todos os níveis de tomada de decisão e está direta ou indiretamente relacionada com uma posição geográfica (GSDI, 2004).

A necessidade de criar mecanismos para compartilhamento e utilização da informação – com base em tecnologias e métodos de gestão – foi observada, além do fundamental incremento da aquisição, avaliação e análise de dados utilizando tecnologias como: sistemas de informações geográficas (SIG); sensoriamento remoto (SR); sistema global de posicionamento por satélite (GNSS); *laser scanning* e outros.

A infraestrutura de dados espaciais (IDE) relacionada ao conjunto integrado de tecnologias, padrões, políticas, arranjos institucionais e recursos humanos é necessária para facilitar a oferta, o acesso e o uso de dados e informações geoespaciais, consistindo em um meio de descoberta, avaliação e aplicação de dados geoespaciais a usuários e provedores de todos os níveis de governo, do setor privado, da sociedade civil organizada, academia e cidadãos em geral (GSDI, 2004).

Das principais motivações que levam ao desenvolvimento da IDE podem ser listadas as seguintes: a importância crescente da informação geoespacial dentro da sociedade de informação; a necessidade de coordenação governamental de aquisição e oferta de dados; a necessidade de planejamento para o desenvolvimento social, ambiental e econômico levando em conta a dimensão espacial da informação; a modernização do governo, em todos os níveis de gestão e desenvolvimento, pela aquisição, produção, análise e disseminação de dados e informações.

A informação geoespacial é vital para a tomada de decisões em todas as escalas, sejam elas locais, regionais ou globais, com inúmeros exemplos de uso ou aplicação, ganhando importância num mundo globalizado, em que não existem fronteiras. A IDE possibilita uma completa integração, por meio de organizações multinacionais, atuando no arranjo de acordos e discussões entre agências nacionais de cartografia e governos, ao incentivar a produção, a oferta, a harmonia, a integração e o compartilhamento de informações geoespaciais.

Para a GSDI (2004), os pilares de uma IDE são as pessoas que, com tecnologias, políticas e padrões, ligam-se aos dados geoespaciais (Fig. 9.2).

Por sua vez, em uma visão do usuário, as IDE servem para encontrar, obter, processar, comprar e vender dados. Para isso são disponibilizados recursos, tais como programas, catálogos de dados e/ou metadados, catálogos de serviços, servidores de mapas, de fenômenos ou de coberturas, páginas web, entre outros.

Na IDE, as informações geoespaciais que podem ser encontradas são apresentadas na forma de ortofotos, imagens de satélite, mapas, cartas, nomes geográficos, entre outras, de acordo com normas e padrões, além de atenderem às especificações, protocolos e interfaces que garantam a interoperabilidade.

Os componentes de uma IDE são basicamente (GSDI, 2004):

Fig. 9.2 Pilares de uma IDE
Fonte: adaptado de GSDI (2004).

- Dados e informações geoespaciais (IG);
- Metadados, que visam documentar e descrever os dados, permitindo localizar, descrever e avaliar IG, visando a sua utilização;
- Geoserviços, serviços web para processamento de dados geoespaciais, com especificações de interfaces públicas e abertas definidas pela Open Geoespatial Consortium (OGC).

Os dados e informações geoespaciais podem ser divididos em dados de referência e temáticos. Os de referência são os que proporcionam informações genéricas, elaborados como bases imprescindíveis para o referenciamento geográfico de informações sobre a superfície do território nacional. Constituem os insumos básicos para o georreferenciamento e contextualização geográfica de todas as temáticas territoriais específicas. Os dados geoespaciais temáticos são aqueles sobre um determinado fenômeno específico em uma região de interesse ou em todo o país. Incluem valores qualitativos e quantitativos que se referenciam espacialmente aos dados de referência, e normalmente estão ligados aos objetivos centrais da gestão dos seus respectivos órgãos produtores (Fig. 9.3).

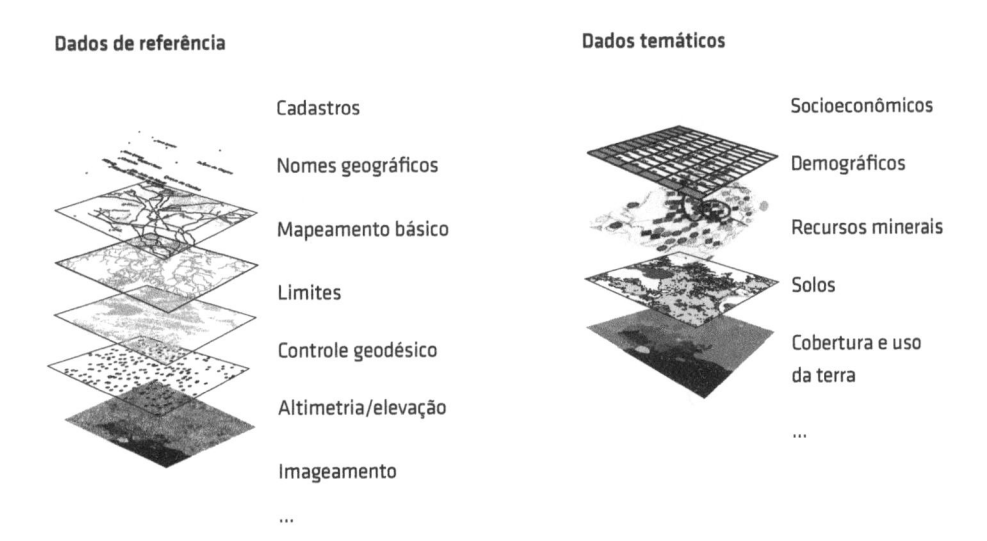

Dados de referência
- Cadastros
- Nomes geográficos
- Mapeamento básico
- Limites
- Controle geodésico
- Altimetria/elevação
- Imageamento
- ...

Dados temáticos
- Socioeconômicos
- Demográficos
- Recursos minerais
- Solos
- Cobertura e uso da terra
- ...

Fig. 9.3 Tipos de dados geoespaciais

A concepção da IDE é aplicada de forma singularizada em diferentes países do mundo. No Brasil a implantação da IDE foi estabelecida pelo Decreto Presidencial 6.666/08, de 27 de novembro de 2008, que é o marco legal da Infraestrutura Nacional de Dados Espaciais (Inde). Com esse decreto foi estabelecido o Comitê para o Planejamento da Inde (Cinde), constituído no âmbito da Comissão Nacional de Cartografia (Concar), que teve como uma de suas responsabilidades a elaboração do Plano de Ação para Implantação da Inde (Inde, 2010).

A Inde é definida como o conjunto integrado de tecnologias; políticas; mecanismos e procedimentos de coordenação e monitoramento; padrões e acordos, necessário para facilitar e ordenar a geração, armazenamento, acesso, compartilhamento, disseminação e uso dos dados geoespaciais de origem federal, estadual, distrital e municipal.

Seus objetivos principais são:

- Promover o ordenamento na geração, no armazenamento, no acesso, no compartilhamento, na disseminação e no uso dos dados geoespaciais produzidos pelo setor governamental;
- Promover a utilização, na produção dos dados e informações geoespaciais pelos órgãos públicos de todas as esferas de governo, dos padrões e normas homologados pela Comissão Nacional de Cartografia (Concar);
- Evitar a duplicidade de ações e o desperdício de recursos na obtenção de dados geoespaciais pelos órgãos da administração pública, por meio da divulgação dos metadados relativos a esses dados.

Com seus diversos comitês de grupos de trabalho, a Inde desenvolve especificações técnicas que devem ser adotadas em todas as áreas de aquisição e processamento da informação geoespacial, bem como na estrutura dos metadados disponibilizados ao público usuário. Para obter qualidade e consistência nos dados geoespaciais, a Inde define normas e padrões para esses dados, como a EDGV (Estruturação de Dados Geoespaciais Vetoriais); ADGV (Aquisição de Dados Geoespaciais Vetoriais) que são normas e padrões de dados geoespaciais de referência para Cartografia terrestre (mapeamento topográfico); e Manual Técnico de Geomorfologia (IBGE, 2009) para dados temáticos de geomorfologia.

Existe outras especificações que definem padrões para diferentes processos de aquisição e processamento de informações geoespaciais e construção de metadados. Outras estão em fase de construção, com base em discussões de diversos atores que compõem a Inde. Todavia, esse universo de definições e discussões não é nosso escopo, mas sim apenas ressaltar alguns aspectos gerais. Mais aprofundamentos sobre o tema devem ser obtidos pelo Plano de Ação para Implantação da Inde (Inde, 2010).

9.2 Geoprocessamento

A velocidade na obtenção, manipulação e exibição de dados e informações somada à necessidade de espacialização de fenômenos de diversas naturezas vêm se tornando elementos fundamentais no planejamento e gestão de diferentes propósitos nos mais variados segmentos da sociedade. Um exemplo desse quadro são os planejamentos e gestões ambientais que congregam uma complexa gama de dados e informações que precisa ser bem-avaliada e integrada para gerar produtos espacializados que possibilitem soluções rápidas diante dos problemas analisados.

Concomitantemente a isso, fomentou-se o avanço tecnológico voltado para o trabalho com grande massa de dados e informações. Assim, novas geotecnologias foram desenvolvidas e aperfeiçoadas para dar suporte ao geoprocessamento: criação, manipulação e consulta de dados e informações espaciais interagem na busca da aquisição, tratamento, manejo, análise e exibição (apresentação) de dados e informações espaciais, podendo ser executadas de forma convencional (analógica) ou digital (computacional).

Das geotecnologias que caracterizam o geoprocessamento, fazem parte a modelagem numérica de terreno (MNT), o sensoriamento remoto, o banco de dados geográficos (BDG), o sistema de posicionamento global (GPS) e os sistemas de informações geográficas (SIG).

Segundo Câmara, Davis e Monteiro (2001), o termo geoprocessamento denota a disciplina do conhecimento que utiliza técnicas matemáticas e computacionais para o tratamento da informação geográfica. Xavier da Silva (2000), privilegiando a execução do geoprocessamento digital, o define como um conjunto de técnicas computacionais que opera sobre bases de dados georreferenciados, para transformá-los em informações relevantes, com análises, sínteses e reformulações desses dados, tornando-os utilizáveis em um sistema de processamento automático. Cruz (2000) avalia que essas geotecnologias objetivam a localização, delimitação, quantificação, equacionamento e monitoramento da evolução de fenômenos ambientais em uma determinada área ou objeto de análise. A paisagem será adotada como área ou objeto de análise, porque é um termo adotado pela geografia como unidade de análise espacial.

Segundo Câmara, Davis e Monteiro (2001), as primeiras tentativas de automatizar parte do processamento de dados com características espaciais aconteceram nos anos 1950, na Inglaterra e nos Estados Unidos e a disseminação das geotecnologias de geoprocessamento pelo mundo ocorreu na década de 1970. Na década de 1980 ocorreu um crescimento acelerado, que perdura até os dias de hoje, sempre apresentando inovações. Foi nessa década que o geoprocessamento começa a ser introduzido e disseminado no Brasil, com destaque ao trabalho desenvolvido em 1984 pelo Instituto Nacional de Pesquisas Espaciais (Inpe).

Segundo Alves (1990) e Câmera et al. (2001), essas geotecnologias vêm demonstrando uma grande utilidade e influenciando de maneira crescente diversas áreas, tais como: análise e monitoramento ambiental, planejamento urbano e regional, estudos de recursos terrestres, controle de redes de transporte, comunicação e distribuição de energia, dentre outras. Brito e Rosa (1994) acreditam que essas geotecnologias devem ser entendidas como um valioso acréscimo de informações para muitos tipos de aplicações. Menezes (2000) apresenta as seguintes disciplinas e campos de estudo envolvidos com o geoprocessamento:

- Áreas que desenvolvem conceitos para o relacionamento do espaço: ciências cognitivas, geografia, linguística, psicologia (no seu aspecto comportamental);
- Campos que desenvolvem ferramentas práticas e instrumentos para obtenção ou trabalho com dados espaciais: Cartografia, Geodésia, fotogrametria, sensoriamento remoto, topografia etc.;
- Campos que elaboram formalismos e teorias fundamentais ao trabalho com espaço e automação: Ciências Computacionais, Geometria, Informática, Inteligência Artificial, Semiologia, Estatística etc.;
- Campos que fazem uso de sistemas de informações geográficas: todos aqueles que trabalham com a informação georreferenciada;

- Campos que proveem orientação sobre informação: Direito, Economia.

Ainda de acordo com Menezes (2000), o termo geomática, criado para englobar todos os demais acima citados, surgiu no fim do século XX, enquadrando-se como o primeiro conceito de geoprocessamento emitido. Entretanto, esse termo caiu em desuso e o termo geoprocessamento se consolidou mundialmente. Em seguida, será apresentada uma breve caracterização de algumas geotecnologias que compõem o geoprocessamento:

A modelagem numérica de terreno (MNT) possui uma série de outras nomenclaturas, como modelagem digital de elevação (MDE), modelagem digital de terreno (MDT) e modelagem digital de superfície (MDS). Essas diferentes definições envolvidas pelo conceito de MNT podem ser consultadas em fontes como Felgueiras (2001), Correia (2008) e Guimarães (2000). Segundo Rosim, Felgueiras e Namikawa (1993), os modelos numéricos de terreno têm por objetivo extrair informações quantitativas e qualitativas de fenômenos reais, com base em uma amostragem desse fenômeno e o posterior agrupamento dessas amostras em modelo numérico. Os fenômenos podem ser os mais variados possíveis, mas devem apresentar características de terem uma distribuição espacial e um valor z para cada amostra. Uma MNT pode ser obtida, basicamente, por grades retangulares ou triangulares geradas por pontos 3D (x, y, z). Dentre as aplicações mais conhecidas das MNT destacam-se o traçado de isolinhas, os cálculos de declividade, de orientação de encostas (aspecto) e de volumes, a geração de perfis, a determinação de visibilidade de pontos, a visualização tridimensional (Figs. 9.4 e 9.5), dentre outros.

O sensoriamento remoto deve ser entendido, de acordo com Jensen (2009) e Novo (1998), como a aquisição de informações a distância, com o auxílio de algum tipo de sensor (Fig. 9.6). Ehlers, Edwards e Bédard (1989), Jensen (2009) e Novo (1998) discutem a importância dos dados obtidos por essa geotecnologia e ressaltam o avanço da tecnologia na área de detectores e imagens orbitais, que vem aumentando a capacidade de aquisição de informações espaciais com resoluções cada vez mais precisas. Forman e Godron (1986), Risser, Karr e Forman (1984), Fisher (1994) e Dillworth, Whistler e Merchant (1994) citam a importância desses dados para

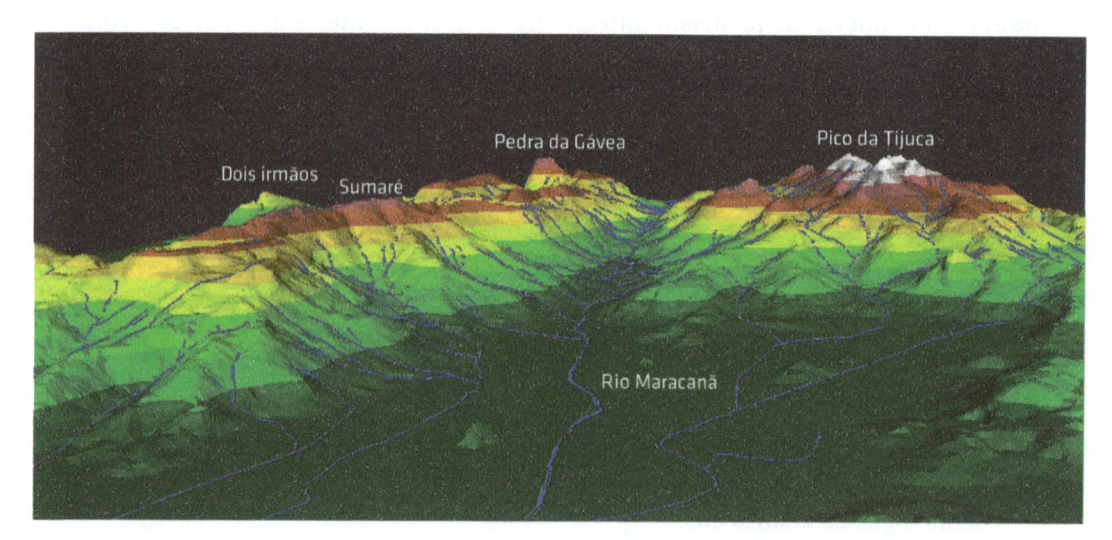

Fig. 9.4 Visualização tridimensional da vertente norte do maciço da Tijuca/RJ
Fonte: Fernandes (2004).

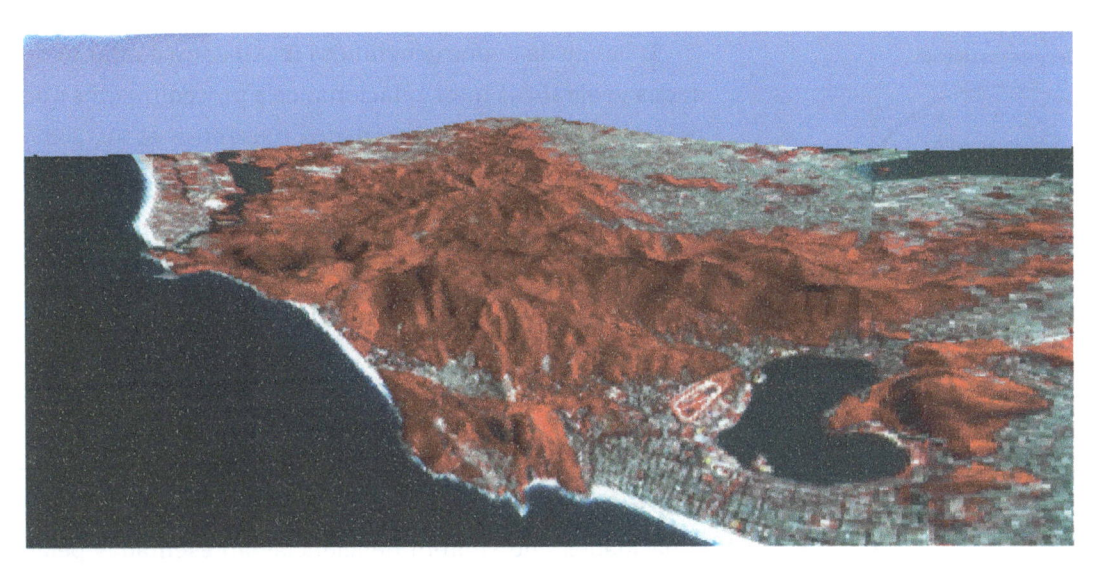

Fig. 9.5 Imagem Spot XS (1996) sobreposta a um MDE
Fonte: Fernandes (1998).

esses estudos e as diversas maneiras de como podem ser utilizados, como, por exemplo, na identificação das estruturas da paisagem e a sua dinâmica ao longo do tempo, por meio de uma sequência de imagens temporais.

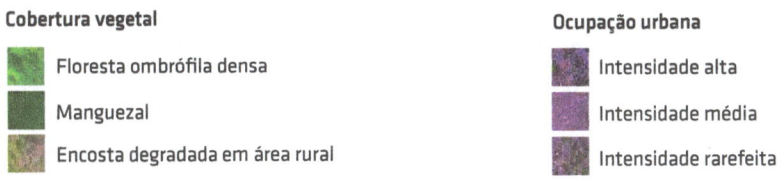

Cobertura vegetal
- Floresta ombrófila densa
- Manguezal
- Encosta degradada em área rural

Ocupação urbana
- Intensidade alta
- Intensidade média
- Intensidade rarefeita

Fig. 9.6 Composição colorida da baía de Guanabara/RJ em uma imagem Landsat 7 ETM+ (2000)

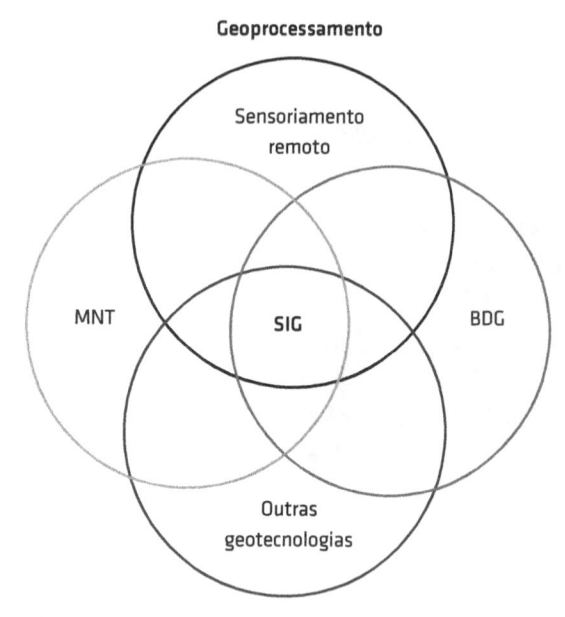

Fig. 9.7 Inter-relacionamento das geotecnologias envolvidas no geoprocessamento
Fonte: Fernandes (2009).

O banco de dados geográficos (BDG) é um conjunto de dados geográficos inter-relacionados e procedimentos que permitem o acesso a esses dados (Casanova et al., 2005). O objetivo principal desses procedimentos é viabilizar o armazenamento e a recuperação eficiente dos dados (Cruz, 2000). Os BDG, apesar de manipularem bem os dados não gráficos, possuem capacidade limitada para trabalhar com dados gráficos e realizar operações analíticas, porque tais funções encontram-se diretamente relacionadas aos sistemas de informações geográficas.

Os sistemas de informações geográficas (SIG) se destacam em relação às geotecnologias já citadas porque reúnem capacidades que suprem deficiências apresentadas pelas outras, como as limitações apresentadas pelos bancos de dados geográficos (BDG) e a limitada geometria aplicada e capacidade de interligação com BDG inerente aos sistemas de sensoriamento remoto. Assim, os SIG assumem um caráter integrador diante das demais geotecnologias (Fig. 9.7), e tornam-se, segundo Laurini e Thompson (1992), a mais poderosa geotecnologia de geoprocessamento, indispensável em qualquer projeto de cunho integrativo, graças às suas potencialidades e capacidades de interface com as outras geotecnologias de geoprocessamento.

Em seguida, será feita uma abordagem sobre as potencialidades e limitações do uso do geoprocessamento para a integração e espacialização de dados e informações.

9.2.1 Sistemas de informações geográficas

O desenvolvimento dos sistemas de informações geográficas (SIG) em ambientes computacionais é relativamente recente, há pouco mais de quatro décadas. Menezes (2000) constatou que, principalmente no campo ambiental, diante da crescente preocupação com o tema, os SIG tiveram um acelerado avanço teórico, tecnológico e organizacional, culminando com uma intensa atividade na década de 1990, com perspectivas e expectativas de desenvolvimento cada vez maiores. Martin (1996) e Bonham-Carter (1996) associam a rápida evolução dos SIG ao crescimento maciço do interesse do manejo da informação geográfica por métodos computacionais.

Como trabalham com informações geográficas, esses sistemas permitem entender as diferenças entre lugares distintos, as suas estruturas, funções e dinâmicas, tornando-se essenciais para um efetivo planejamento ambiental e para tomadas de decisão. Eles podem ser utilizados por diferentes áreas de trabalho, como a Biologia, Cartografia, Zoologia, Botânica, História e outras.

Em virtude dessa grande potencialidade de utilização, o termo SIG tornou-se usual, o que ajudou no desenvolvimento dessa geotecnologia, mas fomentou uma série de confusões de como se constitui um SIG, quais são as suas funções e, consequentemente, o seu significado. Especificamente no Brasil, essa confusão esbarra até na própria tradução do termo em inglês, pois é comum encontrarmos Sistema(s) de Informação(ões) Geográfica(s) ou Sistema Geográfico de Informação. Na verdade, segundo Martin (1996), ocorre uma carência na discussão técnica sobre esse assunto, mote para uma série de críticas em vários artigos escritos, como aponta Goodchild, Maguire e Rhind (1991). Algumas definições são apresentadas no Quadro 9.1.

Quadro 9.1 Algumas definições de SIG existente na literatura

Autor	Ano	Definição
Burrough	1986	"Um poderoso conjunto de ferramentas para a aquisição, armazenamento, recuperação, transformação e exibição de dados espaciais do mundo real"
Ficcdc	1988	"Um sistema computacional composto por *hardware*, *software* e procedimentos de desenho para suporte à captura, manejo, manipulação, análises modelagem e exibição de dados especialmente referenciados para resolver planejamentos complexos e problema de manejo"
Aronoff	1989	"Um conjunto de procedimentos manuais ou computacionais utilizados para armazenar ou manipular dados georreferenciados"
Antenucci et al.	1991	"Sistemas que contam com a integração de três aspectos distintos da tecnologia computacional: manejo de base de dados (dados gráficos e não gráficos); rotinas de manipulação, exibição e impressão das representações gráficas dos dados; e algoritmos e técnicas que facilitam a análise espacial"
Bonham-Carter	1996	"Um sistema computacional para o manejo de dados espaciais. A palavra geográfica implica que as localizações dos itens dos dados ou são conhecidas ou podem ser calculadas em termos de coordenadas geográficas (latitude, longitude)"

As definições citadas no Quadro 9.1 são bastante amplas e gerais, contemplando uma série de assuntos e temas envolvidos em SIG, e enfatizam duas características fundamentais: a manipulação e a análise de informações geográficas. Elas fundamentam a convergência praticamente unânime da utilização desses tanto em sistemas em estudos complexos como os de caráter integrativo.

Segundo Bridgewater (1993) e Aspinall (1999), uma potencialidade fundamental dos SIG é a de recuperar, combinar informações e efetuar os mais variados tipos de análise, possibilitando assim o trabalho com um conjunto de questões numa escala necessária para que se possam solucionar problemas relativos à paisagem.

Em última análise, os SIG constituem uma ferramenta analítica para tratar informações referenciadas espacialmente, além de possibilitarem a manipulação de diversas fontes, como levantamentos de campo, cadastros, mapas e sensoriamento remoto. De acordo com Townshend (1990), Alves (1990) e Brito e Rosa (1994), os SIG apresentam um enorme valor para estudos ambientais de caráter integrativo, porque esses tipos de dados podem sempre apresentar uma referência espacial, o que lhe é conferido pelas funções de análise espacial peculiares a esses sistemas.

Assumimos o SIG como uma geotecnologia de geoprocessamento capaz de trabalhar com o grande volume e complexidade de dados requeridos em estudos integrativos, além de possibilitar a manipulação das informações geográficas nele armazenado, dando condições para atualizá-las, e capacitar o sistema para o monitoramento dos temas estudados com a implantação de uma base de dados. Assim, são criadas condições para a realização de um planejamento e gestão da área de interesse.

Estrutura e componentes de um SIG

Um SIG pode ser representado pela seguinte estrutura (Fig. 9.8), segundo Martin (1996):

- **Coleta, entrada e correção:** são operações que possibilitam a entrada do dado no sistema, incluindo a digitalização manual, o escaneamento, a entrada pelo teclado de atributos de informação e o resgate de dados de outros sistemas da base de dados. A representação digital produzida nunca poderá apresentar maior acurácia que os dados de entrada, embora estes tenham, na maior parte das vezes, uma precisão maior que os utilizados durante a geração dos dados de origem.
- **Armazenamento e recuperação:** são características extremamente dependentes da capacidade física utilizada pelo sistema e da estrutura do *software* empregado na busca e recuperação dos dados pertencentes à base de dados.
- **Manipulação e análise:** representa todo um espectro de técnicas para a transformação de modelos digitais por métodos matemáticos. Nessa parte da estrutura de um SIG, incluem-se as classes de operações analíticas que são divididas em: reclassificação (transformação do atributo de informação associado a uma única cobertura do mapa, como exemplo, podem ser citados os mapas de densidade populacional, a classificação de uma imagem de satélite, e outros); operações de *overlay* (envolve a combinação de dois ou mais mapas ou camadas de informação de acordo com as condições booleanas); medidas de distância e conectividade (envolve mensurações simples de distância e conectividade de diferentes tipos de rede); e a caracterização da vizinhança (trabalha com a atribuição de valores de acordo com as características da região de entorno, um exemplo é a aplicação da lógica *fuzzy*.
- **Saída e exibição:** trata-se da exportação de dados do sistema em formato digital ou analógico, ou seja, dados em arquivos digitais ("linguagem de máquina") ou relatórios e/ou documentos cartográficos impressos.

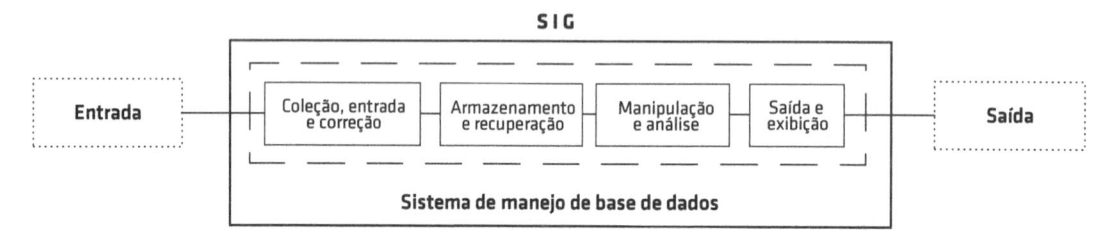

Fig. 9.8 Estrutura básica de um SIG adaptado de Martin (1996).

Essa estrutura só pode funcionar satisfatoriamente se estiver apoiada nos componentes fundamentais que configuram um SIG, porque têm de trabalhar em plena harmonia e integração.

Burrough e McDonnell (1998) destacam quatro componentes básicos em um SIG: *hardware*, *software*, base de dados e ambiente organizacional.

O *hardware* mais adequado a ser utilizado vai ser uma função direta das necessidades do projeto a ser executado, ou seja, variará de acordo com o volume e tipo de dados que serão usados, para garantir um desempenho melhor em relação à aquisição e à saída de dados, ao *software* e ao sistema operacional utilizado. A escolha do *hardware* tem de atender às necessidades geradas pela composição de todos os elementos já citados. A Fig. 9.9 apresenta um esquema dos componentes de um *hardware*.

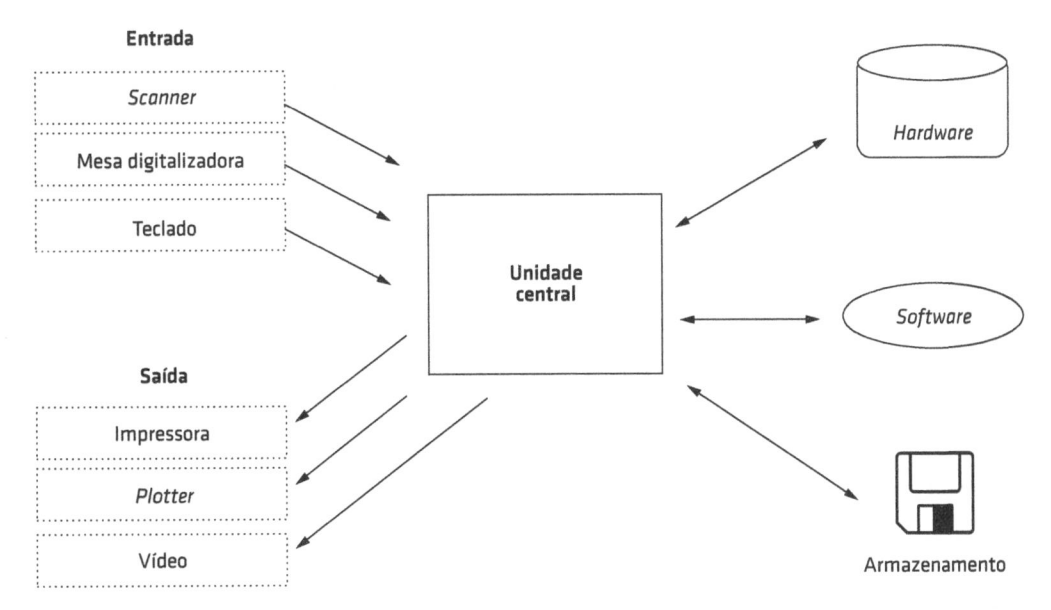

Fig. 9.9 Componentes de um *hardware*

Os *softwares* de um SIG podem ser divididos, segundo Burrough e McDonnell (1998), em cinco grupos funcionais, que consistem em módulos de manipulação da informação relacionados de forma hierárquica (Fig. 9.10): entrada de dados e verificação; armazenamento e gerenciamento de base de dados; saída e apresentação; transformação; e interação com usuário.

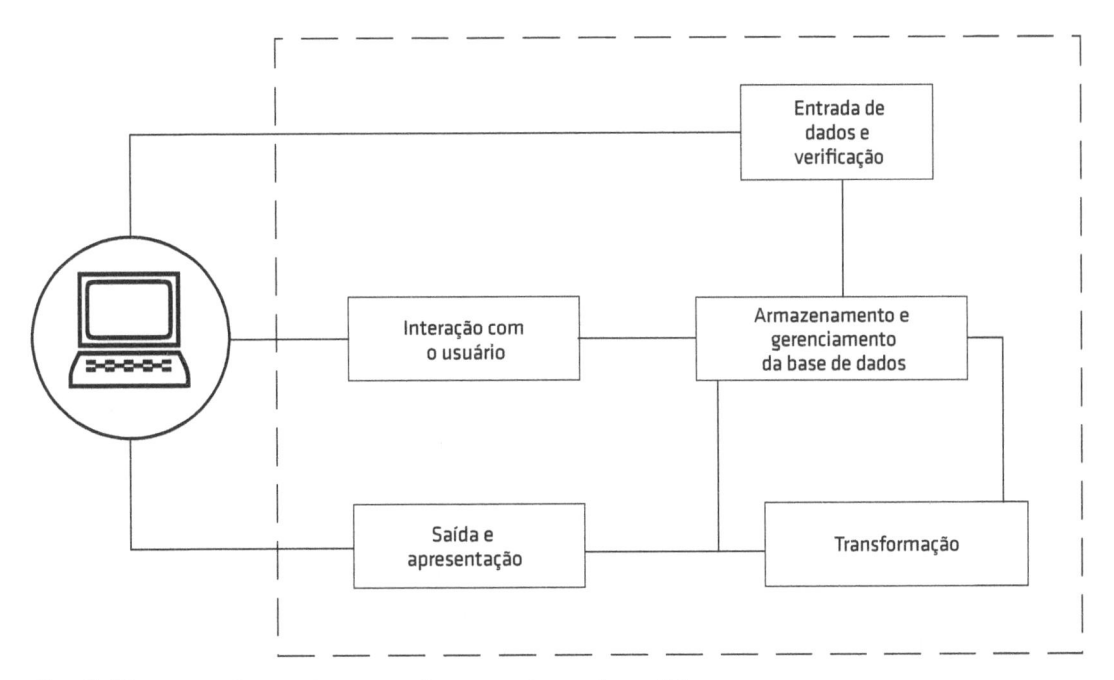

Fig. 9.10 Grupos funcionais que constituem o *software* de um SIG
Fonte: adaptado de Burrough e McDonnell (1998).

Assim como o *hardware*, a escolha do melhor *software* é completamente dependente do projeto que se queira desenvolver. Os *softwares* existentes no mercado procuram atender de projetos educacionais, como o Idrisi (Idrisi, 1992), a outros mais complexos, como o MGE, nos trabalhos desenvolvidos no Instituto Brasileiro de Geografia e Estatística (IBGE) para o Sistema de Vigilância da Amazônia (Sivam) (Fernandes; Braga, 2005). A escolha deve privilegiar a aquisição (importação) e exportação de dados, facilitando a comunicação entre os SIG.

Menezes (2000) apresenta os componentes de um *software* de maneira mais detalhada (Fig. 9.11):

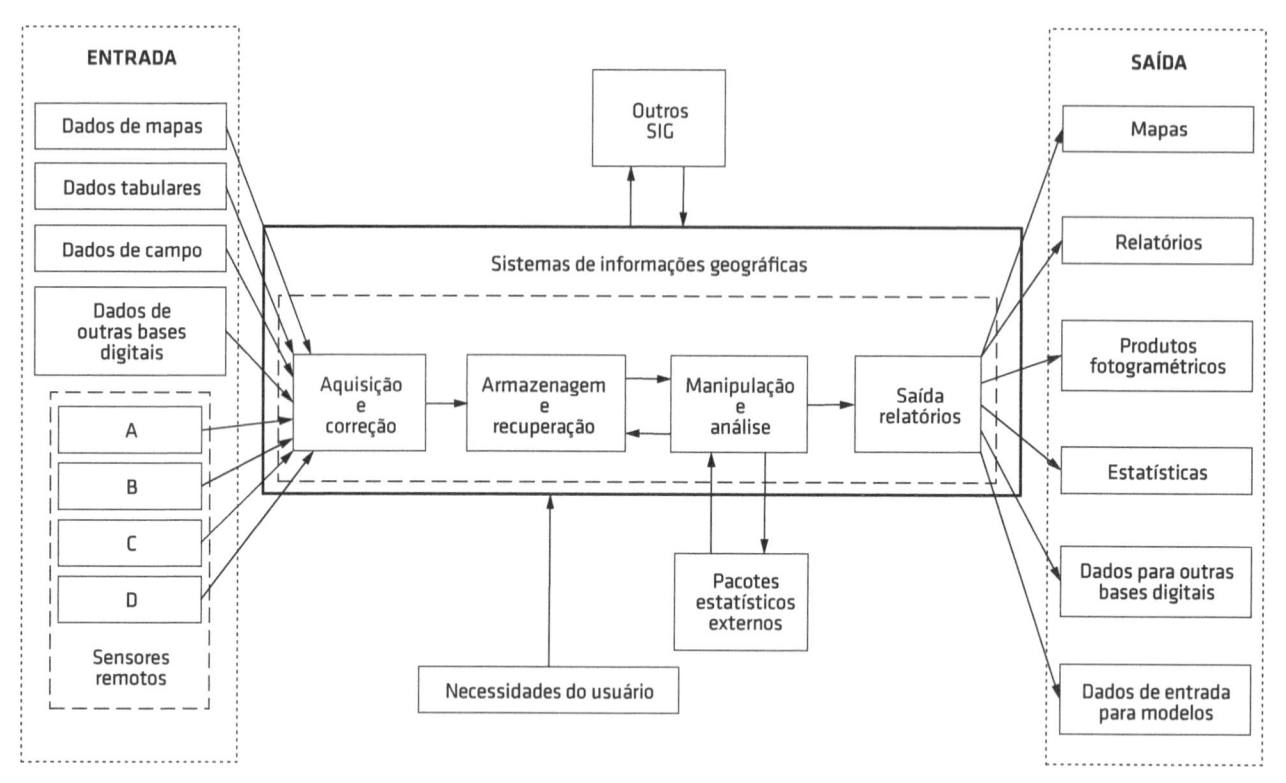

Fig. 9.11 Componentes de um *software* de um SIG
Fonte: Menezes (2000).

A base de dados é um dos principais pilares de sustentação para a construção de um SIG. Os dados influenciam diretamente a qualidade do trabalho final e, por isso, têm de ser confiáveis. Sua escassez é uma barreira à produção de resultados com mais acuracidade e representatividade. Essa problemática é apontada por Fernandes, Lagüéns e Coelho Netto (1999) quando da utilização de uma série de dados meteorológicos da cidade do Rio de Janeiro/RJ. Essa base pode ser composta por dados primários (extraídos do mundo de maneira direta, como imagens de satélite, questionários e levantamentos de campo) ou por dados secundários (oriundos de produtos como censos, mapas, e outros que já sofreram algum tipo de tratamento).

O ambiente organizacional caracteriza a parte de planejamento e implantação do sistema que é responsável pela colocação do SIG dentro de um contexto organizacional apropriado, garantindo um funcionamento satisfatório, isto é, a utilização eficaz do SIG, desde a entrada dos dados até a saída e exibição, garantindo que os resultados sejam completamente compatíveis para ser compartilhados por outros usuários, sejam eles instituições, pesquisadores ou a sociedade como um todo.

Tal preocupação é relatada por Cruz (2000), que prioriza a integração e o compartilhamento de dados e informações, evitando o sentimento de propriedade sobre eles e a geração de uma série de trabalhos em duplicidade, para minimizar custos e enriquecer resultados. Observa-se nos últimos anos uma busca sem critérios pelo SIG para a execução de projetos, o que, na maioria das vezes, gera uma série de insatisfações, porque não há nenhum tipo de planejamento. O SIG, por si só, não cria produtos sem uma aplicação de modelos conceituais, obtidos com muita pesquisa e recursos humanos capacitados para tal.

O déficit de pessoal treinado e capacitado – de responsáveis técnicos a operadores – é um problema frequente na implantação desses sistemas. Medyckyj-Scott e Hearnshaw (1993) afirmam que os resultados obtidos com base em um SIG são diretamente relacionados à interação ser humano-computador (HCI), a qual também é influenciada pelo ambientes de trabalho e ambiente organizacional e social (Fig. 9.12).

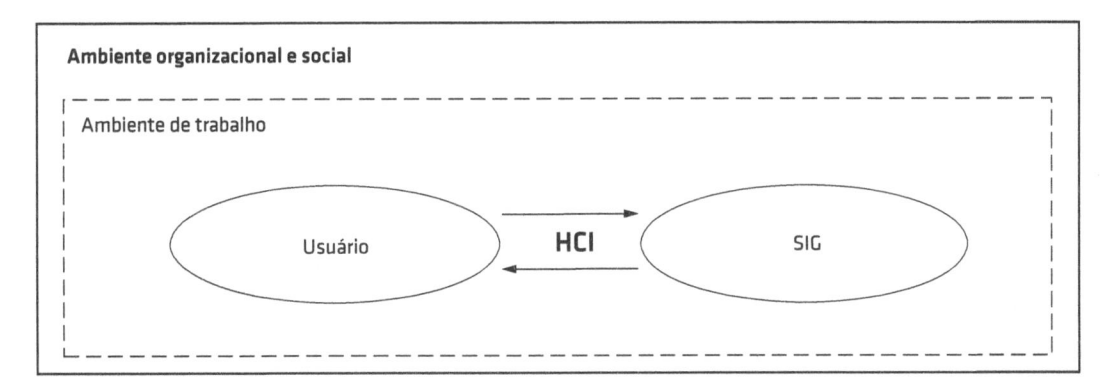

Fig. 9.12 Relacionamento existente em um ambiente organizacional
Fonte: adaptado de Medyckyj-Scott e Hearnshaw (1993).

A implantação de um SIG, segundo Ferrari (1997), compreende três etapas: anteprojeto, projeto e implantação, e operação normal. Essas fases devem ser sempre orientadas na busca da superação de problemas como a necessidade, escolha do sistema, treinamento de pessoal, custo de implantação, custo operacional, tempo de implantação, compatibilidade, credibilidade e qualidade dos dados obtidos. Câmara, Davis e Monteiro (2001) estimam que o tempo para se adquirir eficácia na operação de um SIG seja de seis meses a dois anos.

9.3 Potencialidades e limitações do uso do geoprocessamento para a integração e espacialização de dados e informações

Com base em todas as características já apresentadas, autores como Aronoff (1989), Bonham-Carter (1996), Burrough e McDonnell (1998), Aspinall (1999), Câmara, Davis e Monteiro (2001), Jensen (2009), dentre outros, indicam o uso das geotecnologias de geoprocessamento como ferramentas indispensáveis para análises integrativas e espacialização de dados e informações. Todavia, uma série de questionamentos conceituais e metodológicos sobre o uso de geotecnologias deve ser bem-avaliada para evitar problemas nos resultados alcançados, diante das potencialidades e limitações do geoprocessamento na criação de modelos de representação do mundo real.

Nesse contexto, será traçada uma discussão que busque elucidar questões referentes às características dos dados e informações utilizadas, limitações impostas a eles pela multiescalaridade, dificuldade de representá-los tridimensionalmente e as transformações cartográficas a que são necessariamente submetidos.

9.3.1 Construção de modelos de representação e análise espacial

O geoprocessamento é um conjunto de geotecnologias extremamente necessário em qualquer tipo de análise espacial atualmente, segundo Câmara, Davis e Monteiro (2001). Todavia, uma série de questionamentos sobre o uso do geoprocessamento deve ser bem-avaliada para evitar problemas nos resultados alcançados.

Esses questionamentos são reflexos da construção de representações computacionais da realidade, ou seja, modelos conceituais que buscam retratar a paisagem a ser estudada. Para Bernhardsen (1999), todo modelo é baseado em uma abstração do mundo real adiante da impossibilidade de reprodução da paisagem e seus processos nos mínimos detalhes em sistemas computacionais.

A construção de um modelo é diretamente ligada à qualidade de representação dos elementos estruturados na paisagem, o que certamente influencia nas suas análises de funcionalidade e dinâmica.

Construir um modelo realista e acessível em relação ao mundo real, ultrapassando a mera ideia de usar o computador para gerar mapas e tornar o geoprocessamento realmente em uma poderosa ferramenta de trabalho. Para executar essa função, o geoprocessamento deve ser encarado como um conjunto de geotecnologias de processamento de informações retiradas do mundo real que sofrem transformações. A cada processo de transformação, dentro de um modelo de análise, desde a entrada até a saída, é embutido algum tipo de abstração ou simplificação que, se não for bem-avaliada, irá interferir negativamente no resultado final do trabalho e na tomada de decisão (Fig. 9.13).

Segundo Fernandes, Menezes e Paes (2002), o uso do geoprocessamento na modelagem do mundo real apresenta uma série de potencialidades e limitações, pois é baseado em uma representação generalizada da realidade diante da capacidade limitada e discreta da representação em sistemas computacionais. As características dos dados e informações e os processos de transformações cartográficas a que são submetidos ganham grande relevância na estruturação, manipulações e integrações de um modelo de análise espacial pautado em geoprocessamento.

9.3.2 Dados e informações em análises espaciais

A crescente necessidade de se conhecer a realidade faz que seja muito importante uma ampla, confiável e sistemática coleta de dados. Para se discutir o uso dos dados e informações geográficas em análises espaciais é necessário determinar a diferença existente entre esses dois termos, frequentemente usados de maneira indistinta e errônea.

Dado deve ser entendido, segundo Menezes (2000), como uma observação ou obtenção de uma medida, sem nenhum propósito predefinido (por exemplo: dados pluviométricos, de temperatura, amostras de solo, e outros).

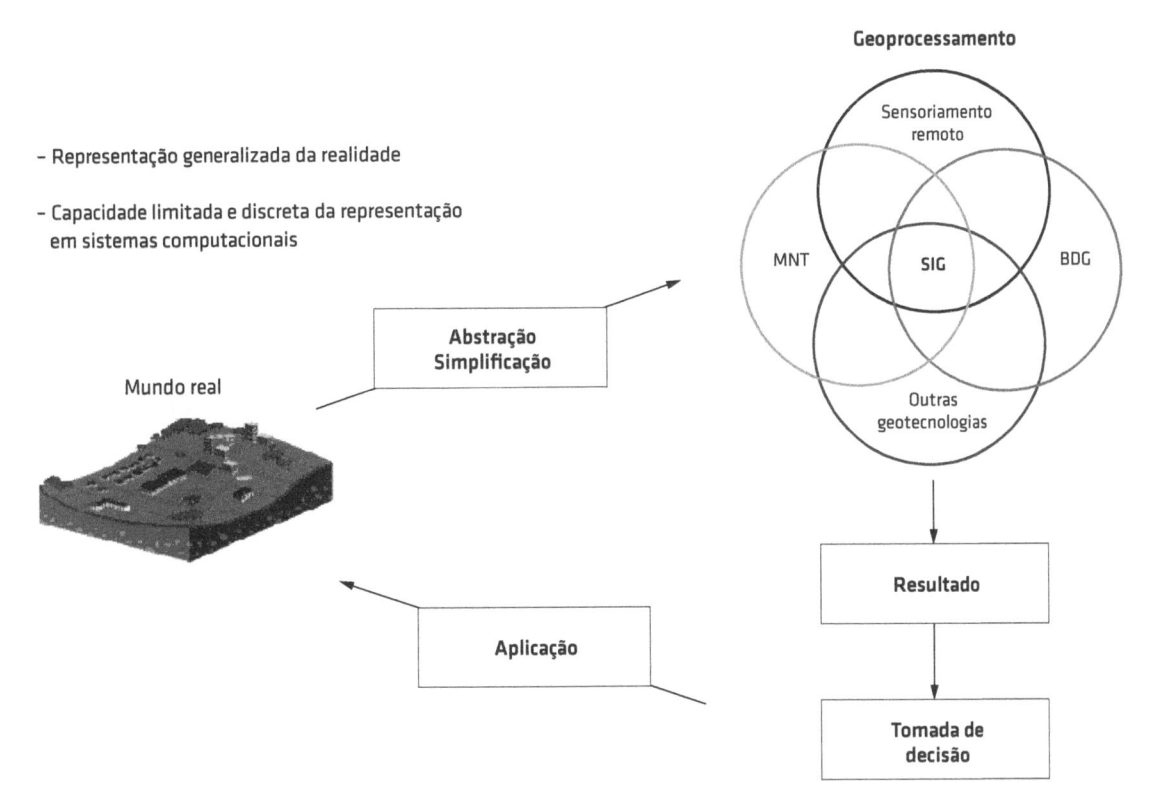

Fig. 9.13 Esquema de modelo conceitual de análise e tomada de decisão
Fonte: Fernandes (2009).

Informação é o resultado de um processo de transformação (organização, estruturação, classificação etc.) de um conjunto de dados.

Ao mesmo tempo em que os dados sofrem alguma transformação, adquirindo um significado para um determinado estudo, eles originam uma informação que pode ser utilizada em um modelo de análise espacial (Fig. 9.14). Dados também podem ser utilizados de maneira direta em um modelo de análise espacial.

Fig. 9.14 Diferença entre dados e informações

Os dados e informações em análises espaciais podem ser caracterizados como geográficos, pois apesar de possuírem um sentido muito amplo, principalmente no entendimento da Geografia, *stricto sensu*, tem embutido neles o sentido de localização (Martin, 1996; Bernhardsen, 1999). Mais além dessa definição, Menezes (2000) e Cruz (2000) lembram que essa informação é georreferenciada, e sua localização está vinculada a algum sistema de posicionamento terrestre (latitude; longitude; E; N; UTM; x, y; Mercator; r; α; UPS; ou qualquer sistema local).

Pode-se afirmar, diante do que foi apresentado, que a natureza dos dados e informações geográficas é bastante diversa e complexa. Portanto, a análise de uma paisagem passa por considerar uma vasta gama de dados (físicos, biológicos e humanos) que garantem uma estrutura, uma dinâmica e uma funcionalidade definidora da singularidade dessa paisagem.

Trabalhar com essa complexidade e diversidade é uma potencialidade característica do geoprocessamento, mas, ao mesmo tempo, torna-se perigosa, pois várias facetas desses dados têm de ser bem-avaliadas, podendo gerar prejuízos no resultado final. Dessas facetas, serão destacadas a seguir as características dos dados e informações (forma de estrutura de representação e qualidade), questões relacionadas com multiescalaridade, natureza e dimensionalidade.

Características dos dados e informações geográficas

Dados e informações geográficas podem ser classificados de acordo com os elementos que possuem, pelas suas características e pela componente que lhes é peculiar. Segundo Laurini e Thompson (1992) e Antenucci et al. (1991), eles possuem basicamente três elementos: o elemento espacial – referente ao seu posicionamento, forma e relações geométricas entre as entidades espaciais –; o descritivo – relacionado às características definidoras da entidade geográfica ou atributos que o qualificam –; e, por fim, o elemento temporal – referente à época de ocorrência de fenômeno geográfico.

Em relação às suas características, os dados e informações geográficas podem ser classificados, em linhas gerais, de acordo com a sua localização, quantidade (volume de dados), dimensionalidade e continuidade (Menezes, 2000). Dentre essas características, uma que assume grande importância é a dimensionalidade, pois é diretamente relacionada à classe de objeto geográfico (espacial) que ela representa e que é bem específica de diferentes fenômenos geográficos. Essa classe pode ser um ponto, linha, área ou superfície, apresentando dimensão 0, 1, 2, 3, respectivamente (Fig. 9.15), definindo uma série de propriedades que são de suma importância em qualquer tipo de análise espacial, como tamanho, vizinhança, distribuição, forma, padrão, escala, contiguidade e orientação (Fig. 9.16).

	Exemplos de objetos espaciais			
Classe do objeto	Ponto	Linha	Área	Superfície
Exemplo	0	1	2	3
Exemplo	Localização de uma estação pluviométrica  + Estação Alto da BoaVista	Seção de uma estrada  Trecho da BR-101	Parcela de solo  Área de floresta	Terreno físico  Porção de uma bacia de drenagem

Fig. 9.15 Classes e dimensionalidades de objetos espaciais

Os dados e informações geográficas também podem ser classificados de acordo com o componente que lhes é peculiar, podendo ser divididos em gráficos ou não gráficos:

Os dados gráficos são aqueles que podem ser descritos pela sua classe e, consequentemente, dimensionalidade, caracterizando a geometria do objeto geográfico. A estrutura de representação desse tipo de dado na forma digital, em um SIG, pode ser vetorial (implícita) ou matricial (explícita) (Fig. 9.17).

A representação matricial, também conhecida como raster, é definida pela construção da forma do objeto por um conjunto de células (*pixel*) em uma grade (*grid*), geralmente regular, em que, para cada célula, é atribuído um valor ou código. A representação vetorial utiliza um conjunto de linhas definidas por um ponto inicial, um ponto final e por alguma relação de conectividade. Os pontos inicial e final definem vetores que representam as formas do objeto representado. Os ponteiros entre as linhas indicam ao sistema como deverão ser conectadas para estabelecer a forma da entidade.

Na representação vetorial destaca-se a estrutura *spaghetti*, em que o armazenamento é feito em um arquivo de dados, linha a linha, por uma lista de pares de coordenadas x e y, e a estrutura topológica, que não armazena apenas a componente posicional e os atributos dos dados, mas também a componente topológica, que é responsável pela representação dos relacionamentos espaciais.

A diferença básica entre essas duas estruturas é a forma de como o espaço é representado. Na estrutura vetorial ele é visto como um contínuo, já na matricial ele é dividido em células. As duas representações possuem uma série de vantagens e desvantagens, as quais devem ser bem-avaliadas antes da escolha definitiva em um projeto. As vantagens e desvantagens são descritas por Burrough e McDonnell (1998) e apresentadas no Quadro 9.2.

Os dados não gráficos são aqueles essencialmente descritivos, não representando nenhum tipo de forma espacial. Referem-se, basicamente, às características ou atributos que permitirão identificar a entidade espacial e termos de sua qualificação. Sua estrutura de representação, segundo Cruz (2000), se faz por abordagens convencionais ou baseadas em registros, como é o caso da hierárquica, em rede ou relacional.

Outra característica dos dados – talvez a mais importante – é a qualidade, a qual deve ser entendida como o ponto de apoio para a implantação de qualquer SIG. Segundo Bernhardsen (1999), um SIG pode gerar decisões realistas, baseadas em dados de boa qualidade, ou decisões irreais, baseadas em dados ruins, ou, ainda, métodos de análise não apropriados. É fundamental que os dados apresentem boa qualidade diante do tipo de informação a ser gerada. Alguns aspectos sobre a qualidade dos dados são apresentados por Pina (1994) (Quadro 9.3), os quais se respeitados, geram uma confiabilidade de uso desses.

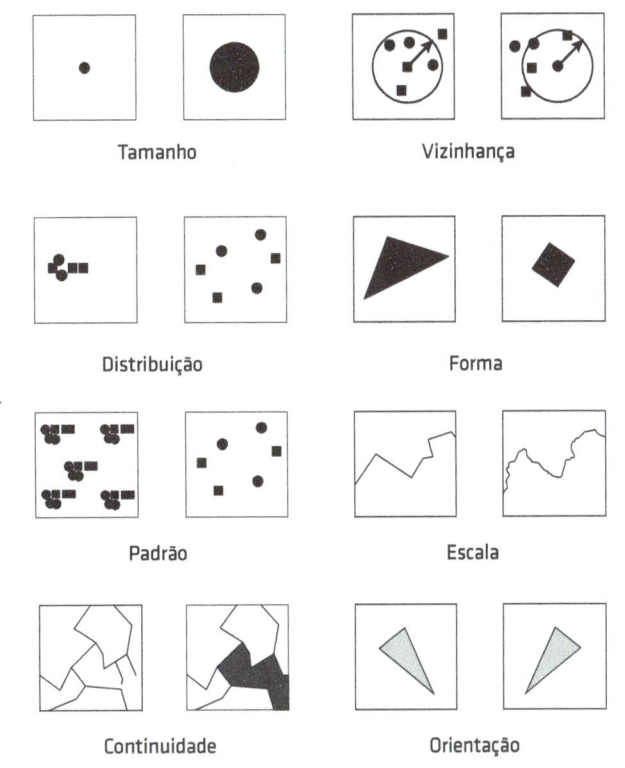

Fig. 9.16 Propriedades de objetos geográficos
Fonte: Menezes (2000).

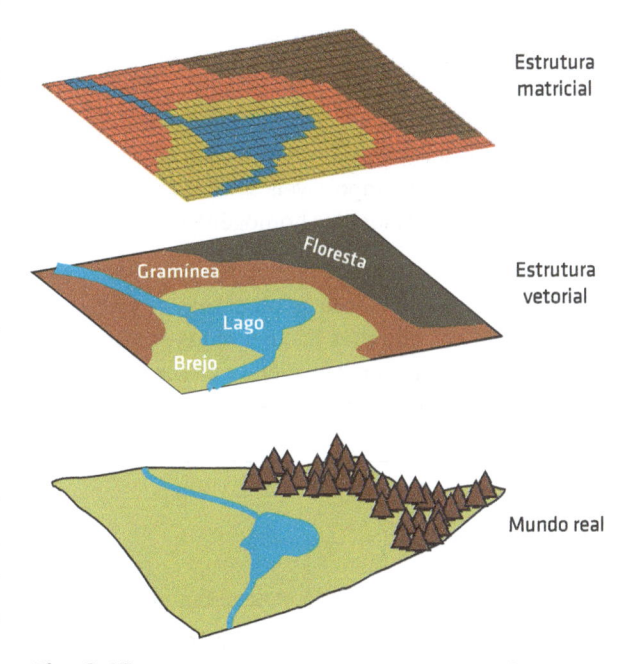

Fig. 9.17 Estruturas de representação em um SIG
Fonte: Fernandes (1998).

Quadro 9.2 Vantagens e desvantagens das estruturas matricial (raster) e vetorial

Estruturas de Dados Vetoriais	Estruturas de Dados Raster
Vantagens	**Vantagens**
Estruturas compactas de dados.	Estruturas simples de dados.
Boa representação de modelos de entidade de dados.	Modelagem matemática é fácil, porque todas as entidades espaciais possuem formas regulares e simples.
A topologia pode ser descrita explicitamente – ideal para análises de cruzamentos.	Vários tipos de análises espaciais e filtros podem ser usados.
Representação gráfica exata em todas as escalas.	Manipulação de localização específica de dados de atributos é fácil.
Generalização, atualização e correção de gráficos e atributos são possíveis.	A tecnologia é barata.
Transformação de coordenadas é fácil.	Várias formas de dados são válidas.
Desvantagens	**Desvantagens**
Estruturas complexas de dados.	Grande volume de dados.
Combinação de diversas redes de polígonos por interseção e sobreposição é difícil e requer considerável poder computacional.	Uso de grades de células grandes para a redução do volume de dados reduz a resolução espacial, resultando na perda de informações e na incapacidade de reconhecimento de estruturas definidas fenomenologicamente.
Exibição e impressão podem ser caras e requerem tempo de consumo, particularmente para alta qualidade no desenho, na cor e na sombra.	Mapas raster em estado natural não são elegantes, embora a elegância gráfica estar deixando de ser um problema.
Análises espaciais dentro de unidades básicas – como os polígonos – são impossíveis sem dados extras, porque eles são considerados homogêneos.	Transformações de coordenadas são difíceis, e o tempo de consumo – a não ser por uso de algoritmos e *hardwares* especiais – pode resultar na perda de informações ou distorções nas formas da grade de células.
Modelagem de simulação de processos de interação espacial sobre caminhos não definidos por uma topologia explícita é mais difícil do que com estruturas raster, porque cada entidade espacial tem uma forma diferente.	

Fonte: adaptado de Burrough e McDonnell (1998).

Multiescalaridade e natureza dos dados e informações

A escala de investigação é uma variável de grande importância nas análises espaciais, porque não faz sentido o estudo regional ou sintético por si só – isolado enquanto aplicação –, mas, sim, estudos locais e gerais, integrados para a estruturação do conhecimento. Por isso, a multiescalaridade dos dados e informações deve ser avaliada e utilizada, visto que alguns elementos estruturais (físicos e socioeconômicos) que compõem a paisagem agem simultaneamente em diferentes escalas operacionais que, por sua vez – segundo Menezes

Quadro 9.3 Aspectos referentes à qualidade dos dados

Aspecto	Significado
Precisão	Diz respeito à qualidade no processo de obtenção do dado; um par de coordenadas, por exemplo, é considerado preciso, se atender a determinadas tolerâncias preestabelecidas.
Exatidão	Conceito estatístico que considera a probabilidade de um determinado dado aproximar de seu valor real.
Época	Diz respeito à data em que os dados foram coletados; extremamente importante para o conhecimento da idade deles e, nos casos de relevância, da sua sazonalidade.
Atualidade	Avalia o quão recente é o dado. Embora o termo possa causar confusão com época de coleta, chama-se a atenção ao fato de que mesmo o dado sendo coletado há muito tempo, isso necessariamente não implica em sua desatualização, e o inverso também é verdadeiro.
Integridade	Diz respeito à capacidade de representação correta de um certo fenômeno. Deve objetivar clareza e plenitude.
Consistência	Mede se uma mesma informação armazenada em mais de um arquivo, apresenta o mesmo valor a qualquer tempo, evitando, assim, a redundância de dados.

Fonte: adaptado de Pina (1994).

e Coelho Netto (1999) –, irão influenciar no processo de inter-relacionamento, localização, padrão e na própria escala operacional do conjunto. Como operacionalizar a integração desses dados em um sistema, garantindo a qualidade do produto final, é um desafio que se mostra pertinente.

Nesse sentido, fica ressaltada a importância da escolha da escala a ser utilizada, que tem de ser bem-avaliada, de acordo com a multiescalaridade dos dados e informações geográficas, que são relevantes na explicação da problemática em questão (Huggett, 1995), e a disponibilidade, pois diferentes escalas de observação resultam em diferentes significados e percepções de uma mesma paisagem (Spirn, 1998) (Fig. 9.18).

Além da multiescalaridade, outra vertente que se apresenta como um desafio é a integração de dados e informações de diferentes naturezas, ou seja, como integrar variáveis oriundas de diferentes unidades de coleta. Partindo da concepção de uma análise espacial, a utilização de variáveis socioeconômicas e físicas é importante, entretanto, elas possuem diferentes características. Enquanto a primeira é relacionada a um indivíduo, um membro de uma população ou ao resultado de censos e pesquisas – isto é, vinculada a um recorte político definido –, a segunda é relacionada a objetos físicos com localização definida. A integração de dados e informações socioambientais em uma bacia de drenagem, por exemplo, fica dificultada, com a ressalva de um levantamento de dados primários por bacia (Fig. 9.19). Assim algumas consultas ficam difíceis de serem levantadas, como: quantas residências possuem água encanada e esgoto por bacia? Quantas pessoas moram em bacias com alto potencial a movimentos de massa? Quantas pessoas por bacia realizam queima de lixo, potencializando incêndios florestais?

Há uma série de métodos que busca superar esse problema, como os apresentados pela Geoheco (2000) e por Cruz et al. (2007). Tais procedimentos têm vantagens e desvantagens, mas revelam que, apesar das limitações, o geoprocessamento oferece potencialidades em relação ao manejo dos dados e informações que contribuem para sua superação.

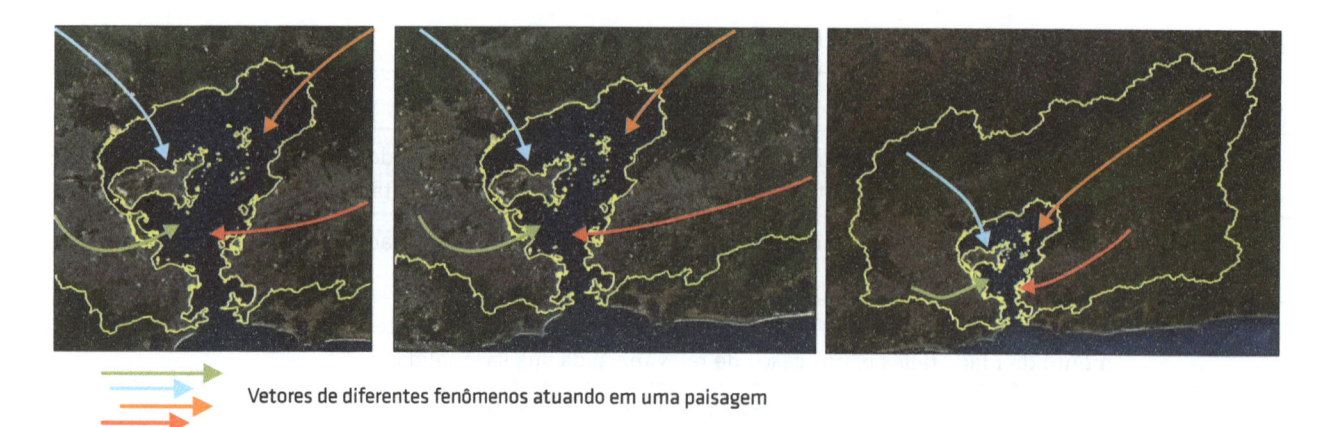

Fig. 9.18 Fenômenos espaciais operantes em diferentes escalas de percepção
Fonte: Fernandes (2004).

À multiescalaridade e às diferentes naturezas é somada a carência ou inexistência de dados e informações em análises espaciais, que, na maioria das vezes, inviabiliza trabalhos mais refinados. A grande diversidade de dados e informações sobre uma mesma variável espacial pode trazer uma complexidade desnecessária ao desenvolvimento da análise. Portanto, configura-se a importância da seleção dos temas abordados e dos métodos de obtenção, que tem de ser necessariamente avaliados de acordo com o objetivo que se queira alcançar.

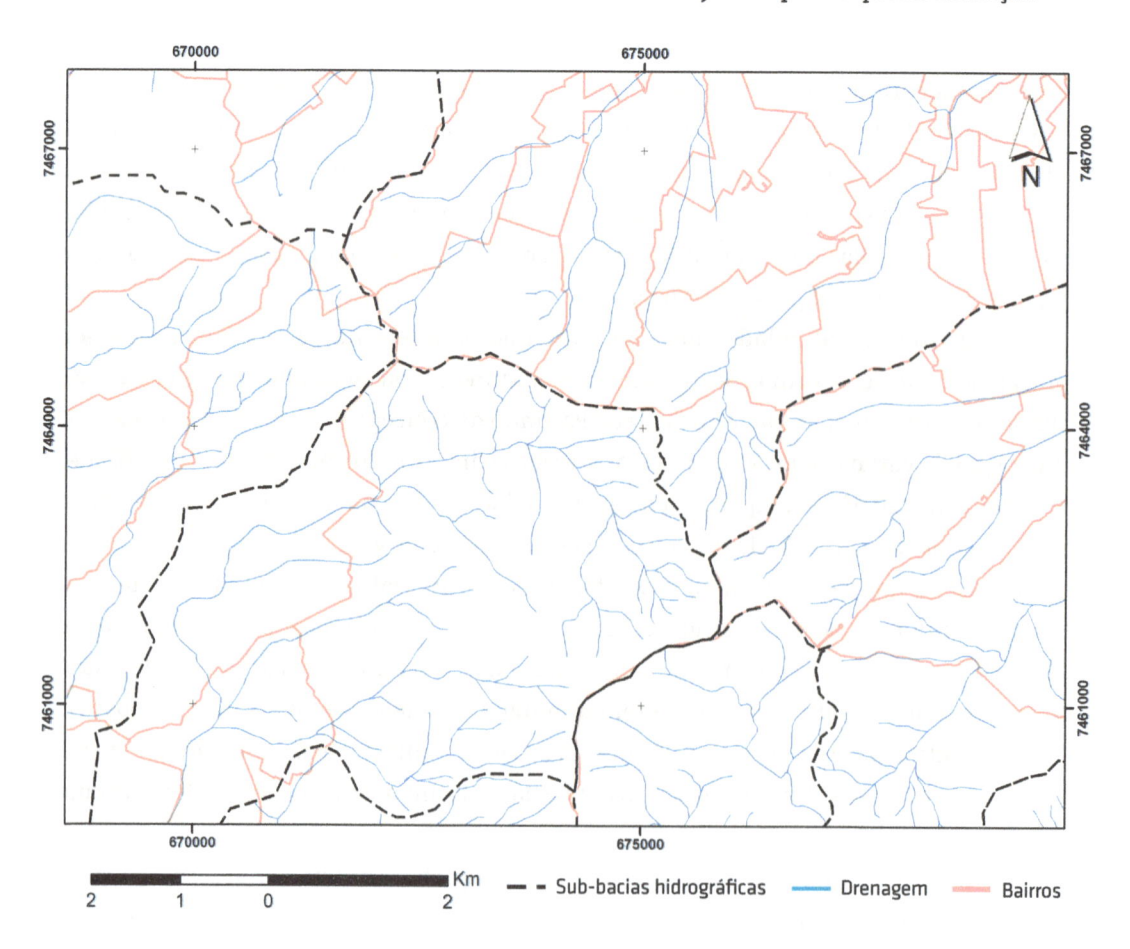

Fig. 9.19 Diferentes unidades de coleta de dados e informações: bacia de drenagem e bairros

Dimensionalidade dos dados e informações

Como já visto, os dados e informações geográficas podem estar relacionados a diferentes classes de objetos espaciais e possuir diferentes dimensionalidades. Todavia, no mundo real, qualquer objeto apresenta-se tridimensionalmente, ou seja, possui sempre uma coordenada (x, y – para posição horizontal – e z – para posição vertical). Entretanto, no processo de abstração e simplificação da realidade, que ocorre por limitações do geoprocessamento, alguns dados e informações ficam restritos apenas às coordenadas horizontais.

Com isso, surge outra limitação do geoprocessamento: a de não considerar a dimensionalidade dos dados e informações a serem trabalhados, os quais são avaliados pelas observações em superfície planimétrica (projetada) e não em superfície real (modelada), podendo mascarar a interpretação da estrutura, funcionalidade e dinâmica dos elementos espaciais de uma paisagem, principalmente em paisagens com relevo acidentado.

Os elementos e análises são trabalhados em superfície planimétrica e não em superfície modelada, o que pode mascarar alguns resultados obtidos, principalmente em áreas de relevo acidentado, em que elementos planares e lineares apresentam valores maiores quando interpretados em superfície modelada em vez de em superfície planimétrica (Fig. 9.20).

A solução dessa limitação – trabalhar com observações em superfície modelada – pode trazer avanços em várias áreas das ciências, refinando leituras de elementos estruturais e

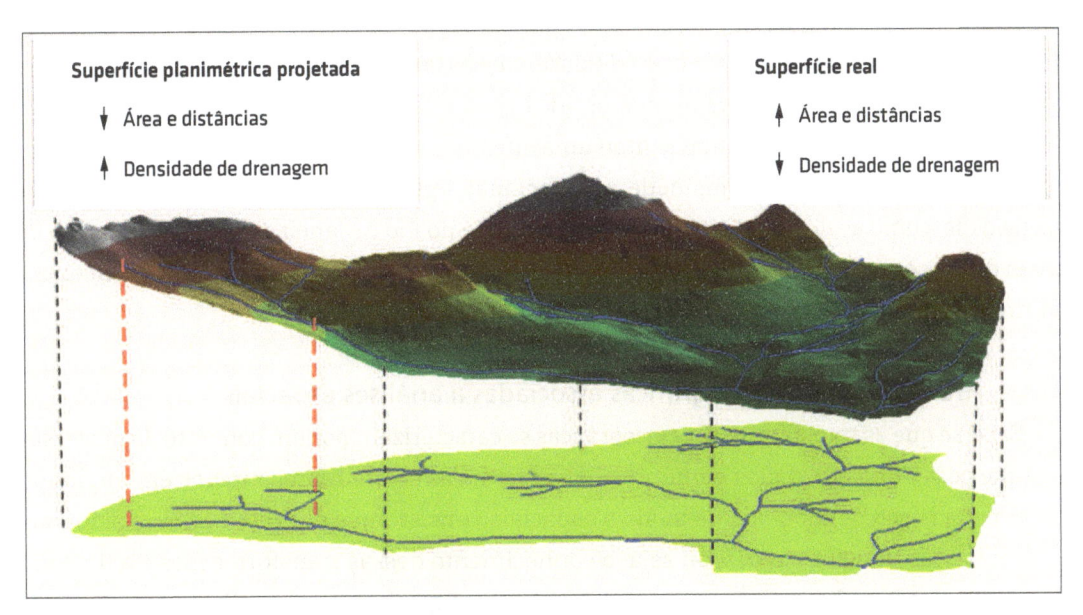

	Superfície planimétrica	Superfície real	Diferença	Diferença (%)
Comprimento dos canais (km)	12,776	13,342	0,566	4,24
Área (km²)	3,353	3,783	0,43	11,36
Densidade de drenagem (km/km²)	3,810	3,526	0,283	7,461

Fig. 9.20 Diferenciação de observações em superfície modelada e planimétrica
Fernandes (2004).

funcionais – que compõem a paisagem – e, consequentemente, a dinâmica desses elementos ao longo do tempo.

O uso de observações em superfície modelada é uma possibilidade que vem ganhando mais praticidade nos últimos anos com o emprego do próprio geoprocessamento, pelo qual é possível analisar as estruturas da paisagem de forma tridimensional com a utilização da geotecnologia de modelos digitais de elevação (MDE).

Trabalhar com todas as variáveis em um modelo de geoprocessamento tridimensional ainda é algo relativamente complicado diante da complexidade e do volume requerido por modelos com essas características. Porém, o uso de modelos digitais de elevação vem facilitando a obtenção de diferentes tipos de análises (Wilson; Gallant, 2000), superando até a limitação estabelecida pela não consideração da irregularidade do espaço a ser analisado pela obtenção de observações em superfície modelada (Fernandes; Menezes, 2005).

Com esse contexto, destaca-se a importância das observações de superfície modelada em avaliações espaciais para a busca do entendimento funcional das diferentes estruturas da paisagem. Elas podem revelar diferentes funcionalidades e dinâmicas em relação às observações planimétricas.

Fernandes (2004) apresenta uma série de comparações de análises em superfície modelada e planimétrica, fazendo uma leitura para diferentes variáveis e escalas no maciço da Tijuca/RJ. Desse trabalho, podem ser ressaltadas: as comparações de áreas em superfície modelada e planimétrica de favelas, que apresentaram diferenças em torno de 13%; áreas de uso e de cobertura do solo, em que, nas áreas de afloramentos de rocha, foi detectada uma diferença de cerca de 50% de área nos dois tipos de observações; análises de índices geomorfológicos, com grandes variações nos resultados obtidos para diferentes índices; e taxa de retração florestal entre 1974 e 1996, que apresentou uma diferença de 17%. Outros exemplos que podem apresentar variações são a densidade populacional – principalmente em áreas de grande declividade, como as de ocupação de favelas na cidade do Rio de Janeiro – e a determinação de áreas de preservação permanentes (APP) definidas por *buffers* ao longo de rios e nascentes; dentre outros.

9.3.3 Transformações cartográficas associadas a análises espaciais

Sabe-se que as transformações cartográficas se caracterizam por um conjunto de processos que possibilita que dados e informações geográficas sejam representados em um mapa. A construção de modelos de análise espaciais consistentes é diretamente relacionada com essas transformações, ou seja, o conhecimento dessas transformações e a maneira como elas interferem na construção dos modelos garantem um melhor entendimento dos resultados obtidos. Por isso, problemas no estudo proposto – decorrentes do uso inadequado de dados, informações de escalas, ampliações inapropriadas, projeções não condizentes, generalizações e simbolismos, e outros – são evitados e os resultados obtidos ganham maior confiabilidade.

Essas transformações ganharam, com a evolução e popularização do geoprocessamento, uma grande simplicidade, pois ficam, por vezes, mascaradas dentro dos aplicativos. Isso se constitui em um grande risco para ocorrer procedimentos equivocados, porque deixa o usuário leigo, isto é, o que não conhece conceitos cartográficos básicos, alheio a essas transformações.

Por exemplo, ao se utilizar parâmetros dos *softwares* de geoprocessamento, em detrimento de parâmetros oficiais, em transformações projetivas, pode-se gerar erros bastante consideráveis, extrapolando os padrões de exatidão cartográfica para a escala de trabalho (Brasil, 1984). Ainda em relação às transformações projetivas, outro exemplo muito comum é a utilização de uma projeção conforme, como a Universal Transversa de Mercator (UTM), que fornecerá, dependendo da escala, cálculos de área mais discrepantes da realidade do que projeções equivalentes, como, por exemplo, a projeção de Albers.

9.3.4 Desafios na construção de modelos de análise espacial

A complexidade inerente às análises espaciais vem fomentando uma série de discussões sobre as características conceituais e operacionais na construção de modelos de representação espacial. A possibilidade de se trabalhar com grande volume de dados e informações, a capacidade de manipulação, armazenamento e obtenção de informações a distância – dentre outras vantagens oferecidas pelas técnicas de geoprocessamento – faz com que a operacionalização das análises espaciais seja totalmente direcionada para a utilização dessas geotecnologias.

A não uniformidade das paisagens dificulta a definição de modelos fechados, o que não exclui a definição de uma linha metodológica de análise, a qual, atualmente, não é bem-marcada, assim como uma série de discussões sobre os procedimentos empregados para a integração de dados geográficos (físicos e socioeconômicos).

A construção de modelos representativos da realidade é a primeira barreira a transpor para se obter sucesso em uma análise, pois está diretamente ligada à qualidade de representação dos elementos estruturados na paisagem, o que certamente influencia nas avaliações de funcionalidade e dinâmica. A reboque, na construção desses modelos, surgem vários questionamentos, reflexos da grande variabilidade de tipos e características de dados e informações geográficas, que podem ser manipulados de diferentes maneiras: o equacionamento da multiescalaridade dos fenômenos que operam sobre uma mesma paisagem; a dimensionalidade tridimensional que possuem e muitas vezes não é contemplada em várias análises.

Tais questionamentos se apresentam como dificuldades que se agregam no conjunto de limitações de integração dos dados e informações geográficas. Somam-se a eles as diferentes unidades de análise, das quais são extraídos os dados que servem para sistematizar o estudo proposto. Com esse quadro, surgem inúmeras alternativas, que as técnicas de geoprocessamento oferecem para superar essas limitações, para se desenvolver bases analíticas e integrativas. Como em qualquer projeto, deve-se ter em mente que os resultados são frutos de uma série de abstrações e simplificações, e, por mais coerência que exista, tais resultados nunca transmitem a realidade integral de uma paisagem, ou seja, por enquanto, é impossível representar a realidade na escala 1:1.

Outra questão conceitual e operacional fundamental nas análises espaciais pautadas em geoprocessamento é a necessidade de conhecimento das transformações cartográficas, pois elas vão influenciar na construção e estruturação dos modelos de análise, e, consequentemente, nas análises decorrentes. Tal conhecimento é um grande diferencial para se obter sucesso em uma análise e não deve ser ignorado por sua pseudocomplexidade.

Finalmente, é importante salientar que o estado da arte das análises espaciais, operacionalizadas pelo geoprocessamento, apresenta-se em franco desenvolvimento, necessitando, porém, de mais investimentos científicos que subsidiem o aprimoramento de soluções dos questionamentos apresentados.

capítulo 10
Projeto e apresentação gráfica

A construção de um documento cartográfico qualquer exige todo um planejamento, tanto conceitual quanto gráfico, para alcançar os objetivos propostos e o público-alvo, ou seja, a comunicação cartográfica em todos os sentidos. No caso dos mapas de base, esse planejamento segue convenções preestabelecidas, o que não ocorre na construção de mapas temáticos, em que a diversidade de temas dificulta o uso de convenções previamente delimitadas, permitindo uma maior flexibilidade na sua construção. Nesse tipo de mapeamento, o planejamento gráfico ganha ainda mais importância e deve ser amplamente discutido para o sucesso da comunicação cartográfica.

Todo planejamento é calcado na construção de um projeto que guia a elaboração do mapeamento pretendido. Projetar, no contexto gráfico, é, ao mesmo tempo, um substantivo e um verbo, significando a referência à qualidade visual de uma apresentação voltada à aparência dos componentes individuais e as condições de sua disposição, bem como se refere ao planejamento e tomadas de decisões que envolvem o processo (Menezes, 2000). Nogueira (2009), seguindo essa linha de raciocínio, apresenta uma série de aspectos que deve ser levada em consideração na construção de um mapa, ressaltando a importância do bom planejamento para o sucesso da comunicação cartográfica.

O projeto gráfico é de suma importância para o processo cartográfico porque a comunicação exige o estudo conjunto das diversas variáveis gráficas envolvidas (linhas, tons, cores, padrões, entre outras). A palavra gráfica, tal como a linguagem escrita, exige clareza, assertividade, beleza e precisão de representação do que está sendo apresentado. Nesse sentido, os princípios da comunicação gráfica devem ser considerados em todos os momentos pelo cartógrafo, ou seja, pelo profissional responsável pela construção do mapa.

Como os mapas têm o objetivo principal de portar algum tipo de informação geográfica de cunho espacial para um usuário, os processos de compilação, simbolização, definição de escala e projeção, são orientados para esse fim. A forma de apresentação conjunta dos componentes de um mapa deve ser integrada como um todo, para atingir os objetivos propostos. Caso o mapa não seja cuidadosamente projetado, considerando as propriedades essenciais dos dados, incluindo a acuracidade de posicionamento geográfico, ele será pobre em termos de comunicação de informação.

10.1 O processo do projeto

O projeto de mapeamento pode ser comparado a um projeto de engenharia ou de arquitetura, pois procura encontrar soluções para novos ou velhos problemas. O objetivo principal de um projeto é elaborar o ambiente apropriado para atender a finalidade do mapa. As seguintes fases definem o processo do projeto:

- anteprojeto;
- planejamento gráfico;
- planejamento específico e especificação.

O anteprojeto é o primeiro elemento a ser definido. Nessa fase, o projetista procura por diversas possibilidades de representação e de abordagem do problema, tentando criar diferentes soluções. É a parte mais criativa no processo, resultando na ideia geral da abordagem que envolve decisões, tais como: o relacionamento de um mapa com outros documentos cartográficos ou não; o formato (tamanho e forma); o leiaute básico; a organização gráfica dos componentes, entre outros.

A segunda fase envolve o estabelecimento de um planejamento gráfico específico, no qual são ponderadas as diversas alternativas dentro dos limites do planejamento geral. As decisões são tomadas em consideração a tipos especiais de simbolismo, uso de cores, relacionamentos topográficos, dimensões de elementos gráficos, e como todos eles graficamente se ajustam.

A terceira fase é definida pelo detalhamento do projeto, compreendendo basicamente, a preparação da tabela de compilação, na qual tudo é colocado em um relacionamento planimétrico próprio, e a preparação das especificações de detalhamento para a arte final, como as dimensões de linhas, valores de cores, tamanho de letras, entre outros.

10.1.1 Projeto de mapeamento x planejamento artístico

Ainda na discussão de elaboração de um projeto gráfico, é importante ressaltar que a Cartografia, como arte, não é estática, assim como a música ou a pintura. Geralmente, a funcionalidade da Cartografia, juntamente com a realidade geográfica, coloca diversos obstáculos ao cartógrafo para permitir uma expressão livre e completa. A análise de documentos cartográficos que não os normatizados pela Cartografia de base, mostram com clareza que, frequentemente, o aspecto estético tem um peso importante na elaboração do projeto.

Do ponto de vista do projeto gráfico, o processo é bastante criativo, deixando um número ilimitado de opções para a organização e disposição dos elementos informativos, e envolvendo uma combinação de escolha racional e intuitiva. Por isso, um projeto gráfico deve buscar uma boa disposição em termos visuais, desvinculada de experiências anteriores, mas, evidentemente, com limites para a inovação imaginativa, uma vez que o cartógrafo deve manter-se dentro de determinadas convenções e tradições.

Assim, a cor azul deve sempre ser aplicada na representação de corpos hídricos, mesmo que tenham seu topônimo ligado a uma cor diferente, como, por exemplo, não usar o vermelho para mapear o mar Vermelho. Uma característica que deve ser bem-avaliada é o público-alvo e sua capacidade de cognição, pois, dependendo dessas características, essas convenções podem ser quebradas, como no caso de um projeto de mapeamento participativo social voltado para o fortalecimento da identidade cultural de um povo indígena, em que o público pode não identificar um corpo d'água representado na cor azul, pois, no cotidiano desse povo, o corpo d'água tem uma cor marrom clara por conta da presença de sedimentos em suspensão.

Mapeamento participativo ou Cartografia social – como é conhecido no Brasil –, segundo Daou (2009), é uma modalidade de Cartografia em que sujeitos e coletividades se colocam não apenas ou não mais como usuários de mapas, mas, sim, como "fazedores de mapas" e intérpretes de suas cartografias.

Três proposições podem ser colocadas como gerais para um projetista, tendo em vista a expressão visual e estética:

- beleza ou elegância podem acontecer em um projeto gráfico funcional, mas deve ser em consequência de um bom projeto em contexto favorável;
- algo bem-planejado não deve apenas parecer assim, o projeto não deve ter apenas aparência, e sim ter consistência;
- simplicidade é altamente desejável, e é resultado de uma excelência. A simplicidade é relativa em um contexto, não podendo ser definida, mas reconhecida.

10.2 Mapas e apresentação gráfica

O projeto de mapas envolve trabalho com uma grande variedade de componentes, tais como composição gráfica, transformação de escala, cores, desenho de letras, reprodução, entre outros. Esses componentes devem ser bem-avaliados, para não interferir nos princípios de comunicação gráfica – indispensáveis para uma boa composição visual – transmitindo clareza e uma transferência de informação precisa.

Comparando a comunicação de um mapa com uma comunicação falada ou escrita, é possível inferir que a principal diferença entre elas é a existência de um estímulo visual, ativando reações diferentes aos seus usuários. A seguir, serão discutidas duas variáveis de suma importância para a elaboração de um projeto gráfico: a percepção do complexo gráfico e os objetivos do projeto de mapeamento.

10.2.1 Percepção do complexo gráfico

Na linguagem escrita e falada, ou seja, em palavras e sons que a codificam, existe uma correlação definida no seu significado. Assim, não existe a necessidade de se prestar uma maior atenção ao som ou a aparência da palavra, pois o seu significado já é inteiramente relacionado, ou seja, o som ou a palavra só traduzem o significado real de um ou um grupo de ações ou objeto existentes no mundo real.

Por outro lado, em relação à linguagem gráfica, essa correlação direta com o significado não pode ser considerada, pois a atenção à disposição dos elementos gráficos é essencial para a compreensão da comunicação.

As linguagens, falada e escrita, são apresentadas em uma sequência lógica, na qual as palavras e sons, colocados em uma ordem determinada, criam o sentido da ação, à medida que são entendidos. A comunicação gráfica é recebida e percebida pelo usuário toda de uma só vez, no lugar de uma sequência. A percepção de cada elemento no mapa é relacionada simultaneamente à sua posição e aparência relativa a todos os outros elementos, significando que sempre se deve visualizá-la como um todo. Por esse motivo, todos os elementos em um mapa são visualmente relacionados entre si, ou seja, a alteração de um elemento pode afetar todos os demais elementos (Monmonier, 1996).

A visão de uma imagem é processada sob a forma de percepção, ou seja, o conjunto da imagem deve fazer sentido, organizado dentro do campo visual do observador. A percepção envolve atribuição de um significado visual e uma hierarquia de importância às diferentes formas, cores, marcos, símbolos, direções e valores.

A organização da imagem evita que se tenha uma visão monótona e ambígua, fazendo com que ela tenha sentido. Por isso, é inevitável que a visão seja definida estruturalmente, pela importância de determinados símbolos, destaque de formas, agrupamento de elementos, domínio de cores, entre outros. Existindo uma coincidência significativa entre relacionamento de elementos gráficos e a intenção do cartógrafo, pode-se afirmar que a comunicação foi alcançada.

10.2.2 Objetivos do projeto de mapeamento

O objetivo fundamental em um projeto de um mapa é a comunicação de relações espaciais. Pode-se estabelecer dois aspectos para o processo do projeto cartográfico:

- atribuição de um significado específico aos diversos tipos de símbolos, suas variações e combinações;
- disposição dos símbolos em uma composição global, que provoque uma resposta perceptiva do usuário.

Esses dois aspectos não são disjuntos, devendo sempre ser considerados em conjunto de acordo com o tipo de mapeamento que se pretende realizar.

Em um mapa geral, como, por exemplo, uma carta topográfica, procura-se apresentar uma variedade de informações espaciais, de tal forma que sejam exibidos os atributos individuais selecionados de cada elemento cartográfico. Nesses mapas, nenhuma classe de fenômenos ou região deve ser mais importante que outra, devendo haver um equilíbrio.

Na Cartografia temática, ocorre uma preocupação com a expressão da estrutura ou da caracterização de uma determinada distribuição espacial, sendo importante exatamente o relacionamento estrutural de uma parte para outra. No mapeamento temático, as convenções e sistema de simbolismo devem ser escolhidos para trabalharem graficamente juntos, provocando uma caracterização global da distribuição.

A gradação ou hierarquia dos símbolos e variáveis visuais são empregadas de forma relacionada. Os problemas inerentes aos projetos de um mapeamento temático e de um geral são bastante distintos. Em resumo, todo projeto de mapeamento deve ser interligado como um todo. Nada deve ser considerado isoladamente, sob pena de o conjunto visual ser inteiramente prejudicado nos seus objetivos de estabelecer a comunicação dos relacionamentos espaciais ao usuário.

Uma maneira proveitosa de considerar o processo do projeto de mapeamento é imaginá-lo como composto de um conjunto de elementos gráficos primários, que podem ser trabalhados pelo cartógrafo, até atingir os fins desejados. Esses elementos gráficos primários são a clareza, legibilidade, contraste visual e equilíbrio inerente a cada projeto de mapeamento – em que cada caso é singular –, sendo ditados por um conjunto de elementos de controle.

Os elementos de controle podem ser vistos como operações que influenciam em menor ou maior grau o mapeamento, estabelecendo a base estrutural para a manipulação dos elementos do projeto e definindo limites e tolerâncias a serem utilizados.

São os seguintes os elementos de controle:
- objetivo;
- realidade da região;
- escala;
- público-alvo;
- limites técnicos.

Nogueira (2009) apresenta outros elementos que devem ser considerados na concepção de um mapa, como a disponibilidade de dados e os recursos financeiros disponíveis.

Alguns mapas podem prescindir de um ou outro elemento do projeto, porém, em se tratando de controle, o conjunto completo é operativo em todos os casos.

Em seguida, serão apresentados e discutidos cada um dos elementos de controle:

- **Objetivo:** é essencial e determinante o propósito comunicativo para o qual o mapa está sendo elaborado. Deve-se fazer a pergunta: "O que se espera do mapa?", e colocar a definição da resposta como objetivo principal. Todos os aspectos de simbolismo e projeto gráfico devem estar direcionados para que se atinja esse objetivo. No mapeamento temático, em particular, quanto maior o número de objetivos identificáveis maior será a dificuldade de se chegar a um projeto gráfico que atenda a todos eles. Outro aspecto significante é a aparência global do mapa: deve aparecer claro ou escuro?, aberto ou fechado?, preciso ou aproximado?, bonito ou feio?, tradicional ou moderno? Esses aspectos são subjetivos, mas devem ser considerados para o sucesso da comunicação cartográfica.

- **Realidade:** diz respeito às dimensões geográficas e às características próprias da região. A distribuição ou distribuições mapeadas não podem ser modificadas pelo cartógrafo. Alguma variação pode ser elaborada, porém as características específicas e essenciais têm de ser mantidas, como, por exemplo, o Chile será sempre longo e estreito; o eixo Rio-São Paulo será sempre de densidade populacional maior quando comparado com outras regiões; as variações de solo são entidades complexas; e uma região sujeita a inundações sempre terá um grande número de lagos na época seca. Cada realidade estabelece limitações e injunções próprias, dentro das possibilidades do projeto gráfico, que devem ser previstas na fase de planejamento.

- **Escala:** é definida em função do formato do papel e da relação para a área a ser mapeada. Sob um ponto de vista conceitual a escala atua de forma sutil. Quanto menor a escala menor o tamanho da área mapeada, e, em consequência, menores deveriam ser a espessura de linhas, o tamanho das letras. Entretanto, isso, necessariamente, não ocorre em todos os sentidos. Cores, padrões, tamanho de letras, espessura de linhas serão diferentes para escalas diferentes, devendo, porém, manter uma relação lógica de variação de intensidade e tamanho.

- **Público-alvo:** Em função do público que será atingido pelo mapa, deve-se estar familiarizado com as características específicas do grupo, saber como o mapa será utilizado e sob que condições, ou seja, as condições perceptivas do mapa. Assim, com base em um mesmo conjunto de dados podem ser construídos diferentes mapeamentos, por causa do público-alvo e de como ele irá utilizá-lo. Alunos de escolas de primeiro grau, entidades científicas, universitários e profissionais de diferentes empresas, são exemplos de públicos-alvo. Pela utilização, uma série de condições deve ser levada em conta, destacando-se como o mapa será apresentado – em papel, projetado em uma parede, ou como um mapa mural. Além disso, devem ser avaliados outros fatores, como as condições de iluminação e de visualização.

- **Limites técnicos:** é a forma como o mapa é elaborado e reproduzido. O limite técnico afeta o projeto gráfico de diferentes formas, por exemplo, uso de cores e tamanho de letras são presos ao dispositivos de saída do mapa, ou seja, o tamanho da letra é função da escala do mapa e do tamanho do papel que a impressora suporta, assim como o uso de cores está relacionado a características de impressão.

10.3 Elementos gráficos do projeto de mapeamento

Os elementos gráficos de um projeto são os atributos das marcas, símbolos e convenções utilizados para representação, que, por si só ou em uma disposição organizada, são significantes na apresentação gráfica total do mapa.

São considerados os seguintes elementos gráficos como os mais importantes (Tyner, 1992; Anson; Ormeling, 1996; e Robinson et al., 1995):

- clareza e legibilidade;
- contraste visual;
- figura e fundo;
- equilíbrio ou balanço;
- organização hierárquica.

10.3.1 Clareza e legibilidade

Qualquer transmissão de informação efetuada por meio de uma codificação elaborada por linhas, pontos, tons, padrões, entre outros, necessita de convenções que sejam claras e legíveis, ou seja, não suscitem dúvidas sobre o que realmente representam, sendo unívoca essa representação.

Para se obter clareza e legibilidade, diversos fatores têm de ser considerados em conjunto e isoladamente. Não deve haver interpretações dúbias. A escolha correta e precisa das linhas, formas, cores, padrões, também tem uma ponderável importância. As linhas devem ser claras, finas e uniformes; cores, padrões e sombras devem ser bem distintos; e outras características dos símbolos não devem ser confusas.

Um elemento importante ainda a ser considerado para a legibilidade é o tamanho. Não importa a eficiência de um símbolo, ele será inútil se for pequeno para ser notado. Considerando-se uma visão normal, a uma distância de 50 cm, qualquer símbolo deve ser maior que 0,4 mm para não se criar confusões na leitura de um mapa, como, por exemplo, para se notar a separação de duas linhas e a distinção entre formas. As cores e formas podem aumentar a legibilidade, porém deve haver uma gradação de tonalidade que permita diferenciá-las entre si.

10.3.2 Contraste visual

O fato de os elementos gráficos serem grandes o suficiente para serem vistos não significa que irão prover clareza e legibilidade ao mapa. É necessário que exista uma forma de diferenciar visualmente cada elemento de maneira separada dentro do conjunto, de forma a não se cair em uma monotonia indistinta. Isso é possível estabelecendo um contraste visual entre os elementos gráficos, modulando ou variando as variáveis visuais (posição, forma, tamanho, intensidade, valor, padrão e direção).

A Fig. 10.1 mostra características de contraste, nas duas áreas selecionadas. Muito contraste pode ser indesejável também.

10.3.3 Figura e fundo

Diz respeito ao realce que os elementos deverão receber – para serem destacados – em relação ao fundo do mapa, para que seja entendido. É uma característica importante em mapas temáticos, porque a percepção dos elementos estruturais é fundamental (Fig. 10.2).

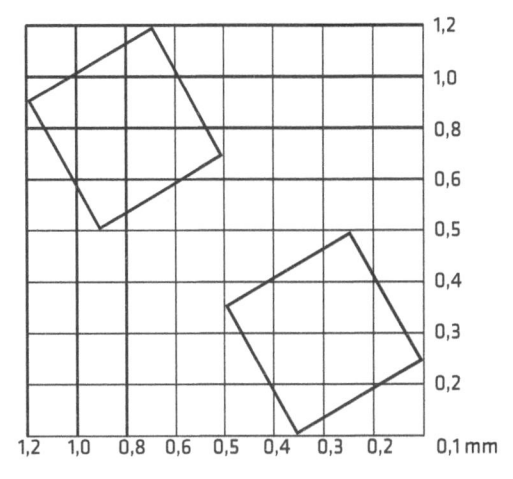

Fig. 10.1 Contraste visual entre duas formas
Fonte: adaptado de Anson e Ormeling (1996).

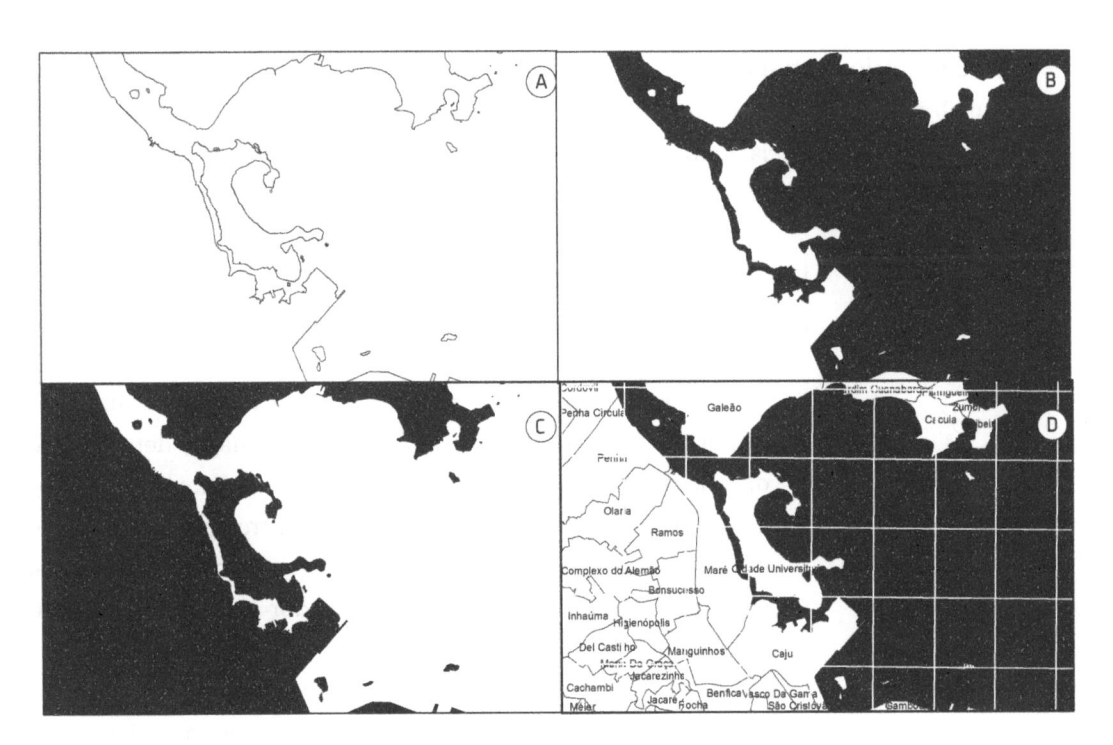

Fig. 10.2 Diferentes combinações de figura e fundo em uma mesma área mapeada
Fonte: adaptado de Tyner (1992).

Em relação à Fig. 10.2, os seguintes elementos devem ser caracterizados:
- **Diferenciação:** é a forma como uma área ou região emerge da figura. A área desejada deve ser visualmente homogênea, e a homogeneidade de todo o conjunto (o mapa) não deve ser maior do que a da figura desejada. A diferenciação pode ser dada por vários meios (cor, valor, padrão e textura);
- **Formas fechadas:** ilhas, penínsulas ou países são vistos como uma única figura completa. Se mostradas parcialmente, tendem a perder a característica de unidade (mapa A);

- **Brilho ou valor tonal:** essa característica promove um destaque da figura. O valor escuro tende a se tornar a figura (mapas B e C); no entanto, no mapa D, o valor claro se destaca diante do efeito circundante de outras influências (reticulado, limites e toponímia);
- **Bom contorno:** significa um equivalente gráfico de lógico e não ambíguo. No mapa D, o reticulado parece estar abaixo do contorno bem-definido do mapa;
- **Articulação da área:** define os elementos da área emergente que deverão ser plotados para auxiliar em sua percepção. Eles podem ser cidades, hidrográficos, rede viária, toponímia, entre outros (mapa D);
- **Área:** É importante na diferenciação. Geralmente existe uma tendência de as áreas pequenas emergirem como figura em relação a uma área maior. Alguns autores indicam que, em Cartografia temática, a razão da figura e fundo (total da área do mapa menos a área da figura, sobre a área da figura), deve estar entre 1/4 e 1/1,5. Em razões maiores que 1/4, o fundo domina; menores que 1/1,5, provoca confusão entre a figura e o fundo.

10.3.4 Equilíbrio ou balanço

O equilíbrio é o posicionamento dos componentes visuais de tal forma que o seu relacionamento seja lógico, ou seja, nem consciente nem inconscientemente perturbe o observador.

Em um projeto bem-equilibrado, nada aparece muito claro ou muito escuro, muito longo ou muito curto, muito pequeno ou muito grande, em um lugar errado, muito próximo da borda. Esboços de leiaute são os melhores instrumentos para se chegar a um bom equilíbrio.

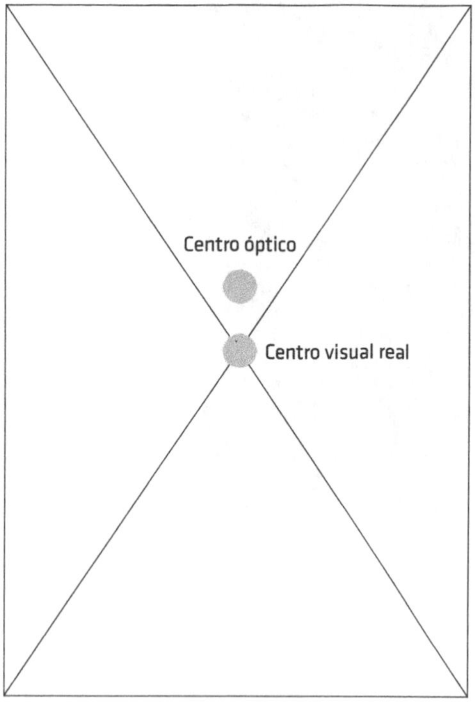

O equilíbrio depende inicialmente da posição relativa e a importância visual das partes básicas do mapa, dependendo da relação de cada item ao centro óptico do mapa e a outros elementos, além de seu peso visual. O centro óptico do mapa é um ponto ligeiramente acima do centro geométrico (centro visual real), definido pela posição do observador à frente e acima do mapa (Fig. 10.3).

O equilíbrio pode ser comparado a uma posição de uma gangorra com elementos relacionados por tamanho ou densidade (Fig. 10.4).

Em relação aos vários elementos que compõem o mapa como um todo, o equilíbrio também tem de ser alcançado de forma coerente.

A Fig. 10.5 mostra esboços realizados em um mapa, procurando formas de equilíbrio entre seus componentes. Eles são plotados em diferentes posições e, assim, assumem diferentes destaques de importância no mapeamento.

O formato do papel também tem uma razoável importância, uma vez que define como os elementos serão arranjados dentro da área útil. A escolha é baseada no formato do padrão A

Fig. 10.3 Centro óptico e visual real de um mapa

(de A0 a A5), inclusive por facilidades topográficas. As folhas topográficas sistemáticas, no entanto, fogem desse formato, por terem tamanhos dependentes da área geográfica e escala.

10.3.5 Organização hierárquica

A comunicação de fenômenos espaciais sempre envolve elementos com diferentes significados e importância, principalmente em mapeamentos temáticos. Por exemplo, a distribuição representada é mais importante que a base exibida; as classes de rodovias têm graus de importância; é possível mostrar numerosas categorias de área – tais como tipo de solos, vegetação, cobertura – que poderiam ser separadas em dois grupos, no qual um deles tivesse mais relevância que o outro.

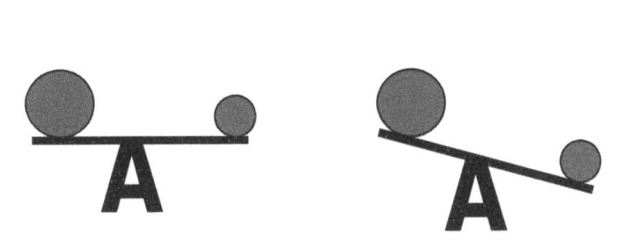

Fig. 10.4 Equilíbrio de elementos relacionados ao tamanho ou densidade

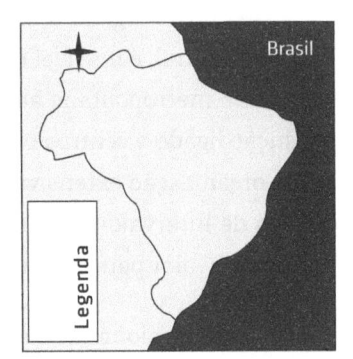

Fig. 10.5 Diferentes esboços de um mesmo mapa, com diferentes equilíbrios
Fonte: adaptado de Tyner (1992).

É possível identificar a existência de níveis de importância relativa que devem ser organizados em uma escala de hierarquia, para evitar que um nível menos importante sobressaia-se a outro, mais importante. É evidente que essa organização hierárquica tem de estar vinculada à comunicação gráfica do mapa e definida em relação aos elementos gráficos do projeto, envolvendo aplicações das variáveis visuais de forma inter-relacionada.

Para tanto são definidos três tipos de organizações hierárquicas:

- extensiva;
- subdivisionária;
- estereogrâmica.

- **Extensiva:** é uma organização preocupada em retratar uma rede de linhas de acordo com sua importância, como, por exemplo, no mapeamento de diversas classes de rodovias; sistemas de drenagem com fluxos de diferentes ordens; sistemas ferroviários e aeroviários, com classificação de rotas de serviço e suprimentos (Fig. 10.6).

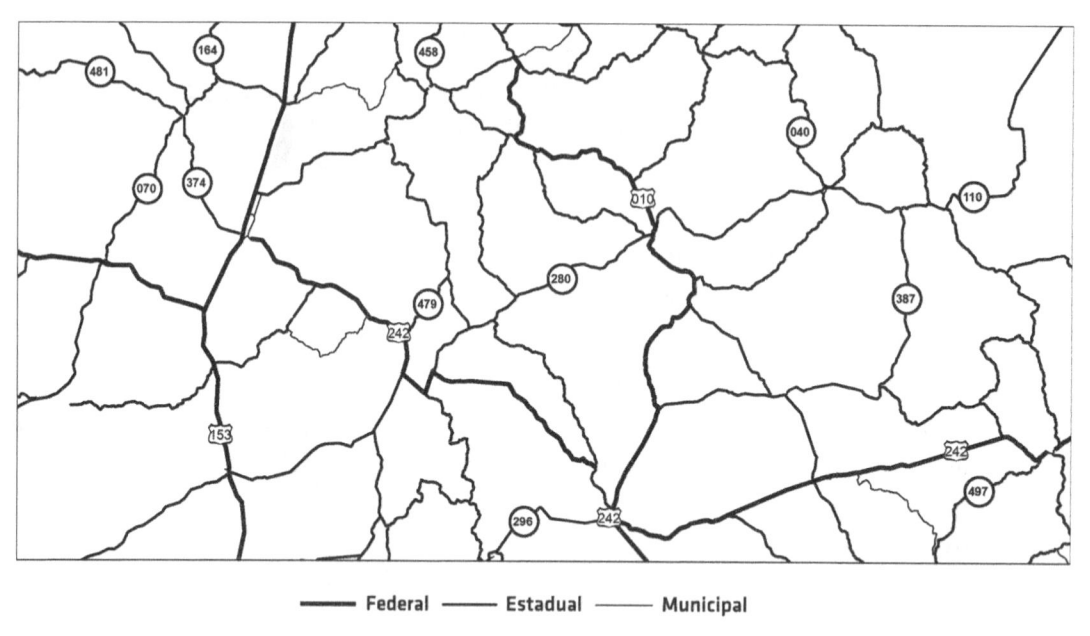

Fig. 10.6 Exemplo de organização extensiva de diversas classes de rodovias

Esse tipo de organização pode ser aplicado em símbolos pontuais. Com base no conceito de ponto central, é possível reconhecer a hierarquia de áreas povoadas, como, por exemplo, de um centro metropolitano até outras cidades, povoados, vilas e vilarejos, ou de um centro de produção ligado a centros consumidores.

A organização extensiva é basicamente ordinal. É permitido, entretanto, o emprego nas classes de intervalo/razão no simbolismo individual, através da utilização da variável cor, tamanho e valor para caracterizar a importância relativa dos elementos.

- **Subdivisionária:** é empregada para representar relacionamentos internos de uma hierarquia que envolva área. Por exemplo, a divisão de uma cidade em regiões administrativas e bairros; divisão de uso da terra agrícola e não agrícola em usos específicos.

A Fig. 10.7 mostra um exemplo da organização subdivisionária com uma divisão primária entre áreas de planejamento e uma subdivisão secundária baseada nas regiões administrativas da cidade do Rio de Janeiro/RJ.

Essa organização é característica de aplicação zonal (área), com variáveis de cor e padrão. A diferenciação pode ser exclusivamente nominal ou em uma combinação das representações nominais e ordinais.

- **Estereogrâmica:** essa organização difere da subdivisionária por provocar, no usuário, a impressão de que os componentes estão em diferentes níveis de hierarquia. Na Cartografia temática, é usada para enfatizar uma porção ou relacionamento no mapa. A Fig. 10.8 mostra alguns bairros da cidade do Rio de Janeiro. É importante que se dê a impressão de que eles estejam acima do plano visual do fundo. No mapa A, não há uma diferenciação fundo/figura que demonstre a organização estereogrâmica, como é apresentado no mapa B.

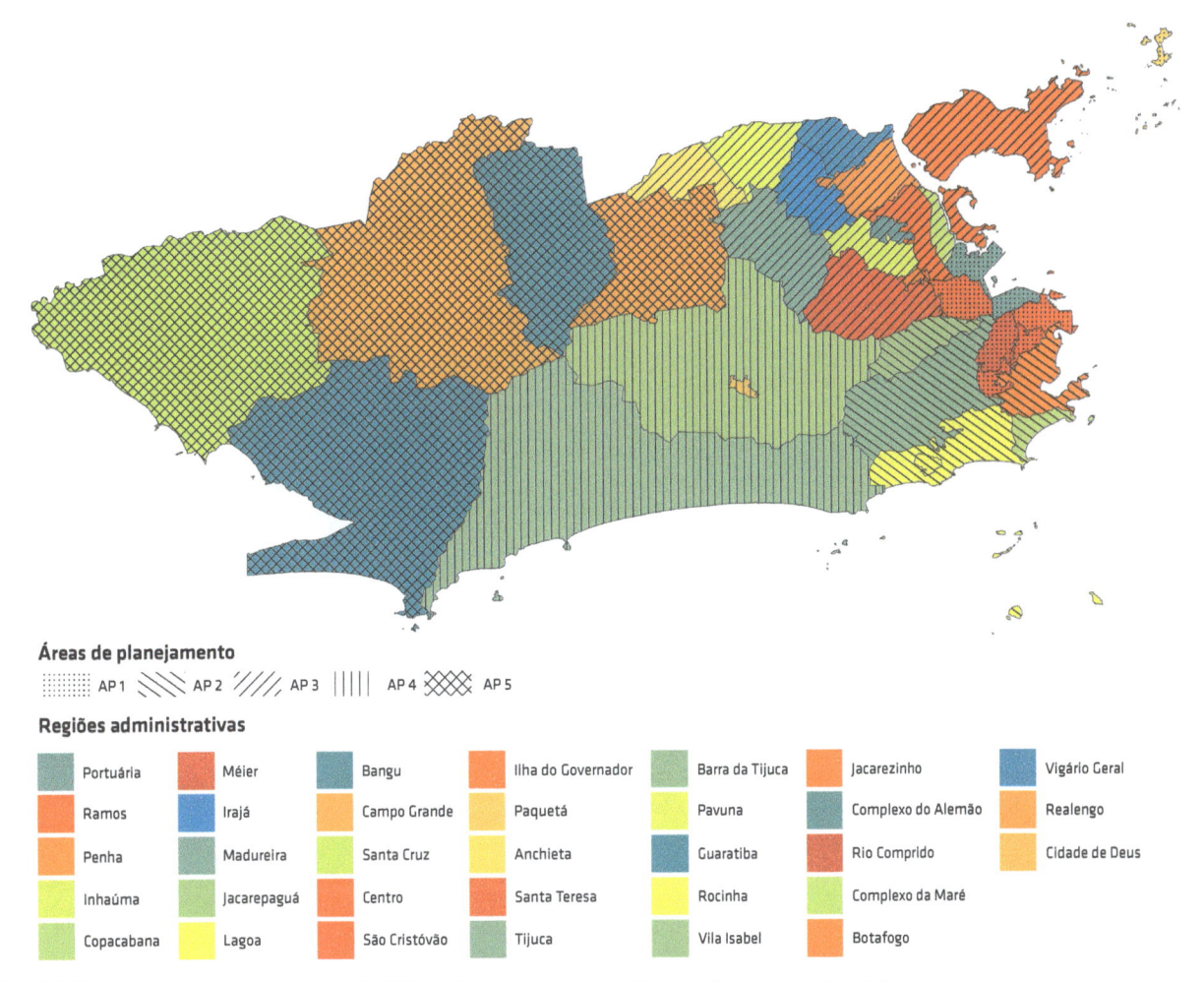

CAPÍTULO 10 | PROJETO E APRESENTAÇÃO GRÁFICA   233

Fig. 10.7 Exemplo de organização subdivisionária em mapa de regiões administrativas climatológicas

A noção de profundidade é de grande importância para esse tipo de organização. Ela pode ser provocada por uma sobreposição, progressão de tamanho e peso, assim como de valor (Fig. 10.9).

10.4 Planejamento do projeto de mapeamento

A semelhança de um projeto de comunicação escrita, um projeto de mapeamento deve ser também planejado para estabelecer a melhor forma de comunicação. Cada elemento gráfico deve ser avaliado em relação aos demais para determinar o seu possível efeito no leitor, entretanto, é de suma importância saber quais são os objetivos que se pretende atingir com o mapa. O público-alvo e a abrangência do assunto são duas preocupações básicas que se deve sempre ter em qualquer fase da elaboração do mapa. Com essas considerações, é possível determinar a significância do que deve ser incluído no mapa.

A preparação de diferentes esboços é uma das principais ferramentas para se testar a comunicação cartográfica. O termo esboço, ou leiaute, determina uma caracterização das feições essenciais para permitir uma comunicação efetiva dentro dos objetivos definidos. Como a comunicação é gráfica, o esboço de um projeto deve ser gráfico também, embora se possa juntar notas e explicações elucidativas.

Fig. 10.8 Exemplo de organização estereogrâmica apresentando alguns bairros do Rio de Janeiro/RJ
Fonte: adaptado de Robinson et al. (1995).

Fig. 10.9 Exemplos de formas a serem consideradas em uma organização estereogrâmica
Fonte: adaptado de Anson e Ormeling (1996).

A importância do esboço é permitir a visualização dos relacionamentos gráficos, para uma posterior avaliação, com intuito de se definir a melhor forma de representação.

Será apresentada, a seguir, uma discussão sobre a construção de esboços, a disposição do título, escala, legenda, a construção dos leiautes e tamanhos de papel mais comuns.

10.4.1 Esboço gráfico

A Fig. 10.10 apresenta esboços que demonstram como a comunicação gráfica pode ser delineada de diversas maneiras baseadas em um mesmo conjunto de dados.

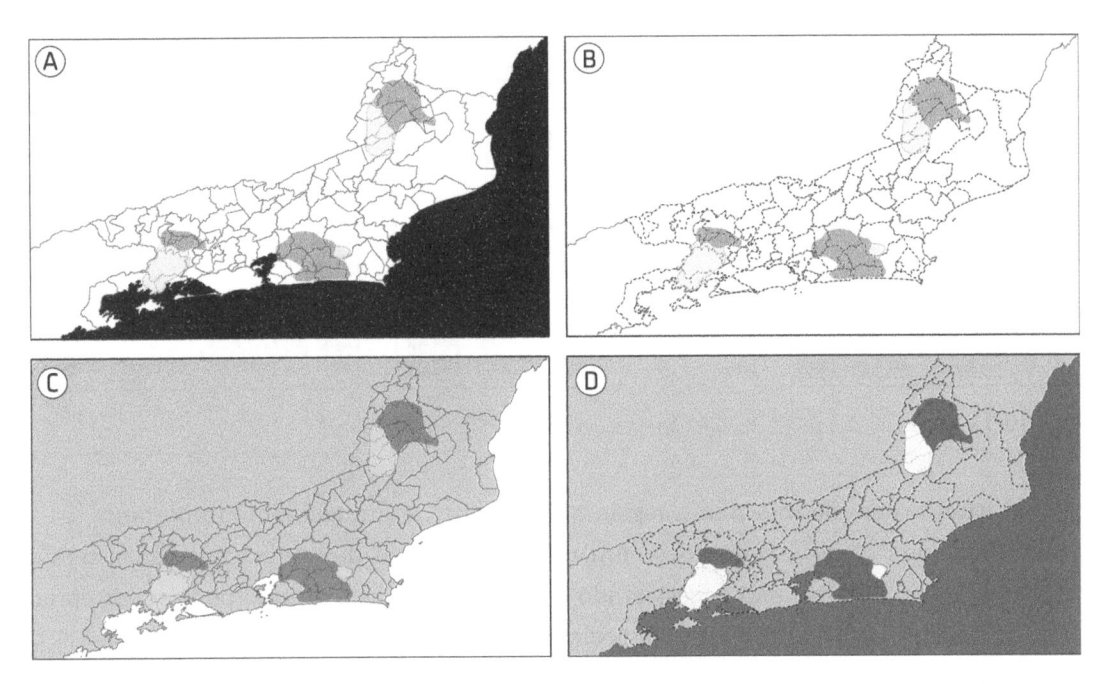

Fig. 10.10 Esboços de um mesno conjunto de dados apresentando comunicações cartográficas diferenciadas
Fonte: Adaptado de Tyner (1992).

O assunto é um mapeamento hipotético temático, para mostrar duas distribuições no Estado do Rio de Janeiro. Os elementos organizacionais fundamentais são:

- o local: Estado do Rio de Janeiro (1);
- os dados: as duas distribuições a serem exibidas (2);
- a posição dos dados em relação ao Estado do Rio de Janeiro (3);
- a posição relativa das duas distribuições (4).

Qualquer um desses elementos pode ser qualificado como principal esboço, e a ordem hierárquica de representação pode ser modificada de acordo com o que se queira. Na Fig. 10.10 é possível verificar a seguinte ordem geral, dentre outras:

$$
\begin{aligned}
A &= 1\ 2\ 3\ 4 \\
B &= 2\ 3\ 4\ 1 \\
C &= 3\ 1\ 4\ 2 \\
D &= 4\ 2\ 3\ 1
\end{aligned}
$$

Um esboço deve ser desenvolvido sem preocupação de precisão ou acuracidade, pois o que se deseja é a visualização dos elementos em uma melhor apresentação de comunicação apenas. Devem ser elaborados diversos esboços, caracterizando formas alternativas de apresentação, para uma posterior comparação e decisão.

10.4.2 Título, legenda e escalas

Têm o objetivo de identificar no mapa o lugar, as convenções e o assunto, além de criar massa gráfica, com a finalidade organizar graficamente o mapa, como se pode observar na Fig. 10.11:

Fig. 10.11 Distribuições de título, legenda e escala criando diferentes leiautes

- **Título:** além de informar a região ou o assunto, é um elemento importante, pois funciona como um rótulo de um remédio, embora determinados mapas sejam autoexplicativos, não necessitando de um. Nesse caso, o título pode servir como auxílio para o equilíbrio da composição do leiaute.

É impossível padronizar uma forma para um título. Ele vai variar de acordo com o mapa, assunto e objetivo. Por exemplo, para um mapa do Brasil mostrando a densidade da população por quilômetro quadrado de área cultivável em 2011, é possível construir títulos diferenciados de acordo com o contexto em que o mapa se insere:

1] Se o mapa for aparecer em um livro que mostra o contexto apresentado pelo assunto, o título pode ser exclusivamente Brasil;

2] Se o mapa está inserido em um contexto de estudo de uma situação de alimentação na América do Sul, o seguinte título poderia ser mais apropriado: Brasil – População por km^2 de terra cultivável;

3] Se o mapa está em um contexto de mudanças na população do Brasil, o título pode ser: População por km^2 de terra cultivável/1975.

- **Legenda:** São naturalmente indispensáveis na maior parte dos mapas, estabelecendo explicações das diversas convenções e outras necessárias ao entendimento do mapa.

Como regra, nenhum símbolo que não fosse autoexplicativo deveria ser usado no mapa, a menos que contido na legenda. Por outro lado, qualquer símbolo que estiver no mapa deve aparecer na legenda exatamente como aparece no mapa, com mesmas dimensões e forma.

As legendas podem ser enfatizadas ou subordinadas pela modificação de forma, tamanho ou valor relacionado.

- **Escala:** a escala varia de importância de mapa para mapa, dependendo dos objetivos. A escala numérica, gráfica e em palavras podem se revezar ou até serem representadas em conjunto, porém, todos esses tipos de representação devem estar próximos para evitar confusões sobre a escala. É importante ressaltar que o uso de escalas numéricas é altamente questionável em mapas que podem ser utilizados em diferentes tamanhos de reprodução. Nesse caso, o mais indicado é a utilização de escalas gráficas, que acompanharão o processo de redução gráfica do mapa como um todo, não perdendo sua assertividade.

10.4.3 Leiaute do mapa

Todos os elementos dispostos em um mapa são elementos gráficos, ou seja, símbolos. Eles podem estar em uma área útil do mapa ou serem elementos marginais, mas todos possuem importância no estabelecimento da comunicação cartográfica. Elementos marginais são o título, a legenda, a escala, a orientação, a fonte das informações, entre outros.

Um leiaute preliminar da disposição dos elementos do mapa deve sempre ser elaborado antes do desenho definitivo. Isso evita perda de tempo e trabalho, prevendo-se alternativas possíveis e correções *a priori*.

Algumas alternativas possíveis de disposição de elementos em mapa temático (Fig. 10.12):

O título deve estar sempre em situação dominante, enquanto os demais componentes deverão ser equilibrados em distribuição ao longo de toda a área do papel.

Anson e Ormeling (1996) apresentam erros muito comuns na Fig. 10.13:

A] uma borda grande tende fazer o mapa parecer menor do que é;
B] bordas irregulares são antiestéticas;
C] a área do mapa foi posicionada abaixo do centro visual do papel. O ideal é que o centro do mapa coincida com o centro óptico do papel;
D] a continuidade do mapa é perturbada por desenho de gratícula ou valores de grid;
E] área vazia não utilizada;
F] título arbitrariamente posicionado;
G] legendas e texto não alinhados pela borda;
H] espaços irregulares entre linhas do texto;
I] texto muito próximo à borda do mapa.

A Fig. 10.14 apresenta leiaute da figura anterior ordenado, com as seguintes melhorias:

A] a borda está próxima e suas proporções são controladas;
B] geometria regular do mapa;
C] centro de gravidade do mapa acima do centro da folha, ou seja, coincidindo com o centro óptico do papel;
D] desenho de gratícula dentro da área do mapa;
E] texto e legendas distribuídos regularmente nos espaços vazios;
F] título em posição dominante;
G] disposição da legenda em blocos ordenados;
H] espaços entre letras sempre que possível o mesmo;
I] a borda não afeta o texto que foi posicionado próximo a ele.

Roteiro de Cartografia

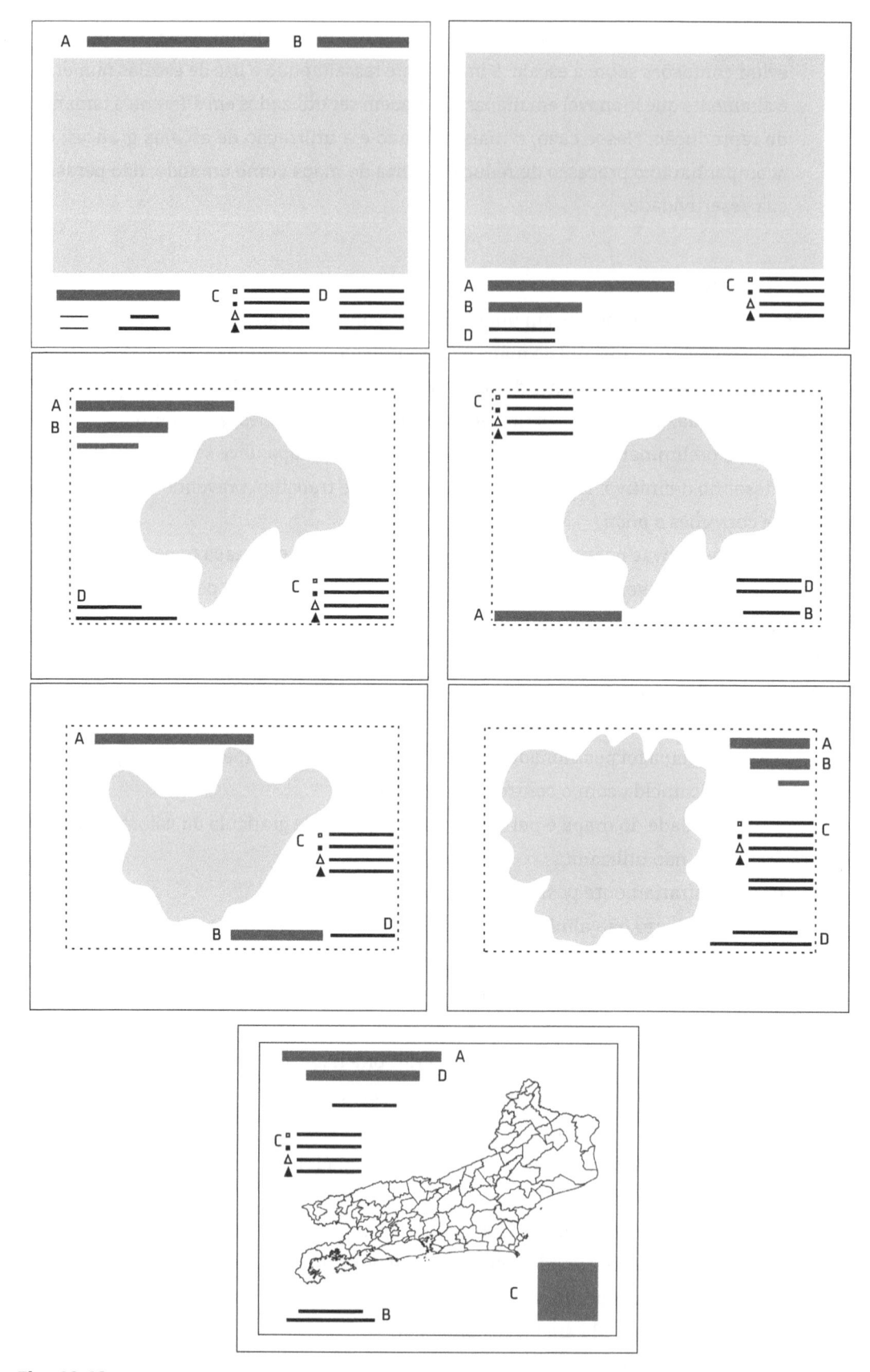

Fig. 10.12 Exemplos de disposição de elementos em mapa temático: A) título; C) legendas; e B e D) inscrições marginais

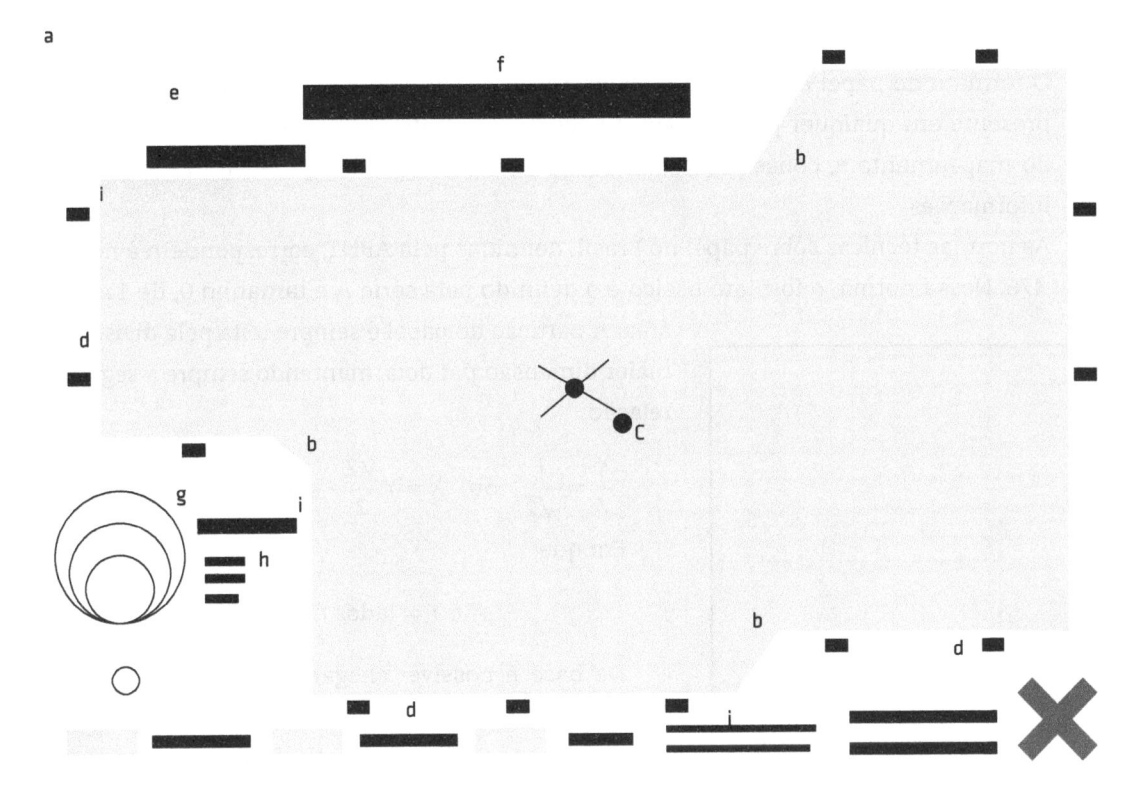

Fig. 10.13 Erros comuns em um mapa
Fonte: adaptado de Anson e Ormeling (1996).

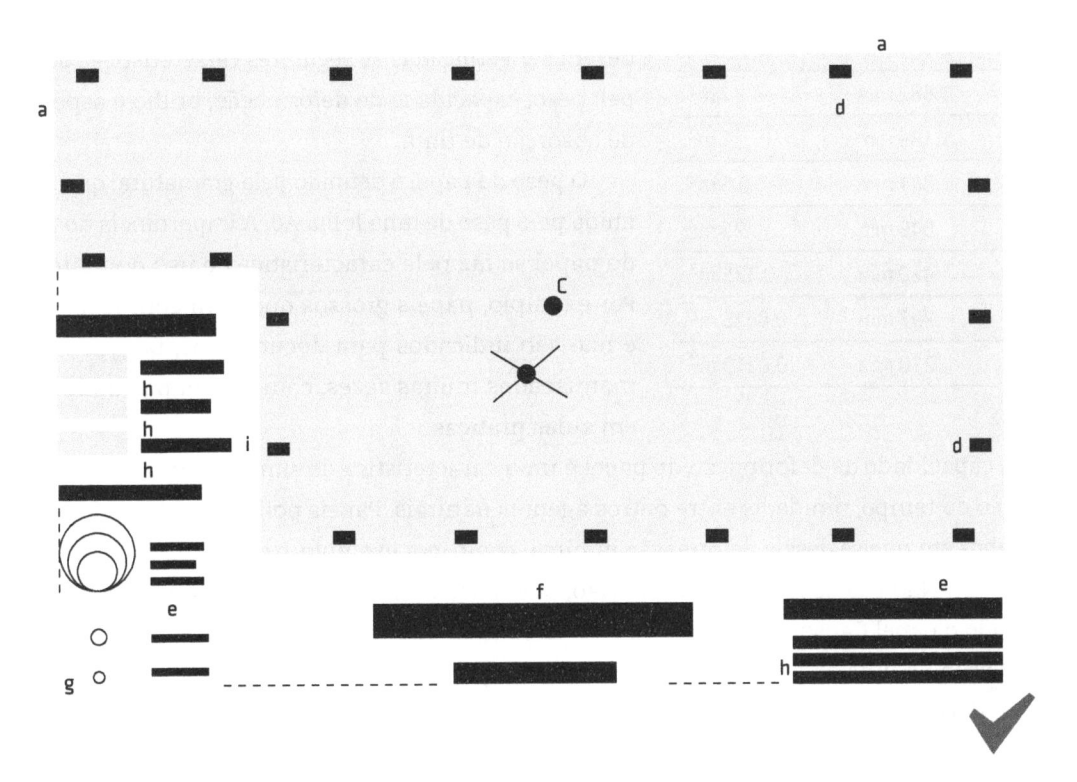

Fig. 10.14 Leiaute da Fig. 10.13, com ajustes
Fonte: adaptado de Anson e Ormeling (1996).

10.4.4 Formato do papel

O formato do papel é essencial na construção de um leiaute. Ele é um limite técnico presente em qualquer projeto cartográfico que vai influenciar na escala de produção do mapeamento e, consequentemente, no grau de generalização e simbolização das informações.

As normas técnicas sobre papel no Brasil, definidas pela ABNT, correspondem à norma DIN 476. Nessa norma, o formato básico é o definido pela série A e tamanho 0, de $1\,m^2$ de área. A partição do papel é sempre feita pela divisão da maior dimensão por dois, mantendo sempre a seguinte relação:

$$\frac{X}{Y} = \frac{1}{\sqrt{2}} \quad ou \quad X = Y\frac{\sqrt{2}}{2}, \quad em\ que\ XY = 1\,m^2$$

Em que:

X e Y = lados do papel

Da base é possível chegar a todos os tamanhos (Fig. 10.15).

Os tamanhos definidos pela série A e tamanho 0 estão dispostos na Tab. 10.1.

É importante ressaltar que qualquer projeto gráfico deve incluir a margem do desenho ou mapa. Além do formato do papel e o cuidado com as margens, ainda devem ser verificadas as seguintes características do papel: peso, capacidade de deformação, brilho e aspectos de absorção de tinta.

O peso do papel é definido pela gramatura, que é definida pelo peso de uma folha A0. A importância do peso do papel se faz pela característica de uso do material. Por exemplo, papéis grossos quebram com facilidade e não são indicados para documentos, porque serão manuseados muitas vezes, como os mapas utilizados em aulas práticas.

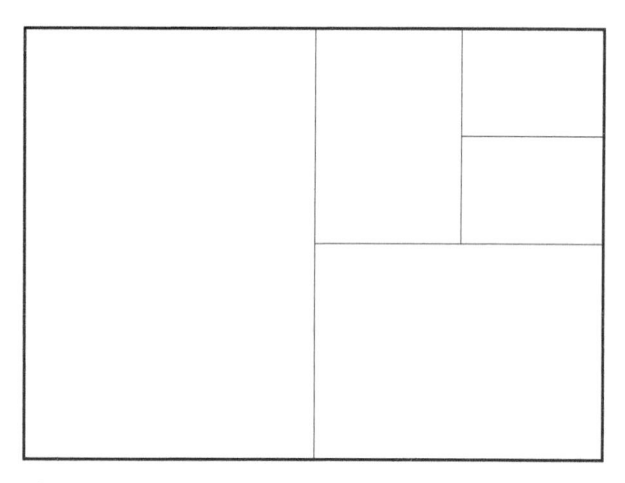

Fig. 10.15 Participação de papel na série A

Tab. 10.1 Tamanhos definidos pela série A e tamanho 0

2A0	1.189 mm	1.682 mm	$2\,m^2$
A0	841 mm	1.189 mm	$1\,m^2$
A1	549 mm	841 mm	$0,5\,m^2$
A2	420 mm	549 mm	$0,25\,m^2$
A3	297 mm	420 mm	$0,125\,m^2$
A4	210 mm	297 mm	$0,0625\,m^2$
A5	148 mm	210 mm	$0,0313\,m^2$

A capacidade de deformação do papel é uma característica de suma importância diante da ação do tempo, umidade, entre outros agentes naturais. Papéis poliéster são usados para desenhos em que se deseja deformação mínima, como, por exemplo, os fotolitos de impressão de mapas. Não são usados para impressão, por causa do seu custo. Para impressão, é mais utilizado o papel Canson.

O brilho é uma característica importante porque pode atrapalhar a visão e a leitura do mapa. Deve-se sempre preferir o uso de papéis foscos.

Diferentes papéis possuem variados aspectos de absorção da tinta. Papéis que absorvem melhor a tinta podem dar uma melhor nitidez, sem borrar. Além disso, papéis muito absorventes não são indicados para trabalhos de campo, em que qualquer umidade que entrar em contato com o papel poderá danificar o mapa.

10.5 Topônimos e sua disposição em documentos cartográficos

Os topônimos são elementos que compõem um documento cartográfico, e a escolha do tipo e o posicionamento para sua representação certamente influenciarão o projeto gráfico final, e na consequente legibilidade do documento.

10.5.1 Letras no projeto de mapeamento

Assim como os nomes são elementos importantes no mapeamento em geral, o desenho e uso de letras são igualmente importantes no projeto do mapa. Sistematicamente empregando distinções de estilo, forma e cor, os rótulos em um mapa podem ser utilizados como um meio de mostrar as classes nominais para os quais o recurso rotulado pertence. Por exemplo, podemos identificar todas as características hidrográficas com topônimos em azul. Dentro dessa classe geral, podemos mostrar ainda mais: águas oceânicas, todas por letras abertas e maiúsculas; e, água corrente da rede fluvial, por textos pouco espaçados e letras minúsculas. Por variações de tamanho, podem ser descritas as características ordinais de fenômenos geográficos, classificando-os em termos de área relativa, importância, e assim por diante (Robinson et al., 1995).

O uso de letras envolve duas operações: a especificação, que controla a aparência de cada nome, e a compilação, que é o processo responsável pela seleção e disposição dos nomes nos mapas. Deve-se ver na letra também uma parte estética da carta. O conjunto desenho e letras deve ser esteticamente harmônico e balanceado. Letras deslocadas, mal-escolhidas ou projetadas, seja por tamanho desproporcional ou forma, influem bastante no aspecto visual da carta.

As letras podem ser classificadas de acordo com sua forma, tipo, espessura, orientação, dimensão, tipografia e cor.

- **Forma:** as letras podem ser classificadas em maiúsculas e minúsculas. As maiúsculas são empregadas em títulos e nomes principais. Já as minúsculas, com exceção da primeira letra, são empregadas em nomes secundários. Para nomes que ocupam grandes áreas, linhas ou regiões, que tem de ser bem espaçados, é indicado o uso de letras maiúsculas, qualquer que seja o acidente ou fenômeno. A prática mostra que letras minúsculas são mais perceptíveis que as maiúsculas porque se aproximam da escrita manuscrita, possuem melhor união e conjunto visual agradável.

Fig. 10.16 Exemplo de tipo de caracteres em bloco

- **Tipo:** as letras podem ser classificadas, de acordo com o tipo, em bloco e romana. Caracteres em bloco são cheios e sem apoio e, por essa razão, também são denominados bastão ou lineal (Libault, 1975; Raisz, 1962). É possível notar uma clara predominância do traçado retilíneo (Fig. 10.16). Os caracteres romanos apresentam serifa ou apoio (Libault, 1975). Nesse caso, são perceptíveis traços mais artísticos e menos geométricos (Fig. 10.17).

Fig. 10.17 Exemplo de tipo de caracteres em romano

- **Espessura:** em relação à espessura, as letras podem ser divididas em finas, normais e grossas. As simples são finas, enquanto as cheias, do mesmo tipo, são dupla ou triplamente encorpadas (Fig. 10.18).

Fig. 10.18 Exemplos de tipo de diferentes espessuras de letras

Fig. 10.19 Exemplo de letra vertical

Fig. 10.20 Exemplo de letra oblíqua

- **Orientação:** quanto à orientação, as letras podem ser verticais (Fig. 10.19) ou oblíquas (Fig. 10.20). As oblíquas também são denominadas de itálicas ou cursivas (Libault, 1975; Raisz, 1962). As verticais são usadas para qualquer fenômeno que não seja hidrográfico, e as itálicas só são empregadas em acidentes e fenômenos ligados à hidrografia.

- **Dimensões:** em relação às dimensões, deve-se observar a largura e altura. Em termos de largura, as letras são classificadas em quatro grupos: largas (**M e W**), meio largas (**C O S D G Q**), meio estreitas (**A B E F H K L N P R T U V X Y Z**) e estreitas (**I J**). Em relação à altura, não existe variação para as letras maiúsculas. Quanto às minúsculas, existe um problema, pois apesar da mesma linha de base, algumas vão para cima e outras para baixo. Oliveira (1988) afirma que a dificuldade está em se posicionar corretamente as letras com braços e pernas, a fim de garantir uma proporcionalidade com as demais letras que compõem o topônimo. Por essa característica, as letras minúsculas são separadas em letras curtas (**a e o i m n r s c u v x**), com perna (**g p q y z**), com braço (**b d h f l**) e intermediária (**t**).

- **Tipografia:** as letras são classificadas pelo número de pontos de sua caixa, equivalente a 1/72 da polegada, ou seja, 1 ponto = 0,353 mm US (americano) = 0,351 mm GB (britânico). O problema dessa classificação está no fato de o ponto se referir não ao tamanho da letra, mas ao tamanho da base tipográfica da letra. Diante desse quadro, sempre haverá, portanto, uma diferença para o tamanho real da letra. Quanto à largura, não existe uma unidade, porém existem três tipos que variam bastante pela não padronização, que são as letras condensadas, normais e largas (Fig. 10.21).

Desenho Condensada   Desenho Normal   Desenho Larga

Fig. 10.21 Exemplos de largura de tipografia de letras

- **Cor:** a definição de cores para letras não é uma tarefa simples, em razão da pequena variedade de cores a ser escolhida, pelo fato de a cor ter necessidade de provocar um contraste entre o fundo e a nomenclatura. Como, na maioria das vezes, o fundo não é branco, a gama de cores fica muito restrita. Para evitar problemas de visualização das letras, são utilizadas as seguintes cores para determinados elementos mapeados: azul, para hidrografia; sépia, para informações altimétricas e curvas de nível; e preto, para todo o resto.

Disposição das toponímias

A forma como os nomes estarão dispostos no documento cartográfico vai depender, em grande parte, não só da estética como da qualidade do mapa, pois a toponímia tem uma função de localização. A disposição da toponímia obedece a regras que se diferenciam, uma vez que representam fenômenos pontuais, lineares ou zonais. Esses nomes não só descrevem como também são parte integrante do símbolo pontual, linear ou de área a que ele está associado. A sua disposição deve denotar claramente o símbolo que ele está descrevendo, evitando dubiedade ao leitor.

Na disposição dos nomes para elementos pontuais, a fim de garantir maior qualidade do projeto gráfico do mapa, devem ser observadas, sempre que possível, as seguintes normas de posicionamento dos topônimos:

- Os nomes devem ser colocados paralelamente aos limites do mapa, diretamente à visão normal (Fig. 10.22).
- O topônimo deve estar o mais próximo possível do local de ocorrência do fenômeno. Se existirem limites com duas cores contrastantes, o nome não deve atravessar esses limites, como está indicado na Fig. 10.23.
- Para o posicionamento do nome em função de uma informação pontual, as seguintes prioridades devem ser dadas (Fig. 10.24):
    1] um pouco acima e à direita;
    2] um pouco abaixo e à direita;
    3] um pouco abaixo e à esquerda;
    4] um pouco acima e à esquerda;
    5] no meio, acima;
    6] no meio, embaixo.

  A prioridade à direita, exibida na Fig. 10.24, deve-se ao fato de esse ser o sentido geral de leitura. Nomes situados acima ganham mais destaque do que os embaixo, por existir um menor número de letras com braços que com pernas.
- Existindo várias feições pontuais próximas, a orientação dos textos em linha reta torna-se muito difícil, pois há o risco de haver uma sobreposição de informações. Pode haver a necessidade, e será permitida, a colocação do nome em curva (Fig. 10.25). É melhor do que trocar o nome de lugar, como alocá-lo à esquerda, por exemplo.
- Nomes compostos, que não puderem ser escritos em uma só linha, podem ser escritos em duas. Na ocorrência de preposição, o melhor será colocá-la na segunda linha (Fig. 10.26).
- Em margens de rios, o nome deve ficar todo na margem que situa o fenômeno, e deve-se evitar cortar o rio com o topônimo. Isso comprometeria a legibilidade da carta. Caso o rio seja representado por uma linha simples, o topônimo pode ser colocado na margem oposta, mas também não pode cortá-lo (Fig. 10.27).
- Em litorais mais ou menos paralelos aos limites da carta, a melhor opção é colocar os nomes em curva, e não em perpendicular (Fig. 10.28). A mudança da

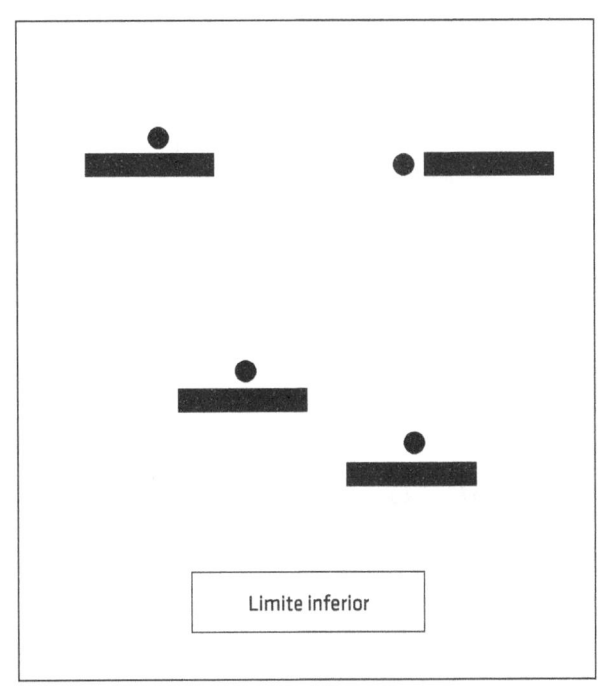

Fig. 10.22 Colocação dos nomes paralelamente à base do mapa

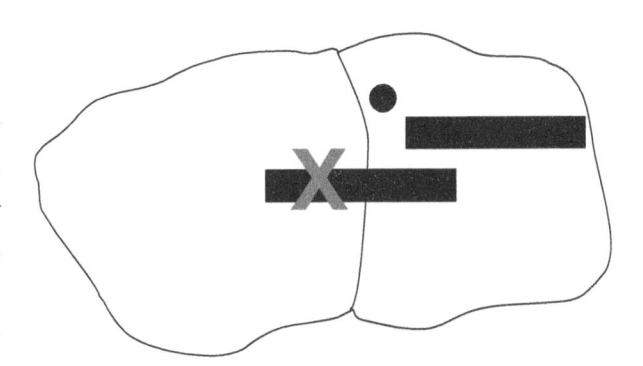

Fig. 10.23 Nomes em limites

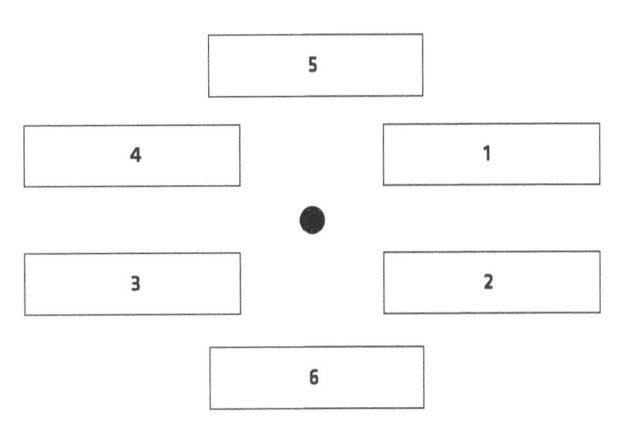

Fig. 10.24 Prioridade de disposição dos nomes

Fig. 10.25 Situação de nomes para símbolos pontuais muito juntos

Fig. 10.26 Apresentação de topônimos compostos

Fig. 10.27 Nomes próximos a rios

Fig. 10.28 Nomes em litoral

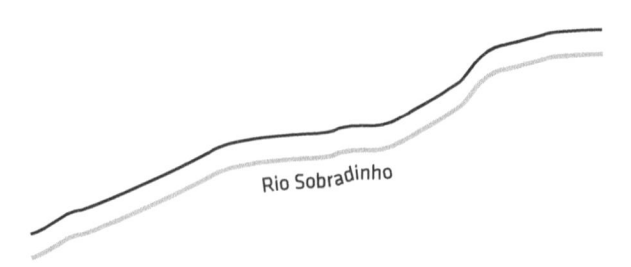

Fig. 10.29 Orientação e proximidade de nomes lineares

orientação preferencial do texto força o leitor a girar o mapa, tornando sua leitura mais demorada.

Nas feições lineares, os nomes devem acompanhar explicitamente o fenômeno representado, a fim de não só expressar a sua localização como também a sua diferenciação em relação aos demais elementos que compõem o documento cartográfico. Diferente de ficções pontuais, em símbolos lineares, um nome deve ser repetido, principalmente se ele for cortado por outro elemento mapeado. A fim de garantir esses propósitos, alguns princípios básicos devem ser atendidos:

- O nome deve acompanhar a direção da linha, o eixo da linha, e não deve ser separado do fenômeno que ele representa por outro tipo de linha (Fig. 10.29).
- A disposição geral das palavras deve permitir a leitura do mapa sem movimentá-lo ou rotacioná-lo. Portanto, a orientação preferencial não deve ser alterada (Fig. 10.30).
- Os nomes devem ser dispostos ao longo de uma linha de base, afastada da ordem de 2 mm da linha do fenômeno (Fig. 10.31).
- Se o nome for composto ou espaçado entre outros, o espaçamento entre as partes deve ser constante (Fig. 10.32).
- Se o nome estiver contido pelo fenômeno, a altura não deve exceder dois terços do espaçamento existente (Fig. 10.33).

Na colocação de topônimos de área (zonais), podem ser verificados problemas únicos em diferentes mapeamentos (Dent, 1999). Para contornar esses empecilhos, entretanto, são úteis as seguintes regras simples:

- O nome deve ser escrito uma vez, e não deve ser repetido no mesmo mapa ou folha;
- O topônimo deve ser lançado na horizontal ou em duas linhas, se possível;
- Não posicionar os nomes de tal forma que as letras iniciais e finais estejam muito próximas às fronteiras da área descrita;
- Escolher um plano para a colocação de letras de todo o mapa, de acordo com o padrão normal de leitura, da esquerda para a direita. É desaconselhável o uso de topônimos na vertical;
- Não podendo ser disposto horizontalmente, o topônimo pode ficar inclinado ou colocado em curva única, acompanhando toda a área ou o eixo maior da área, como exemplifica a Fig. 10.34.

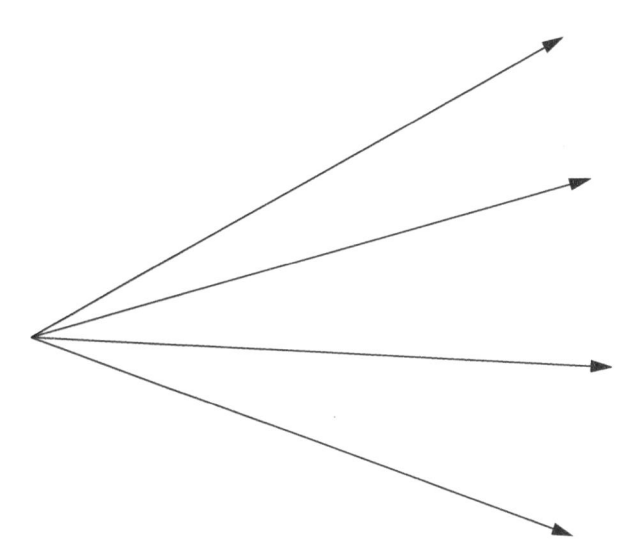

CAPÍTULO 10 | Projeto e apresentação gráfica   245

Fig. 10.30 Orientação geral dos nomes

Fig. 10.31 Disposição ao longo de linha base

Fig. 10.32 Disposição e espaçamento em nomes compostos

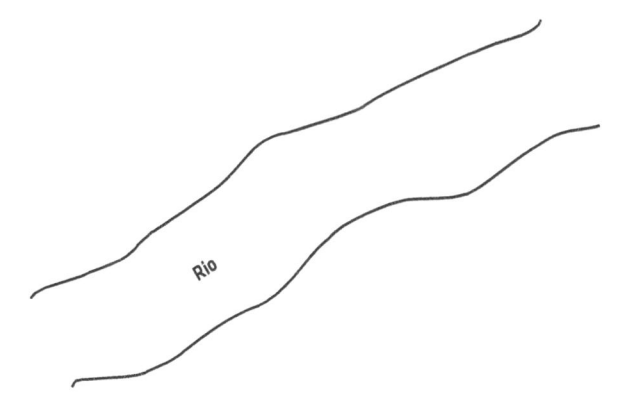

Fig. 10.33 Nomes em rios de margem dupla

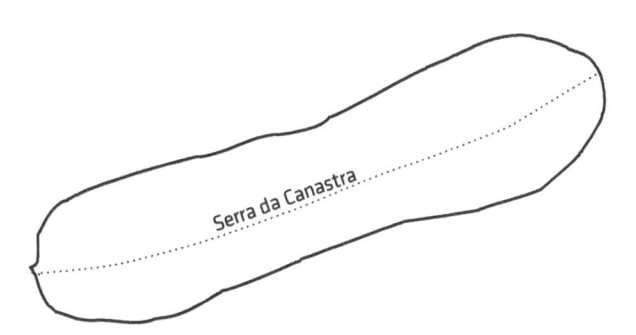

Fig. 10.34 Topônimo seguindo o eixo da área de ocorrência do fenômeno

capítulo 11
Mapeamento qualitativo e quantitativo

Todo documento cartográfico carrega um conjunto de informações, codificado por um cartógrafo para ser decodificado pelo usuário final, que reconstruirá a realidade. Esse é um princípio básico do sistema de comunicação cartográfico. O sucesso dessa comunicação, entretanto, é completamente dependente de uma série de processos que ocorre desde a coleta até a plotagem de dados e informações espaciais em um documento cartográfico.

O último desses processos é ligado à simbologia das informações no mapa. Essa simbologia é intimamente relacionada com o tipo de informação, podendo assumir uma primitiva gráfica específica e indicar se a informação mapeada é qualitativa ou quantitativa.

Buscando discutir a relação entre simbologia e mapeamentos, serão apresentados diferentes tipos de mapeamento temático, com características qualitativas (Cartografia temática de inventário) e quantitativas (Cartografia temática de analítica), associados a diferentes primitivas gráficas, ponto, linha ou área.

11.1 Mapeamento qualitativo

Partindo da divisão da Cartografia temática, os mapas qualitativos pertencem à classe temática de inventário. O mapeamento qualitativo deve ser entendido como o realizado com a locação, por símbolos apropriados, de feições cartográficas distintas, pontuais, lineares ou planares, definidas por um posicionamento geográfico de uma ocorrência ou fenômeno geográfico distinto. Assim, um mapeamento qualitativo envolve diretamente uma codificação – ou uma convenção cartográfica de representação – para a feição que irá representar, alocando-a no espaço físico do mapa, ou seja, na posição que deve ser adotada na carta correspondente à sua ocorrência espacial.

Um mapa mostra sempre uma distribuição de algum fenômeno sobre a superfície terrestre. Os mapas temáticos preocupam-se com a qualificação simbólica da distribuição, para poder representá-los. Nesse sentido, todos os mapas são, em essência, qualitativos, mesmo que tenham o objetivo parcial de mostrar os fenômenos ordinalmente ou em intervalos/razão. Entretanto, apesar de as suas características genéticas serem qualitativas, devem ser classificados como quantitativos.

O objetivo dos mapas qualitativos é apresentar a localização geográfica da ocorrência desses elementos e, consequentemente, uma informação posicional com precisão suficiente ao fim a que se destina.

Em princípio, os mapas de distribuição qualitativos, que têm como objetivo a comunicação de categorias nominais de dados, são relativamente simples do ponto de vista do simbolismo. Neste caso, as diferenças podem ser representadas simplesmente pela mudança de aparência de um símbolo.

As principais variáveis gráficas visuais empregadas para a diferenciação de cada símbolo são a cor, forma e orientação. Por exemplo: linhas coloridas ou não; linhas pontilhadas ou tracejadas; símbolos pontuais de diferentes formas; cores ou padrões diferentes para áreas. A seleção dos símbolos a serem utilizados é baseada em problemas comuns a todos os mapas de distribuição que empregam uma simbologia sem o valor de contraste ou a qualquer outro que apresente uma conotação de quantificação.

11.1.1 Informações pontuais

O mapeamento de informações pontuais em escala nominal emprega símbolos que podem ser classificados como pictóricos, associativos e geométricos. As variáveis visuais conotam uma diferenciação visual de caráter qualitativo e, portanto, as que podem ser empregadas no mapeamento são forma, direção, cor e padrão.

- **Símbolos pictóricos:** os símbolos pontuais pictóricos são convenções utilizadas para representar a posição geográfica de ocorrência do elemento pontual. Esses símbolos são caracterizados por uma ligação direta com o tipo de fenômeno que irá representar (Fig. 11.1).

Fig. 11.1 Exemplo de símbolos pontuais pictóricos
Fonte: adaptado de Anson e Ormeling (1996).

Os símbolos podem ser simples, complexos ou estilizados, entretanto, devem sempre se destacar pela alta eficácia na comunicação, permitindo que se descarte o uso de legenda explicativa. Na prática, porém, a legenda é normalmente fornecida.

Duas falhas de comunicação são bastante comuns em mapas desse tipo: A) o uso de símbolos que não são facilmente distintos uns dos outros; e B) símbolos que têm aproximadamente o mesmo tamanho. Símbolos invariantes em tamanho indicam a escala nominal (qualitativa), mas podem ser falhos para associar padrões significantes em uma distribuição nominal, ou seja, a maior ocorrência de um fenômeno em relação aos demais predominantes.

Um problema na construção de mapas pontuais qualitativos pictóricos é o uso de símbolos para o mesmo fenômeno com variação de tamanho. Essa estratégia de simbologia dá a conotação de ordinalidade, e não deve ser utilizada em mapas qualitativos (Fig. 11.2).

MAPA DE VETORES DE TRANSFORMAÇÃO DA PAISAGEM DO MACIÇO DA TIJUCA
Município do Rio de Janeiro – RJ

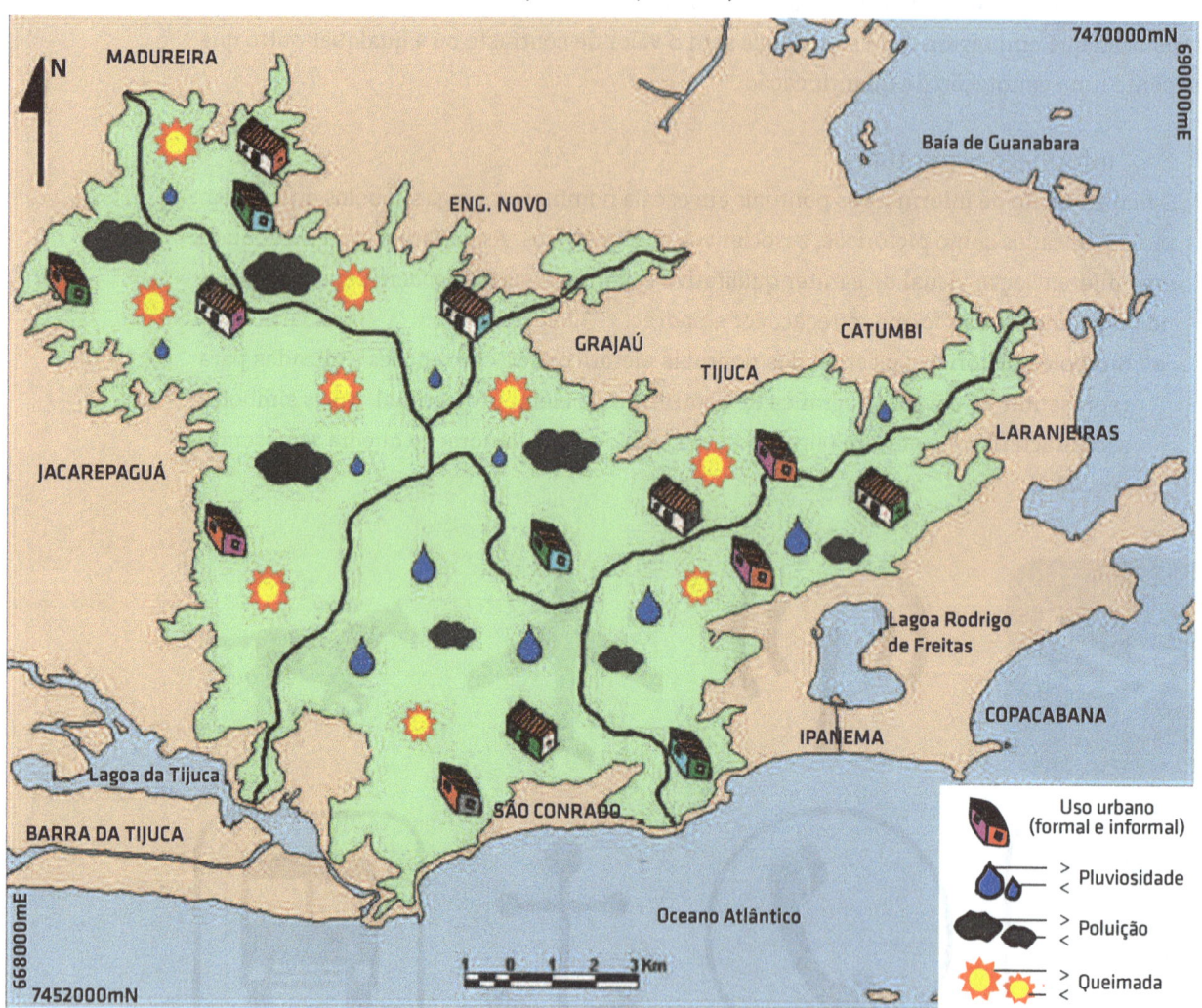

Fig. 11.2 Falha na utilização de símbolos pontuais pictóricos na construção de um mapeamento qualitativo
Fonte: Fernandes (1998).

- **Símbolos geométricos:** os símbolos pontuais geométricos não têm associação de forma com o fenômeno, sendo círculos, triângulos, retângulos, estrelas, entre outros, as formas mais comuns utilizadas (Fig. 11.3).

A *forma* é a característica essencial de diferenciação e o *matiz* a segunda variável visual de distinção, especialmente para os dados que se relacionam entre si, como, por exemplo, a ocorrência de duas variações de um mesmo fenômeno (Figs. 11.4 e 11.5). Deve-se entender por

CAPÍTULO 11 | Mapeamento qualitativo e quantitativo

Fig. 11.3 Exemplo de símbolos pontuais geométricos
Fonte: adaptado de Anson e Ormeling (1996).

matiz a característica que define e distingue uma cor; por exemplo, vermelho, verde e azul. Para se mudar o matiz de uma cor acrescenta-se a ela outro matiz.

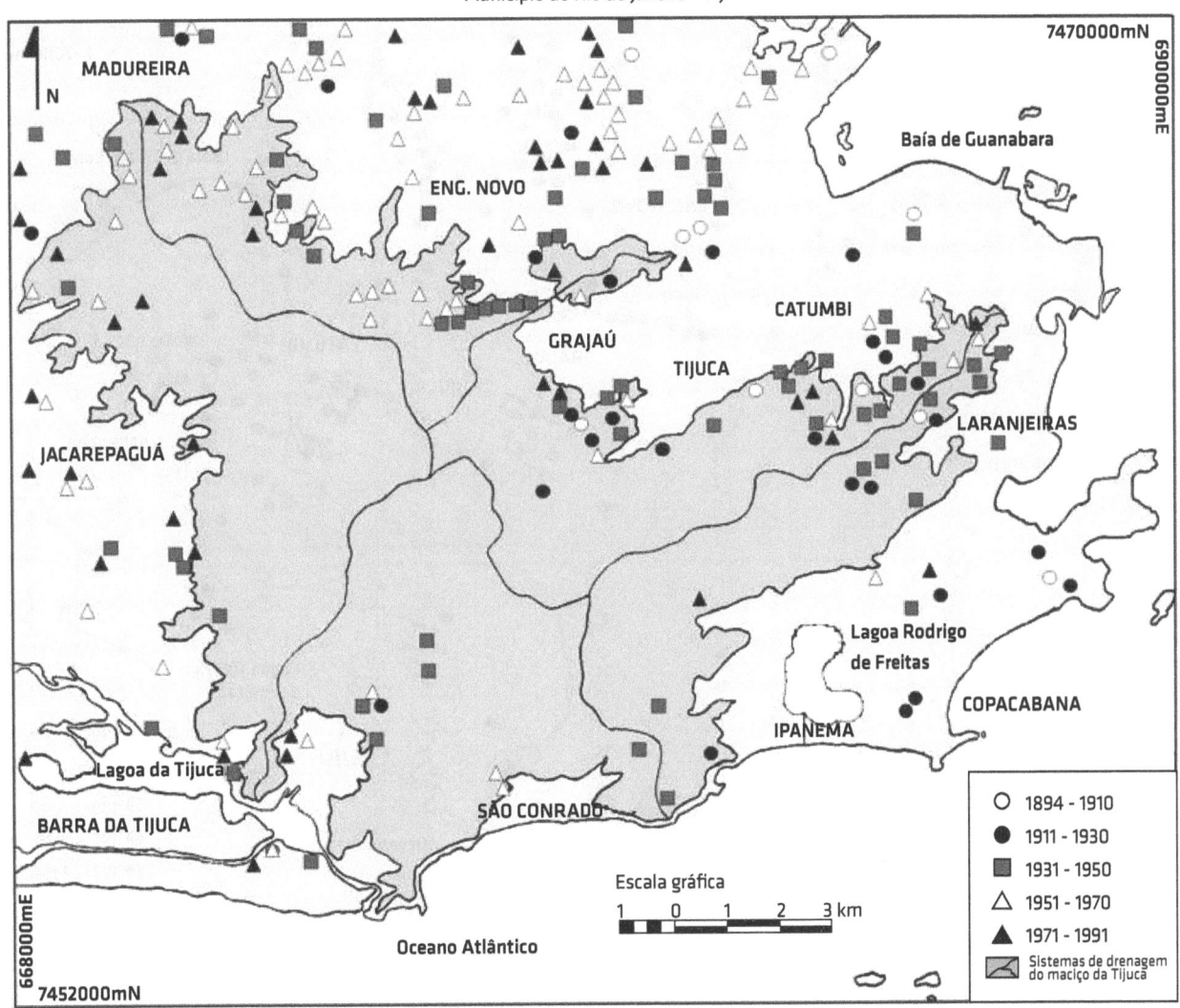

Fig. 11.4 Utilização de símbolos pontuais geométricos com diferentes formas
Fonte: Fernandes, Lagüéns e Coelho Netto (1999).

Uma legenda é sempre necessária, porque os símbolos não associam nenhuma ideia do seu significado. Deve-se sempre assegurar que cada símbolo seja suficientemente distinto dos demais e não tenha uma conotação maior que a informação nominal a qual representam, ou seja, não deve haver nenhuma ligação quantitativa.

- **Símbolos associativos:** os símbolos pontuais associativos empregam uma combinação dos geométricos e pictóricos para produzir símbolos facilmente identificáveis (Fig. 11.6). Os elementos gráficos mais importantes são a forma e o matiz. Uma legenda é recomendada, uma vez que normalmente são diagramáticos, comparados aos pictóricos.

11.1.2 Mapeamento qualitativo linear

As informações lineares surpreendem pela quantidade com que podem aparecer em um mapa. Por exemplo, limites que definem a área representada, a definição do reticulado,

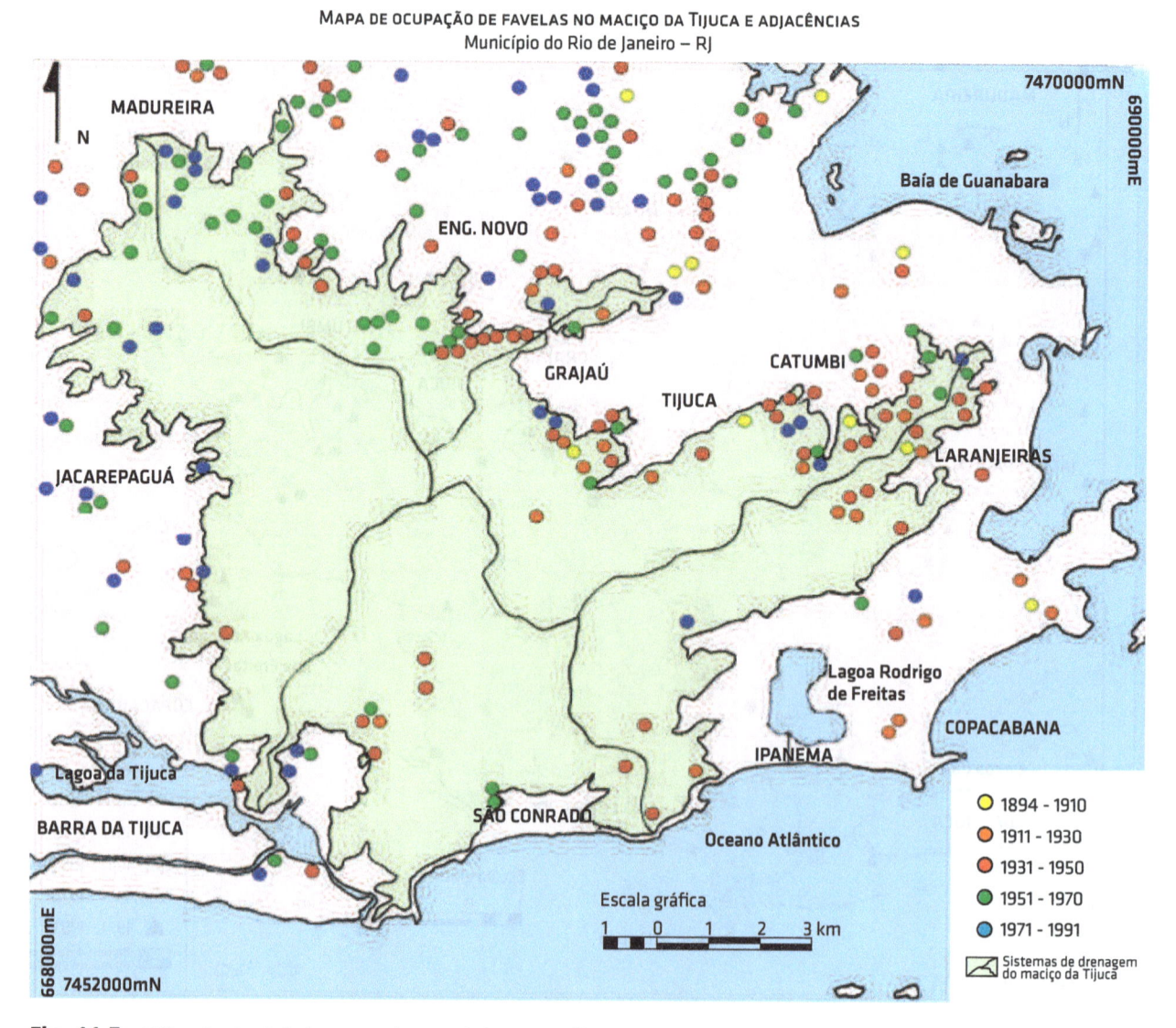

Fig. 11.5 Utilização de símbolos pontuais geométricos com diferentes matizes
Fonte: Fernandes (1998).

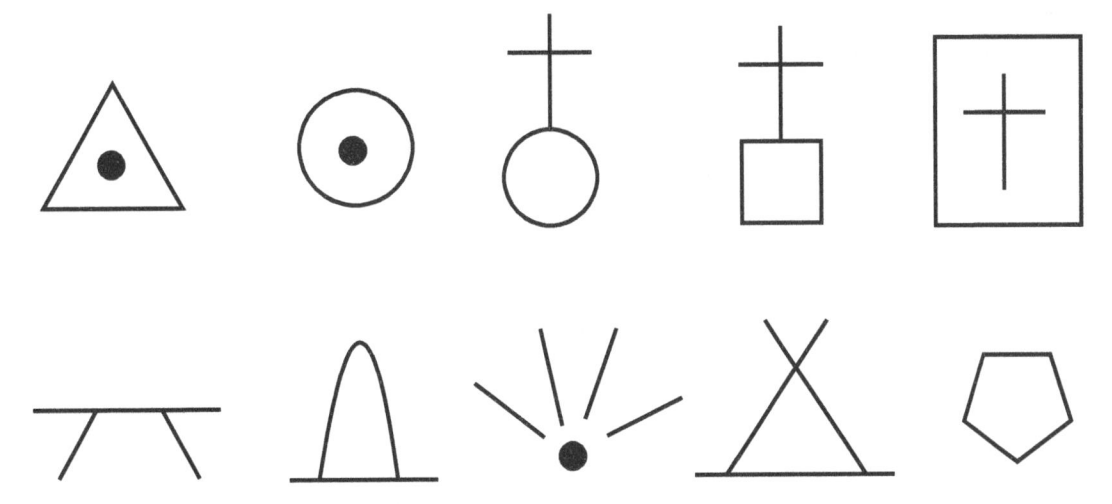

Fig. 11.6 Exemplo de símbolos pontuais associativos
Fonte: Adaptado de Anson e Ormeling (1996).

linhas de costa, limites administrativos, rios, estradas, linhas de fluxo, direcionamentos de ocorrências, entre outros.

Definir um contraste suficiente entre as linhas não é uma tarefa fácil, e, se não for bem-avaliada, pode influenciar na qualidade do mapa. É importante, preliminarmente, trabalhar com a caracterização ou tipo de linha. A espessura da linha pode variar desde que não haja uma conotação ordinal (quantitativa) estabelecendo que a variação de espessura de linhas de mesmo tipo deve ser usada apenas para feições diferentes.

O tipo de linha pode variar de diferentes formas, diferenciando a sua representação qualitativa (Fig. 11.7).

Diversas variáveis podem afetar a aparência dos símbolos lineares:

- **Tamanho:** o tamanho tem duas consequências no mapeamento qualitativo. A maior de duas linhas de mesma cor aparece mais pronunciada, e a direção pode ser simbolizada variando o tamanho ao longo de uma linha simples (Fig. 11.8).
- **Continuidade:** a continuidade é importante para a simbologia linear, variando de uma linha sólida a uma série de pontos essenciais, que, dependendo de sua proximidade, pode estabelecer o fechamento da linha (Fig. 11.9).
- **Contraste de brilho:** o contraste de brilho afeta apenas as linhas coloridas. Os valores mais escuros usualmente conotam maior importância (Fig. 11.10). É importante evitar variações de contraste que conotem uma quantificação da simbologia.

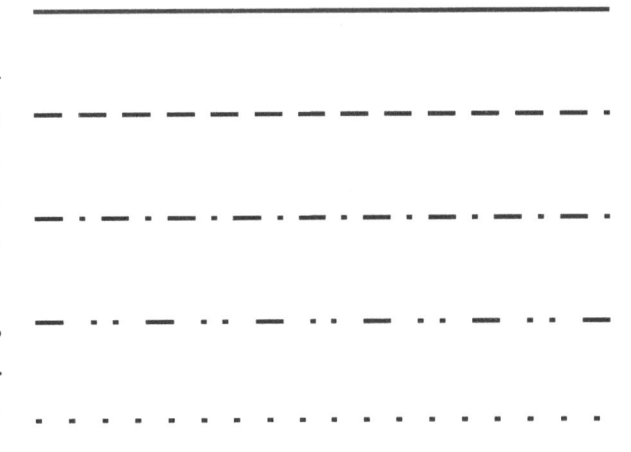

Fig. 11.7 Exemplo de símbolos lineares qualitativos

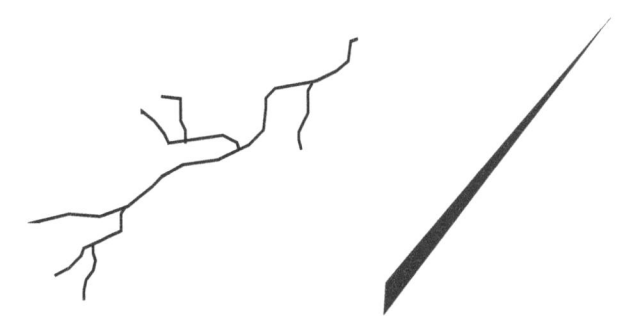

Fig. 11.8 Exemplo de símbolos lineares qualitativos indicando direção

Fig. 11.9 Exemplo de símbolos lineares qualitativos com diferentes continuidades

Fig. 11.10 Exemplo de símbolos lineares qualitativos com diferentes contrastes de brilho

- **Fechamento visual:** o fechamento visual reporta a proximidade dos elementos constituintes de uma linha interrompida. Quanto mais próximos, maior é a importância (Fig. 11.11).

Fig. 11.11 Exemplo de símbolos lineares qualitativos com diferentes fechamentos visuais

- **Complexidade:** A complexidade tem diferentes significados. Aqui, ela se refere à sequência de marcas que compõem o símbolo linear. Se todos os símbolos são iguais, quanto mais complexa for a linha, maior significância visual terá (Fig. 11.12).

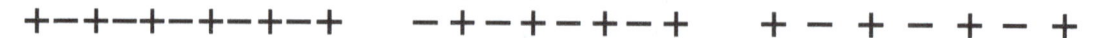

Fig. 11.12 Exemplo de símbolos lineares qualitativos com diferentes complexidades

- **Compactação:** a compactação refere-se à regularidade do símbolo. Um símbolo linear compacto possuirá sempre um peso visual maior. Uma linha sólida sempre será mais compacta que qualquer outra interrompida ou intervalada (Fig. 11.13).

Fig. 11.13 Exemplo de símbolos lineares qualitativos com diferentes compactações

11.1.3 Mapeamento qualitativo de área

Para um conjunto zonal de dados, medidos em uma escala nominal, pode-se contar com as variáveis de padrão ou matiz para diferenciação. Áreas de floresta, cerrado, caatinga, campos limpos ou de outra característica zonal qualquer, podem ser distintos um do outro com a utilização de símbolos de áreas distintas (Figs. 11.14 e 11.15).

Fig. 11.14 Diferentes simbologias para mapeamentos qualitativos de área

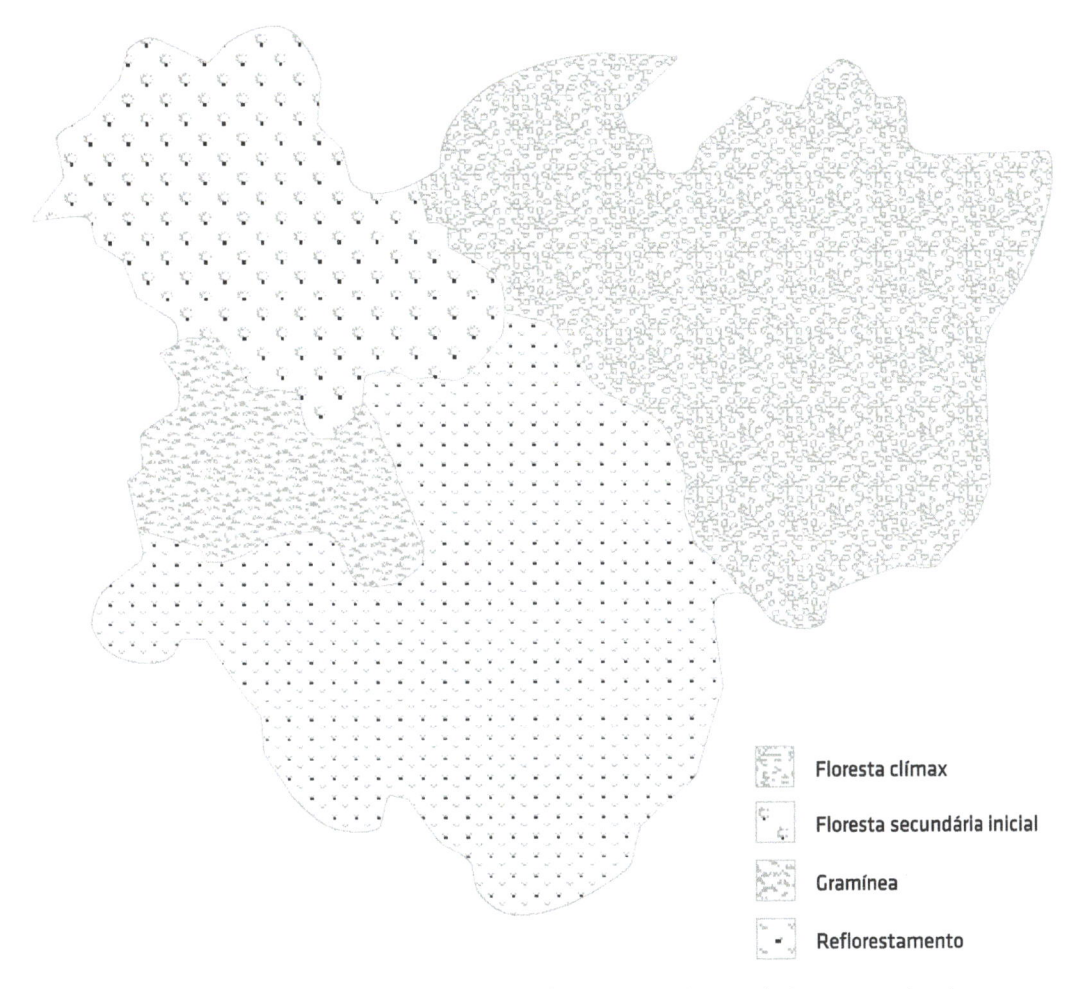

Fig. 11.15 Diferentes simbologias para mapeamentos qualitativos de área de tipos vegetacionais

- Floresta clímax
- Floresta secundária inicial
- Gramínea
- Reflorestamento

Em alguns tipos de mapeamentos qualitativos de área é permitido o uso de valor de cor para classes dentro de uma mesma categoria. Esse processo é bastante comum em mapas de cobertura e uso da terra, com cores diferentes para classes (uso urbano, áreas vegetadas, afloramento de rocha, entre outras) e variações da mesma cor (valor) para classes de uma mesma categoria. Por exemplo, feições da categoria vegetação são mapeadas com a cor verde, mas existem classes diferentes dentro da categoria que são mapeadas com variações da cor verde (valor), que as recebem de acordo com sua importância, como o estágio de sucessão de vegetação (Fig. 11.16).

☑ **Classes de uso**

- Floresta clímax local
- Floresta secundária tardia
- Floresta secundária inicial
- Formação pioneira
- Gramíneas
- Cultivos
- Recém-queimada
- Solo exposto
- Movimento de massa
- Afloramento rochoso
- Pedreira
- Alta densidade de edificações
- Baixa densidade de edificações

Fig. 11.16 Categorias e classes de mapeamentos qualitativo com diferentes cores e valores de cor

Tais dados são relativamente simples de mapear, porém, há algumas situações especiais. Existem categorias nominais que não são exclusivas, ou seja, duas ou mais categorias podem ocorrer em uma mesma região. Não se desejando a generalização suficiente para remover a mistura, a convenção deve ser tal que permita representar a mistura ou a superposição. Algumas possibilidades de formas dessa representação podem ser visualizadas na Fig. 11.17. É importante ressaltar a importância do uso de linhas de contorno (outlines) nos mapeamentos com essas características, evitando a confusão na visualização (Fig. 11.18). O cuidado a ser tomado é que o processo de superposição ou mistura pode levar a padrões complicados e de difícil interpretação.

O emprego de cores permite estabelecer uma gradação que dê a impressão da mistura. As variáveis matiz (cor) e padrão devem ser primariamente empregadas para a convenção qualitativa de área. Deve-se ter cuidado para não haver conotação de relacionamento ordinal, pois tons mais claros ou menos escuros conotam ordinalidade.

No emprego de padrões, a diferenciação pode ser estabelecida com a variação da orientação e da disposição dos elementos componentes, conforme pode ser visto na Fig. 11.19 e 11.20.

Algumas áreas já têm padrões próprios para a convenção de elementos diversos. Deve-se ter cuidado especial para não recriar símbolos, porque, fatalmente, não serão reconhecidos.

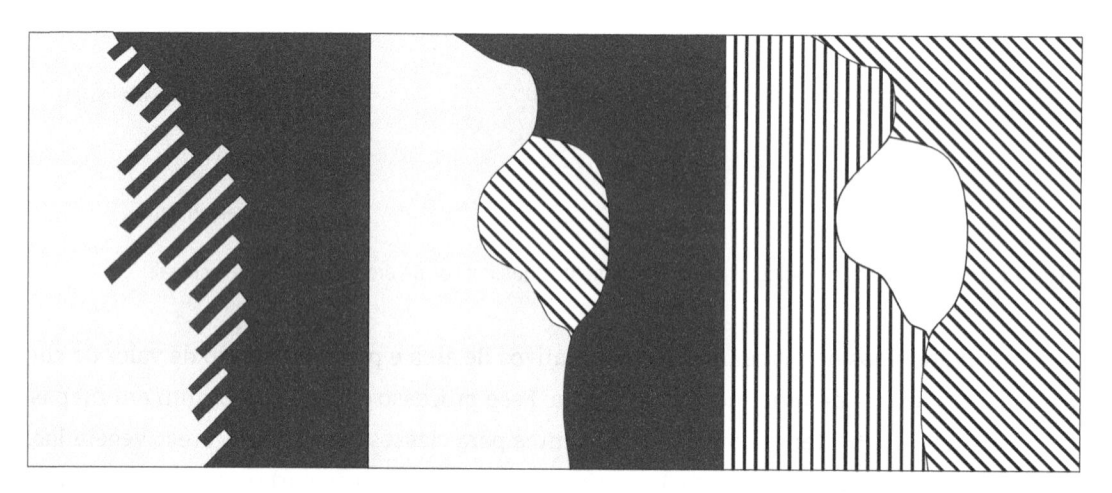

Fig. 11.17 Representações com mistura ou superposição de áreas
Fonte: adaptado de Anson e Ormeling (1996).

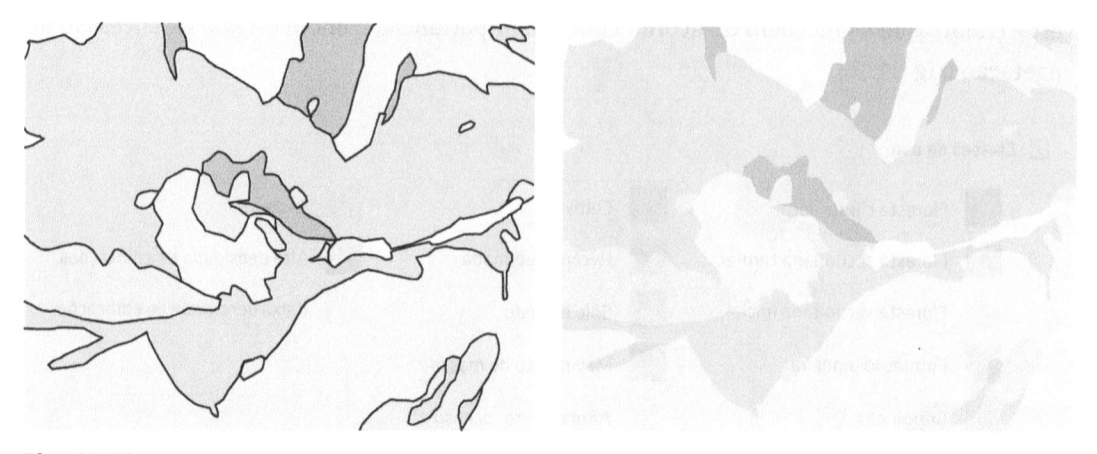

Fig. 11.18 Representações com e sem linhas de contorno

11.2 Mapeamento quantitativo

Mapas quantitativos pertencem à classe analítica ou estatística da Cartografia temática, isto é, podem abranger quaisquer informações que sejam quantificáveis, como, por exemplo, o volume de precipitação, espessura de formações rochosas, níveis de poluição, ou qualquer quantificação de composição social ou biológica. Em oposição ao mapeamento qualitativo (inventário), eles são relacionados aos dados que são alinhados em uma escala de observação ordinal ou intervalo e razão.

Naturalmente, o mapeamento quantitativo não deixa de ser qualitativo, uma vez que qualifica também o tipo de fenômeno representado. Porém, o seu maior objetivo não é a diferenciação nominal das informações, mas a apresentação de uma variação espacial quantificável. Esse tipo de mapeamento é mais complexo do que o qualitativo, uma vez que as possibilidades de manipulação e tratamento da informação são muito maiores.

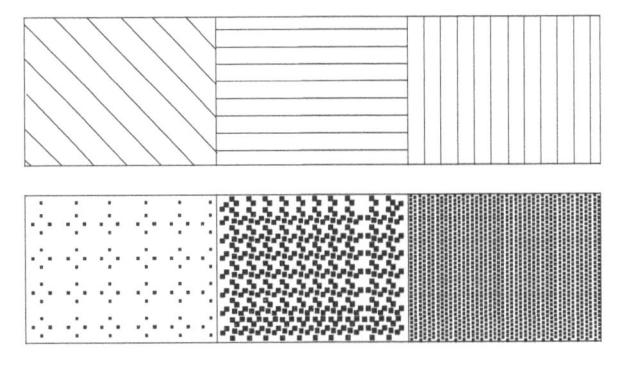

Fig. 11.19 Variáveis gráficas de orientação e disposição em legendas de mapeamentos qualitativos de área
Fonte: adaptado de Anson e Ormeling (1996)

Os principais processos de mapeamento quantitativo de feições pontuais, lineares e de área são os seguintes:

- mapas de pontos;
- mapas de símbolos proporcionais;
- mapas de fluxos;
- mapeamento coroplético;
- mapeamento isarítmico.

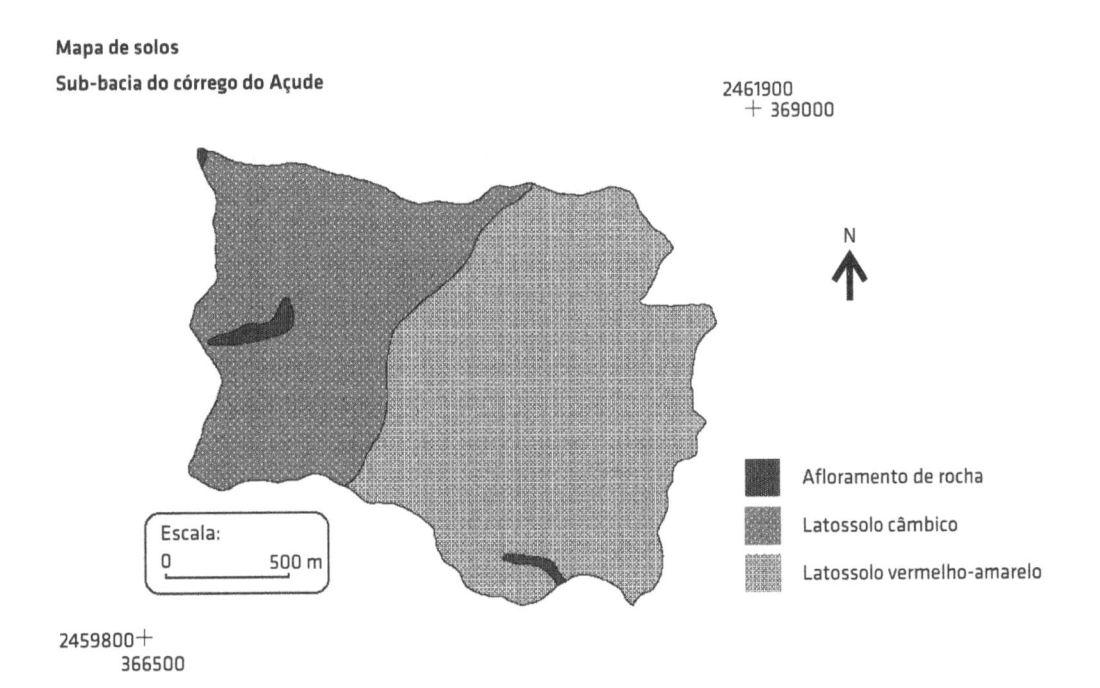

Fig. 11.20 Uso de padrões para mapeamentos qualitativos de área de tipos de solo
Fonte: Fernandes (1995).

11.2.1 Mapeamento quantitativo pontual

O mapeamento quantitativo pode ser efetuado com símbolos pontuais por uma grande variedade de formas. Qualquer quantidade real ou abstrata, valorada quantitativamente, pode ser codificada simplesmente pela atribuição de seu valor a um símbolo pontual e posicionado no local correto do mapa.

As variações da técnica vão definir as diversas formas de traduzir a quantificação. Quando os símbolos são traduzidos por pontos de igual tamanho e mesmo valor, a técnica é denominada mapa de pontos (*dot maps*).

Outro processo associa símbolos pontuais a quantidades e é definido pela variação de tamanho de símbolos geométricos, tais como quadrados, círculos e triângulos. Conhecido pelo uso de símbolos proporcionais, é aplicado quando há uma associação do tamanho do símbolo com um fenômeno, como, por exemplo, a população de um município. Esse processo ainda pode usar símbolos graduados segmentados, quando ocorre a associação do símbolo com um fenômeno que possui variações, como, por exemplo, o tamanho do símbolo definido pela população de um município e particionado pela proporção de homens e mulheres.

Essas técnicas serão discutidas mais profundamente a seguir:

- **Mapa de pontos:** é definido pela atribuição de uma quantificação fixa a pontos de mesma dimensão. Entretanto, inicialmente, deve ser verificado se é possível representar a informação por esse tipo de ponto quantificado. A informação, normalmente, é reduzida, representando-se apenas uma por mapa. O mapa de pontos mostra, com mais clareza do que qualquer outro, as variações relativas. As variações em padrão ou disposição, tais como linearidade e agrupamento, tornam-se imediatamente aparentes. Essa técnica de mapeamento quantitativo fornece uma impressão visual facilmente entendida de densidade relativa interpretada diretamente em uma escala ordinal, porém não fornece qualquer característica absoluta, apesar de teoricamente ser possível contar os pontos e multiplicar pelo seu valor nominal para chegar ao total.

Outra vantagem dessa técnica é a forma relativamente fácil de sua construção nominal. Não é necessário nenhum cálculo adicional além da determinação do número de pontos necessários, o que é obtido dividindo-se o total da ocorrência pelo valor definido a cada ponto (Fig. 11.21).

Os mapas de pontos mostram apenas um tipo de distribuição, por exemplo, população por km^2, hectares de terra cultivada, entre outros. A utilização de pontos de diferentes cores, porém, torna possível a representação de diferentes distribuições em um mesmo mapa. Entretanto, deve ser tomado extremo cuidado nas representações, para não haver confusão e consequentes problemas de comunicação cartográfica (Fig. 11.22).

Para a construção de um mapa de pontos três considerações devem ser bem-avaliadas, pois podem afetar a sua aparência e, consequentemente, a sua utilização:

- o tamanho dos pontos;
- o valor atribuído aos pontos;
- a localização dos pontos.

Os dados necessários para um mapa convencional consistem na divisão do mapa em unidades de área, em geral são utilizadas divisões administrativas, definição do valor de cada

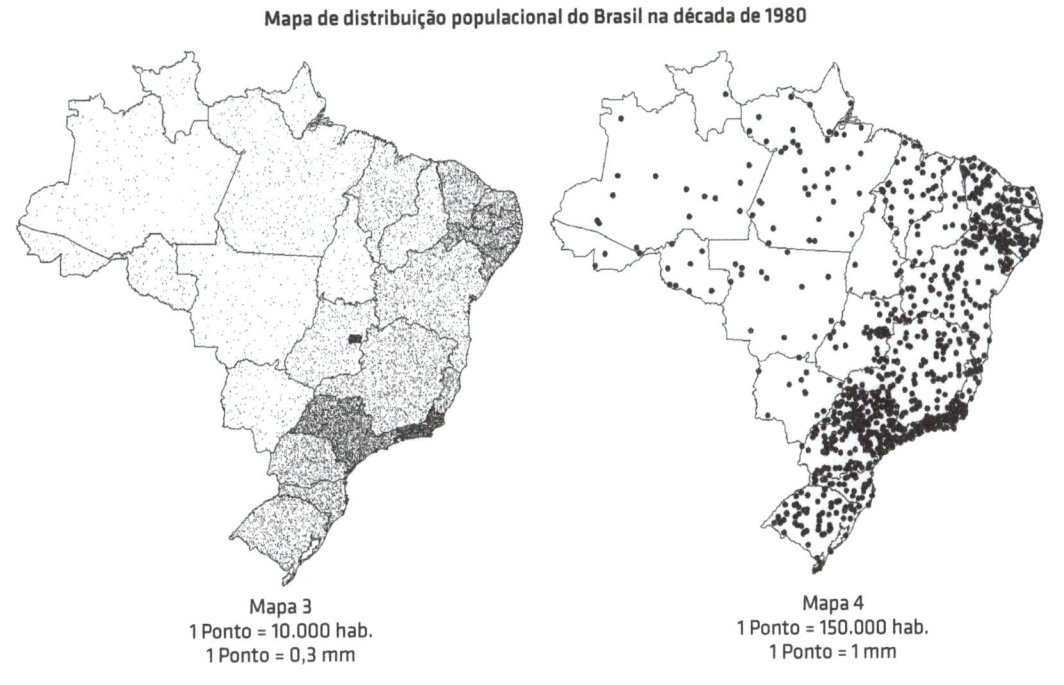

Mapa de distribuição populacional do Brasil na década de 1980

Mapa 3
1 Ponto = 10.000 hab.
1 Ponto = 0,3 mm

Mapa 4
1 Ponto = 150.000 hab.
1 Ponto = 1 mm

Fig. 11.21 Mapa de pontos de uma mesma distribuição utilizando tamanho e representações de pontos diferenciados

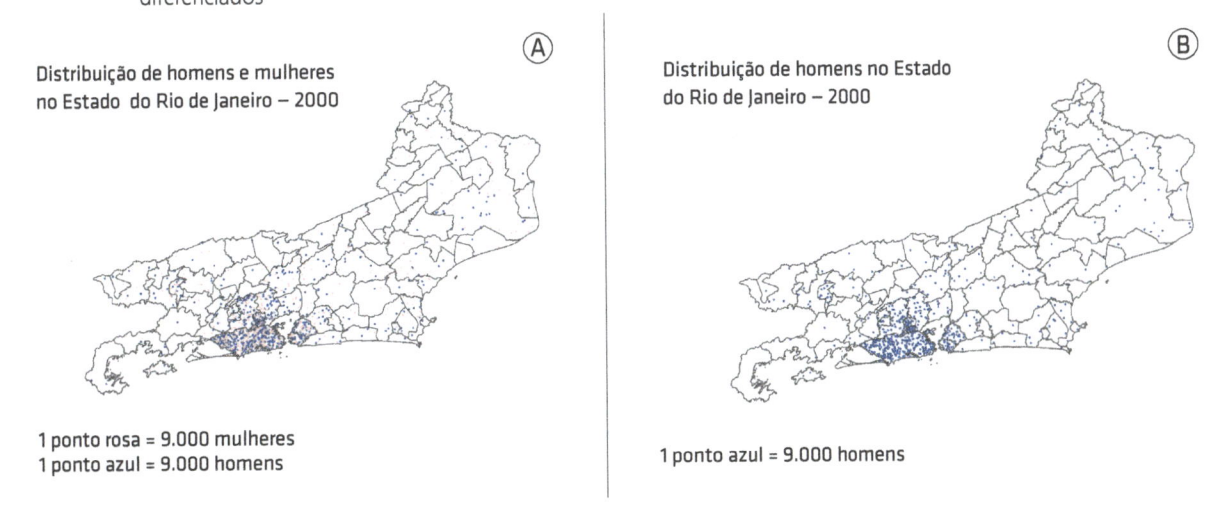

Ⓐ Distribuição de homens e mulheres no Estado do Rio de Janeiro – 2000

1 ponto rosa = 9.000 mulheres
1 ponto azul = 9.000 homens

Ⓑ Distribuição de homens no Estado do Rio de Janeiro – 2000

1 ponto azul = 9.000 homens

Fig. 11.22 Mapa de pontos utilizando B) uma e A) duas informações

ponto e seu tamanho. Em geral, deve-se fornecer um valor unitário para o fenômeno a ser mapeado, que será a base para a definição do número de pontos.

Um exemplo dessa definição pode ser simulado para um município com área total de 3.000 hectares para o plantio de milho e uma unidade de 25 hectares por ponto, resultando em 120 pontos a serem locados na área do município para simbolizar a área ocupada pela plantação de milho.

Não há preocupação com a locação dos pontos em termos de coordenadas, porém, a distribuição deve ser tal que possa diferenciar em relação às demais áreas de diferentes densidades.

Ainda em relação ao tamanho e valor do ponto, seus valores devem ser cuidadosamente definidos para não fornecer uma impressão errônea ao usuário. A Fig. 11.23 apresenta um

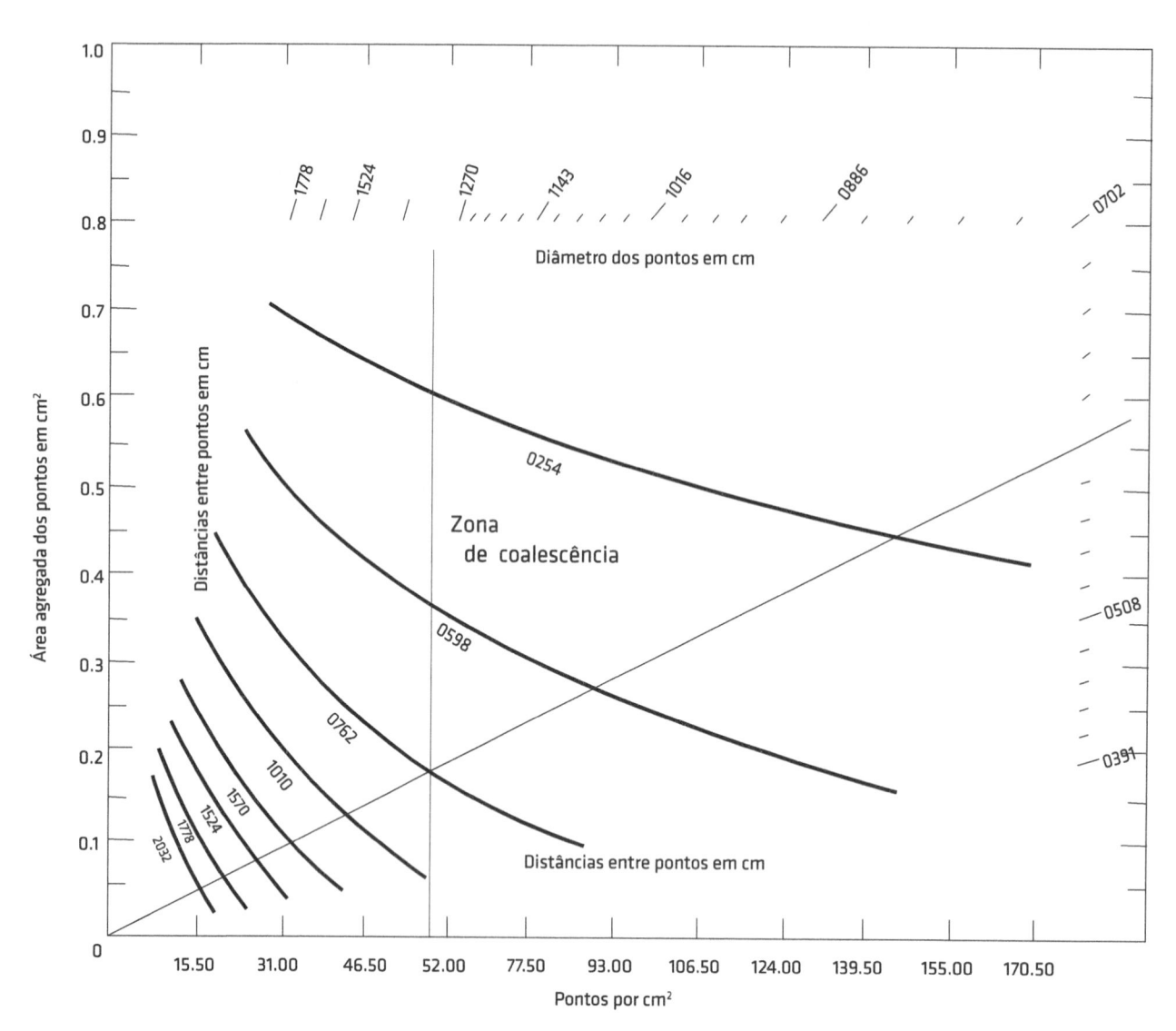

Fig. 11.23 Monógrafo para a definição de melhores ajustes para mapas de pontos
Fonte: adaptado de MacKay (1954).

monógrafo, desenvolvido pelo professor J. Ross MacKay, que permite, em função do diâmetro dos pontos e da densidade por centímetros quadrados, determinar a distância entre os pontos e a área agregada por centímetros quadrados em um elemento que pode alterar todo o conjunto.

Esse monógrafo apresenta um gráfico em que a interseção com a horizontal no eixo Y mostra a proporção da área que será coberta se for usado o número de pontos por cm² e o diâmetro especificado. Além disso, mostra a zona de coalescência, ou seja, a área que os pontos ficarão sobrepostos uns aos outros.

O ideal para a construção de um mapa de pontos é que diversas tentativas sejam efetuadas e cada resultado deve ser analisado, mudando-se os valores de diâmetro e valor da unidade do ponto para se chegar à melhor representação possível.

A locação dos pontos deve, em termos teóricos, ser precisa o bastante para que uma simples unidade de ponto tenha uma locação assertiva. Os mapas de pontos, porém, são normalmente de pequena escala, ocasionando pontos muito maiores que a precisão de locação de um ponto, que representa diversas unidades diferentemente posicionadas.

É útil considerar a informação a ser representada como tendo um centroide, e, desse centro, locar os pontos. Programas com capacidade para realizar tal representação efetuam esse tipo de posicionamento central, como o MapViewer®, da Golden Software, e o ArcGIS®, da Esri.

Existe a possibilidade de dispor os pontos de forma regular, no entanto, não é recomendável, pois torna a distribuição monótona e pode dispor falsamente a informação. Por outro lado, realizar uma distribuição não ordenada, ou seja, dispersa, implicará no conhecimento da ocorrência do fenômeno em áreas menores, para se dispuser de uma forma mais coerente e precisa da distribuição, o que pode ser difícil ou mesmo impossível de se conhecer.

Ainda como considerações, rotinas computacionais trabalham com uma distribuição uniforme de pontos. O mapa de pontos é melhor para distribuições que sejam bastante agrupadas e densas em uma área e esparsas em outras. É recomendável que fenômenos que possuam características de distribuição uniforme sejam mapeados por outras técnicas.

- **Mapas de símbolos proporcionais:** esse tipo de mapa é o mais empregado para a representação quantitativa de fenômenos. A variação em tamanho é utilizada para simbolizar o aspecto quantitativo em posições específicas ou totais que se refiram a unidades de contagem. É particularmente útil para mapear informações pontualizadas, porém, de valor numericamente elevado. Por exemplo: a população de uma cidade; tonelagem; custos ou contagens de tráfego; valores agregados que se refiram a grandes áreas consideradas apenas como uma posição centrada em um ponto.

A área de uma unidade estatística é naturalmente uma quantidade geográfica bidimensional, no entanto, quando os dados a ele relacionados são agregados e simbolizados pontualmente, a unidade de área fica reduzida a apenas uma posição ou valor pontual, para a finalidade de mapeamento.

Os símbolos proporcionais podem ser geométricos ou iconográficos (Fig. 11.24). Os geométricos são figuras como triângulos, retângulos, círculos, estrelas, entre outros. Desses, o mais empregado, por facilidade de associação, é o círculo. Símbolos iconográficos procuram vincular-se diretamente ao fenômeno representado. São, por isso, mais associados ao fenômeno. Eles apresentam sérias dificuldades para associação da quantificação, porque não há uma formulação matemática direta associável à quantidade do fenômeno, como, por exemplo, o lado de um quadrado de um símbolo geométrico. Nesse sentido, a legenda de mapas com símbolos iconográficos deve ser bastante explícita quanto ao tamanho de cada valor.

Na construção de símbolos proporcionais para figuras geométricas, o elemento básico de comparação para a diferenciação quantitativa é a área da figura. A definição do tamanho

Fig. 11.24 Tipos de símbolos proporcionais: geométricos e iconográficos

do símbolo em função da quantificação do fenômeno pode ser obtida com um processo de cálculo ou pela utilização de ábacos.

O processo de cálculo, também denominado de método da raiz quadrada, consiste em estabelecer a proporção entre a área e os elementos da figura a traçar. Para adequar o tamanho das figuras geométricas, deve-se estabelecer uma correspondência entre uma unidade de área e a quantidade a ser representada:

$$A = X/N$$

Em que:
N = valor métrico correspondente a $1\,mm^2$ ($1\,mm^2 \rightarrow N$)
A = área da figura em mm^2 ($A\,mm^2 \rightarrow X$)
X = quantidade do fenômeno a ser representada

O processo do ábaco, desenvolvido por Lenz César H., é um método pelo qual se pode extrair a altura, raios e lados de figuras planas e sólidas que comporão os símbolos proporcionais.

Os ábacos são utilizados com o traçado do diâmetro ou lado do maior valor definido para a distribuição. Com esse traçado é definida uma semirreta reguladora, do limite superior do diâmetro até a origem, que define os valores relativos assumidos pelos símbolos para todos os demais valores da distribuição a ser representada (Fig. 11.25).

A percepção do tamanho relativo também deve estar presente na legenda, porque uma representação alinhada pode não ser apropriada para a diferenciação relativa dos símbolos. É usual a utilização de uma legenda de no mínimo três símbolos não alinhados (Fig. 11.26). A associação de valores utilizada pode ser linear, parabólica, logarítmica ou qualquer outra que melhor possa expressar a distribuição do fenômeno (Fig. 11.27).

Um problema passível de ocorrer nesse tipo de simbologia é relacionado com a especificação do raio ou lado da figura que será empregada, porque, se não for bem-definido, pode acarretar na superposição de figuras. O cartógrafo deve definir um valor tal que seus centros devem estar aproximadamente no local que irá simbolizar os dados. É importante que a ideia transmitida pelo mapa não seja nem muito cheia nem muito vazia, em função da ocupação dos espaços da unidade mapeada.

Existem diversas formas para se contornar o problema de superposição, porém, todas subjetivas e dependentes de um ou mais estudo criterioso para a distribuição. Uma opção é trabalhar com contrastes e linhas de contornos dos símbolos (Fig. 11.28).

O traçado automático desenvolvido por *softwares* é sempre estabelecido pelo posicionamento de centroides predeterminados, causando problemas de superposição, que são solucionados ou com as técnicas já relatadas ou com a manipulação na alocação desses símbolos.

A utilização de figuras sólidas é necessária quando o conjunto de dados tem limites muito separados para serem representados por figuras geométricas planas. É possível utilizar figuras pictóricas de cubos ou esferas nesses casos, definindo uma escala proporcional à raiz cúbica dos dados (Fig. 11.29).

Outro processo utilizando proporção consiste em determinar um tamanho padrão de símbolo característico do ponto médio da distribuição. Esse método, porém, não trabalha com

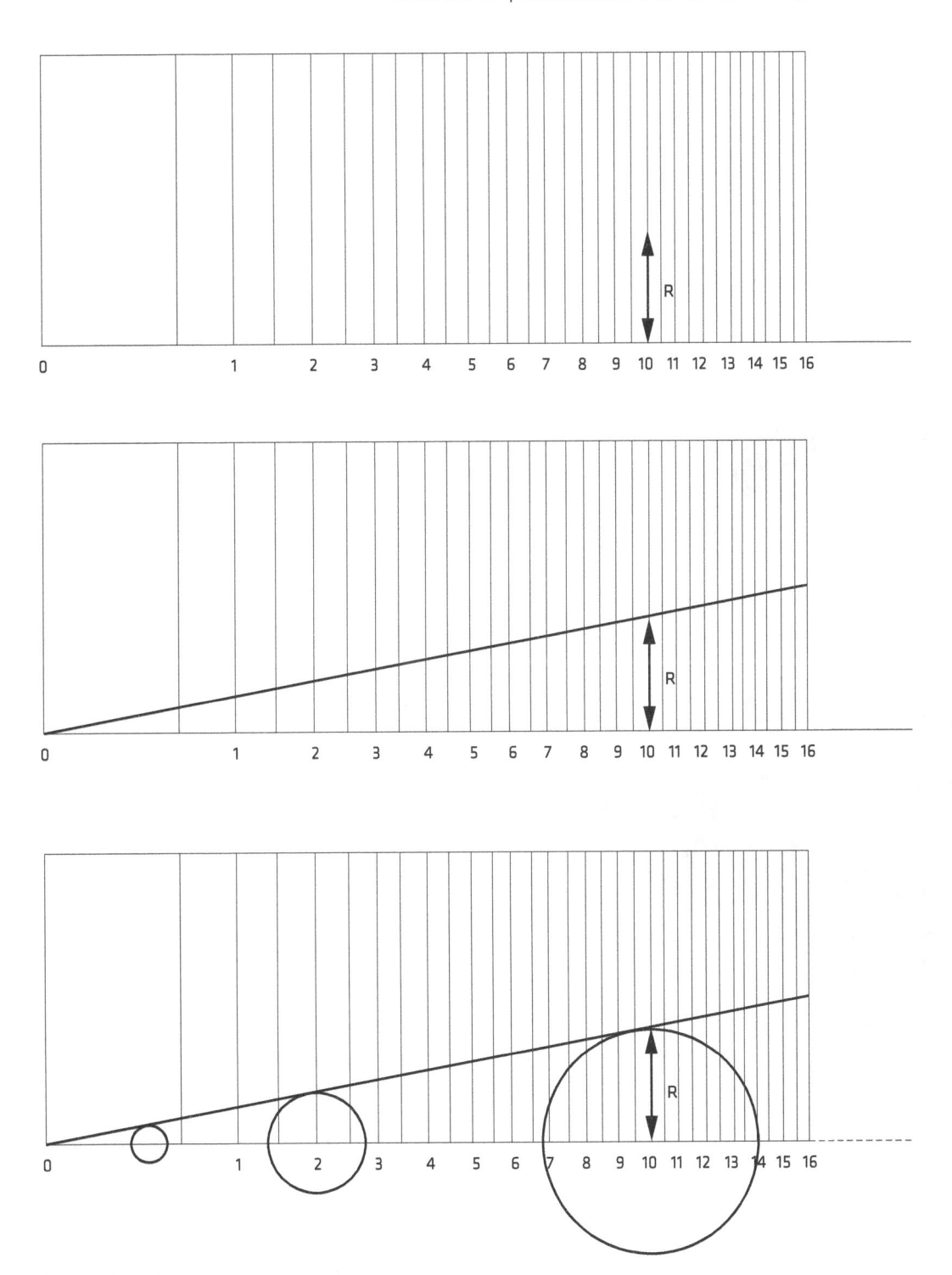

Fig. 11.25 Ábaco de Lenz César H.

relatividade entre os valores. Ele é eficiente quando existir discrepâncias muito acentuadas, como, por exemplo, a representação de população de um Estado por municípios. É permitido o estabelecimento de classes limitantes extremas, para valores máximos e mínimos, e uma distribuição por alguma divisão de classes internamente.

- **Símbolos graduados segmentados:** quando da utilização de símbolos proporcionais é possível segmentá-los, desde que representem mais de uma quantidade. Assim,

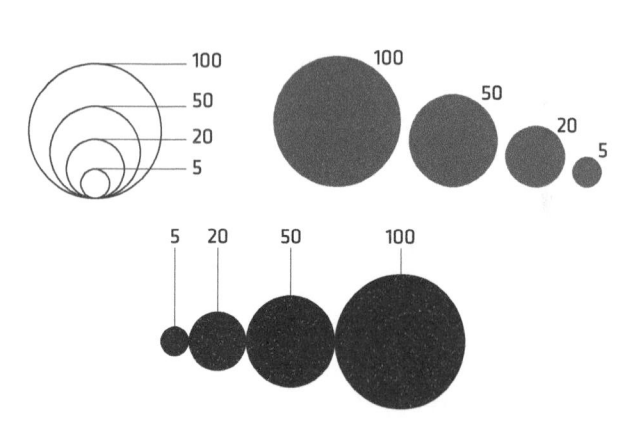

Fig. 11.26 Exemplos de legenda aplicada a símbolos proporcionais
Fonte: adaptado de Anson e Ormeling (1996).

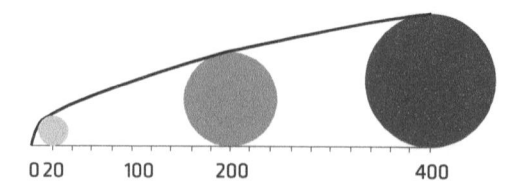

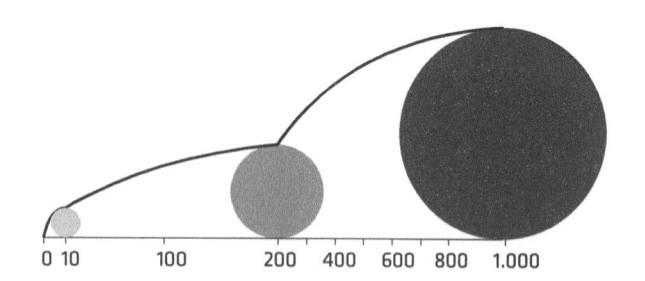

Fig. 11.27 Exemplos de legendas linear e logarítmica aplicadas a símbolos proporcionais
Fonte: adaptado de Tyner (1992).

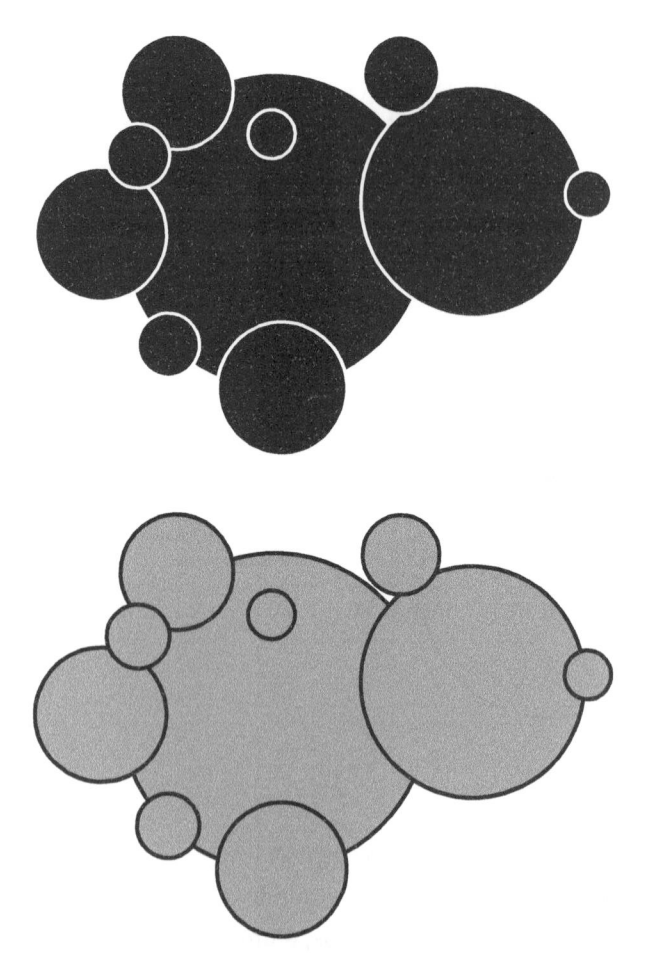

Fig. 11.28 Formas para se contornar os problemas de superposição de símbolos
Fonte: adaptado de Anson e Ormeling (1996).

o tamanho símbolo é associado a uma quantidade e pode ser subdividido, caso sejam representados variações em função da quantidade total representada pelo símbolo.

Os símbolos utilizados devem ser graduados pelos limites ou escalados em uma base de intervalo ou razão. É impossível, com esse tipo de símbolo, diferenciar diversas categorias de dados simultaneamente, inclusive em escala nominal (qualitativa), pela diferenciação de cor ou padrão.

A utilização de gráficos que sejam segmentados permite que se ilustre as partes proporcionais que compõem o dado. Por exemplo, a percentagem de homens, mulheres, crianças e velhos, que existem em uma dada população. Os símbolos mais comuns são a pizza, o gráfico de barras e as estacas. Mas diversos tipos podem ser empregados, de acordo com os dados e os objetivos do mapeamento (Fig. 11.30).

Essa técnica deve ser bem-avaliada para uso em unidades espaciais com valores do fenômeno a serem mapeados muito discrepantes, como no exemplo da Fig. 11.31. Nele é apresentada a população do ano 2000 dos municípios do Estado do Rio de Janeiro. O tamanho do símbolo é definido pelo número de habitantes e sua segmentação é dada pela proporção de homens e mulheres. Como o município do Rio de Janeiro possui uma população muito discrepante em relação a outros municípios, fica muito difícil definir a melhor divisão da legenda.

11.2.2 Mapeamento quantitativo linear

Linhas podem ser utilizadas para retratar dados quantitativos posicionais, lineares ou volumétricos e são divididas em três classes:

- **linhas pictóricas:** em que a simbologia remete diretamente ao fenômeno mapeado;
- **linhas geométricas:** caracterizada pelo uso de símbolos geométricos sem relação direta com fenômeno; e
- **linhas associativas:** empregam símbolos com uma combinação de linhas pictóricas e geométricas.

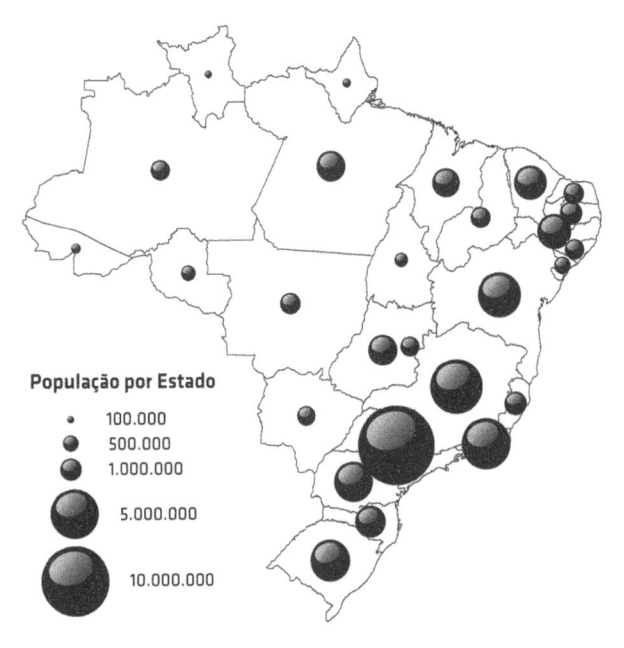

Fig. 11.29 Uso de símbolos sólidos no mapa de número de habitantes por unidades da federação brasileira
Fonte: adaptado de Tyner (1992).

Os dados de posição quantitativos podem ser mapeados pela apresentação dos seus fluxos ou gradientes. Por exemplo, podem ser usados para retratar tanto o fluxo de emigrantes do Nordeste para o Rio de Janeiro como o número de passageiros na ponte aérea Rio-Brasília. Esse tipo de mapeamento busca representar fluxos medidos entre diferentes posições na superfície terrestre. É importante ressaltar que qualquer representação de fluxo tem de apresentar obrigatoriamente a sua direção. Os gradientes podem ser caracterizados por linhas, determinando uma superfície estatística, que pode ser formada pelo valor observado em determinadas posições.

Dados lineares quantitativos e dados volumétricos de áreas também podem ser visualizados por meio de convenções de linhas. A densidade populacional pode ser simbolizada por técnicas de isopletas, enquanto as importações de um país para outro podem ser caracterizadas

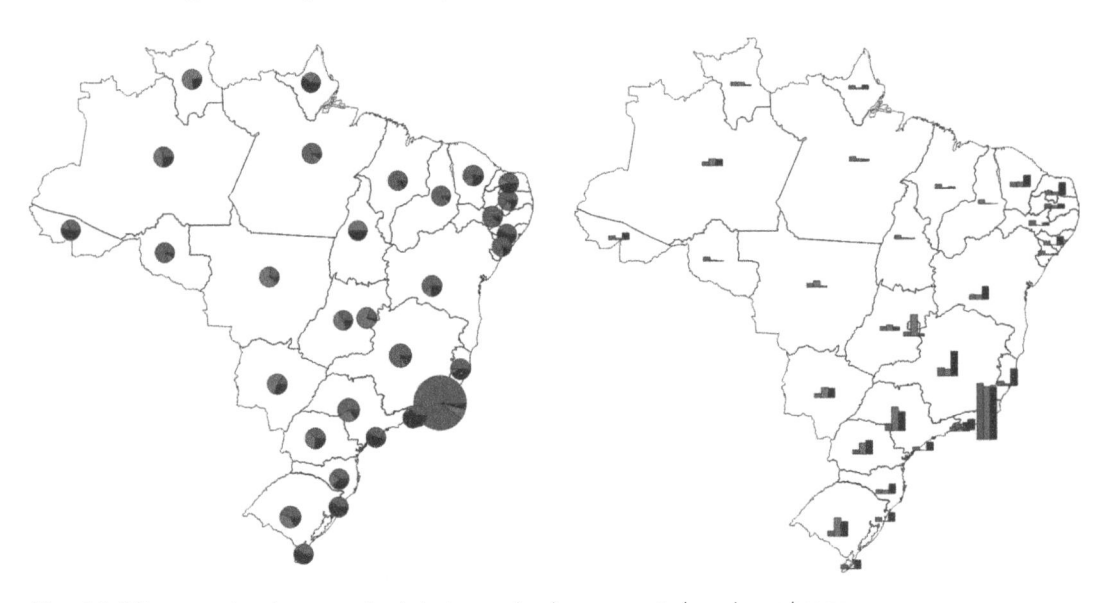

Fig. 11.30 Exemplos de mapas de símbolos graduados segmentados: pizza e barras

Símbolos proporcionais
segmentados – pizzas

Símbolos proporcionais
segmentados – barras

Símbolos proporcionais
segmentados – estacas

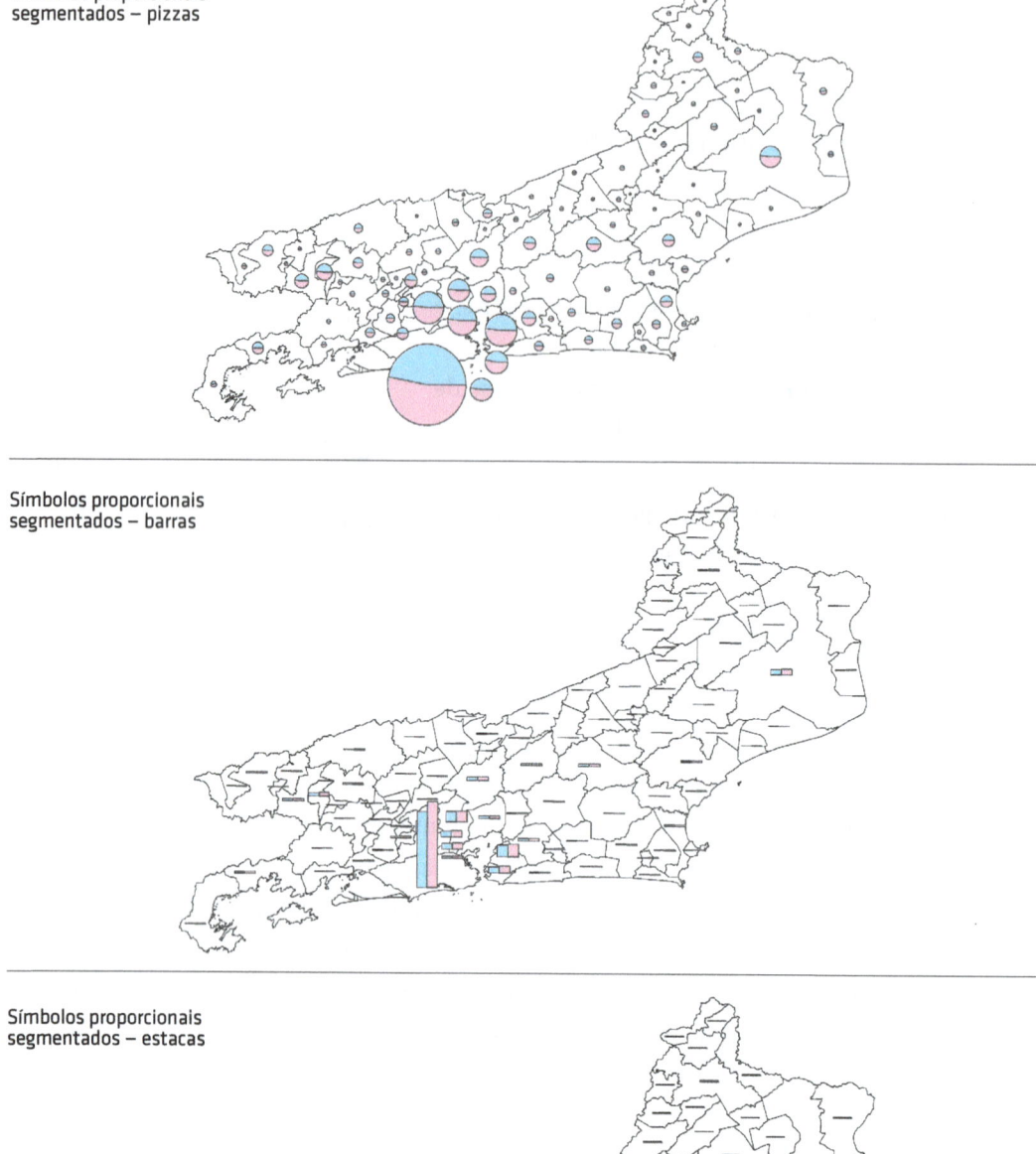

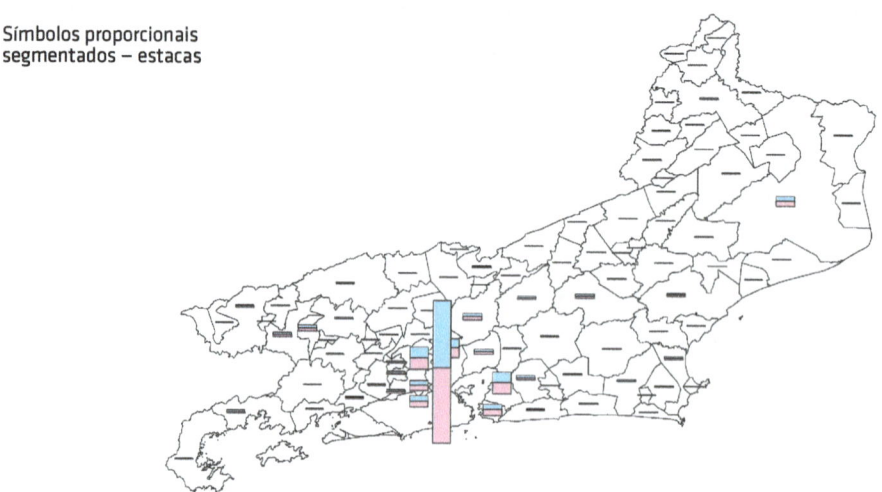

Fig. 11.31 Mapas de símbolos graduados segmentados utilizando dados com valores discrepantes para unidades de área

por linhas de fluxo. Para dados lineares, a tonelagem despachada de carga pode ser vista por linhas de fluxo proporcionais e perfis de uma superfície estatística podem ser mostrados por vetores.

A quantificação no mapeamento quantitativo linear é apresentada pela variável cor, padrão ou espessura. A divisão em intervalos de classe é efetuada normalmente, segundo critérios já apresentados, e atribuída uma espessura para quantificar o valor total da distribuição e as demais, proporcionais às quantificações da distribuição (Fig. 11.32).

As Figs. 11.33, 11.34, 11.35 e 11.36 mostram diferentes aplicações de mapas de fluxo.

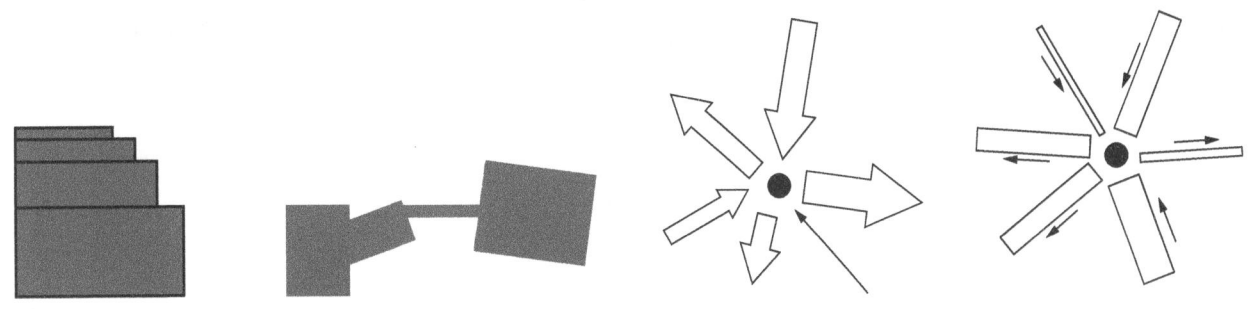

Fig. 11.32 Diferentes espessuras na representação de quantificações variáveis

Fig. 11.33 Representações de fluxos com diferentes valores e técnicas para direção

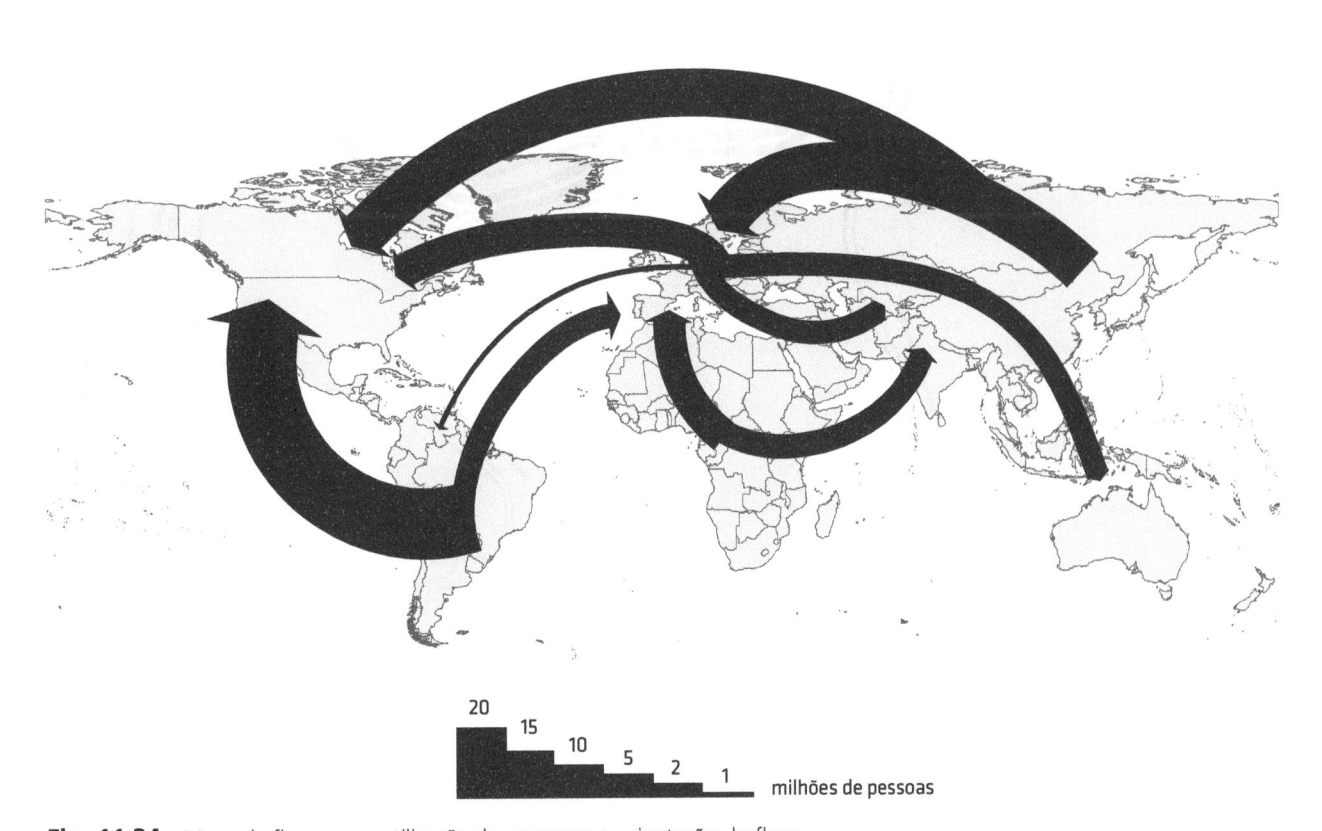

Fig. 11.34 Mapa de fluxos com utilização de espessura e orientação do fluxo

O mapeamento quantitativo linear por gradiente envolve uma elaboração mais complexa, pois tem por trás dele a construção de superfícies estatísticas que podem ser obtidas por diferentes técnicas. Por conta dessa complexidade e buscando expor as principais características para a construção de superfícies estatísticas será apresentado em seguida um subitem relacionado a esse tipo de mapeamento.

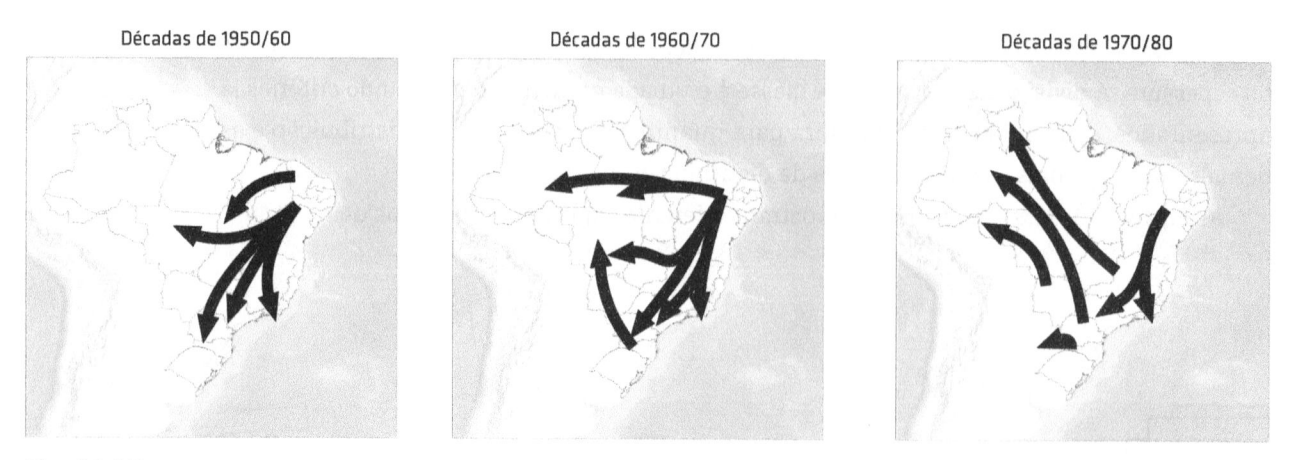

Fig. 11.35 Mapa de fluxos migratórios com utilização de espessura e orientação do fluxo

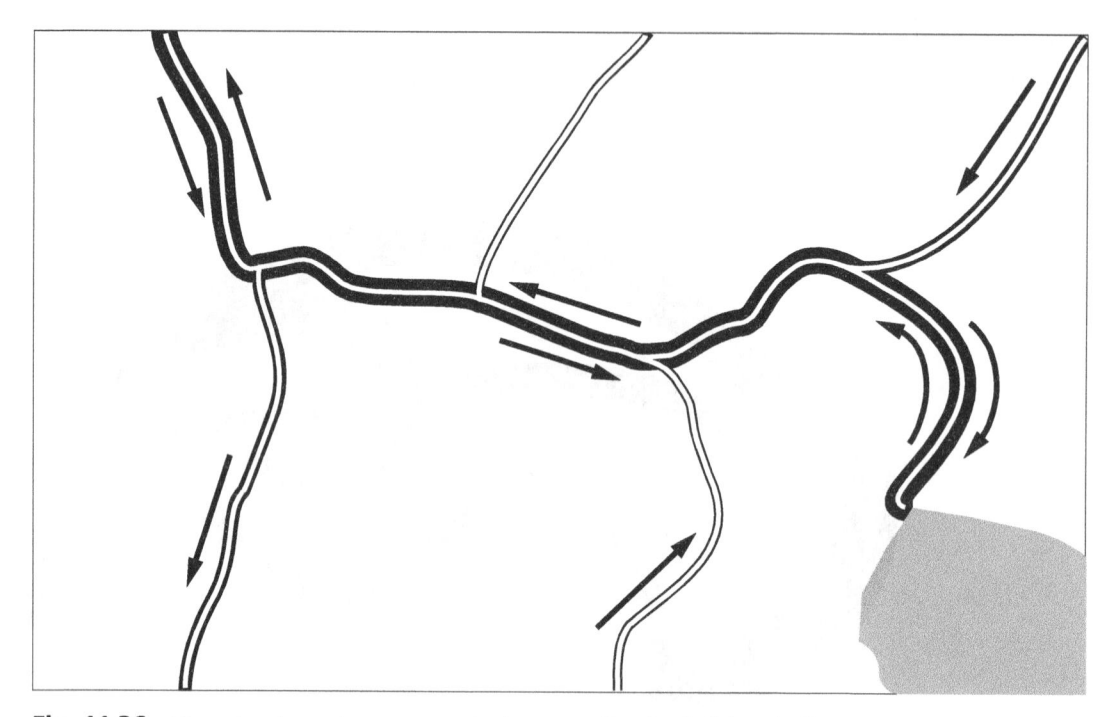

Décadas de 1950/60 — Décadas de 1960/70 — Décadas de 1970/80

Fig. 11.36 Mapa de volume de carga em estradas com utilização de linhas de direção

Mapeamento de uma superfície e estatística por convenção linear

Uma superfície estatística implica em uma origem de valores de uma distribuição z observada em uma escala ordinal, intervalada ou razão, e ortogonal ao plano origem. A continuidade estabelecida pelos valores de z fornece uma superfície estatística suavizada, que é exibida no mapa com a visualização da superfície tridimensional ou projetada sobre um plano.

Os dados da superfície estão representados pelas coordenadas x, y e z, em que x e y representam coordenadas planas, ou locais, e z, o parâmetro a ser modelado. Assim, z é função de x e y [$z = f(x,y)$]. Esses dados são adquiridos de acordo com uma distribuição irregular no plano x e y ao longo de linhas com mesmo valor de z ou com um espaçamento regular. Essa superfície é uma representação matemática da distribuição espacial da característica de um fenômeno vinculada a uma superfície real. Em geral, é contínua, e o fenômeno que representa pode ser variado.

As superfícies estatísticas também são denominadas de modelos numéricos de terreno (MNT), e podem gerar informações espaciais de grande importância para a modelagem e análise de uma superfície com base em dados tridimensionais, ou seja, permitem a representação de uma superfície levando-se em consideração qualquer fenômeno que pode ser expressa pela variável z de um dado georreferenciado (Fig. 11.37).

Dados altimétricos, batimétricos, geofísicos (sísmica, gravimetria), informações climatológicas, meteorológicas (poluição, temperatura, ruído), geológicas (litologia, estruturas), são exemplos de fenômenos de ordem física, representáveis em um MNT. Entretanto, as representações não ficam restritas a esses tipos de fenômenos, pois os de ordem econômica e social, bem como densidade populacional, distribuição de renda, taxas de alfabetização, e outros, também podem ser representados em MNT.

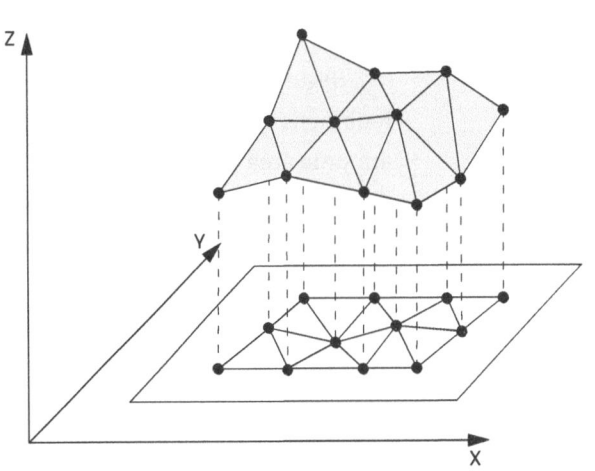

Fig. 11.37 Representação de um MNT no sistema de coordenadas x, y e z
Fonte: Fernandes (2004).

Algumas utilizações das superfícies estatísticas (Burrough, 1986):
- Armazenamento de dados de altimetria para mapas topográficos;
- Análises de corte aterro para projeto de estradas e barragens;
- Elaboração de mapas de declividade, aspecto e outros associados;
- Apoio a análises geomorfológicas;
- Análise de variáveis geofísicas, geoquímicas e geográficas;
- Apresentação tridimensional de distribuição de qualquer fenômeno contínuo.

A construção de uma superfície estatística envolve, basicamente, três etapas: a aquisição das amostras, ou amostragem, a geração da superfície propriamente dita, ou modelagem, e a utilização do modelo ou aplicações (Fig. 11.38).

- **Amostragem:** envolve o processo de aquisição de amostras representativas do fenômeno de interesse. É uma das etapas mais importantes. Precisa ter amostras (subamostragem) de qualidade, do contrário pode gerar modelos pobres,

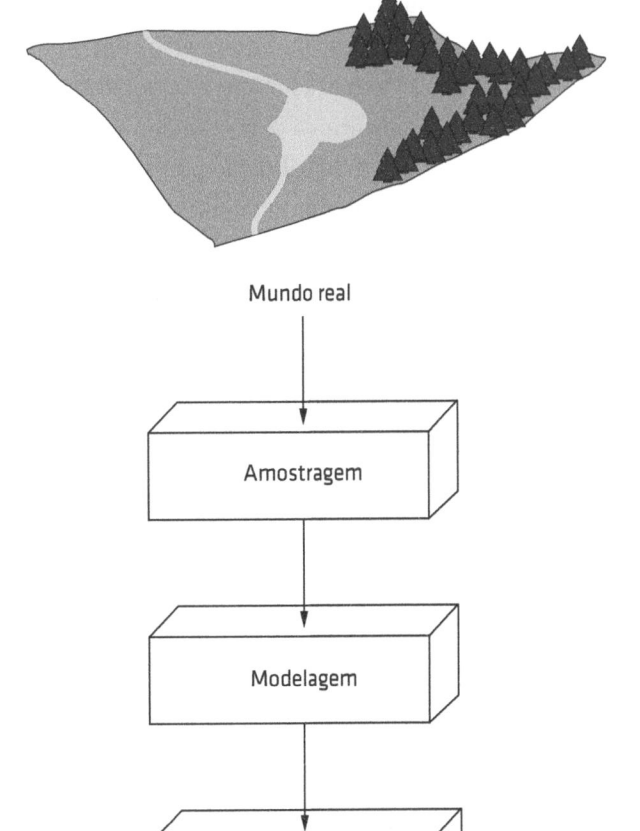

Fig. 11.38 Etapas do processo de um MNT
Fonte: Fernandes (2004).

e não ter excesso de dados (superamostragem), pois, ao trabalhar com dados redundantes, pode sobrecarregar o sistema, pelo uso excessivo de memória, e prejudicar os resultados.

Segundo Felgueiras (2001), a amostragem deve ser representativa do comportamento do fenômeno que se está modelando, por exemplo, uma grande quantidade de dados de altitude em uma área plana pode significar uma redundância, caracterizando uma superamostragem, enquanto poucos dados em uma área de relevo acidentado pode originar erros no modelo diante da subamostragem de dados altimétricos (Fig. 11.39, p. 263).

Em outra situação, a necessidade de maior precisão de representação, a quantidade de pontos amostrados, bem como o cuidado na escolha desses pontos, é decisiva. Porém, quanto maior a quantidade de pontos amostrados, maior será a dificuldade de geração do mapeamento, por conta do aumento do esforço computacional para o armazenamento, recuperação e processamentos dos dados.

A aquisição de dados pode ser realizada por levantamentos de campo, vetorização de mapas, medidas fotogramétricas a partir de modelos estereoscópicos, e dados altimétricos adquiridos de receptores GPS ou de sensores ativos e passivos instalados em aviões e satélites, que podem gerar modelos através de técnicas de interferometria e estereoscopia (Jensen, 2009).

Os principais métodos de aquisição de dados são definidos por mapa de isolinhas e por amostra pontual em espaçamento irregular ou regular. A amostragem por isolinhas permite a obtenção da informação com mapas topográficos. Esse tipo de aquisição é praticado quando a informação refere-se à superfície terrestre. A digitalização por escâner e posterior vetorização permitirá a obtenção dos dados necessários à geração da superfície de contorno.

A distribuição pontual observada de maneira regular ou irregular também permite que se infira uma superfície estatística. Um exemplo dessa distribuição pode ser relacionado à observação da temperatura em diversos pontos de coleta, constituindo o valor z de temperatura amostrada. Com essas amostras é possível fazer um mapeamento da distribuição da temperatura por isotermas, isaritmas de temperatura.

O mapeamento por isotermas pode ser feito apenas pela suposição e inferência dos valores amostrados, apesar de poder existir uma infinidade de pontos entre as estações que não possuem valores disponíveis e outros que influenciam diretamente a distribuição da temperatura que não são considerados, como, por exemplo, o relevo e direção de ventos. É possível perceber que a precisão e a representatividade dos gradientes de alguns tipos de amostras devem ser bem-avaliadas em função dos objetivos do mapeamento.

A amostragem pode ser classificada quanto à posição relativa das amostras, podendo ser regular, semirregular ou irregular (Felgueiras, 2001). A amostragem regular é aquela em que a posição espacial (x, y) das amostras está distribuída regularmente nas direções x e y; a amostragem semirregular ocorre somente quando uma das posições espaciais (x ou y) não é distribuída regularmente; na amostragem irregular, as amostras são distribuídas irregularmente nas duas direções. Esse último tipo é o mais comum entre os fenômenos distribuídos pela superfície terrestre, os quais não são uniformes. As curvas de nível de um levantamento plano altimétrico são um exemplo desse tipo de amostragem.

- **Modelagem:** depois de feita a amostragem dos dados de entrada, inicia-se a etapa de geração da superfície ou modelagem. O processo de modelagem compreende a

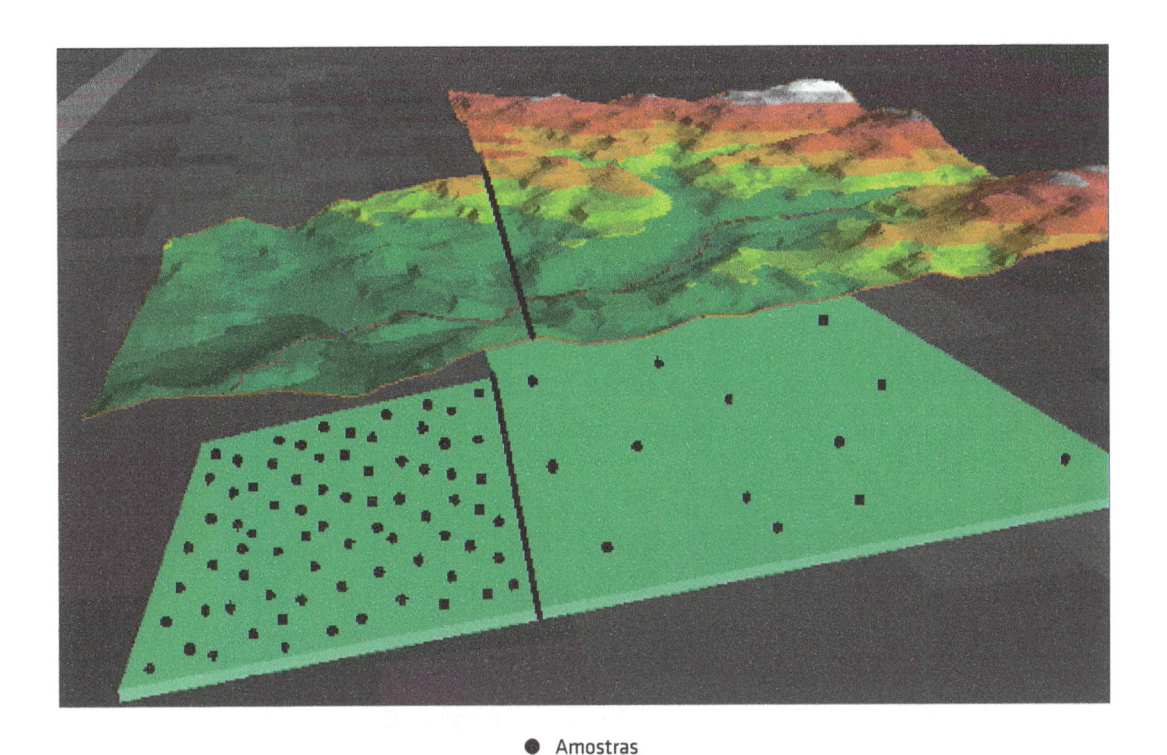

Fig. 11.39 Super e subamostragem de dados para a contrução de um MNT
Fonte: Fernandes (2004).

construção de uma malha e a definição de funções interpolantes. Segundo Kozciak, Rostirolla e Fiori (1999) e Moore et al. (2008), é de fundamental importância avaliar e definir o melhor tipo de malha (grade) e interpoladores de dados que se ajustem ao fenômeno que se queira modelar. Essas definições são feitas de forma a possibilitar uma manipulação eficiente dos modelos pelos algoritmos de análise presentes no *software* de processamento, geralmente sistemas de informações geográficas (SIG), a ser utilizado.

Existem dois tipos de grade mais usuais para a geração de MNT: a grade regular retangular e a grade (ou rede) irregular triangular (TIN). De acordo com Moore et al. (2008), além desses dois tipos de grade, ainda existe a grade (ou rede) de vetor ou contorno (Fig. 11.40). Entretanto, as mais usuais são a grade regular retangular e a grade irregular triangular. É importante salientar a existência de modelos de grade híbrida, oriundos das duas já citadas.

As funções interpolantes, ou interpoladas, são definidas para cada elemento da malha (retângulo ou triângulo), sendo válida para os pontos internos ao elemento. Esse processo é conhecido como ajuste de superfície, em que a função, geralmente um polinômio, é definida utilizando-se os vértices dos elementos e em muitos casos os vértices dos elementos vizinhos também.

O ideal para esse processo é criar modelos digitais que representem a variabilidade dos fenômenos em toda a área de análise, definindo uma função que contemple as características gerais dos fenômenos, assim como suas variabilidades pontuais. Para satisfazer essa condição, a função definida não precisa ser contínua e diferencial para todos os pontos da área. Desse modo, pode-se empregar funções que definam modelos locais, globais ou os dois,

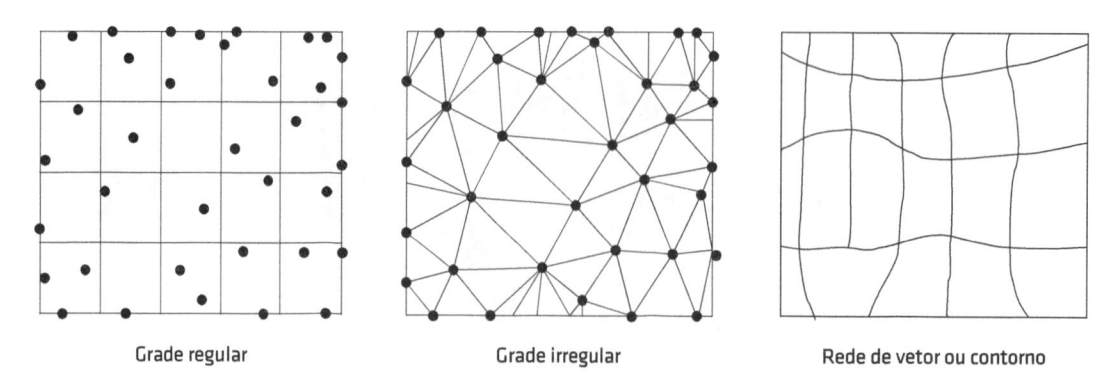

Fig. 11.40 Tipos de grades para a construção de um MNT
Fonte: Fernandes (2004).

simultaneamente. Segundo Felgueiras (2001), os modelos globais são representados por uma função definida utilizando-se todos os elementos do conjunto de amostras. Os modelos locais utilizam funções cujos coeficientes são definidos por elementos amostrais escolhidos dentro de uma região local de interesse.

- **Aplicações:** existem várias aplicações para uma superfície estatística, como já visto, entretanto, seguindo o foco do mapeamento quantitativo de feições lineares, vamos destacar a construção de mapeamentos isarítmicos.

No mapeamento isarítmico, a distribuição é concebida como se fosse um volume. Para compreender visualmente o significado desse volume, é necessário observar a forma da superfície que o envolve. Os valores de z juntos sugerem a superfície tridimensional, e o volume real não é, na maior parte dos casos, o interesse imediato, mas sim a conformação da distribuição da superfície gerada pela camada superior ou inferior do sólido definido pela superfície e o plano de referência (Fig. 11.41).

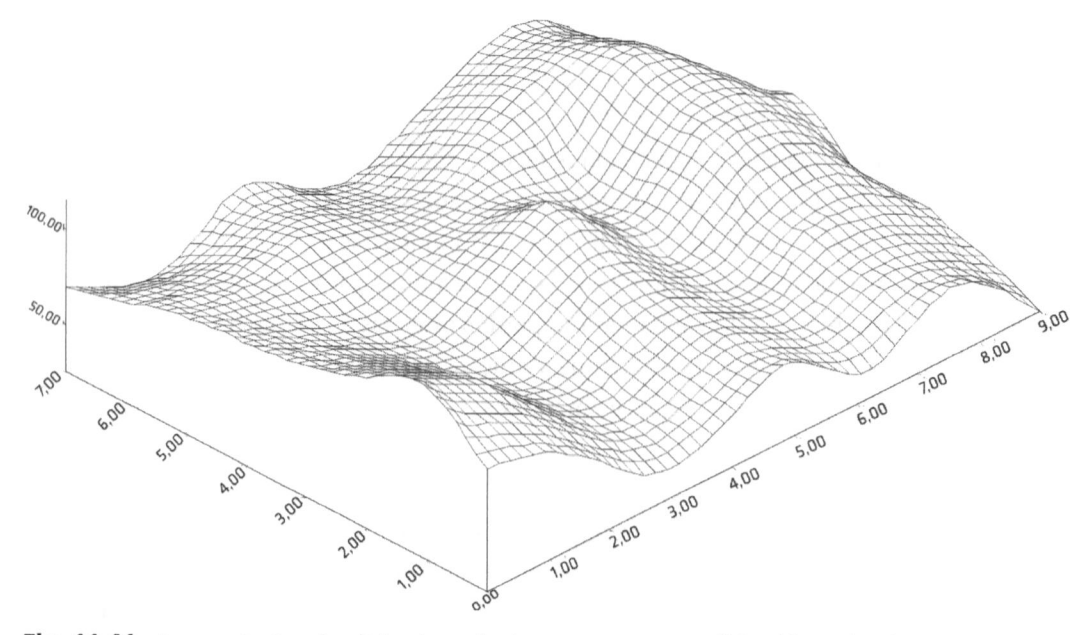

Fig. 11.41 Representação volumétrica de um fenômeno por uma superfície tridimensional

A convenção para representar uma superfície tridimensional, real ou abstrata, é difícil, e a melhor alternativa dada pela representação da superfície projetada em um plano por curvas de isovalores (Fig. 11.42).

A construção desse tipo de representação é feita pela interceptação da superfície estatística por uma série de planos paralelos ao plano de origem. As interseções desses planos com a superfície definem linhas de igual valor (isaritmas) que serão exibidas no mapa. Após a delimitação essas linhas serão projetadas ortogonalmente sobre o plano origem, criando uma representação linear com valores z associados a cada uma delas (Fig. 11.43).

Existem diferente tipos de mapeamento isarítmicos, e é uma prática comum dar-se nomes às isaritmas de determinada classe de fenômeno:

- **isotermas:** temperatura;
- **isoietas:** precipitação;
- **isóbaras:** pressão;
- **isoanômalas:** anomalias;
- **isopóricas:** variação anual da declinação magnética;
- **isogônicas:** curvas de igual declinação magnética.

Em relação aos mapeamentos oriundos de superfícies estatísticas, pode ser definida uma distinção em função do tipo de dado empregado. Por ela é possível associar ao mapa gerado a terminologia isaritma ou isopleta. Isaritma define o traço de interseção do plano horizontal com a superfície estatística, podendo ser referenciada também como isolinha ou isogrâmica.

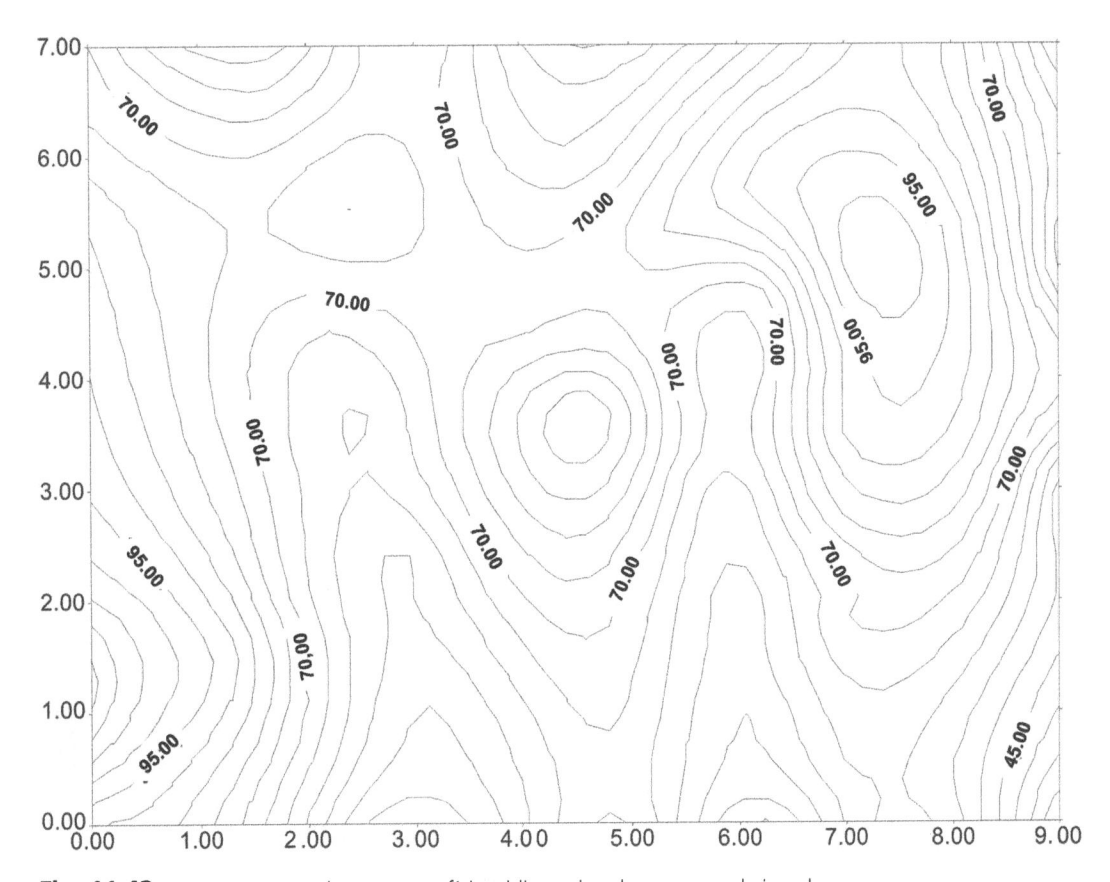

Fig. 11.42 Representação de uma superfície tridimensional por curvas de isovalores

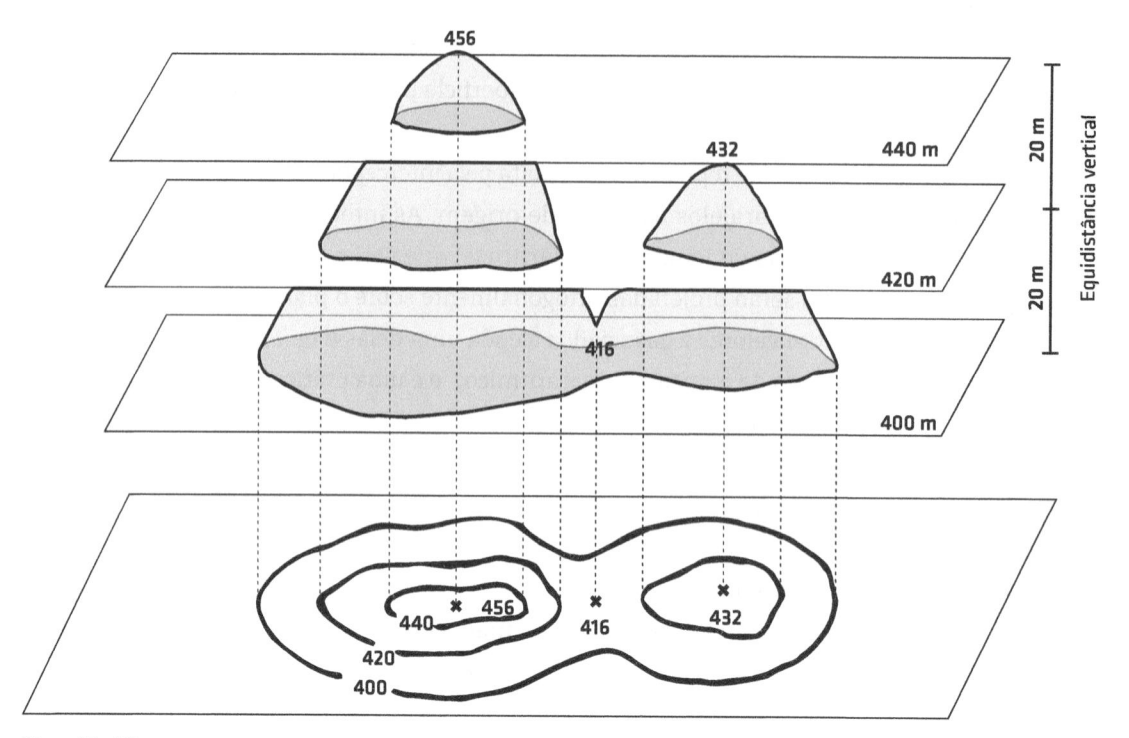

Fig. 11.43 Processo de contrução de isarítmicas

Isopletas são mapeamentos nos quais os tipos de dados apresentam grande dispersão de erros, em posição, definindo áreas de ocorrência, porém, baseadas em linhas de isovalores.

A diferença básica entre isaritmas e isopletas é a possibilidade de se referenciar e interpolar valores entre as isolinhas no mapeamento isarítmico. Nas isopletas, é impossível precisar a ocorrência de valores, inclusive nas linhas limites entre classes, que são estabelecidas apenas por interpolação (Fig. 11.44). Um bom exemplo de um mapa de isopletas são os mapas de cores hipsométricas, em que não existem curvas de nível, mas áreas de ocorrência de classes de altitudes. Para fenômenos contínuos, pode ser atribuído esse tipo de representação.

Mapa de isolinhas (isaritmas)

Mapa de isopletas

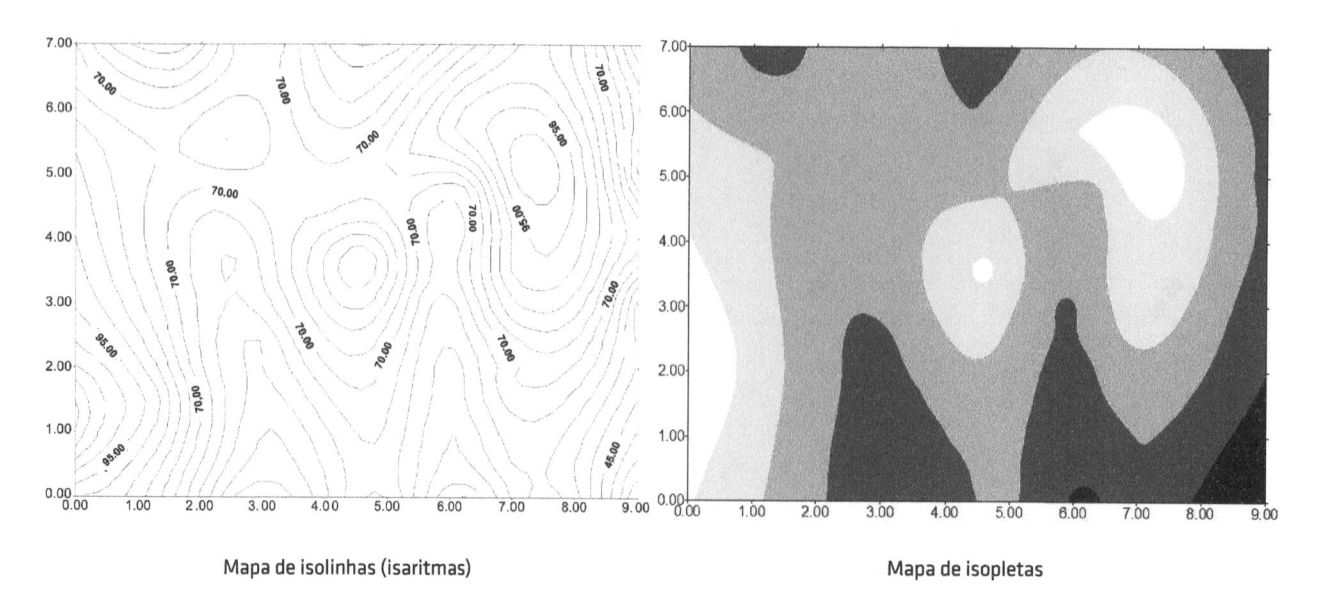

Fig. 11.44 Representações de isaritmas e isopletas

A ocorrência do fenômeno é dividida em classes e cada classe será agrupada em uma área, delimitada por curvas delimitantes. Deve-se ressaltar que essas curvas limitantes não são isolinhas, apenas delimitam a área de ocorrência de uma determinada classe.

Existem duas classes de valores z que se diferem em termos de precisão e que podem ser fornecidos para a construção de uma superfície estatística, criando representações diferenciadas:

- valores reais ou derivados que podem ocorrer nos pontos;
- valores reais ou derivados que não podem ocorrer nos pontos.

Os valores reais que podem existir nos pontos são exemplificados por dados como elevação acima ou abaixo da superfície, dados reais de temperatura, valores de precipitação, entre outros. Nesses casos, apenas erros nas observações ou na especificação da posição x, y podem afetar a validade dos valores amostrados. Esses valores também podem ser derivados, como valores médios ou de dispersão (média, mediana, desvio padrão), ou calculados segundo uma coleta de uma série de observações, inclusive temporais. São valores que, embora representativos, não existem efetivamente em um dado momento, como, por exemplo, razões e percentagens de valores pontuais, como a razão de dias chuvosos e secos em um lugar. Tais razões são incapazes de existir em qualquer instante, mas se aplicam ao ponto que lhes permite o cálculo.

Diferente em conceito são os valores derivados, que não podem ocorrer em um ponto. Percentagens e outros tipos de razão que incluem área em sua definição, seja direta ou indiretamente, como habitantes por km^2, razão de carne bovina por total de gado ou razão de pasto para área total em uma fazenda, são exemplos desses valores.

Valores absolutos reais que não podem ocorrer em pontos de amostragem, mas se referem às áreas, não podem ser atribuídos para constituir uma superfície, porque a grandeza é afetada pela área. Por exemplo, a densidade de 1.000 habitantes por 20 km^2 é igual à de 500 habitantes por 10 km^2, portanto, não se pode atribuir uma superfície estatística.

11.2.3 Mapeamento quantitativo de área

A principal técnica de mapeamento quantitativo de área é a de construção de mapas coropléticos. Dados coletados por unidades territoriais ou administrativas, tais como setores censitários, regiões administrativas, bairros, estados, entre outros, não apresentam pontos de amostragem, com o seu domínio qualificado pela área de coleta. Se a distribuição for descontínua, não poderá ser associada uma superfície estatística. Nesse caso, a melhor forma de representação dos dados será estabelecida por técnicas coropléticas, que consistem em associar a informação à sua área de ocorrência.

Como a informação a ser mapeada se relaciona diretamente a uma área, isso não significa que sua distribuição seja homogênea. Por isso, um mapeamento coroplético homogeneíza a informação para a unidade básica do mapeamento. O mapeamento coroplético é uma técnica conceitualmente simples. Os valores determinados para cada área são agrupados em classes ou categorias e, para cada valor, é adotada uma representação gráfica de cor ou padrão, aplicada sobre a área delimitada para a sua ocorrência (Fig. 11.45).

O número de intervalos de classe nesse tipo de técnica é variável, mas existe uma limitação para determinar esse número. Quanto mais intervalos for possível dividir o intervalo, mais

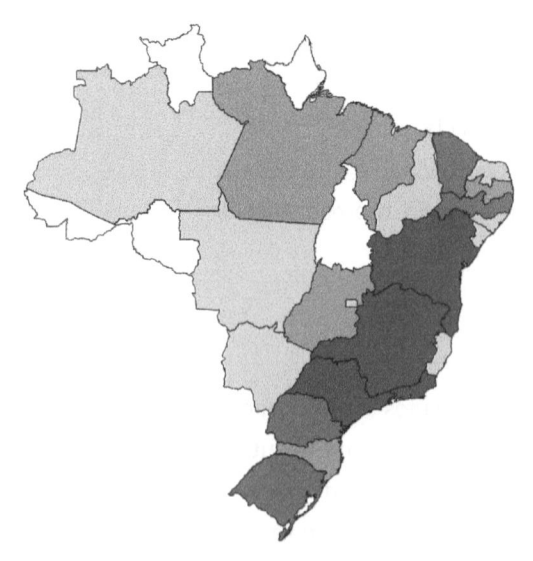

Fig. 11.45 Atribuição coroplética para a população de 1994 das unidades federativas no Brasil, dividida em seis intervalos de classe

próximo da realidade estará. Porém, um número maior de intervalos pode acarretar perda na clareza do mapa, pela limitação do número de valores de cor que podem ser percebidos pelo usuário (Fig. 11.46). Deve-se sempre atentar que a melhor utilização do mapeamento coroplético é a comparação de unidades de área, e não a singularização destas por valores específicos.

Esse exemplo deixa claro que, a cada número de intervalos de classes assumidos, um mesmo conjunto de dados pode gerar diferentes mapas coropléticos para uma área. Nesse tipo de representação não é possível estabelecer, dentro da unidade de área, algum tipo de distribuição dos dados, uma vez que a sua aparência é uniforme sobre toda a superfície da unidade de representação. Para tentar contornar essa limitação do mapeamento coroplético foi criada a técnica dasimétrica.

A técnica dasimétrica leva em consideração a possibilidade de existência de variações dentro das unidades de representação, permitindo uma melhor representação da distribuição. Essa técnica tem algumas das limitações do mapeamento coroplético, como a não determinação de valores exatos e a impossibilidade de representar fenômenos contínuos. Ela pode fazer uma representação mais próxima da realidade, pois permite visualizar variações dentro das unidades de representação. A técnica dasimétrica requer mais informações do que a coroplética simples (Fig. 11.47).

Outra técnica de mapeamento coroplético é a não classificada, que diferencia das outras técnicas por não utilizar intervalos de classe no mapeamento. A diferença para o mapeamento classificado está em se atribuir tantas classes quantas forem as unidades de área vinculadas ao mapeamento. A grande desvantagem para aplicar a técnica não classificada está na existência de um grande número de unidades de área, o que implicará na existência de um grande número de intervalos, pois, a cada unidade corresponderá um intervalo.

Essa característica traz uma dificuldade na decodificação da informação pelo usuário quando o número de unidades de mapeamento é grande. Em termos de precisão da informação, esse processo não induz a desvios da informação.

A Fig. 11.48 mostra o mapa de distribuição da população do Brasil, em 1994, em 27 intervalos, correspondentes aos estados brasileiros e ao Distrito Federal. Note-se a dificuldade de associação de valores tonais para o estabelecimento da classificação. Também existe grande dificuldade para aplicar cores diferenciadas à distribuição.

A existência de um volume de informação que limite a sua visualização completa em um mapa, leva à necessidade de agrupá-los em classes de ocorrência, ou definindo intervalos de classe. Esta divisão em intervalos pode ocorrer em diversos tipos de informações quantitativas, como dados demográficos, taxas por área geográfica, fluxos diversos, superfícies contínuas, entre outros.

Determinar a melhor distribuição de intervalos de classe é uma preocupação constante, porque, com a sua definição, existirá uma melhor ou pior visualização da informação. Como já

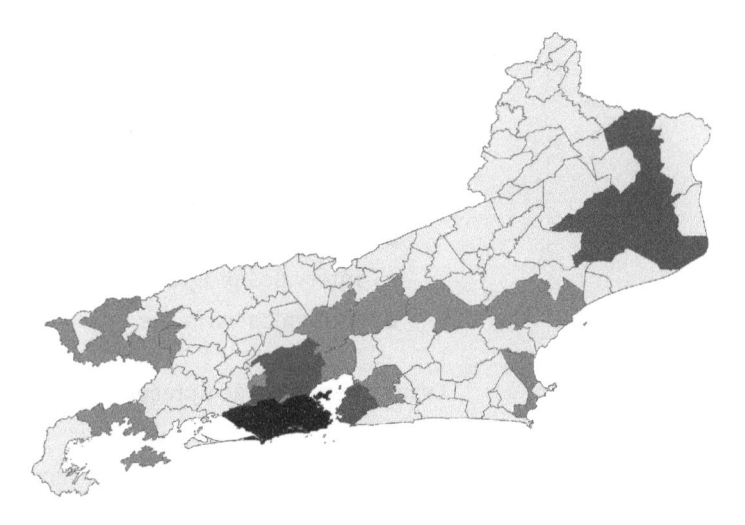

Mapa coroplético da distribuição da população do Estado do Rio de Janeiro (2000), utilizando quatro classes.

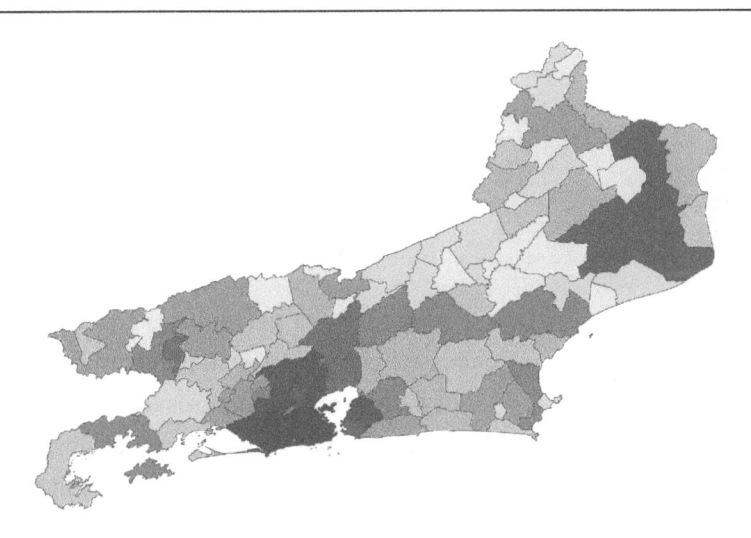

Mapa coroplético da distribuição da população do Estado do Rio de Janeiro (2000), utilizando dez classes.

Fig. 11.46 Diferentes números de intervalos de classes aplicados a um mapeamento

comentado, quanto mais intervalos de classe mais consistente e aderente aos dados iniciais se estará, porém, mais difícil e confusa será a visualização dos intervalos.

A decisão sobre o número de classes a representar implica maior ou menor generalização dos dados. Muitas classes, menor generalização; poucas classes, maior generalização. Consequentemente, quanto maior o número de intervalos de classe, menor será o desvio das observações reais. Também devem ser levados em consideração os limites de percepção humana para a representação, em termos de padrões e valores de cor.

Finalmente, deve ser considerada a significância dos dados a representar. Por exemplo, uma alteração de duas para quatro unidades terá uma mudança relativa de 100%, exatamente igual a uma alteração de 50 para 100 unidades, apesar de os valores absolutos serem bem menores.

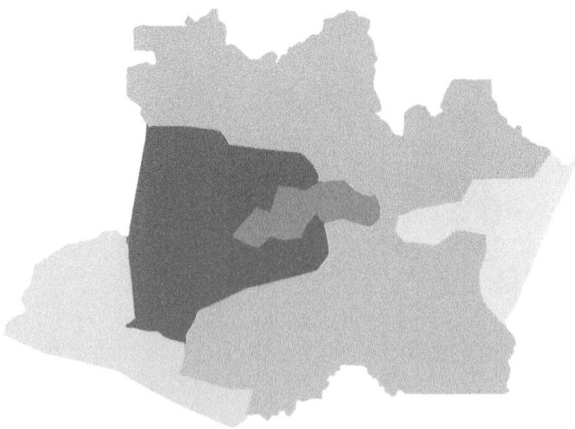

Fig. 11.47 Exemplo de mapeamento gerado por técnica dasimétrica para o Estado do Amazonas

Existe um grande número de tipos de intervalos de classe que pode ser empregado. É quase impossível classificá-los com características matemáticas ou procedimentos de cálculo. Porém, genericamente, eles podem ser separados em três grupos distintos:

- intervalos constantes;
- intervalos progressivos;
- intervalos variáveis.

Esses intervalos são apresentados sistematicamente a seguir:

- **Intervalos constantes:** esse grupo emprega uma divisão em intervalos iguais para os dados ou área geográfica. Os modelos de mais empregados são os seguintes:
    - divisão em percentuais iguais;
    - divisão em parâmetros da distribuição normal;
    - médias intercaladas;
    - divisão em quartis;
    - divisão em áreas iguais.

A divisão em percentuais iguais divide o limite dos dados em classes de igual percentual (Fig. 11.49).

A divisão em parâmetros da distribuição normal torna os valores da média e desvio padrão ($\bar{x}$ e S) e estabelece como valor central a média, distribuindo as demais classes em valores relativos à média e a diferença do desvio padrão (Fig. 11.50).

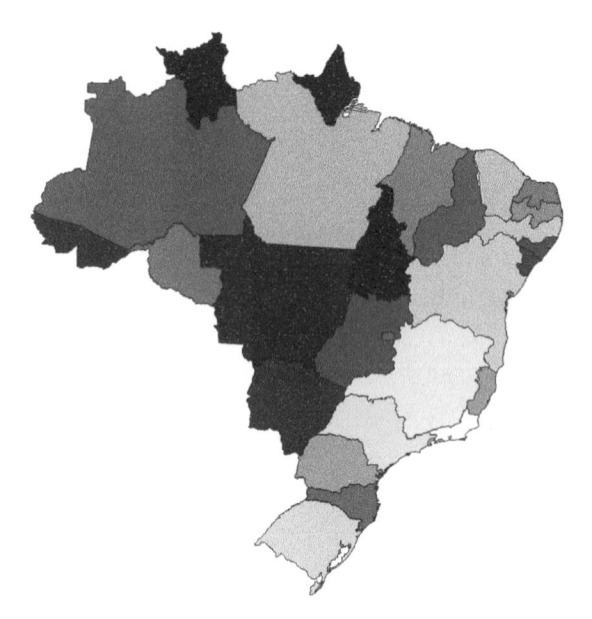

Fig. 11.48 Atribuição coroplética não classificada da população de 1994 das unidades fererativas do Brasil

A divisão em médias intercaladas define as médias de 1ª ordem ($\bar{x}$) e as médias subsequentes de ordem inferior nos intervalos definidos entre cada uma das médias. A divisão em quantis consiste na divisão do número de observações em partes iguais (quartis, quintis, sextis, decis, ...), para tanto, os valores são determinados e alinhados em ordem de grandeza do mais baixo para o mais alto. Para uma divisão em quartis, conta-se do fim para o topo um quarto dos valores, determinando o valor do quartil, e assim sucessivamente. A divisão em áreas iguais é semelhante ao método do quantil, entretanto, nesse tipo de divisão, o mapa é dividido em um número de regiões de igual área, e as classes determinadas pela ordenação da distribuição.

| 0 - 25% | 25 - 50% | 50 - 75% | 75 - 100% |

Fig. 11.49 Divisão de classes em percentuais iguais

| < -15 | -15 - $\bar{x}$ | $\bar{x}$ - 15 | > 15 |

Fig. 11.50 Divisão de classes em parâmetros da distribuição normal

CAPÍTULO 11 | MAPEAMENTO QUALITATIVO E QUANTITATIVO

A Fig. 11.51 apresenta dois mapas da distribuição da população no Estado do Rio de Janeiro no ano 2000, utilizando quatro intervalos de classe para diferentes divisões em intervalos constantes. A divisão em percentuais iguais de população apresentou um mapa falho pela identificação de apenas duas classes em uma legenda predefinida de quatro classes, o que não ocorreu no mapa com divisão em quartil.

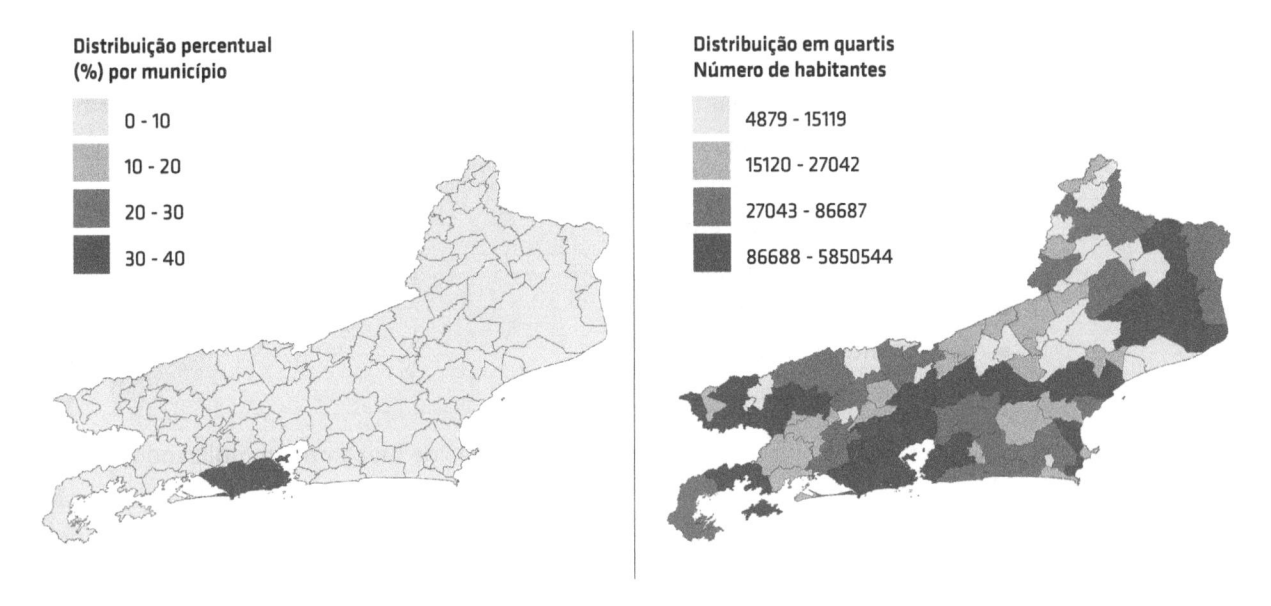

Fig. 11.51 Distribuição da população do Estado do Rio de Janeiro (2000) com diferentes intervalos contantes

- **Intervalos progressivos:** aqui, os intervalos tornam-se sistematicamente maiores ou menores no início ou no fim dos limites. Esse tipo de divisão é aplicado apenas a dados observados em escala de intervalo ou razão, e se divide em dois grupos:
    - **série aritmética:** cada classe é separada da subsequente por uma diferença numérica, não necessariamente constante;
    - **série geométrica:** cada classe é separada por uma razão numérica.

A equação para definir o intervalo de classe é definida por (Robinson et al., 1995):

$$L + B_1 X + B_2 X + \ldots + B_n X = H$$

em que:

L = valor mais baixo;

H = valor mais alto;

B_n = valor do enésimo termo da progressão.

Para as séries aritméticas tem-se:

$$B_n = a + [(n-1)d]$$

em que:

a = valor do 1º termo;

n = ordem do termo a ser determinado (1, 2, 3 ...);

d = a diferença estabelecida.

Para as séries geométricas tem-se:

$$B_n = gr^{n-1}$$

em que:

g = valor do 1º termo não nulo;

n = ordem do termo a ser determinado;

r = a razão estabelecida.

As duas séries podem tomar uma das seis formas abaixo, criando diferentes mapeamentos de um mesmo conjunto de dados:

- crescente, a taxa constante;
- crescente, a taxa crescente;
- crescente, a taxa decrescente;
- decrescente, a taxa constante;
- decrescente, a taxa crescente;
- decrescente, a taxa decrescente.

Distribuição em intervalos geométricos
Número de habitantes

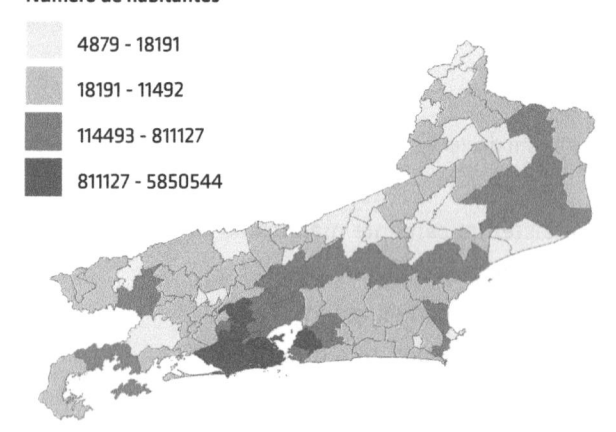

- 4879 - 18191
- 18191 - 11492
- 114493 - 811127
- 811127 - 5850544

Fig. 11.52 Distribuição da população do Estado do Rio de Janeiro (2000) com intervalos em série geométrica

Um exemplo de mapeamento utilizando intervalos geométricos é apresentado na Fig. 11.52:

- **Intervalos variáveis:** esse grupo de intervalos de classes de mapas coropléticos é empregado quando se deseja chamar a atenção para características internas da distribuição, minimizar erros ou enfatizar certos elementos da distribuição.

A divisão em intervalos variáveis é empregada quando não se encontra uma aderência coerente dentro dos demais processos. Os métodos mais comuns são determinados pelo estudo gráfico das curvas de frequência, clinográfico e gráfico acumulado de frequência. O processo, para qualquer um dos gráficos, consiste em determinar quais os pontos mais relevantes, que permitam agrupar as ocorrências em intervalos de classe. Alguns *softwares* que trabalham com a produção de mapas possuem alguns sistemas de classificação em intervalos variáveis, tanto manual quanto automatizado, como é o caso da divisão manual, que é bastante subjetiva (Fig. 11.53), e por quebras naturais de histograma sugeridas no *software* ArcGIS® (Figs. 11.54 e 11.55).

Todos os mapas apresentados para ilustrar as diferentes técnicas de divisão de intervalos de classes para mapeamentos coropléticos tiveram a mesma temática, recorte espacial, fonte de dados e número de divisões de classe. Assim, é possibilitada uma comparação entre essas técnicas, ficando nítido como elas podem gerar diferentes representações com um mesmo universo de dados. Cabe ressaltar que a melhor representação é aquela que atende aos elementos de controle do mapeamento, ou seja, qualquer uma delas pode atender, dependendo da delimitação desses elementos.

CAPÍTULO 11 | MAPEAMENTO QUALITATIVO E QUANTITATIVO

Distribuição em intervalos manuais
Número de habitantes

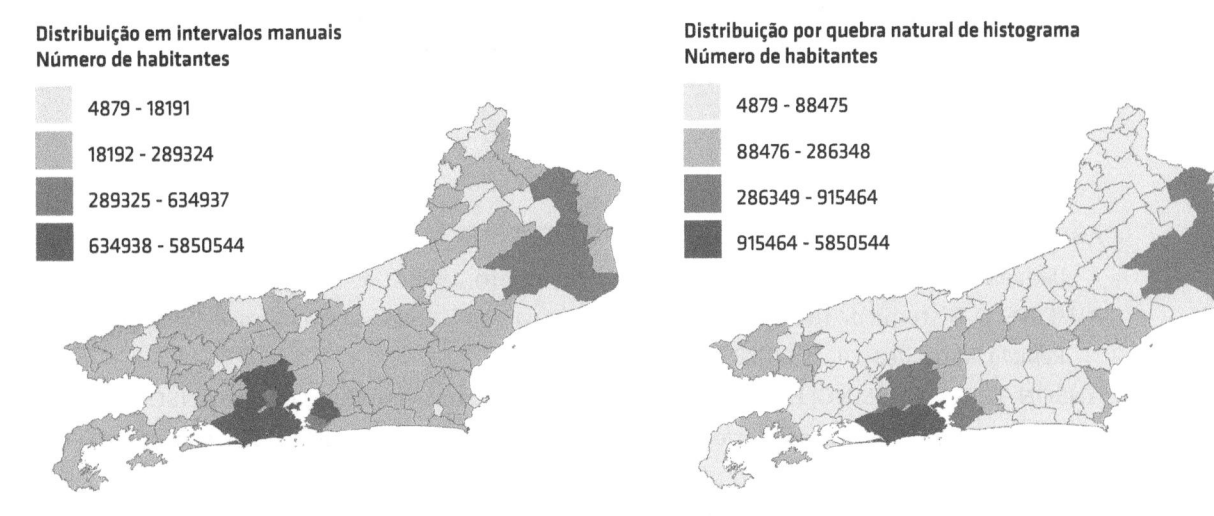

- 4879 - 18191
- 18192 - 289324
- 289325 - 634937
- 634938 - 5850544

Fig. 11.53 Distribuição da população do Estado do Rio de Janeiro (2000) com intervalos definidos manualmente

Distribuição por quebra natural de histograma
Número de habitantes

- 4879 - 88475
- 88476 - 286348
- 286349 - 915464
- 915464 - 5850544

Fig. 11.54 Distribuição da população do Estado do Rio de Janeiro (2000) com intervalos definidos por quebra natural de histograma

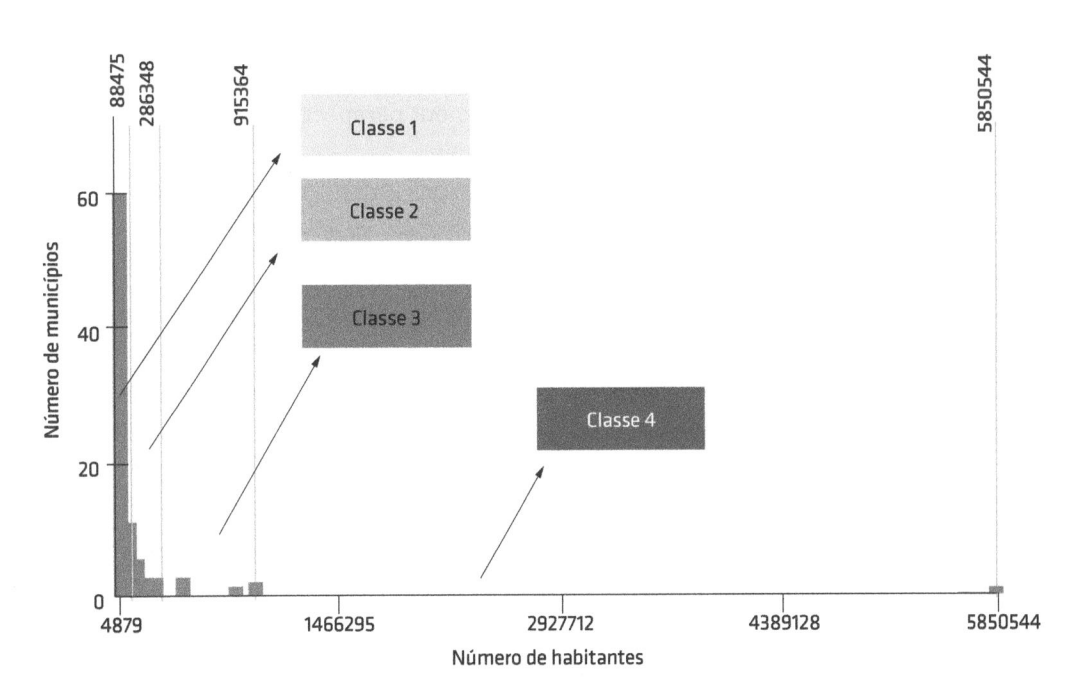

Fig. 11.55 Histograma com distribuição de classes definidas por quebra natural de histograma para o mapa de população do Estado do Rio de Janeiro

Referências bibliográficas

ABNT – ASSOCIAÇÃO BRASILEIRA DE NORMAS TÉCNICAS. NBR 14166: rede de referência cadastral municipal – procedimento. Rio de Janeiro, 1998.

ALVES, S. D. Sistema de informação geográfica. *Anais do V Simpósio Brasileiro de Sensoriamento Remoto*, Manaus, v. 1, p. 66-78, 1990.

ANSON, E. E.; ORMELING, E. J. Communication, design and visualization. In: ANSON, R. W.; ORMELING, F. J. (Ed.). *Basic cartography for students and technicians*. ICA, 1996. v. 3, chapter 6, p. 71-92.

ANTENNUCCI, J. C.; BROWN, K.; CROSWELL, P. L.; KEVANY, M. J.; ARCHER, H. *Geographic information systems*: a guide to the technology. 1. ed. New York: Chapman & Hall, 1991. 301 p.

ARGENTO, M. S. F.; CRUZ, C. B. M. Mapeamento geomorfológico. In: GUERRA, A. J. T.; CUNHA, S. B. (Org.). *Geomorfologia*: exercícios, técnicas e aplicações. 1. ed. Rio de Janeiro: Bertrand Brasil, 1996. p. 265-282.

ARLINGHAUS, S. L. *Practical handbook of digital terms and concepts*. Boca Raton: CRC Press, 1994.

ARONOFF, S. *Geographic information systems*: a management perspective. Ottawa: WDL Publications, 1989. 294 p.

ASPINALL, R. J. GIS and landscape conservation. In: GOODCHILD, M. F.; MAGUIRE, D. J.; RHIND, D. W. (Org.). *Geographical information systems*. 2. ed. New York: John Wiley & Sons, 1999. p. 967-980.

BAKKER, M. P. R. *Cartografia*: noções básicas. Rio de Janeiro: Diretoria de Hidrografia e Navegação, 1965. 242 p.

BERNHARDSEN, T. *Geographic information systems*: an introduction. 2. ed. New York: John Wiley & Sons, 1999. 372 p.

BERTIN, J. *Semiology of graphics*: diagrams, networks, maps. Madison: University of Wisconsin, 1983.

BOARD, C. Os mapas como modelos. In: CHORLEY, R.; HAGGETT, P. (Org.). *Modelos físicos e de informação em Geografia*. São Paulo: Edusp, 1975.

BONHAN-CARTER, G. F. *Geographic information systems for geoscientists*: modelling with GIS. 2. ed. Kindlington: Pergamon Press, 1996. 400 p.

BOYLE, A. R. Automated cartography. *World Cartography*, n. 15, p. 63-70, 1979.

BRASIL. Decreto nº 89.817, de 20 de julho de 1984. Rio de Janeiro, 1994. Disponível em: <http://www.concar.ibge.gov.br/fcca32.htm>. Acesso em: set. 2011.

BRASIL. Lei nº 11.662/2008, de 24 de abril de 2008. Brasília, 2008a. Disponível em: <https://www.planalto.gov.br/ccivil_03/_ato2007-2010/2008/lei/l11662.htm>. Acesso em: 12 fev. 2013.

BRASIL. Decreto nº 6.558, de 8 de setembro de 2008. Brasília, 2008b. Disponível em: <http://www.planalto.gov.br/ccivil_03/_ato2007-2010/2008/decreto/d6558.htm>. Acesso em: 12 fev. 2013.

BRASIL. Decreto nº 7.826, de 15 de outubro de 2012. Brasília, 2012. Disponível em: <http://www.planalto.gov.br/ccivil_03/_Ato2011-2014/2012/Decreto/D7826.htm>. Acesso em: 12 fev. 2013.

BRASIL. Decreto n° 12.876, de 30 de outubro de 2013. Brasília, 2013. Disponível em: <http://www.planalto.gov.br/ccivil_03/_Ato2011-2014/2013/lei/l12876.htm>. Acesso em: 12 fev. 2016.

BRIDGEWATER, P. B. Landscape ecology, geographic information systems and nature conservation. In: HAINES-YONG, R.; GREEN, D. R.; COUSINS, S. H. (Ed.). *Landscape and GIS*. 1993. chapter 3, p. 23-36.

BRITO, J. L. S.; ROSA, R. Introdução aos sistemas de informação geográfica. *Sociedade & Natureza*, Uberlândia, v. 6, n. 11-12, p. 61-78, 1994.

BUGAYEVSKIY, L. M.; SNYDER, J. P. *Map projections*: a reference manual. 1. ed. London: Taylor & Francis, 1995. 321 p.

BURROUGH, P. A. *Principles of geographical information systems for land resources assessment*. New York: Oxford University Press, 1986. 193 p. (Monographs on Soil and Resources Survey, n. 12).

BURROUGH, P. A.; McDONNELL, R. A. *Principles of geographical information systems*. 2. ed. New York: Oxford University Press, 1998. 333 p.

CÂMARA, G.; DAVIS, C.; MONTEIRO, A. M. V. (Org.). *Introdução à ciência da geoinformação*. São José dos Campos: Inpe, 2001. Disponível em: <http://mtc-m12.sid.inpe.br/col/sid.inpe.br/sergio/2004/04.22.07.43/doc/publicacao.pdf>. Acesso em: 1 set. 2012.

CARVALHO, F. R. Cadastro geoambiental polivalente, projeção TM (conforme de Gauss).*Informativo CONCAR Especial*, Brasília, Presidência da República, Secretaria de Planejamento, Comissão de Cartografia, 1984.

CASANOVA, M.; CÂMARA, G.; DAVIS, C.; VINHAS, L.; QUEIROZ, G. R. *Banco de dados geográficos*. São José dos Campos: Inpe, 2005. Disponível em: <http://www.dpi.inpe.br/livros/bdados/index.html>. Acesso em: set. 2011.

CASTAÑEDA, R. M. *Ensaio para determinação de parâmetros de transformação entre o SAD-69 e o NSWS-9Z2*. 180 f. Dissertação (Mestrado) – Programa de Pós-Graduação em Ciências Geodésicas, Universidade Federal do Paraná, Curitiba, 1986.

CEBRAPROT. *Os sistemas de coordenadas UTM, RTM e LTM*. 1. ed. Criciúma: Luana, 1999. Tomo único.

CHAGAS, C. B. *Teoria e prática do sistema UTM da projeção conforme Gauss*. Brasília: Diretoria do Serviço Geográfico, 1959. 76 p.

CHM – CENTRO DE HIDROGRAFIA DA MARINHA. Niterói, 1985. Disponível em: <http://www.mar.mil.br/dhn/chm/meteo/index.htm.>. Acesso em: nov. 2011.

CHRISTOFOLLETI, A. *Modelagem de sistemas ambientais*. São Paulo: Edgard Blücher, 1999. 236 p.

CINTRA, J. P. *Informações espaciais II: sistema de projeção UTM*. São Paulo: Amanda Editora, 2004.

CLARKE, K. *Analytical and computer cartography*. Englewood Cliffs: Prentice Hall, 1995. 334 p.

CORREIA, J. D. *Mapeamento de feições deposicionais quaternárias por imagens orbitais de alta resolução espacial*: médio vale do rio Paraíba do Sul. 267 f. Tese (Doutorado) – Programa de Pós-Graduação em Geologia, Instituto de Geociências, Universidade Federal do Rio de Janeiro, Rio de Janeiro, 2008.

CROMLEY, R. G. *Digital cartography*. Englewood Cliffs: Prentice Hall, 1992. 317 p.

CRUZ, C. B. M. As bases operacionais para a modelagem e implementação de um banco de dados geográficos em apoio à gestão ambiental: um exemplo aplicado à bacia de Campos, RJ. 394 f.

Tese (Doutorado) – Programa de Pós-Graduação em Geografia, Instituto de Geociências, Universidade Federal do Rio de Janeiro, Rio de Janeiro, 2000.

CRUZ, C. B. M.; PINA, M. F. *Apostila de leitura de mapas e técnicas de localização em campo*. Rio de Janeiro: UFRJ, 2001.

CRUZ, C. B. M.; FABER, O. A.; REIS, R. B.; ROCHA, E. M. F.; NOGUEIRA, C. R. Sensoriamento remoto como estratégia alternativa para distribuição e mensuração da população: estudo de caso no município do Rio de Janeiro. *Espaço e Geografia*, v. 10, n. 1, p. 109-128, 2007.

DANA, P. H. Geographic information systems Loran-C coverage modeling. In: ANNUAL TECHNICAL SYMPOSIUM, 22., Bedford. *Proceedings...* Wild Goose Association, 1994.

DANA, P. H. *Geodetic datums*. Austin, 1995. Disponível em: <http://colorado.edu/geography/gcraft/notes/datum/datum.html>. Acesso em: 22 nov. 2011.

DAOU, A. M. Cartografias sociais e território. *Revista Brasileira de Estudos Urbanos e Regionais*, v. 11, n. 1, p. 143-147, 2009.

DEETZ, C. H. *Cartografia*: um estudo de normas para a construção e emprego de mapas e cartas. Rio de Janeiro: Inspeção Hidrográfica e Geodésica da Secretaria de Comércio, 1943. 102 p.

DEETZ, H. C.; ADAMS, O. S. (Org.). *Elements of map projection with applications to map and chart construction*. 5. ed. U.S. Department of Commerce Coast and Geodetic Survey, 1945. 226 p. (Special Publication, n. 68).

DENT, B. D. *Principles of thematic map design*. London: Addison-Wesley Inc., 1985. 413 p.

DENT, B. D. *Cartography*: thematic map design. 4. ed. Dubuque, 1999. 368 p.

DILLWORTH, M. E.; WHISTLER, J. L.; MERCHANT, J. W. Measuring landscape structure using geographic and geometric windows. *Photogrammetric Engineering and Remote Sensing*, v. 60, n. 10, p. 1215-1224, 1994.

DREYER-EIMBCKE, O. *O descobrimento da Terra*. São Paulo: Edusp, 1992. 260 p.

EHLERS, M.; EDWARDS, G.; BÉDARD, Y. Integration of remote sensing and geographic information systems: a necessary evolution. *Photogrammetric Engineering and Remote Sensing*, v. 55, n. 1, p. 1619-1627, 1989.

FELGUEIRAS, C. A. Modelagem numérica do terreno. In: CÂMARA, G.; DAVIS, C.; MONTEIRO, A. M. V. (Org.). *Introdução à ciência da geoinformação*. São José dos Campos: Inpe, 2001. Disponível em: <http://www.dpi.inpe.br/gilberto/livro/introd/cap7-mnt.pdf>. Acesso em: 8 dez. 2012.

FERNANDES, M. C. *Utilização de SIG na análise do relacionamento morfopedológico na sub-bacia do córrego do Açude*, Maciço da Tijuca/RJ. 73 f. Monografia – Instituto de Geociências, Universidade Federal do Rio de Janeiro, Rio de Janeiro, 1995.

FERNANDES, M. C. *Geoecologia do maciço da Tijuca-RJ*: uma abordagem geo-hidroecológica. 141 f. Dissertação (Mestrado) – Programa de Pós-Graduação em Geografia, Instituto de Geociências, Universidade Federal do Rio de Janeiro, Rio de Janeiro, 1998.

FERNANDES, M. C. *Desenvolvimento de rotina de obtenção de observações em superfície real*: uma aplicação em análises geoecológicas. 263 f. Tese (Doutorado) – Programa de Pós-Graduação em Geografia, Instituto de Geociências, Universidade Federal do Rio de Janeiro, Rio de Janeiro, 2004.

FERNANDES, M. C. Discussões conceituais e metodológicas do uso de geoprocessamento em análises geoecológicas In: BICALHO, A. M. S. M.; GOMES, P. C. C. (Org.). *Questões metodológicas e novas temáticas na pesquisa geográfica*. 1. ed. Rio de Janeiro: Publit, 2009. p. 280-299.

FERNANDES, M. C.; BRAGA, R. F. Disseminação de produtos do projeto Sistematização de Informações de Recursos Naturais. *Anais do XXII Congresso Brasileiro de Cartografia*, Macaé, Sociedade Brasileira de Cartografia, 2005.

FERNANDES, M. C.; MENEZES, P. M. L. Avaliação de métodos de geração de MDE para a obtenção de observações em superfície real: um estudo de caso no maciço da Tijuca-RJ. *Revista Brasileira de Cartografia*, Rio de Janeiro, v. 57, n. 2, p. 154-161, 2005.

FERNANDES, M. C.; LAGÜÉNS, J. V. M.; COELHO NETTO, A. L. O processo de ocupação por favelas e sua relação com os eventos de deslizamentos no maciço da Tijuca/RJ. *Anuário do Instituto de Geociências*, Universidade Federal do Rio de Janeiro, Rio de Janeiro, v. 22, p. 45-59, 1999.

FERNANDES, M. C.; MENEZES, P. M. L.; PAES, M. Avaliação de ferramentas e métodos de análise frente às necessidades geoecológicas. *Revista de Pós-Graduação em Geografia*, Universidade Federal do Rio de Janeiro, Rio de Janeiro, ano 5, v. 5, p. 53-68, 2002.

FERRARI, R. *Viagem ao SIG*: planejamento estratégico, viabilização, implantação e gerenciamento de SIG. Curitiba: Sagres, 1997. 174 p.

FICCDC – FEDERAL INTERAGENCY COORDINATING COMMITTEE ON DIGITAL CARTOGRAPHY. *A process for evaluating GIS*. U.S. Geological Survey, 1988. Technical Report, n. 1. Open-File Report, 88-105.

FISHER, P. T. Visualization of the realiability in classified remotely sensed images. *Photogammetric Engineering and Remote Sensing*, v. 60, n. 10, p. 905-910, 1994.

FORMAN, R. T. T.; GODRON, M. Landscape ecology. New York: John Wiley, 1986. 712 p.

FRANÇA, R. M. *Sistema geodésico de referências*: projeções cartográficas e GPS. Florianópolis, 2006. Apostila da disciplina de Geodésia e Georreferenciamento do Curso Técnico de Geomensura do Cefet-SC.

FURTADO, S. S. *A toponímia e a cartografia*. Rio de Janeiro: Diretoria do Serviço Geográfico, 1960. 92 p.

GEMAEL, C. Introdução à geodésia física. Curitiba: Editora da UFPR, 2002.

GEOHECO – LABORATÓRIO DE GEO-HIDROECOLOGIA. *Diagnóstico/prognóstico sobre a qualidade ambiental do geoecossistema do maciço da Tijuca*: subsídios à regulamentação da APARU do Alto da Boa Vista. Rio de Janeiro, 2000. Relatório técnico, 3 v.

GOODCHILD, M. F. *Environmental modeling with GIS*. New York: Oxford, 1993. p. 196-230.

GOODCHILD, M. F. Towards a geography of geographic information in a digital world. *Computers, Environment and Urban Systems*, v. 21, n. 6, p. 377-391, 1997.

GOODCHILD, M.; MAGUIRE, D. J.; RHIND, D. *Geographical information systems*: principles and applications. New York: John Wiley & Sons, 1991. 2 v.

GREENWOOD, D. *Mapping*. Chicago: University of Chicago, 1964. 219 p.

GSDI – GLOBAL SPATIAL DATA INFRASTRUCTURE ASSOCIATION. *Developing spatial data infrastructures*, version 2.0. United States, 25 Jan. 2004. Disponível em: <http://www.gsdi.org/pubs/cookbook>. Acesso em: 20 dez. 2012.

GUIMARÃES, R. F. *Utilização de um modelo de previsão de áreas susceptíveis a escorregamentos rasos com controle topográfico*: adequação e calibração em duas bacias de drenagem. 156 f.

Tese (Doutorado) – Programa de Pós-Graduação em Geologia, Instituto de Geociências, Universidade Federal do Rio de Janeiro, Rio de Janeiro, 2000.

GUPTILL, S. C. *Elements of cartography*. 6. ed. New York: John Wiley & Sons, 1995. 544 p.

HARVEY, D. *Explanation in geography*. London: Edward Arnold, 1969. 521 p.

HOUAISS, A. *Notas do prefácio-estudo de Antonio Houaiss ao livro Dicionário Histórico das Palavras Portuguesas de Origem Tupi (Autor Antonio Geraldo da Cunha)*. São Paulo: Melhoramentos, 1999.

HUGGET, R. J. *Geoecology*: an evaluation approach. London: Routledge, 1995. 320 p.

IBGE – INSTITUTO BRASILEIRO DE GEOGRAFIA E ESTATÍSTICA. Resolução do Presidente nº 22 de 21 de julho de 1983. Especificações e normas gerais para levantamentos geodésicos. *Boletim de Serviço* nº 1602. Rio de Janeiro, 1983.

IBGE – INSTITUTO BRASILEIRO DE GEOGRAFIA E ESTATÍSTICA. Resolução do Presidente nº 23 de 21 de fevereiro de 1989. *Parâmetros para transformação de sistemas geodésicos*. Rio de Janeiro, 1989.

IBGE – INSTITUTO BRASILEIRO DE GEOGRAFIA E ESTATÍSTICA. *Manual de normas, especificações e procedimentos técnicos para a Carta Internacional do Mundo ao Milionésimo – CIM 1:1.000.000*. Rio de Janeiro, 1993. Disponível em: <http://biblioteca.ibge.gov.br/visualizacao/monografias/GEBIS%20-%20RJ/ManuaisdeGeociencias/Manual%20de%20normas%20especificacoes%20e%20procedimentos%20tecnicos%20para%20Carta%20Internacional%20do%20Mundo%20ao%20milionesimo.pdf>. Acesso em: dez. 2012.

IBGE – INSTITUTO BRASILEIRO DE GEOGRAFIA E ESTATÍSTICA. *Noções básicas de cartografia*. Rio de Janeiro, 1998. Disponível em: <http://www.ibge.gov.br/home/geociencias/cartografia/manual_nocoes/elementos_representacao.html>. Acesso em: 12 nov. 2011.

IBGE – INSTITUTO BRASILEIRO DE GEOGRAFIA E ESTATÍSTICA. *Atlas geográfico escolar*. 2. ed. Rio de Janeiro, 2004. 202 p.

IBGE – INSTITUTO BRASILEIRO DE GEOGRAFIA E ESTATÍSTICA. Resolução do Presidente – 1/2005 de 25 de fevereiro de 2005. *Alteração do sistema geodésico brasileiro*. Rio de Janeiro, 2005.

IBGE – INSTITUTO BRASILEIRO DE GEOGRAFIA E ESTATÍSTICA. *Manual técnico de geomorfologia*. Rio de Janeiro, 2009. Disponível em: <ftp://geoftp.ibge.gov.br/documentos/recursos_naturais/manuais_tecnicos/manual_tecnico_geomorfologia.pdf>. Acesso em: dez. 2012.

IBGE – INSTITUTO BRASILEIRO DE GEOGRAFIA E ESTATÍSTICA. *Sistema de referência geocêntrico para as Américas*. Rio de Janeiro: IBGE. Disponível em: <http://www.ibge.gov.br/home/geociencias/geodesia/sirgas/antecedentes.htm>. Acesso em: dez. 2012.

ICA – INTERNATIONAL CARTOGRAPHIC ASSOCIATION. Report of the ICA Executive Committee. *Cartography and Geographical Information Systems*, v. 20, n. 3, p. 187-195, 1992. Originalmente publicado em *ICA Newsletter*, n. 20.

IDRISI. *User's guide version 1.0 for Windows*. Massachusetts: Clark University, Graduate School of Geography, 1992. v. 2.

INDE – INFRAESTRUTURA NACIONAL DE DADOS ESPACIAIS. *Plano de ação para implantação da infraestrutura nacional de dados espaciais*. Rio de Janeiro: Comissão Nacional de Cartografia, Ministério do Planejamento, Orçamento e Gestão, 2010. 203 p. Disponível em: <http://www.concar.gov.br/arquivo/PlanoDeAcaoINDE.pdf>. Acesso em: 1 dez. 2012.

IPP – INSTITUTO PEREIRA PASSOS. *Base digitalizada do Município do Rio de Janeiro*: escala 1:10.000. Rio de Janeiro, 1999. v. 1, CD-ROM.

JENSEN, J. R. *Sensoriamento remoto do ambiente*: uma perspectiva em recursos terrestres. Tradução de J. C. N. Epiphanio. São José dos Campos: Parênteses, 2009. 598 p.

JOLY, F. *A cartografia*. 1. ed. Campinas: Papirus, 1990. 136 p.

JONES, C. *Geographical information systems and computer cartography*. Essex: Addison Wesley Longman Limited, 1997. 319 p.

KANAKUBO, T. O desenvolvimento da cartografia teórica contemporânea. *Geocartografia*, Universidade de São Paulo, São Paulo, n. 4, 1995.

KOZCIAK, S.; ROSTIROLLA, S. P.; FIORI, A. P. Análise comparativa entre métodos de interpolação para construção de modelos numéricos de terreno. *Boletim Paranaense de Geociências*, Curitiba, Editora da UFPR, n. 47, p. 19-30, 1999.

KRAAK, M. J.; ORMELING, F. J. *Cartography-visualization of spatial data*. Essex: Addison Wesley Longman Limited, 1996. 222 p.

KRAAK, M. J.; BROWN, A. *Web cartography*: developments and prospects. London: Taylor & Francis, 2001. 213 p.

LACOSTE, Y. *A geografia*: isso serve, em primeiro lugar, para fazer a guerra. Campinas: Papirus, 1988. 263 p.

LAURINI, R.; THOMPSON, D. *Fundamentals of spatial information systems*. Toronto: Academic Press, 1992. 680 p.

LIBAULT, A. *Geocartografia*. São Paulo: Edusp, 1975. 388 p.

LOXTON, J. *Practical map production*. New York: John Wiley & Sons, 1980. 137 p.

MacEACHREN, A. M. *How maps work*: representation, visualization and design. 1. ed. New York: Guilford Press, 1995.

MACKAY, J. R. Geographic cartography. *The Canadian Geographer/Le Géographe canadien*, Canadian Association of Geographers and the Manitoba Geographical Society, Winnipeg, v. 1, n. 4, p. 1-14, 1954.

MALING, D. H. *Coordinate systems and map projections*. London: George Philip & Son, 1980. 255 p.

MALING, D. H. *Coordinate systems and map projections*. 2. ed. Kidlington: Pergamon Press, 1993.

MAP PROJ. *Cartographical map projections*. 2006. Disponível em: <http://www.progonos.com/furuti/MapProj/Normal/TOC/cartTOC.html>. Acesso em: 19 nov. 2011.

MAPTHEMATICS Geocart® 3. 2006. Disponível em: <http://www.mapthematics.com>. Acesso em: 19 nov. 2011.

MARBLE, D. F. The computer and cartography. *The American Cartographer*, n. 14, p. 101-103, 1987.

MARCONI, M. A.; LAKATOS, E. M. *Fundamentos de metodologia científica*. São Paulo: Atlas, 1985. 307 p.

MARTIN, D. *Geographic information systems*: socioeconomic applications. 2. ed. London: Routledge, 1996. 210 p.

MARTINELLI, M. *Mapas da geografia e cartografia temática*. São Paulo: Contexto, 2011. 144 p.

McMASTER, R. B.; SHEA, K. S. *Generalization in digital cartography*. Washington, D.C.: Association of American Geographers, 1992. 134 p.

MEDYCKYJ-SCOTT, D.; HEARNSHAW, H. M. *Human factors in geographic information systems*. 1. ed. London: Belhaven Press, 1993. 266 p.

MELHORAMENTOS. *Atlas geográfico do Brasil em CD-ROM*. 1. ed. JCS Multimídia/IBGE/Inpe/Sisgraph, 1998.

MENEZES, P. M. L. *Aquisição, tratamento e armazenamento de cartas topográficas digitalizadas*. 155 f. Dissertação (Mestrado) – Programa de Pós-Graduação em Engenharia Cartográfica, Instituto Militar de Engenharia, Rio de Janeiro, 1987.

MENEZES, P. M. L.; COELHO NETTO, A. L. Escala: estudo de conceitos e aplicações. In: CONGRESSO BRASILEIRO DE CARTOGRAFIA, 19., Recife, 1999. Anais... Recife: Sociedade Brasileira de Cartografia, 1999.

MENEZES, P. M. L. *A interface cartografia-geoecologia nos estudos diagnósticos e prognósticos da paisagem*: um modelo de avaliação de procedimentos analítico-integrativos. 208 f. Tese (Doutorado) – Programa de Pós-Graduação em Geografia, Instituto de Geociências, Universidade Federal do Rio de Janeiro, Rio de Janeiro, 2000.

MOELLERING, H. Strategies of real-time cartography. *The Cartographic Journal*, London, v. 17, n. 1, p. 12-15, 1980.

MOELLERING, H. Designing interactive cartographic systems using the concepts of real and virtual maps. In: AUTOCARTO INTERNATIONAL SYMPOSIUM ON AUTOMATED CARTOGRAPHY, 6. *Proceedings*... Ottawa, 1983. v. 2, p. 53-64.

MONMONIER, M. S. *Computer-assisted cartography*: principles and prospects. Englewood Cliffs: Prentice-Hall, 1987. 214 p.

MONMONIER, M. S. *Mapping it out*. Chicago: University of Chicago Press, 1993. 301 p.

MONMONIER, M. S. *How to lie with maps*. 2. ed. Chicago: University of Chicago Press, 1996. 207 p.

MOORE, I. D.; TURNER, A. K.; WILSON, J. P.; JENSON, S. K.; BAND, L. E. GIS and land-surface-subsurface process modeling. In: *National Atlas of United States & The National Atlas of the United States of America*. 2008. Disponível em: <http://nationalatlas.gov/articles/mapping/a_projections.html>. Acesso em: 12 dez. 2011.

NIMA – NATIONAL IMAGERY AND MAPPING AGENCY. *World geodetic system 1984*: its definition and relationships with local geodetic systems. 3. ed. Washington, D.C., 1997. Technical Report 8350.2.

NIMER, E. Um modelo metodológico de classificação de climas. *Revista Brasileira de Geografia*, Rio de Janeiro, v. 41, n. 4, p. 59-89, 1979.

NOGUEIRA, R. E. *Cartografia*: representação, comunicação e visualização de dados espaciais. 3. ed. Florianópolis: Editora UFSC, 2009. 327 p.

NOVO, E. M. L. M. *Sensoriamento remoto*: princípios e aplicações. 2. ed. São Paulo: Edgard Blücher, 1998. 308 p.

OLIVEIRA, C. Notas sobre cartografia antiga. *Revista Brasileira de Geografia*, Rio de Janeiro, v. 1, n. 33, p. 141-152, 1971.

OLIVEIRA, C. *Dicionário cartográfico*. 1. ed. Rio de Janeiro: IBGE, 1983. 640 p.

OLIVEIRA, C. *Curso de cartografia moderna*. Rio de Janeiro: IBGE, 1988. 152 p.

ON – OBSERVATÓRIO NACIONAL. *Fusos horários*. 2013. Disponível em: <http://pcdsh01.on.br/>. Acesso em: 12 fev. 2013.

ONU. *Modern cartography*: base maps for world needs. New York: United Nations Department of Social Affairs, 1949.

ORMELING, F. J.; ANSON, R.W. *Basic cartography*: for students and technicians – exercise manual. International Cartography Association, 1996. 298 p.

PEARSON, F. *Map projections*: theory and applications. Boca Raton: CRC Press, 1990.

PEREIRA, A. V. G.; TAVARES, G. C. O.; MARTINS, J. M. P. N.; COELHO, M. P. S. *Metadados*: sistemas de informação geográfica. Lisboa: Instituto Superior de Agronomia, 2001. Disponível em: <http://www.isa.utl.pt/dm/sig/sig20002001/TemaMetadados/trabalho.htm>. Acesso em: dez. 2012.

PETERSON, M. P. *Interactive and animated cartography*. New York: Prentice-Hall, 1995. 464 p.

PEUCKER, T. K. *Computer cartography*. Washington, D.C.: Association of American Geographers, 1972. (Commission on College Geography Resources Paper, n. 17).

PEUQUET, D. J. A. Conceptual framework and comparison of spatial data models. *Cartographica*, Santa Barbara, n. 21, p. 66-113, 1984.

PEUQUET, D. J. A. *Representations of space and time*. New York: Guilford Press, 2002. 380 p.

PINA, M. F. R. P. *Modelagem e estruturação de dados não gráficos em ambiente de sistemas de informação geográfica*: estudo de caso na área de saúde pública. 168 f. Dissertação (Mestrado) – Programa de Pós-Graduação em Engenharia Cartográfica, Instituto Militar de Engenharia, Rio de Janeiro, 1994.

RAISZ, E. *Principles of cartography*. New York: McGraw-Hill, 1962. 315 p.

RAISZ, E. *Cartografia geral*. Rio de Janeiro: Ed. Científica, 1969.

RHIND, D. H. Computer assisted cartography. *Transactions*, Institute of British Geographers, London, n. 2, p. 71-97, 1977.

RISSER, P. G.; KARR, J. R.; FORMAN, R. T. T. *Landscape ecology*: directions and approaches. Champaign, 1984. (Illinois Natural History Survey Special Publications, n. 2).

ROBINSON, A. H. *The look of maps*. Madison: University of Wisconsin Press, 1952. 105 p.

ROBINSON, A. H.; MORRISON, J. L.; MUEHRCKE, P. C.; KIMERLING, A. J. *Elements of cartography*. 6. ed. New York: John Willey & Sons, 1995. 544 p.

ROSIM, S.; FELGUEIRAS, C. A.; NAMIKAWA, L. M. Uma metodologia para geração de MNT por grades triangulares. In: SIMPÓSIO BRASILEIRO DE SENSORIAMENTO REMOTO, 7., Curitiba. Anais... 1993. v. 2, p. 420-427.

ROSSATO, B. A. R. *As temporalidades das representações cartográficas*. 104 f. Dissertação (Mestrado) – Programa de Pós-Graduação em Engenharia Cartográfica, Instituto Militar de Engenharia, Rio de Janeiro, 2006.

SANTOS, C. J. B. A retomada da pesquisa da geonímia do Brasil: algumas reflexões e aspectos relevantes. *Geo UERJ*, Rio de Janeiro, v. 9, n. 17, p. 33-46, 2007.

SBC – SOCIEDADE BRASILEIRA DE CARTOGRAFIA. In: CONGRESSO BRASILEIRO DE CARTOGRAFIA, 7., Fortaleza, 1977. Anais...

SILVA, L. C. V. *Modelagem ambiental de cenários de potencialidade à ocorrência de incêndios no Parque Nacional do Itatiaia/RJ*. 101 f. Dissertação (Mestrado) – Programa de Pós-Graduação em Engenharia da Computação, Universidade do Estado do Rio de Janeiro, Rio de Janeiro, 2006.

SLUTER, C. R. Sistemas especialistas para geração de mapas temáticos. *Revista Brasileira de Cartografia*, Curitiba, n. 53, p. 45-64, 2001. Disponível em: <http://www.rbc.ufrj.br/_pdf_53_2001/53_05.pdf>. Acesso em: 18 ago. 2012.

SNYDER J. P. *Map projections*: a working manual. U.S. Geological Survey Professional Paper. Washington: United States Government Printing Office, 1987.

SOUKUP, J. *Ensaios cartográficos*. São Paulo: Edusp, 1966. 110 p.

SPIRN, A. W. *The language of landscape*. New Haven: Thomson-Shore, 1998. 326 p.

STRAHLER, A. N. *Geografía física*. Barcelona: Ediciones Omega, 1975.

TAYLOR, D. R. F. A conceptual basis for cartography: new directions for the information era. *The Cartographic Journal*, London, v. 28, n. 2, p. 213-216, 1991.

TERRON, S. *A composição de territórios eleitorais no Brasil*: uma análise das votações de Lula (1989-2006). 182 f. Tese (Doutorado) – Instituto Universitário de Pesquisas do Rio de Janeiro, Rio de Janeiro, 2009.

THROWER, J. W. N. *Maps and civilization*: cartography in culture and society. Chicago: University of Chicago Press, 1996. 254 p.

TÖPFER, F.; PILLEWIZER, W. The principles of selection. *The Cartographic Journal*, v. 1, n. 3, p. 10-16, 1966.

TOWNSHEND, J. Geoprocessing technologies for envioronmental analysis planning and monitoring. In: SIMPÓSIO BRASILEIRO DE GEOPROCESSAMENTO. *Anais...* São Paulo: Edusp, 1990. p. 109-117.

TU WIEN – TECHNISCHE UNIVERSITÄT WIEN. Institute of Discrete Mathematics and Geometry. *Differential geometry and geometric structures*. Disponível em: <http://www.geometrie.tuwien.ac.at/karto/>. Acesso em: 21 out. 2011.

TYNER, J. *Introduction to thematic cartography*. 1. ed. Englewood Cliffs: Prentice Hall, 1992. 299 p.

VANICEK, P.; KRAKIWSKY, E. J. *Geodesy*: the concepts. 2. ed. Amsterdam: Elsevier Science, 1986. 697 p.

VARGAS, M. *Metodologia da pesquisa tecnológica*. Rio de Janeiro: Globo, 1985. 243 p.

VIANNA, C. R. *Generalização cartográfica em ambiente digital escala 1:250.000 a partir de dados cartográficos digitais na escala 1:50.000*. 242 f. Dissertação (Mestrado) – Programa de Pós-Graduação em Engenharia Cartográfica, Instituto Militar de Engenharia, Rio de Janeiro, 1997.

WILSON, J. P.; GALLANT, J. C. *Terrain analysis*: principles and applications. 1. ed. New York: John Wiley & Sons, 2000. 551 p.

XAVIER DA SILVA, J. Geomorfologia, análise ambiental e geoprocessamento. *Revista Brasileira de Geomorfologia*, Rio de Janeiro, ano 1, v. 1, p. 48-58, 2000.